建设工程监理工程师一本通系列丛书

市政工程监理工程师一本通

刘 斌 主 编
徐国栋 副主编

中国建材工业出版社

图书在版编目(CIP)数据

市政工程监理工程师一本通/刘斌主编. —北京：中国建材工业出版社，2014.6

(建设工程监理工程师一本通系列丛书)

ISBN 978-7-5160-0790-7

Ⅰ.①市… Ⅱ.①刘… Ⅲ.①市政工程-工程施工-施工监理-基本知识 Ⅳ.①TU712

中国版本图书馆CIP数据核字(2014)第059773号

内容提要

本书根据《建设工程监理规范》(GB/T 50319—2013)及最新市政工程施工质量验收规范进行编写，详细阐述了市政工程监理工程师的执业要求及应掌握的相关专业知识。全书主要内容包括建设工程监理概论、建设工程监理目标控制、市政工程质量与安全控制、市政工程投资控制、市政工程进度控制、市政工程合同管理与索赔、监理信息管理与资料管理、监理工程师相关服务等。

本书内容丰富翔实，在理论阐述的基础上，更加强调实践中的可操作性。本书可供市政工程监理工程师及施工现场监理员工作时使用，也可供市政工程发承包双方施工现场管理人员工作时参考。

市政工程监理工程师一本通

刘　斌　主编

出版发行：中国建材工业出版社

地　　址：北京市西城区车公庄大街6号

邮　　编：100044

经　　销：全国各地新华书店

印　　刷：北京紫瑞利印刷有限公司

开　　本：787mm×1092mm　1/16

印　　张：21

字　　数：511千字

版　　次：2014年6月第1版

印　　次：2014年6月第1次

定　　价：58.00元

本社网址：www.jccbs.com.cn　　**微信公众号：**zgjcgycbs

本书如出现印装质量问题，由我社营销部负责调换。电话：(010)88386906

对本书内容有任何疑问及建议，请与本书责编联系。邮箱：dayi51@sina.com

前　言

建设工程监理作为工程建设不可缺少的一项重要制度，推行建设工程监理制度的目的是确保工程建设质量和安全，提高工程建设水平，充分发挥投资效益。我国的建设工程监理制于1988年开始试点，1997年《中华人民共和国建筑法》以法律制度的形式做出规定，“国家推行建筑工程监理制度”，从而使建设工程监理在全国范围内进入全面推行阶段，从法律上明确了工程监理制度的法律地位。

为提高我国建设工程监理水平，规范建设工程监理行为，原建设部和国家质量技术监督局于2000年颁布了《建设工程监理规范》（GB 50319—2000），该规范对促进我国建设工程监理制度的不断发展与完善，规范工程建设监理市场及参建各方的行为起到了积极的推动作用。随着我国建设工程监理行业逐渐走向成熟，相关政策与法规不断完善，以及建设单位对涵盖策划决策、建设实施全过程项目管理服务等方面的需求，《建设工程监理规范》（GB 50319—2000）已不能完全满足建设工程监理与相关服务实践的需要。为此，中国建设监理协会对《建设工程监理规范》（GB 50319—2000）进行了修订，并于2013年5月13日由住房和城乡建设部和国家质量监督检验检疫总局联合发布了《建设工程监理规范》（GB/T 50319—2013），自2014年3月1日起实施。

为帮助广大工程建设监理人员更好地学习理解最新建设工程监理规范的内容，从而更好的开展工作，我们组织相关专家，根据《建设工程监理规范》（GB/T 50319—2013）的相关要求，编写《建设工程监理工程师一本通系列丛书》。丛书紧扣工程建设监理实际，以满足工程建设监理人员的工作需要进行编写。本套丛书共包括以下分册：

1.《建筑工程监理工程师一本通》

2.《安装工程监理工程师一本通》

3.《装饰装修工程监理工程师一本通》

4.《园林绿化工程监理工程师一本通》

5.《市政工程监理工程师一本通》

6.《公路工程监理工程师一本通》

7.《水利水电工程监理工程师一本通》

本系列丛书严格依据《建设工程监理规范》（GB/T 50319—2013）进行编写，对各相关专业工程应怎样建立项目监理机构，怎样编制监理规划及监理实施细则，如何开展工程质量、进度、造价控制及安全生产管理工作，怎样进行工程变更、索赔及对施工合同争议应如何处理，怎样编制与整理项目监理文件资料，以及如何开展建设工程相关监理服务等内容进行了详细阐述。本系列丛书编写时充分体现了“一本通”的编写理念，集建设工程监理工程师工作中涉及的工作职责、专业技术知识和相关法律法规及标准规范等知识于一体，省却了监理工程师工作时需要四处查阅资料的烦恼，是广大建设工程监理工程师必不可少的实用工具书。

本系列丛书编写时，参阅了工程建设监理领域的众多资料与图书，并得到了有关单位与专家学者的大力支持与指导，在此表示衷心的感谢。尽管编者已尽最大努力，但限于编者的学识及专业水平和实践经验，丛书中仍难免有疏漏或不妥之处，敬请广大读者批评指正。

目　录

第一章　建设工程监理概论 …………………………………………………… (1)
　第一节　建设工程监理与相关法律法规 ………………………………… (1)
　　一、建设工程监理基本概念 …………………………………………… (1)
　　二、建设工程监理的原则 ……………………………………………… (1)
　　三、建设工程监理的任务与责任 ……………………………………… (2)
　　四、建设工程监理的工作步骤 ………………………………………… (3)
　　五、建设工程监理相关法律法规 ……………………………………… (5)
　第二节　建设工程监理组织 ……………………………………………… (12)
　　一、建设工程监理企业 ………………………………………………… (12)
　　二、建设工程监理人员 ………………………………………………… (18)
　　三、项目监理机构 ……………………………………………………… (25)
　　四、工程监理设施 ……………………………………………………… (32)
　第三节　建设工程监理与相关服务收费 ………………………………… (32)
　　一、建设工程监理与相关服务收费管理规定 ………………………… (33)
　　二、建设工程监理与相关服务收费标准 ……………………………… (34)
　第四节　建设工程监理规划与监理实施细则 …………………………… (37)
　　一、建设工程监理规划 ………………………………………………… (37)
　　二、建设工程监理实施细则 …………………………………………… (42)
第二章　建设工程监理目标控制 …………………………………………… (44)
　第一节　监理目标控制概述 ……………………………………………… (44)
　　一、控制流程及基本环节 ……………………………………………… (44)
　　二、监理目标控制类型 ………………………………………………… (47)
　第二节　监理目标控制系统 ……………………………………………… (49)
　　一、工程建设三大目标之间的关系 …………………………………… (49)
　　二、工程建设目标的确定 ……………………………………………… (50)
　　三、工程建设目标的分解 ……………………………………………… (51)
　　四、工程建设目标管理 ………………………………………………… (52)
　第三节　建设工程目标控制 ……………………………………………… (52)
　　一、建设工程投资控制 ………………………………………………… (52)
　　二、建设工程进度控制 ………………………………………………… (54)
　　三、建设工程质量控制 ………………………………………………… (55)
　第四节　建设工程目标控制的任务和措施 ……………………………… (58)

一、建设工程设计和施工阶段的特点 …… (58)
二、建设工程目标控制的任务 …… (61)
三、建设工程目标控制的措施 …… (63)
第三章 市政工程质量与安全控制 …… (65)
第一节 工程质量控制概述 …… (65)
一、工程质量与质量管理 …… (65)
二、工程质量控制 …… (66)
三、市政工程质量监理的作用与任务 …… (77)
四、工程质量监督管理 …… (78)
第二节 市政工程各阶段质量监理 …… (80)
一、施工准备阶段质量监理 …… (80)
二、施工阶段质量监理 …… (86)
三、交工验收及缺陷责任期质量监理 …… (89)
第三节 城镇道路工程质量监理 …… (91)
一、路基 …… (91)
二、基层 …… (99)
三、面层 …… (104)
四、附属构筑物 …… (116)
第四节 城市桥梁工程质量监理 …… (124)
一、桥梁混凝土工程 …… (124)
二、基础工程 …… (131)
三、钢梁和结合梁 …… (143)
四、斜拉桥与悬索桥 …… (146)
五、桥面系 …… (158)
第五节 市政给排水工程质量监理 …… (164)
一、土石方与地基处理 …… (164)
二、开槽施工管道主体结构 …… (167)
三、不开槽施工管道主体结构 …… (174)
四、沉管和桥管施工主体结构 …… (186)
五、管道附属构筑物 …… (193)
第六节 市政工程安全生产监理 …… (196)
一、安全生产监理工作 …… (196)
二、安全监理各阶段工作 …… (197)
第四章 市政工程投资控制 …… (201)
第一节 建设工程投资控制概述 …… (201)
一、投资控制基本概念 …… (201)
二、建设项目投资构成 …… (201)
三、工程项目投资控制 …… (214)

第二节　项目决策阶段的投资控制 …… (216)
一、项目投资决策的基本要素 …… (216)
二、决策阶段影响工程项目投资的关键要素 …… (217)
三、工程项目的投资估算 …… (220)
第三节　施工阶段的投资控制 …… (222)
一、资金使用计划的编制 …… (222)
二、工程计量 …… (223)
三、合同价款调整 …… (225)
四、工程结算 …… (235)
五、投资偏差分析 …… (245)
第五章　市政工程进度控制 …… (249)
第一节　进度控制概述 …… (249)
一、进度控制的程序 …… (249)
二、进度控制的内容 …… (250)
三、进度监理的原则 …… (251)
第二节　进度控制的计划体系 …… (252)
一、建设单位的计划系统 …… (252)
二、监理单位的计划系统 …… (253)
三、设计单位的计划系统 …… (253)
四、施工单位的计划系统 …… (253)
第三节　市政工程进度控制 …… (254)
一、设计阶段的进度控制 …… (254)
二、施工阶段的进度控制 …… (255)
第四节　施工进度计划的控制实施 …… (256)
一、影响进度因素分析 …… (256)
二、施工进度计划的检查 …… (256)
三、施工进度计划的调整 …… (259)
第六章　市政工程合同管理与索赔 …… (262)
第一节　建设工程合同概述 …… (262)
一、合同法律关系 …… (262)
二、建设工程合同的内容 …… (265)
第二节　市政工程各阶段合同管理 …… (267)
一、市政工程招标管理 …… (267)
二、市政工程监理合同管理 …… (276)
三、市政工程勘察设计合同管理 …… (278)
四、市政工程施工合同管理 …… (282)
第三节　索赔管理 …… (286)
一、索赔的基本任务 …… (287)

二、索赔发生的原因 …… (287)
三、索赔证据 …… (288)
四、承包人的索赔及索赔处理 …… (288)
五、发包人的索赔及索赔处理 …… (294)
第四节 施工合同解除 …… (294)
一、合同解除的类型 …… (294)
二、建设单位原因导致施工合同解除 …… (295)
三、施工单位原因导致施工合同解除 …… (295)
四、其他原因导致施工合同解除 …… (295)
第七章 监理信息管理与资料管理 …… (296)
第一节 监理信息管理 …… (296)
一、信息管理的意义 …… (296)
二、建设工程项目信息管理 …… (297)
三、项目监理机构信息管理工作 …… (301)
第二节 监理文件资料与档案管理 …… (304)
一、监理文件资料的内容 …… (304)
二、监理文件资料的编制与组卷 …… (306)
三、监理文件档案资料保存与移交 …… (309)
四、监理文件档案资料管理细则 …… (310)
第三节 监理工作主要表格体系与填写要求 …… (311)
一、监理工作的基本表 …… (311)
二、工程监理单位用表(A类表) …… (312)
三、施工单位报审、报验用表(B类表) …… (313)
四、各方通用表(C类表) …… (317)
第八章 监理工程师相关服务 …… (318)
第一节 相关服务一般规定 …… (318)
一、相关服务工作计划编制 …… (318)
二、相关服务文件资料管理 …… (318)
第二节 工程勘察设计阶段服务 …… (319)
一、监理单位对建设单位的协助 …… (319)
二、监理单位对各阶段勘察报审审查 …… (320)
三、监理单位对各阶段设计报审审查 …… (322)
四、对可能发生的索赔事件进行预先控制及事后索赔处理 …… (325)
第三节 工程保修阶段服务 …… (325)
一、定期回访 …… (325)
二、工程质量缺陷处理 …… (326)
参考文献 …… (327)

第一章　建设工程监理概论

第一节　建设工程监理与相关法律法规

一、建设工程监理基本概念

建设工程监理，是指工程监理单位受建设单位委托，根据法律法规、工程建设标准、勘察设计文件及合同，在施工阶段对建设工程质量、进度、造价进行控制，对合同、信息进行管理，对工程建设相关方的关系进行协调，并履行对建设工程安全生产管理法定职责的服务活动。

建设工程监理作为工程建设不可缺少的一项重要制度，在我国已实施20多年。一大批基础设施项目、住宅项目、工业项目，以及大量的公共建筑项目按国家规定实施了强制监理。多年来实践证明，建设工程监理对于保证建设工程质量和投资效益发挥了十分重要的作用，已得到社会的广泛认可。

《建设工程监理规范》(GB/T 50319—2013)指出：实施建设工程监理前，建设单位应委托具有相应资质的工程监理单位，并以书面形式与工程监理单位订立建设工程监理合同，合同中应包括监理工作的范围、内容、服务期限和酬金，以及双方的义务、违约责任等相关条款。

建设工程监理应实行总监理工程师负责制。总监理工程师负责制是指由总监理工程师全面负责建设工程监理实施工作。总监理工程师是工程监理单位法定代表人书面任命的项目监理机构负责人，是工程监理单位履行建设工程监理合同的全权代表。

二、建设工程监理的原则

《建设工程监理规范》(GB/T 50319—2013)指出：工程监理单位应公平、独立、诚信、科学地开展建设工程监理与相关服务活动。

1. 公正、独立、自主的原则

在工程建设监理中，监理工程师必须尊重科学、尊重事实，组织各方协同配合，维护有关方面的合法权益，为使这一职能顺利实施，必须坚持公正、独立、自主的原则。业主与承包商虽然都是独立运行的经济主体，但他们追求的经济目标有差异，各自的行为也有差别，监理工程师应在按合同约定的权、责、利关系基础上，协调双方的一致性，即只有按合同的约定建成项目，业主才能实现投资的目的，承包商也才能实现自己生产的产品的价值，取得工程款和实现盈利。

2. 权责一致的原则

监理工程师为履行其职责而从事的监理活动，是根据建设监理法规和受业主的委托与授权而进行的。监理工程师承担的职责应与业主授予的权限相一致。也就是说，业主向监理工程师的授权，应以能保证其正常履行监理的职责为原则。

监理活动的客体是承包商的活动，但监理工程师与承包商之间并无经济合同关系。监理工程师之所以能行使监理职权，是因为依赖业主的授权。这种权力的授予，除体现在业主与监理单位之间签订的工程建设监理委托合同中外，还应作为业主与承包商之间工程承包合同的条件。因此，监理工程师在明确业主提出的监理目标和监理工作内容要求后，应与业主协商，明确相应的授权，达成共识后，反映在监理委托合同及承包合同中。据此，监理工程师才能开展监理活动。

总监理工程师代表监理单位全面履行工程建设监理委托合同，承担合同中确定的监理方向业主方所承担的义务和责任。因此，在监理合同实施过程中，监理单位应给予总监理工程师充分的授权，体现权责一致的原则。

3. 严格监理、热情服务的原则

监理工程师与承包商的关系，以及处理业主与承包商之间的利益关系，一方面应坚持严格按合同办事，严格监理的要求；另一方面应立场公正，为业主提供热情服务。

4. 综合效益的原则

社会建设监理活动既要考虑业主的经济效益，也必须考虑与社会效益和环境效益的有机统一，符合"公众"的利益，个别业主为谋求自身狭隘的经济利益，不惜损害国家、社会的整体利益。如有些项目存在严重的环境污染问题。工程建设监理虽经业主的委托和授权才得以进行，但监理工程师应严格遵守国家的建设管理法规、法律、标准等，以高度负责的态度和责任感，既要对业主负责，谋求最大的经济效益，又要对国家和社会负责，取得最佳的综合效益。只有在符合宏观经济效益、社会效益和环境效益的条件下，业主投资项目的微观经济效益才能得以实现。

5. 预防为主的原则

监理工程师必须具有预见性，并把重点放在"预控"上，防患于未然。在制定监理规划、编制监理细则和实施监理控制过程中，对工程项目投资控制、进度控制和质量控制中可能发生的失控问题要有预见性和超前的考虑，制定相应的对策和预控措施予以防范。此外，还应考虑多个不同的措施与方案，做到"事前有预测，情况变了有对策"，避免被动，即可收到事半功倍的效果。

6. 实事求是的原则

监理工作中监理工程师应尊重事实，以理服人。监理工程师的任何指令、判断都应以事实为依据，有证明、检验、试验资料，这是最具有说服力的材料。由于经济利益或认识上的关系，监理工程师不应以权压人，而应以理服人。

三、建设工程监理的任务与责任

1. 建设工程监理的任务

建设工程监理的中心任务就是控制工程项目目标，也就是控制经过科学规划而确定的工程项目的投资、进度和质量目标。这三大目标是相互关联、相互制约的。

任何工程项目都是在一定的投资限制条件下实现的。任何工程项目的实现都要受到时间的限制，都有明确的项目进度和工期要求。任何工程项目都要实现它的功能要求、使用要求和其他有关的质量标准，这是投资建设工程一项最基本的需求。实现建设项目并不十分困难，而要使工程项目能够在计划的投资、进度和质量目标内实现则是困难的，这就是社会需要建设工程监理的原因。建设工程监理正是为解决这样的困难和满足这种社会需求而出现的。因此，目标控制应当成为建设工程监理的中心任务。中心任务的完成是通过各阶段具体的监理工作任务完成来实现的。

2. 建设工程监理的责任

监理单位或监理人员在接受监理任务后应努力向项目业主或法人提供与之水平相适应的服务。相反，如果不能够按照监理委托合同及相应法律开展监理工作，按照有关法律和委托监理合同，委托单位可对监理单位进行违约金处罚，或对监理单位起诉。如果违反法律，政府主管部门或检察机关可对监理单位及负有责任的监理人员提起诉讼。法律、法规规定的监理单位和监理人员的责任主要有以下两个方面：

(1)建设监理的普通责任。对于工程项目监理，不按照委托监理合同的约定履行义务，对应当监督检查的项目不检查或不按规定检查，给建设单位造成损失的，应承担相应的赔偿责任。这里所说的普通责任只是在建设单位与监理单位之间的责任。当建设单位不追究监理单位的责任时，这种责任也就不存在了。

(2)建设监理的违法责任。

1)与承包单位串通，为承包单位牟取非法利益，给建设单位造成损失的，应当与承包单位承担连带赔偿责任。

2)与建设单位或建筑施工企业串通，弄虚作假，降低工程质量的，责令改正、处以罚款、降低资质等级、吊销资质证书；有违法所得的予以没收；造成损失的，应承担连带赔偿责任。

3)监理单位转让监理业务，应立即责令改正，并没收违法所得；或停业整顿，降低资质等级；情节严重的，可以吊销资质证书。

建设监理的违法责任在于违反了现行的法律，法律要运用其强制力对违法者进行处理。

四、建设工程监理的工作步骤

建设监理单位从接受监理任务到圆满完成监理工作，主要有如下几个步骤：

1. 取得监理任务

建设监理单位取得监理任务主要有以下途径：

(1)业主点名委托。

(2)通过协商、议标委托。

(3)通过招标、投标，择优委托。

此时，监理单位应编写监理大纲等有关文件，参加投标。

2. 签订监理委托合同

按照国家统一文本签订监理委托合同，明确委托内容及各自的权利、义务。

3. 成立项目监理组织

建设监理单位在与业主签订监理委托合同后，根据工程项目的规模、性质及业主对监理的要求，委派称职的人员担任项目的总监理工程师，代表监理单位全面负责该项目的监理工作。总监理工程师对内向监理单位负责，对外向业主负责。

在总监理工程师的具体领导下，组建项目的监理班子，并根据签订的监理委托合同，制订监理规划和具体的实施计划(监理实施细则),开展监理工作。

一般情况下,监理单位在承接项目监理任务时,在参与项目监理的投标、拟订监理方案(大纲)以及与业主商签监理委托合同时,应选派称职的人员主持该项工作。在监理任务确定并签订监理委托合同后,该主持人即可作为项目总监理工程师。这样,项目的总监理工程师在承接任务阶段即早已介入,从而更能了解业主的建设意图和对监理工作的要求,并能与后续工作更好地衔接。

4. 资料收集

收集有关资料,以作为开展建设监理工作的依据。

(1)反映工程项目特征的相关资料。

(2)反映当地工程建设政策、法规的相关资料。

(3)反映工程项目所在地区技术经济状况等建设条件的资料。

(4)类似工程项目建设情况的有关资料。

5. 制订监理规划、工作计划或实施细则

工程项目的监理规划是开展项目监理活动的纲领性文件,由项目总监理工程师主持,专业监理工程师参加编制,建设监理单位技术负责人审核批准。

在监理规划的指导下,为了具体指导投资控制、进度控制、质量控制的进行,还需要结合工程项目的实际情况,制订相应的实施计划或细则(或方案)。

6. 根据监理实施细则开展监理工作

作为一种科学的工程项目管理制度,监理工作的规范化体现在以下几个方面:

(1)工作的时序性。即监理的各项工作都是按一定的逻辑顺序先后展开的,从而使监理工作能有效地达到目标而不致造成工作状态的无序和混乱。

(2)职责分工的严密性。建设工程监理工作是由不同专业、不同层次的专家群体共同来完成的,他们之间严密的职责分工,是协调进行监理工作的前提和实现监理目标的重要保证。

(3)工作目标的确定性。在职责分工的基础上,每一项监理工作达到的具体目标都应是确定的,完成的时间也应有时限规定,从而能通过报表资料对监理工作及其效果进行检查和考核。

(4)工作过程系统化。施工阶段的监理工作主要包括三控制(投资控制、进度控制、质量控制)、两管理(合同管理、信息管理)、一协调,共六个方面的工作。施工阶段的监理工作又可以分为三个阶段:事前控制、事中控制、事后控制,形成了矩阵型的系统。

7. 参与项目竣工验收,签署建设监理意见

工程项目施工完成后,应由施工单位在正式验收前组织竣工预验收。监理单位应参与预验收工作,在预验收中发现的问题,应与施工单位沟通,提出要求,签署建设工程监理意见。

8. 向业主提交建设工程监理档案资料

工程项目建设监理业务完成后,向业主提交的监理档案资料应包括:监理设计变更、工程变更资料;监理指令性文件;各种签证资料;其他档案资料。

9. 监理工作总结

监理工作总结应包括以下主要内容:

(1)第一部分,向业主提交的监理工作总结。其内容主要包括:监理委托合同履行情况概述;监理任务或监理目标完成情况的评价;由业主提供的供监理活动使用的办公用房、车辆、试验设施等的清单;表明监理工作终结的说明等。

(2)第二部分,向监理单位提交的监理工作总结。其内容主要包括:监理工作的经验,可以是采用某种监理技术、方法的经验,也可以是采用某种经济措施、组织措施的经验以及签订监理委托合同方面的经验,如何处理好与业主、承包单位关系的经验等。

(3)第三部分,监理工作中存在的问题及改进的建议,也应及时加以总结,以指导今后的监理工作,并向政府有关部门提出政策建议,不断提高我国建设工程监理的水平。

五、建设工程监理相关法律法规

(一)《建设工程监理规范》简介

为提高我国建设工程监理水平,规范建设工程监理行为,原建设部和国家质量技术监督局于2000年颁布了《建设工程监理规范》(GB 50319—2000),该规范在建设工程监理实践中发挥了重要作用。

随着我国建设工程监理相关法规及政策的不断完善,特别是《建设工程安全生产管理条例》等行政法规的颁布实施,以及建设单位对涵盖策划决策、建设实施全过程项目管理服务等方面的需求,《建设工程监理规范》(GB 50319—2000)已不能完全满足建设工程监理与相关服务实践的需要。因此,于2013年5月13日,住房和城乡建设部和国家质量监督检验检疫总局联合发布了《建设工程监理规范》(GB/T 50319—2013)。修订后的《建设工程监理规范》(GB/T 50319—2013)适用于各类建设工程,尽量考虑各类工程的共性问题,不仅仅适用于房屋建筑工程和市政工程。

修订后的《建设工程监理规范》共分为9章,包括:总则,术语,项目监理机构及其设施,监理规划及监理实施细则,工程质量、造价、进度控制及安全生产管理的监理工作,工程变更、索赔及施工合同争议,监理文件资料管理,设备采购及设备监造,相关服务等内容。本处主要介绍术语,其他内容在后续章节中将分别介绍。

《建设工程监理规范》(GB/T 50319—2013)包括24个主要术语:

工程监理单位:依法成立并取得建设主管部门颁发的工程监理企业资质证书,从事建设工程监理与相关服务活动的服务机构。

建设工程监理:工程监理单位受建设单位委托,根据法律法规、工程建设标准、勘察设计文件及合同,在施工阶段对建设工程质量、进度、造价进行控制,对合同、信息进行管理,对工程建设相关方的关系进行协调,并履行建设工程安全生产管理法定职责的服务活动。

相关服务:工程监理单位受建设单位委托,按照建设工程监理合同约定,在建设工程勘察、设计、保修等阶段提供的服务活动。

项目监理机构:工程监理单位驻派工程项目负责履行委托监理合同的组织机构。

注册监理工程师:取得国务院建设主管部门颁发的《中华人民共和国注册监理工程师注册执业证书》和执业印章,从事建设工程监理与相关服务等活动的人员。

总监理工程师:由工程监理单位法定代表人书面任命,负责履行建设工程监理合同、主持项目监理机构工作的注册监理工程师。

总监理工程师代表:经工程监理单位法定代表人同意,由总监理工程师书面授权,代表总监理工程师行使其部分职责和权力，具有工程类注册执业资格或具有中级及以上专业技术职称、3年及以上工程实践经验并经监理业务培训的人员。

专业监理工程师：由总监理工程师授权，负责实施某一专业或某一岗位的监理工作，有相应监理文件签发权，具有工程类注册执业资格或具有中级及以上专业技术职称、2年及以上工程实践经验并经监理业务培训的人员。

监理员：从事具体监理工作，具有中专及以上学历并经过监理业务培训的人员。

监理规划：项目监理机构全面开展建设工程监理工作的指导性文件。

监理实施细则：针对某一专业或某一方面建设工程监理工作的操作性文件。

工程计量：根据工程设计文件及施工合同约定，项目监理机构对施工单位申报的合格工程的工程量进行的核验。

旁站：项目监理机构对工程的关键部位或关键工序的施工质量进行的监督活动。

巡视：项目监理机构对施工现场进行的定期或不定期的检查活动。

平行检验：监理机构在施工单位自检的同时，按有关规定、建设工程监理合同约定对同一检验项目进行的检测试验活动。

见证取样：项目监理机构对施工单位进行的涉及结构安全的试块、试件及工程材料现场取样、封样、送检工作的监督活动。

工程延期：由于非施工单位自身原因造成合同工期延长的时间。

工期延误：由于施工单位自身原因造成合同工期延长的时间。

工程临时延期批准：发生非施工单位原因造成的持续性影响工期事件时所做出的临时延长合同工期的批准。

工程最终延期批准：发生非施工单位原因造成的持续性影响工期事件时所做出的最终延长合同工期的批准。

监理日志：项目监理机构每日对建设工程监理工作及施工进展情况所做的记录。

监理月报：项目监理机构每月向建设单位提交的建设工程监理工作及建设工程实施情况等分析总结报告。

设备监造：项目监理机构按照建设工程监理合同和设备采购合同约定，对设备制造过程进行的监督检查活动。

监理文件资料：工程监理单位在履行建设工程监理合同过程中形成或获取的，以一定形式记录、保存的文件资料。

(二)《工程监理企业资质管理规定》简介

为了加强工程监理企业资质管理，规范建设工程监理活动，维护建筑市场秩序，根据《中华人民共和国建筑法》、《中华人民共和国行政许可法》、《建设工程质量管理条例》等法律、行政法规。于2006年12月11日经原建设部第112次常务会议讨论通过的《工程监理企业资质管理规定》规定：从事建设工程监理活动的企业，应当按照本规定取得工程监理企业资质，并在工程监理企业资质证书(简称资质证书，下同)许可的范围内从事工程监理活动。

《工程监理企业资质管理规定》规定工程监理企业资质分为综合资质、专业资质和事务所资质。其中，专业资质按照工程性质和技术特点划分为14种工程类别。综合资质、事务所资质不分级别。专业资质分为甲级、乙级，其中房屋建筑、水利水电、公路和市政公用专业资质可设立丙级。

1. 工程监理企业资质的监督管理

从事建设工程监理活动的企业，应当按规定取得工程监理企业资质，并在工程监理企业资质证书(以下简称资质证书)许可的范围内从事工程监理活动。

国务院建设主管部门负责全国工程监理企业资质的统一监督管理工作，国务院铁路、交通、水利、信息产业、民航等有关部门配合国务院建设主管部门实施相关资质类别工程监理企业资质的监督管理工作。省、自治区、直辖市人民政府建设主管部门负责本行政区域内工程监理企业资质的统一监督管理工作。省、自治区、直辖市人民政府交通、水利、信息产业等有关部门配合同级建设主管部门实施相关资质类别工程监理企业资质的监督管理工作。

2. 工程监理企业资质等级标准的划分

工程监理企业的资质等级标准如下：

(1)综合资质标准。

1)具有独立法人资格且注册资本不少于600万元。

2)企业技术负责人应为注册监理工程师，并具有15年以上从事工程建设工作的经历或者具有工程类高级职称。

3)具有5个以上工程类别的专业甲级工程监理资质。

4)注册监理工程师不少于60人，注册造价工程师不少于5人，一级注册建造师、一级注册建筑师、一级注册结构工程师或者其他勘察设计注册工程师合计不少于15人次。

5)企业具有完善的组织结构和质量管理体系，有健全的技术、档案等管理制度。

6)企业具有必要的工程试验检测设备。

7)申请工程监理资质之日前一年内没有发生禁止的行为。

8)申请工程监理资质之日前一年内没有因本企业监理责任造成重大质量事故。

9)申请工程监理资质之日前一年内没有因本企业监理责任发生三级以上工程建设重大安全事故或者发生两起以上四级工程建设安全事故。

(2)专业资质标准。

1)甲级。

①具有独立法人资格且注册资本不少于300万元。

②企业技术负责人应为注册监理工程师，并具有15年以上从事工程建设工作的经历或者具有工程类高级职称。

③注册监理工程师、注册造价工程师、一级注册建造师、一级注册建筑师、一级注册结构工程师或者其他勘察设计注册工程师合计不少于25人次；其中，市政公用工程专业注册监理工程师不少于表1-1中要求配备的人数，注册造价工程师不少于2人。

表1-1　市政公用工程专业注册监理工程师人数配备表　(单位:人)

工程类别	甲级	乙级	丙级
市政公用工程	15	10	5

④企业近2年内独立监理过3个以上相应专业的二级工程项目，但是，具有甲级设计资质或一级及以上施工总承包资质的企业申请本专业工程类别甲级资质的除外。

⑤企业具有完善的组织结构和质量管理体系，有健全的技术、档案等管理制度。

⑥企业具有必要的工程试验检测设备。

⑦申请工程监理资质之日前一年内没有发生禁止的行为。

⑧申请工程监理资质之日前一年内没有因本企业监理责任造成重大质量事故。

⑨申请工程监理资质之日前一年内没有因本企业监理责任发生三级以上工程建设重大安全事故或者发生两起以上四级工程建设安全事故。

2)乙级。

①具有独立法人资格且注册资本不少于100万元。

②企业技术负责人应为注册监理工程师,并具有10年以上从事工程建设工作的经历。

③注册监理工程师、注册造价工程师、一级注册建造师、一级注册建筑师、一级注册结构工程师或者其他勘察设计注册工程师合计不少于15人次。其中,市政公用工程专业注册监理工程师不少于表1-1中要求配备的人数,注册造价工程师不少于1人。

④有较完善的组织结构和质量管理体系,有技术、档案等管理制度。

⑤有必要的工程试验检测设备。

⑥申请工程监理资质之日前一年内没有发生禁止的行为。

⑦申请工程监理资质之日前一年内没有因本企业监理责任造成重大质量事故。

⑧申请工程监理资质之日前一年内没有因本企业监理责任发生三级以上工程建设重大安全事故或者发生两起以上四级工程建设安全事故。

3)丙级。

①具有独立法人资格且注册资本不少于50万元。

②企业技术负责人应为注册监理工程师,并具有8年以上从事工程建设工作的经历。

③市政公用工程专业注册监理工程师不少于表1-1中要求配备的人数。

④有必要的质量管理体系和规章制度。

⑤有必要的工程试验检测设备。

(3)事务所资质标准。

1)取得合伙企业营业执照,具有书面合作协议书。

2)合伙人中有3名以上注册监理工程师,合伙人均有5年以上从事建设工程监理的工作经历。

3)有固定的工作场所。

4)有必要的质量管理体系和规章制度。

5)有必要的工程试验检测设备。

3. 工程监理企业资质相应许可的业务范围

工程监理企业资质相应许可的业务范围如下:

(1)综合资质。可以承担所有专业工程类别建设工程项目的工程监理业务。

(2)专业资质。

1)市政公用工程专业甲级资质:可承担相应专业工程类别建设工程项目的工程监理业务(表1-2)。

2)市政公用工程专业乙级资质:可承担相应专业工程类别二级以下(含二级)建设工程项目的工程监理业务(表1-2)。

3)市政公用工程专业丙级资质:可承担相应专业工程类别三级建设工程项目的工程监理

业务(表 1-2)。

(3)事务所资质。可承担三级房屋建筑工程项目的工程监理业务(表 1-2),但是,国家规定必须实行强制监理的工程除外。

表 1-2　市政公用工程专业类别和等级表

工程类别			一级	二级	三级
十三	市政公用工程	城市道路工程	城市快速路、主干路,城市互通式立交桥及单孔跨径 100m 以上桥梁;长度 1000m 以上的隧道工程	城市次干路工程,城市分离式立交桥及单孔跨径 100m 以下的桥梁;长度 1000m 以下的隧道工程	城市支路工程、过街天桥及地下通道工程
		给水排水工程	10 万 t/日以上的给水厂;5 万 t/日以上污水处理工程;$3m^3/s$ 以上的给水、污水泵站;$15m^3/s$ 以上的雨泵站;直径 2.5m 以上的给排水管道	2 万～10 万 t/日的给水厂;1 万～5 万 t/日污水处理工程;$1\sim3m^3/s$ 的给水、污水泵站;$5\sim15m^3/s$ 的雨泵站;直径 1～2.5m 的给水管道;直径 1.5～2.5m 的排水管道	2 万 t/日以下的给水厂;1 万 t/日以下污水处理工程;$1m^3/s$ 以下的给水、污水泵站;$5m^3/s$ 以下的雨泵站;直径 1m 以下的给水管道;直径 1.5m 以下的排水管道
		燃气热力工程	总储存容积 $1000m^3$ 以上的液化气贮罐场(站);供气规模 15 万 m^3/日以上的燃气工程;中压以上的燃气管道、调压站;供热面积 150 万 m^2 以上的热力工程	总储存容积 $1000m^3$ 以下的液化气贮罐场(站);供气规模 15 万 m^3/日以下的燃气工程;中压以下的燃气管道、调压站;供热面积 50 万～150 万 m^2 的热力工程	供热面积 50 万 m^2 以下的热力工程
		垃圾处理工程	1200t/日以上的垃圾焚烧和填埋工程	500～1200t/日的垃圾焚烧及填埋工程	500t/日以下的垃圾焚烧及填埋工程
		地铁轻轨工程	各类地铁轻轨工程		
		风景园林工程	总投资 3000 万元以上	总投资 1000 万～3000 万元	总投资 1000 万元以下

工程监理企业可以开展相应类别建设工程的项目管理、技术咨询等业务。

4. 资质申请和审批

(1)申请工程监理企业资质,应当提交以下材料:

1)工程监理企业资质申请表(一式三份)及相应电子文档。

2)企业法人、合伙企业营业执照。

3)企业章程或合伙人协议。

4)企业法定代表人、企业负责人和技术负责人的身份证明、工作简历及任命(聘用)文件。

5)工程监理企业资质申请表中所列注册监理工程师及其他注册执业人员的注册执业证书。

6)有关企业质量管理体系、技术和档案等管理制度的证明材料。

7)有关工程试验检测设备的证明材料。

(2)申请综合资质、专业甲级资质的,应当向企业工商注册所在地的省、自治区、直辖市人民政府建设主管部门提出申请。

省、自治区、直辖市人民政府建设主管部门应当自受理申请之日起 20 日内初审完毕，并将初审意见和申请材料报国务院建设主管部门。

国务院建设主管部门应当自省、自治区、直辖市人民政府建设主管部门受理申请材料之日起 60 日内完成审查，公示审查意见，公示时间为 10 日。其中，涉及铁路、交通、水利、通信、民航等专业工程监理资质的，由国务院建设主管部门送国务院有关部门审核。国务院有关部门应当在 20 日内审核完毕，并将审核意见报国务院建设主管部门。国务院建设主管部门根据初审意见审批。

(3)专业乙级、丙级资质和事务所资质由企业所在地省、自治区、直辖市人民政府建设主管部门审批。

专业乙级、丙级资质和事务所资质许可延续的实施程序由省、自治区、直辖市人民政府建设主管部门依法确定。

省、自治区、直辖市人民政府建设主管部门应当自做出决定之日起 10 日内，将准予资质许可的决定报国务院建设主管部门备案。

(4)申请资质证书变更，应当提交以下材料：

1)资质证书变更的申请报告。

2)企业法人营业执照副本原件。

3)工程监理企业资质证书正、副本原件。

工程监理企业改制的，除前款规定材料外，还应当提交企业职工代表大会或股东大会关于企业改制或股权变更的决议、企业上级主管部门关于企业申请改制的批复文件。

5. 对工程监理企业资质的监理管理

(1)工程监理企业行为限制。工程监理企业不得有下列行为：

1)与建设单位串通投标或者与其他工程监理企业串通投标，以行贿手段谋取中标。

2)与建设单位或者施工单位串通，弄虚作假、降低工程质量。

3)将不合格的建设工程、建筑材料、建筑构配件和设备按照合格签字。

4)超越本企业资质等级或以其他企业名义承揽监理业务。

5)允许其他单位或个人以本企业的名义承揽工程。

6)将承揽的监理业务转包。

7)在监理过程中实施商业贿赂。

8)涂改、伪造、出借、转让工程监理企业资质证书。

9)其他违反法律法规的行为。

(2)可撤销工程监理企业资质的情况：

1)工程监理企业取得工程监理企业资质后不再符合相应资质条件的，资质许可机关根据利害关系人的请求或者依据职权，可以责令其限期改正；逾期不改的，可以撤回其资质。

2)有下列情形之一的，资质许可机关或者其上级机关，根据利害关系人的请求或者依据职权，可以撤销工程监理企业资质：

①资质许可机关工作人员滥用职权、玩忽职守做出准予工程监理企业资质许可的。

②超越法定职权做出准予工程监理企业资质许可的。

③违反资质审批程序做出准予工程监理企业资质许可的。

④对不符合许可条件的申请人做出准予工程监理企业资质许可的。

⑤依法可以撤销资质证书的其他情形。

以欺骗、贿赂等不正当手段取得工程监理企业资质证书的,应当予以撤销。

3)有下列情形之一的,工程监理企业应当及时向资质许可机关提出注销资质的申请,交回资质证书,国务院建设主管部门应当办理注销手续,公告其资质证书作废:

①资质证书有效期届满,未依法申请延续的。

②工程监理企业依法终止的。

③工程监理企业资质依法被撤销、撤回或吊销的。

④法律、法规规定的应当注销资质的其他情形。

(三)《建设工程监理范围和规模标准规定》简介

在建设工程监理工作范围内,建设单位与施工单位之间涉及施工合同的联系活动,应通过工程监理单位进行。

为了有效发挥建设工程监理的作用,加大推行监理的力度,根据《建筑法》,以及国务院公布的《建设工程质量管理条例》对实行强制性监理的工程范围做了原则性的规定。下列建设工程必须实行监理:

(1)国家重点建设工程,指依据《国家重点建设项目管理办法》所确定的对国民经济和社会发展有重大影响的骨干项目。

(2)大中型公用事业工程,指项目总投资额在3000万元以上的下列工程项目:

1)供水、供电、供气、供热等市政工程项目。

2)科技、教育、文化等项目。

3)体育、旅游、商业等项目。

4)卫生、社会福利等项目。

5)其他公用事业项目。

(3)成片开发建设的住宅小区工程,指建筑面积在5万m^2以上的住宅建设工程必须实行监理;5万m^2以下的住宅建设工程,可以实行监理,具体范围和规模标准,则由省、自治区、直辖市人民政府建设行政主管部门规定。

(4)利用外国政府或者国际组织贷款、援助资金的工程,包括:

1)使用世界银行、亚洲开发银行等国际组织贷款资金的项目。

2)使用国外政府及其机构贷款资金的项目。

3)使用国际组织或者国外政府援助资金的项目。

(5)国家规定必须实行监理的其他工程,指项目总投资额在3000万元以上关系社会公共利益、公众安全的基础设施项目,如学校、影剧院、体育场馆项目。

建设工程监理范围不宜无限扩大,否则会造成监理力量与监理任务严重失衡,使得监理工作难以到位,保证不了建设工程监理的质量和效果。从长远来看,随着投资体制的不断深化改革,投资主体日益多元化,对所有建设工程都实行强制监理的做法,既与市场经济的要求不相适应,也不利于建设工程监理行业的健康发展。

建设工程监理可以适用于工程建设投资决策阶段和实施阶段,但目前主要是建设工程施工阶段。在建设工程施工阶段,建设单位、勘察单位、设计单位、施工单位和工程监理企业等工程建设的各类行为主体均出现在建设工程当中,形成了一个完整的建设工程组织体系。在这个阶段，建筑市场的发包体系、承包体系、管理服务体系的各主体在建设工程中会合，由建设单位、勘察单位、设计单位和工程监理企业各自承担工程建设的责任和义务，最终将建设工程建成投入使用。在施工阶段委托监理，其目的是更有效地发挥监理的规划、控制、协调作用，为在计划目标内建成工程，提供最好的管理。

第二节 建设工程监理组织

一、建设工程监理企业

(一)工程监理企业基本概念

工程监理企业是指从事工程监理业务并取得工程监理企业资质证书的经济组织，它是监理工程师的执业机构。

按照我国现行法律法规的规定，我国的工程监理企业有可能存在的企业组织形式包括公司制监理企业、合伙监理企业、个人独资监理企业、中外合资经营监理企业和中外合作经营监理企业。

1. 公司制监理企业

我国监理公司有监理有限责任公司和监理股份有限公司。监理有限责任公司是指由2个以上、50个以下股东共同出资，股东以其所认缴的出资额对公司行为承担有限责任，公司以其全部资产对其债务承担责任的企业法人。监理股份有限公司是指全部资本由等额股份构成，并通过发行股票筹集资本，股东以其所认购股份对公司承担责任，公司以其全部资产对公司债务承担责任的企业法人。

2. 中外合资经营监理企业

中外合资经营监理企业是指以中国的企业或其他经济组织为一方，以外国的公司、企业、其他经济组织或个人为另一方，在平等互利的基础上，根据《中华人民共和国中外合资经营企业法》，签订合同、制订合同、制订章程，经中国政府批准，在中国境内共同投资、共同经营、共同管理、共同分享利润、共同承担风险，主要从事工程监理业务的监理企业。其组织形式为有限责任公司。在合营企业的注册资本中，外国合营者的投资比例一般不得低于25%。

3. 中外合作经营监理企业

中外合作经营监理企业是指中国的企业或其他经济组织同外国的企业、其他经济组织或者个人，按照平等互利的原则和我国的法律规定，用合同约定双方的权利义务，在中国境内共同举办的、主要从事工程监理业务的经济实体。

(二)工程监理单位的选择

1. 项目法人选择监理单位需考虑的主要因素

选择一个理想而又合适的工程监理单位，对工程建设项目来讲有着举足轻重的作用，因此，必须慎重选择。项目法人选择监理单位应考虑以下主要因素：

(1)必须选择依法成立的工程监理单位。即选择取得监理单位资质证书、具有法人资格的专业化监理单位。

(2)被选择的工程监理单位人员应具有较好的素质，具有足够的可以胜任建设项目监理业务的技术、经济、法律、管理等各类工作人员。

(3)被选择的工程监理单位应具有良好的工程建设监理业务的技能和工程建设监理的实践经验，能提供良好的监理服务。

(4)被选择的工程监理单位应具有较高的工程建设管理水平。

(5)被选择的工程监理单位应有良好的社会信誉及较好的监理业绩。工程监理单位在科学、守法、公正、诚信方面有良好的声誉，以及在以往工程项目监理中有较好业绩，监理单位能全心全意地与项目法人和施工承包单位合作。

(6)合理的监理费用。国外监理单位的一般选择方法，通常是由项目业主指派代表根据工程项目情况以及对有关咨询、监理公司的调查、了解，初选有可能胜任此项监理工作的3～6家公司，业主代表分别与初选名单上的咨询公司进行洽谈，共同讨论服务要求、工作范围、拟委托的权限、要求达到的目标、开展工作的手段，并在洽谈过程中了解监理公司资质、专业技能、经验、要求费用、业绩和其他事项。项目法人代表会见各家公司后，在了解情况的基础上，将这些公司排出先后顺序；按顺序和各家公司洽谈费用与委托合同，若第一家公司达不成协议，再继续与第二家洽谈，依此类推。

2. 建设监理委托方式

工程监理单位承担监理任务，可以由项目法人直接委托，也可以由项目法人通过竞争招标方式择优选取。项目法人应当按照水利工程建设项目招标投标管理规定，确定具有相应资质的监理单位，并报项目主管部门备案。项目法人和监理单位应当依法签订监理合同。

项目法人一般通过招标方式择优选定监理单位。项目法人可以委托一个监理单位承担工程建设项目的全部或部分阶段的监理，也可委托几个监理单位分别承担不同阶段的监理；监理单位可以接受一个建设项目的监理任务，也可以接受几个建设项目的监理任务。

建设监理有直接委托方式和竞争招标方式两种委托方式。

(1)直接委托方式。通常在下列情况下可以直接委托工程监理单位：

1)项目法人与监理工程师有较好的合作经历，双方满意，监理单位又有能力承担下一阶段的监理任务，项目法人均可采取直接委托的方式。

2)有丰富工程监理经验和工程信誉卓著的监理单位。这样的工程监理单位往往是一些社会知名度很高的监理公司，其业绩已被社会所公认。

3)专业性很强的工程项目。

4)工程项目较小或委托监理范围较小。对于小且简单的项目，或者虽然项目不小，但只将很少的工程服务工作委托给监理公司时，多数不必花大多精力于委托工作上，而采取直接委托的方式。

(2)竞争招标方式。除了以上情况外，一般对于大中型项目，或国际金融组织贷款项目，或属于国际承包的工程项目等，多数采用竞争性招标方式。

采用竞争性招标方式需投入一定的人力、财力和时间，但是，这些投入与取得的效益相比往往是微不足道的。

一个工程项目的成败，原因固然不一，但是监理单位的素质和管理水平对此有很大影响。如何能够选择一个最合适的公司来承担本项目的监理工作，则是至关重要的。因此，作为项目法人应该认真选择有经验、有人才、有方法、有手段、有信誉的监理单位。

3. 竞争性委托一般程序

项目法人采用竞争方式委托工程监理单位时，一般按下列程序进行：

(1)确定委托监理服务的范围。项目法人根据本项目的特点以及自己项目管理的能力，确定在哪些阶段委托监理，是整个项目的实施阶段，还是其中一个阶段；在这些阶段中，将哪些工作委托给工程监理单位。这是项目法人在开始委托时要考虑的首要问题，也就是要确定自己的监理需求。

(2)编制监理费用概算。建设监理是有偿的服务活动，为了使工程监理单位能顺利地开展监理工作，完成项目法人委托的任务，并达到满意的程度，必须付给监理单位一定的报酬，以补偿监理在工程服务中的直接成本和各项开支、利润和税金，这是工程监理赖以生存和发展的基本条件。同时，作为委托方，他需要为开展监理工作提供各种方便条件和后勤支持，也需要一定数量的费用。所有这些费用必须事先进行估算或概算，做好财务上的准备以及谈判的准备。

(3)收集并筛选监理单位，确定参选名单。按国际通行做法，参选公司数量以3～6家为宜，对于像世界银行这样的国际金融组织，在选择“咨询人”时，还应当遵守其他一些政策。例如，要求来自同一国家的监理单位数量以不超过两家为宜，应考虑至少一家来自发展中国家，鼓励借款人将本国监理单位列入参选行列等。

(4)拟定招标公告或者投标邀请书。

(5)资格审查。招标人应当对投标人进行资格审查。资格审查分为资格预审和资格后审。资格预审，是指在投标前对潜在投标人进行的资格审查。资格后审，是指在开标后，招标人对投标人进行资格审查，提出资格审查报告，经参审人员签字由招标人存档备查，同时，交评标委员会参考。进行资格预审的，一般不再进行资格后审，但招标文件另有规定的除外。

(三)工程监理企业的经营活动

1. 取得监理业务的基本方式

工程监理企业承揽监理业务有两种方式：一是通过投标竞争取得监理业务；二是接受建设单位的直接委托而取得监理业务。我国有关法规规定，建设单位一般应通过招标方式择优选定监理单位。也就是说，在通常情况下，应尽量采用招标方式选择监理单位，这是监理业务发展的大趋势，但在特定条件下，建设单位可以不采用招标的方式把监理业务直接委托给一个监理企业。

2. 工程监理企业投标书的核心

工程监理企业向业主提供的是管理服务，因此，工程监理企业投标书的核心问题主要是反映所提供的管理服务水平高低的监理大纲，尤其是主要的监理对策。业主在监理招标时应以监理大纲的水平作为评定投标书优劣的重要内容，而不应把监理费的高低当作选择工程监理企业的主要评定标准。作为工程监理企业，不应该以降低监理费作为竞争的主要手段去承揽监理业务。

一般情况下，监理大纲中的主要内容有：根据监理招标文件的要求，针对建设工程的特点，初步拟订该工程的监理工作指导思想、主要的管理措施、技术措施，拟投入的监理力量以及为搞好该项建设工程向建设单位提出的原则性建议等。

3. 工程监理费的构成

工程建设工程监理是一种有偿的服务活动，而且是一种高智能有偿性技术服务。项目业主为使监理企业能顺利地完成监理任务，必须付给监理企业一定的报酬，用以补偿监理企业在完成监理任务时的支出。监理企业的经营活动应达到收支平衡，且有节余。监理费的构成包括监理企业在工程项目建设监理活动中所需要的全部成本以及合理利润、应缴纳的税金。

4. 工程监理费的计算方法

监理费的计算方法，一般由业主与工程监理企业确定，其计算方法主要有以下几种。不论采用哪种方法，对于业主和监理企业来说，都存在有利和不利的地方。

(1)按时计算法和工资加一定比例的其他费用计算法。

1)按时计算法。这种方法是根据合同项目使用的时间(计算时间的单位可以是小时，也可以是工日或按月计算)补偿费再加上一定数额的补贴来计算监理费的总额。单位时间的补偿费用一般是以监理企业职员的基本工资为基础，加上一定的管理费和利润(税前利润)。采用这种方法时，监理人员的差旅费、工作函电费、资料费以及试验和检验费、交通和住宿费等均由业主另行支付。

这种计算方法主要适用于临时性的、短期的监理业务活动，或者不宜按工程的概(预)算的百分比等其他方法计算监理费时使用。由于这种方法在一定程度上限制了监理企业潜在效益的增加，因而，单位时间内监理费的标准比监理企业内部实际的标准要高得多。

2)工资加一定比例的其他费用计算法。这种方法实际上是按时计算监理费形式的变换。即按参加监理工作的人员的实际工资的基数乘上一个系数。一般情况下，较少采用这种方法，尤其是在核定监理人员数量和监理人员的实际工资方面，业主与监理企业之间难以取得完全一致的意见。

3)按时计算法和工资加一定比例的其他费用计算法的利弊。采用这两种方法，业主支付的费用是对监理企业实际消耗的时间进行补偿，要求监理企业必须保存详细的使用时间一览表，以供业主随时审查、核实。特别是监理工程师，如果不能严格地对工作加以控制，就容易造成滥用经费现象。

(2)工程造价的百分比计算法。

1)计算方法。这种方法是按照工程规模大小和所委托的监理工作的繁简，以建设投资的一定的百分比来计算。一般情况下，工程规模越大，建设投资越多，计算监理费的百分比越小。这种方法简便、科学，是目前比较常用的计算方法。

2)工程造价的百分比计算法的利弊。建设成本百分比的方法，其方便之处在于一旦建设成本确定之后，监理费用很容易算出，还可以防止因物价上涨而产生的影响。但如果采用实际建设成本做基数，监理费关系与建设成本的变化有直接关系。

(四)工程监理企业经营的内容

1. 工程建设决策阶段监理

工程建设决策阶段的主要工作是对投资决策、立项决策和可行性决策的咨询。

工程建设的决策咨询，既不是监理单位替建设单位决策，更不是替政府决策，而是受建设单位或政府的委托选择决策咨询单位，协助建设单位或政府与决策咨询单位签订咨询合同，并监督合同的履行，对咨询意见进行评估。

工程建设决策阶段监理的内容如下：

(1)投资决策咨询。投资决策咨询的委托方可能是建设单位(筹备机构)，也可能是金融单位，也可能是政府。

1)协助委托方选择投资决策咨询单位，并协助签订合同书。

2)监督管理投资决策咨询合同的实施。

3)对投资咨询意见评估，并提出《监理报告》(表 1-3)。

(2)工程建设立项决策咨询。工程建设立项决策主要是确定拟建工程项目的必要性和可行性(建设条件是否具备)以及拟建规模。这一阶段的监理内容为：

1)协助委托方选择工程建设立项决策咨询单位，并协助签订合同书。

2)监督管理立项决策咨询合同的实施。

3)对立项决策咨询方案进行评估，并提出《监理报告》(表 1-3)。

(3)工程建设可行性研究决策咨询。工程建设的可行性研究是根据确定的项目建议书在技术上、经济上、财务上对项目进行详细论证，提出优化方案。这一阶段的监理内容为：

1)协助委托方选择工程建设可行性研究单位，并协助签订可行性研究合同书。

2)监督管理可行性研究合同的实施。

3)对可行性研究报告进行评估，并提出《监理报告》(表 1-3)。

表 1-3　　监理报告

工程名称：　　　　编号：

致：________(主管部门) 　　由________(施工单位)施工的________(工程部位)，存在安全事故隐患。我方已于____年__月__日发出编号为____的《监理通知单》/《工程暂停令》，但施工单位未整改/停工。 　　特此报告。 　　附件：1. 监理通知单 　　　　　2. 工程暂停令 　　　　　3. 其他：基坑监测报告 项目监理机构(盖章) 总监理工程师(签字)________ ________年____月____日

注：本表一式四份，主管部门、建设单位、工程监理单位、项目监理机构各一份。

2. 工程建设设计阶段监理

工程建设设计阶段是工程项目建设进入实施阶段的开始。工程设计通常包括初步设计和施工图设计两个阶段。在进行工程设计之前还要进行勘察(地质勘察、水文勘察等),这一阶段又叫做勘察设计阶段。在工程建设实施过程中,一般是把勘察和设计分开来签订合同。勘察设计阶段的监理工作内容包括:

(1)协助业主提出设计要求,组织评选设计方案。

(2)协助选择勘察、设计单位,协助签订建设工程勘察、设计合同,并监督合同的履行。

(3)督促设计单位限额设计、优化设计。

(4)审核设计是否符合规划要求,能否满足业主提出的功能使用要求。

(5)审核设计方案的技术、经济指标的合理性,审核设计方案是否满足国家规定的具体要求和设计规范。

(6)分析设计的施工可行性和经济性。

3. 工程建设施工阶段监理

这里所说的工程施工阶段是一个比较大的含义,它包括施工招标阶段的监理、施工监理和竣工后工程保修阶段的监理。

工程施工是工程建设最终的实施阶段,是形成建筑产品的最后一步。施工阶段各方面工作的好坏对建筑产品优劣的影响巨大,所以,这一阶段的监理至关重要。其内容包括:

(1)组织编制工程施工招标文件。

(2)核查工程施工图设计、工程施工图预算标底(当工程总包单位承担施工图设计时,监理单位应投入较大的精力做好施工图设计审查和施工图预算审查工作。另外,招标标底包括在招标文件当中,但有的建设单位另行委托编制标底,所以,监理单位要另行核查)。

(3)协助建设单位组织投标、开标、评标活动,向建设单位提出中标单位建议。

(4)协助建设单位与中标单位签订工程施工合同书。

(5)协助建设单位与承建商编写开工申请报告。

(6)察看工程项目建设现场,向承建商办理移交手续。

(7)审查、确认承建商选择的分包单位。

(8)制定施工总体规划,审查承包商的施工组织设计和施工技术方案,提出修改意见,下达单位工程施工开工令。

(9)审查承包商提出的建筑材料、建筑物配件和设备的采购清单。

(10)检查工程使用的材料、构件、设备的规格和质量。

(11)检查施工技术措施和安全防护设施。

(12)主持协商的建设单位或设计单位,或施工单位,或监理单位本身提出的设计变更。

(13)监理工程施工合同的履行,主持协商合同条款的变更,调解合同双方的争议,处理索赔事项。

(14)核查完成的工程量,验收分项分部工程,签署工程付款凭证。

(15)督促施工单位整理施工文件的归档准备工作。

(16)参与工程竣工预验收,并签署监理意见。

(17)检查工程结算。

(18)向建设单位提交监理档案资料。

(19)编写竣工验收申请报告。

(20)在规定的工程质量保修期限内,负责检查工程质量状况,组织鉴定质量问题责任,督促责任单位维修。

4. 监理的其他服务

监理单位除承担工程建设监理方面的业务之外,还可以承担工程建设方面的咨询业务。属于工程建设方面的咨询业务包括:

(1)工程建设投资风险分析。

(2)工程建设立项评估。

(3)编制工程建设项目可行性研究报告。

(4)编制工程施工招标控制价。

(5)编制工程建设各种估算。

(6)各类建筑物(构筑物)的技术检测、质量鉴定。

(7)有关工程建设的其他专项技术咨询服务。

二、建设工程监理人员

(一)监理工程师的素质与道德

1. 监理工程师的基本素质

具体从事监理工作的监理工程师,不仅要有一定的工程技术或工程经济方面的专业知识、较强的专业技术能力,能够对工程建设进行监督管理,提出指导性的意见,而且要有一定的组织协调能力,能够组织、协调工程建设有关各方共同完成工程建设任务。因此,监理工程师应具备以下素质:

(1)较高的学历和复合型的知识结构。现代工程建设投资规模巨大,要求多种功能兼备,应用科技门类复杂,组织成千上万人协作的工作经常出现。如果没有深厚的现代科技理论知识、经济管理理论知识和法律知识做基础,是不可能胜任监理工作的。对监理工程师有较高学历的要求,是保障监理工程师队伍素质的重要基础,也是向国际水平靠近的必然要求。

作为一个监理工程师,当然不可能学习和掌握这么多的学科和专业技术理论知识,但应要求监理工程师至少学习与掌握一种专业技术知识,这是监理工程师所必须具备的全部理论知识中的主要部分。同时,每个监理工程师,无论他掌握哪一种科学和专业技术,都必须学习与掌握一定的经济、组织管理和法律等方面的理论知识。

(2)丰富的工程建设实践经验。工程建设实践经验是指理论知识在工程建设中应用的经验。一般来说,应用的时间越长、次数越多,经验也就越丰富。不少研究指出,一些工程建设中的失误往往与实践者的经验不足有关,所以,世界各国都把工程建设实践经验放在重要地位。我国在监理工程师注册制度中也对实践经验做出规定。

(3)良好的职业道德。监理人员除了应具备广泛的理论知识、丰富的工程建设实践经验外,还应具备高尚的职业道德。监理人员必须秉公办事,按照合同条件公正地处理各种问题,遵守国家的各项法律、法规。既不接受业主所支付的酬金以外的任何回扣、津贴或其他间接报酬,也不得与承包商有任何经济往来,包括接受承包商的礼物,经营或参与经营施工以及设备、材料采购活动,或在施工单位及设备、材料供应单位任职或兼职。监理工程师还要有很强的责任心，认真、细致地进行工作，这样才能避免由于监理人员的行为不当，给工程带来不必要的损失和影响。

(4)较强的组织协调能力。在工程建设的全过程中，监理工程师依据合同对工程项目实施监督管理，监理工程师要面对建设单位、设计单位、承包单位、材料设备供应商等与工程有关的单位，只有协调好有关各方的关系，处理好各种矛盾和纠纷，才能使工程建设顺利地开展，实现项目投资目标。

(5)良好的身体素质。监理工程师要求具有健康的体魄和充沛的精力，这是由监理工作现场性强、流动性大、工作条件差、任务繁忙等工作性质所决定的。

2. 监理工程师的职业道德

为了确保建设监理事业的健康发展，对监理工程师的职业道德和工作纪律都有严格的要求，在有关法规里也做了具体的规定。

(1)职业道德守则：

1)维护国家的荣誉和利益，按照"守法、诚信、公正、科学"的准则执业。

2)执行有关工程建设的法律、法规、规范、标准和制度，履行监理合同规定的义务和职责。

3)努力学习专业技术和建设监理知识，不断提高业务能力和监理水平。

4)不以个人名义承揽监理业务。

5)不同时在两个或两个以上监理单位注册和从事监理活动，不在政府部门和施工、材料设备的生产供应等单位兼职。

6)不为所监理项目指定承包商、建筑构配件、设备、材料和施工方法。

7)不收受被监理单位的任何礼金。

8)不泄露所监理工程各方认为需要保密的事项。

9)坚持独立自主地开展工作。

(2)工作纪律：

1)遵守国家的法律和政府的有关条例、规定和办法等。

2)认真履行建设工程监理委托合同所承诺的义务和承担约定的责任。

3)坚持公正的立场，公平地处理有关各方的争议。

4)坚持科学的态度和实事求是的原则。

5)在坚持按建设工程监理委托合同的规定向业主提供技术服务的同时，帮助被监理者完成其担负的建设任务。

6)不以个人名义在报刊上刊登承揽监理业务的广告。

7)不得损害他人名誉。

8)不泄露所监理的工程需保密的事项。

9)不在任何承包商或材料设备供应商中兼职。

10)不擅自接受业主额外的津贴，也不接受被监理单位的任何津贴，不接受可能导致判断不公的报酬。

监理工程师违背职业道德或违反工作纪律，由政府主管部门没收非法所得，收缴《监理工程师岗位证书》，并可处以罚款。监理单位还要根据企业内部的规章制度给予处罚。

(二)FIDIC 职业道德准则

FIDIC 是国际上最有权威且被世界银行认可的咨询工程师组织，它认识到工程师的工作

对于社会及其环境的持续发展是十分关键的。下述准则是其成员行为的基本准则:

(1)接受对社会的职业责任。

(2)寻求与确认的发展原则相适应的解决办法。

(3)在任何时候,维护职业的尊严、名誉和荣誉。

(4)保持其知识和技能与技术、法规、管理的发展相一致的水平,对于委托人要求的服务采用相应的技能,并尽心尽力。

(5)仅在有能力从事服务时才进行。

(6)在任何时候均为委托人的合法权益行使其职责,并且正直和忠诚地进行职业服务。

(7)在提供职业咨询、评审或决策时不偏不倚。

(8)通知委托人在行使其委托权时可能引起的任何潜在的利益冲突。

(9)不接受可能导致判断不公的报酬。

(10)加强"按照能力进行选择"的观念。

(11)不得故意或无意地做出损害他人名誉或事务的事情。

(12)不得直接或间接取代某一特定工作中已经任命的其他咨询工程师的位置。

(13)通知该咨询工程师并且接到委托人终止其先前任命的建议前,不得取代该咨询工程师的工作。

(14)在被要求对其他咨询工程师的工作进行审查的情况下,要以适当的职业行为和礼节进行。

(三)监理工程师执业管理

1. 监理工程师执业资格考试

执业资格是政府对某些责任较大、社会通用性强、关系公共利益的专业技术工作实行的市场准入控制,是专业技术人员依法独立开展或独立从事某种专业技术工作必备的学识、技术和能力标准。所以,监理工程师是一种执业资格。学习了建设工程监理专业理论知识,并取得合格结业证书后,还不能算具有监理工程师资格,还要参加侧重于建设工程监理实践知识的全国统考,考试合格者才能取得《监理工程师资格证书》。

(1)监理工程师执业资格考试制度。我国按照有利于国家经济发展、得到社会公认、具有国际可比性、事关社会公共利益四项原则,在涉及国家、人民生命财产安全的专业技术工作领域,实行专业技术人员执业资格制度。执业资格一般要通过考试方式取得,这体现了执业资格制度公平、公正、公开的原则。

(2)报考条件。国际上多数国家在设立执业资格时,通常比较注重执业人员的专业学历和工作经验。根据建设工程监理工作对监理人员素质的要求,对报考监理工程师资格的人员有一定的条件限制。主要有两条要求:一是从事工程建设工作,包括工程建设管理工作的人员以及与工程建设相关的工作人员可以报考;二是必须具备中级专业职称,且取得中级专业技术职称后又有三年以上(含三年)从事工程建设实践的经历。以上两项条件要同时具备,缺一不可。报考时,要填写报考申请表,并交验有关证件。

(3)考试内容。由于监理工程师的业务主要是控制建设工程的质量、造价、进度,监督管理建设工程合同,协调工程建设各方的关系,因此,开展建设监理培训工作以来,根据监理工作的实际业务内容,综合培训院校的教学科目,原建设部组织编写了 6 本培训教材,并逐步在全国范围内推广使用，即建设工程监理概论、工程建设合同管理、工程建设质量控制、工程建设进度控制、工程建设投资控制和工程建设信息管理六方面的理论知识和实务技能。

(4)考试方式和管理。监理工程师资格考试是对考生监理理论和监理实务技能水平的考察，是一种水平考试。考试采取统一命题、闭卷考试、分科记分、统一标准录取的方式，一般每年举行一次。有些学者提出，笔试不能充分地反映考生的实际监理水平，因而应增加对考生实际技能的考核。

对考试合格人员，由省、自治区、直辖市人民政府人事行政主管部门颁发由国务院人事行政主管部门统一印制，国务院人事行政主管部门和建设行政主管部门共同编制的《监理工程师执业资格证书》。取得执业资格证书并经注册后，即成为监理工程师。

2. 监理工程师注册

监理工程师注册制度是政府对监理从业人员实行市场准入控制的有效手段。监理工程师注册，即表明获得了政府对其以监理工程师名义从业的行政许可，因而具有相应工作岗位的责任和权力。

根据监理工程师注册内容的不同分为三种形式，即初始注册、延续注册和变更注册。按照我国有关法规规定，监理工程师依据其所学专业、工作经历、工程业绩，按专业注册，每人最多可以申请两个专业注册，并且只能在一家工程建设勘察、设计、施工、监理、招标代理、造价咨询等企业注册。

(1)初始注册。经考试合格，取得《监理工程师执业资格证书》的，可以申请监理工程师初始注册。

1)申请初始注册，应当具备以下条件：

①经全国注册监理工程师执业资格统一考试合格，取得资格证书。

②受聘于相关单位。

③达到继续教育要求。

2)申请监理工程师初始注册，一般要提供下列材料：

①监理工程师注册申请表。

②申请人的资格证书和身份证复印件。

③申请人与聘用单位签订的聘用劳动合同复印件及社会保险机构出具的参加社会保险的清单复印件。

④学历或学位证书、职称证书复印件，与申请注册相关的工程技术、工程管理工作经历和工程业绩证明。

⑤逾期初始注册的，应提交达到继续教育要求的证明材料。

3)申请初始注册的程序如下：

①申请人向聘用单位提出申请。

②聘用单位同意后，连同上述材料由聘用企业向所在省、自治区、直辖市人民政府建设行政主管部门提出申请。

③省、自治区、直辖市人民政府建设行政主管部门初审合格后，报国务院建设行政主管部门。

④国务院建设行政主管部门对初审意见进行审核，对符合条件者准予注册，并颁发由国务院建设行政主管部门统一印制的《监理工程师注册证书》和执业印章。执业印章由监理工

程师本人保管。

国务院建设行政主管部门对监理工程师初始注册随时受理审批，并实行公示、公告制度，对符合注册条件的进行网上公示，经公示未提出异议的予以批准确认。

(2)延续注册。监理工程师初始注册有效期为三年，注册有效期满要求继续执业的，需要办理延续注册。延续注册应提交以下材料：

1)申请人延续注册申请表。

2)申请人与聘用单位签订的聘用劳动合同复印件及社会保险机构出具的参加社会保险的清单复印件。

3)申请人注册有效期内达到继续教育要求的证明材料。

延续注册的有效期同样为三年，从准予延续注册之日起计算。国务院建设行政主管部门定期向社会公告准予延续注册的人员名单。

(3)变更注册。监理工程师注册后，如果注册内容发生变更，如变更执业单位、注册专业等，应向原注册管理机构办理变更注册。变更注册需要提交下列材料：

1)申请人变更注册申请表。

2)申请人与新聘用单位签订的聘用劳动合同复印件及社会保险机构出具的参加社会保险的清单复印件。

3)申请人的工作调动证明(与原聘用单位解除聘用劳动合同或者聘用劳动合同到期的证明文件、退休人员的退休证明)。

4)在注册有效期内或有效期届满，变更注册专业的，应提供与申请注册专业相关的工程技术、工程管理工作经历和工程业绩证明，以及满足相应专业继续教育要求的证明材料。

5)在注册有效期内，因所在聘用单位名称发生变更的，应提供聘用单位新名称的营业执照复印件。

(4)不予初始注册、延续注册或者变更注册的特殊情况。如果注册申请人有下列情形之一的，将不予初始注册、延续注册或者变更注册：

1)不具有完全民事行为能力。

2)刑事处罚尚未执行完毕或者因从事工程监理或者相关业务受到刑事处罚，自刑事处罚执行完毕之日起至申请注册之日止不满两年。

3)未达到监理工程师继续教育要求。

4)在两个或者两个以上单位申请注册。

5)以虚假的职称证书参加考试并取得资格证书。

6)年龄超过 65 周岁。

7)法律、法规规定不予注册的其他情形。

注册监理工程师如果有下列情形之一的，其注册证书和执业印章将自动失效：

1)聘用单位破产。

2)聘用单位被吊销营业执照。

3)聘用单位被吊销相应资质证书。

4)已与聘用单位解除劳动关系。

5)注册有效期满且未延续注册。

6)年龄超过 65 周岁。

7)死亡或者丧失行为能力。

8)其他导致注册失效的情形。

(5)注销注册。注册监理工程师如果有下列情形之一的,应当注销注册,交回注册证书和执业印章,注册管理机构将公告其注册证书和执业印章作废:

1)不具有完全民事行为能力。

2)申请注销注册。

3)注册证书和执业印章已失效。

4)依法被撤销注册。

5)依法被吊销注册证书。

6)受到刑事处罚。

7)法律、法规规定应当注销注册的其他情形。

3. 注册监理工程师的继续教育

随着现代科学技术日新月异地发展,注册后的监理工程师不能一劳永逸地停留在原有知识水平上,而要随着时代的进步不断更新知识、扩大其知识面。因此,注册监理工程师每年都要接受一定学时的继续教育。

注册监理工程师在每一注册有效期(3 年)内应接受 96 学时的继续教育,其中必修课和选修课各为 48 学时。必修课 48 学时每年可安排 16 学时。选修课 48 学时按注册专业安排学时,只注册 1 个专业的,每年接受该注册专业选修课 16 学时的继续教育;注册 2 个专业的,每年接受相应 2 个注册专业选修课各 8 学时的继续教育。

注册监理工程师申请变更注册专业时,在提出申请之前,应接受申请变更注册专业 24 学时选修课的继续教育。注册监理工程师申请跨省级行政区域变更执业单位时,在提出申请之前,还应接受新聘用单位所在地 8 学时选修课的继续教育。

注册监理工程师在公开发行的期刊上发表有关工程监理的学术论文,字数在 3000 以上的,每篇可充抵选修课 4 学时;从事注册监理工程师继续教育授课工作和考试命题工作,每年每次可充抵选修课 8 学时。

继续教育的方式有两种,即集中面授和网络教学。继续教育的内容主要有:

(1)必修课:国家近期颁布的与工程监理有关的法律法规、标准规范和政策;工程监理与工程项目管理的新理论、新方法;工程监理案例分析;注册监理工程师职业道德。

(2)选修课:地方及行业近期颁布的与工程监理有关的法规、标准规范和政策;工程建设新技术、新材料、新设备及新工艺;专业工程监理案例分析;需要补充的其他与工程监理业务有关的知识。

(四)监理工程师的法律地位与法律责任

1. 监理工程师的法律地位

监理工程师的主要业务是受聘于工程监理企业从事监理工作,受建设单位委托,代表工程监理企业完成委托监理合同约定的委托事项。因此,监理工程师的法律地位主要表现为受托人的权利和义务。监理工程师一般享有下列权利:

(1)使用注册监理工程师称谓。

(2)在规定范围内从事执业活动。

(3)依据本人能力从事相应的执业活动。

(4)保管和使用本人的注册证书和执业印章。

(5)对本人执业活动进行解释和辩护。

(6)接受继续教育。

(7)获得相应的劳动报酬。

(8)对侵犯本人权利的行为进行申诉。

同时,监理工程师还应当履行下列义务:

(1)遵守法律、法规和有关管理规定。

(2)履行管理职责,执行技术标准、规范和规程。

(3)保证执业活动成果的质量,并承担相应责任。

(4)接受继续教育,努力提高执业水准。

(5)在本人执业活动所形成的工程监理文件上签字、加盖执业印章。

(6)保守在执业中知悉的国家秘密和他人的商业、技术秘密。

(7)不得涂改、倒卖、出租、出借或者以其他形式非法转让注册证书或者执业。

(8)不得同时在两个或者两个以上单位受聘或者执业。

(9)在规定的执业范围和聘用单位业务范围内从事执业活动。

(10)协助注册管理机构完成相关工作。

2. 监理工程师的法律责任

监理工程师法律责任的表现行为主要有两方面,一是违反法律法规的行为;二是违反合同约定的行为。

(1)违法行为。现行法律法规对监理工程师的法律责任专门做出了具体规定。如《中华人民共和国建筑法》第三十五条规定:"工程监理单位不按照委托监理合同的约定履行监理义务,对应当监督检查的项目不检查或者不按照规定检查,给建设单位造成损失的,应当承担相应的赔偿责任。"《建设工程质量管理条例》第三十六条规定:"工程监理单位应当依照法律、法规以及有关技术标准、设计文件和建设工程承包合同,代表建设单位对施工质量实施监理并对施工质量承担监理责任。"《建设工程安全生产管理条例》第十四条规定:"工程监理单位和监理工程师应当按照法律、法规和工程建设强制性标准实施监理,并对建设工程安全生产承担监理责任。"

《中华人民共和国刑法》第一百三十七条规定:"建设单位、设计单位、施工单位、工程监理单位违反国家规定,降低工程质量标准,造成重大安全事故的,对直接责任人员,处五年以下有期徒刑或者拘役,并处罚金;后果特别严重的,处五年以上十年以下有期徒刑,并处罚金。"导致安全事故或问题的原因很多,有自然灾害、不可抗力等客观原因,也有建设单位、设计单位、施工企业、材料供应单位等主观原因。

如果监理工程师有下列行为之一,则要承担一定的监理责任:

1)未对施工组织设计中的安全技术措施或者专项施工方案进行审查。

2)发现安全事故隐患未及时要求施工单位整改或者暂时停止施工。

3)施工单位拒不整改或者不停止施工,未及时向有关主管部门报告。

4)未依照法律、法规和工程建设强制性标准实施监理。

(2)违约行为。监理工程师一般主要受聘于工程监理企业,从事工程监理业务。工程监理企业是订立委托监理合同的当事人,是法定意义的合同主体。但委托监理合同在具体履行时,是由监理工程师代表监理企业来实现的。因此,如果监理工程师出现工作过失,违反了合同约定,其行为将被视为监理企业违约,由监理企业承担相应的违约责任。当然,监理企业在承担违约赔偿责任后,有权在企业内部向有相应过失行为的监理工程师追偿部分损失。所以,由监理工程师个人过失引发的合同违约行为,监理工程师应当与监理企业承担一定的连带责任,其连带责任的基础是监理企业与监理工程师签订的《聘用协议》或《责任保证书》,或监理企业法定代表人对监理工程师签发的《授权委托书》。一般来说,《授权委托书》应包含职权范围和相应责任条款。

(3)监理工程师的安全生产责任。监理工程师的安全生产责任是法律责任的一部分。监理工程师虽然不管理安全生产,不直接承担安全责任,但不能排除其间接或连带承担安全责任的可能性。如果监理工程师有下列行为之一,则应当与质量、安全事故责任主体承担连带责任:

1)违章指挥或者发出错误指令,引发安全事故的。

2)将不合格的工程建设、建筑材料、建筑构配件和设备按照合格签字,造成工程质量事故,由此引发安全事故的。

3)与建设单位或施工企业串通,弄虚作假、降低工程质量,从而引发安全事故的。

三、项目监理机构

(一)项目监理机构的组织形式

1. 直线制监理组织形式

直线制监理组织结构是人类社会中最早出现的一种组织结构形式,这种组织形式最简单。

特点:项目监理机构任何一个下级只接受唯一上级的命令,项目监理机构中不再另设职能部门。

适用性:能划分为若干相对独立的子项目的大、中型建设工程,对于小型建设工程,可以采用按专业内容分解的直线制监理组织。

总监理工程师负责整个工程的规划、组织和指导,并负责整个工程范围内各方面的指挥、协调工作;子项目监理组分别负责子项目的目标控制,具体领导现场专业或专项监理组的工作,如图 1-1 所示。

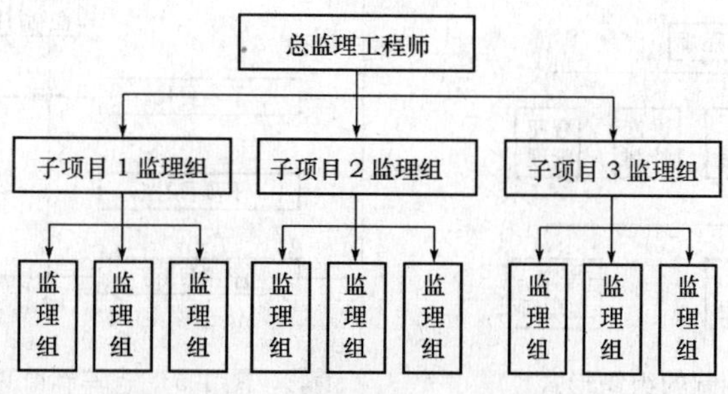

图 1-1　直线制监理组织形式

如果业主委托监理单位对建设工程实施阶段全过程监理，项目监理机构的部门还可按不同的建设阶段分解设立直线制监理组织形式，如图 1-2 所示。

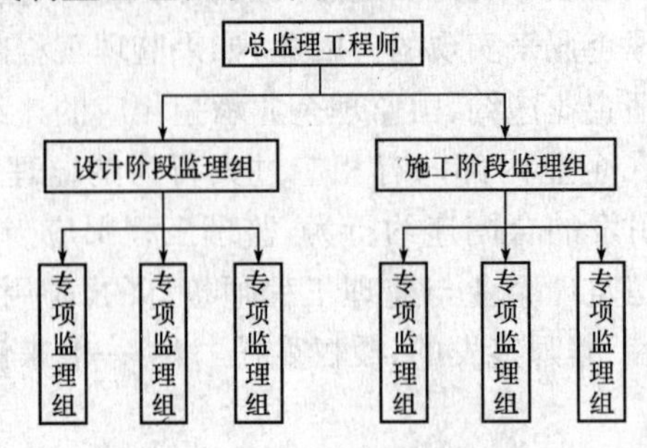

图 1-2 按建设阶段分解的直线制监理组织形式

2. 职能制监理组织形式

职能制监理组织形式是把管理部门和管理人员分为两类：一类是以子项目监理为对象的直线指挥部门和人员；另一类是以投资控制、进度控制、质量控制及合同管理为对象的职能部门及人员。

监理机构内的职能部门按总监理工程师授予的权力和监理职责有权对指挥部门发布指令。

适用性：大、中型建设工程，如果子项目规模较大时，也可以在子项目层设置职能部门，如图 1-3 所示。

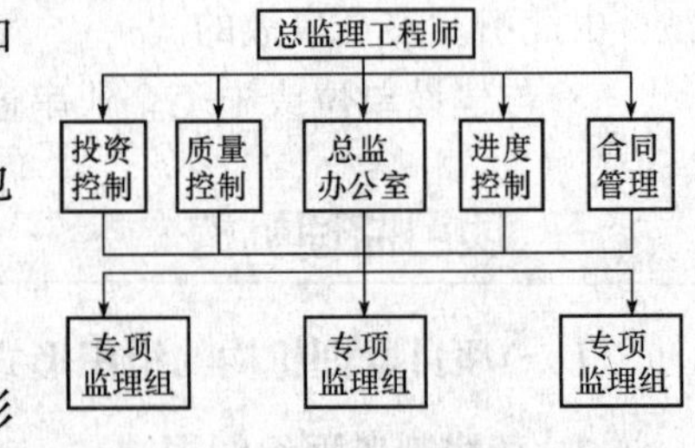

图 1-3 职能制监理组织形式

3. 直线职能制监理组织形式

直线职能制监理组织形式是吸收了直线制监理组织形式和职能制监理组织形式的优点而形成的一种组织形式。

这种组织结构形式既有总监理工程师对子项目监理组的直线制领导，又有专业部门对总监理工程师的参谋和对子项监理组的指导等职能制管理。职能部门只能对指挥部门进行业务指导，而不能对指挥部门直接进行指挥和发布命令，如图 1-4 所示。

4. 矩阵制监理组织形式

矩阵制监理组织形式是由纵横两套管理系统组成的矩阵型组织结构。一套是纵向的职能系统，另一套是横向的子项目系统，如图 1-5 所示。

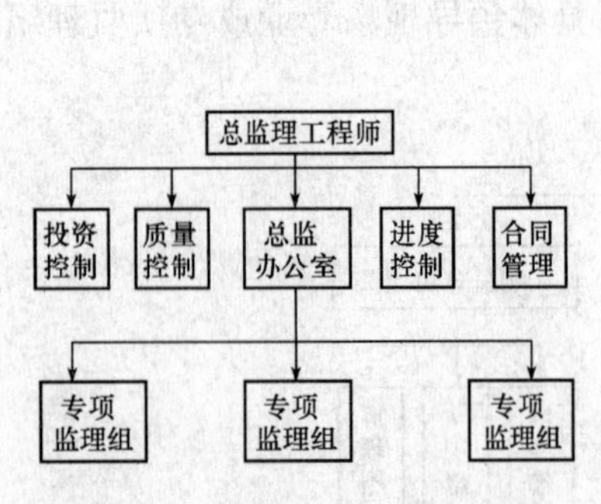

图 1-4 直线职能制的组织形式

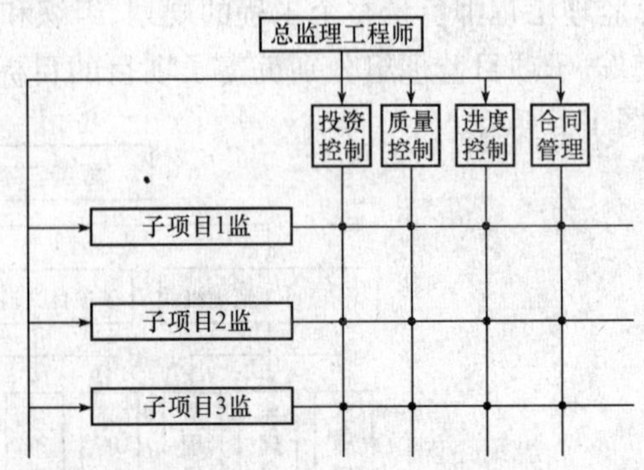

图 1-5 矩阵制监理组织形式

(二)项目监理机构各类人员的基本职责

1. 总监理工程师职责

总监理工程师是由工程监理单位法定代表人书面任命,负责履行建设工程监理合同、主持项目监理机构工作的注册监理工程师。

一名注册监理工程师可担任一项建设工程监理合同的总监理工程师。当一名总监理工程师需要同时担任多项建设工程监理时,应经建设单位书面同意,且最多不得超过三项。

总监理工程师应履行下列职责:

(1)确定项目监理机构人员及其岗位职责。

(2)组织编制监理规划,审批监理实施细则。

(3)根据工程进展及监理工作情况调配监理人员,检查监理人员工作。

(4)组织召开监理例会。

(5)组织审核分包单位资格。

(6)组织审查施工组织设计、(专项)施工方案。

(7)审查工程开复工报审表,签发工程开工令、暂停令和复工令。

(8)组织检查施工单位现场质量、安全生产管理体系的建立及运行情况。

(9)组织审核施工单位的付款申请,签发工程款支付证书,组织审核竣工结算。

(10)组织审查和处理工程变更。

(11)调解建设单位与施工单位的合同争议,处理工程索赔。

(12)组织验收分部工程,组织审查单位工程质量检验资料。

(13)审查施工单位的竣工申请,组织工程竣工预验收,组织编写工程质量评估报告,参与工程竣工验收。

(14)参与或配合工程质量安全事故的调查和处理。

(15)组织编写监理月报、监理工作总结,组织整理监理文件资料。

2. 总监理工程师代表职责

总监理工程师代表是经工程监理单位法定代表人同意,由总监理工程师书面授权,代表总监理工程师行使其部分职责和权利,具有工程类注册执业资格或具有中级及以上专业技术职称、3年以上工程实践经验并经监理业务培训的人员。

下列情形项目监理机构可设置总监理工程师代表:

(1)工程规模较大、专业较复杂,总监理工程师难以处理多个专业工程时,可按专业设总监理工程师代表。

(2)一个建设工程监理合同中包含多个相对独立的施工合同,可按施工合同段设总监理工程师代表。

(3)工程规模较大、地域比较分散,可按工程地域设总监理工程师代表。

总监理工程师作为项目监理机构负责人,监理工作中的重要职责不得委托给总监理工程师代表。

总监理工程师不得将下列工作委托给总监理工程师代表:

1)组织编制监理规划,审批监理实施细则。

2)根据工程进展及监理工作情况调配监理人员。

3)组织审查施工组织设计、(专项)施工方案。

4)签发工程开工令、暂停令和复工令。

5)签发工程款支付证书,组织审核竣工结算。

6)调解建设单位与施工单位的合同争议,处理工程索赔。

7)审查施工单位的竣工申请,组织工程竣工预验收,组织编写工程质量评估报告,参与工程竣工验收。

8)参与或配合工程质量安全事故的调查和处理。

3. 专业监理工程师职责

专业监理工程师是由总监理工程师授权,负责实施某一专业或某一岗位的监理工作,有相应监理文件签发权,具有工程类注册执业资格或具有中级以上专业技术职称、2 年及以上工程实践经验并经监理业务培训的人员。

专业监理工程师应履行下列职责:

(1)参与编制监理规划,负责编制监理实施细则。

(2)审查施工单位提交的涉及本专业的报审文件,并向总监理工程师报告。

(3)参与审核分包单位资格。

(4)指导、检查监理员工作,定期向总监理工程师报告本专业监理工作实施情况。

(5)检查进场的工程材料、构配件、设备的质量。

(6)验收检验批、隐蔽工程、分项工程,参与验收分部工程。

(7)处置发现的质量问题和安全事故隐患。

(8)进行工程计量。

(9)参与工程变更的审查和处理。

(10)组织编写监理日志,参与编写监理月报。

(11)收集、汇总、参与整理监理文件资料。

(12)参与工程竣工预验收和竣工验收。

上述职责为专业监理工程师基本职责,在建设工程监理实施过程中,项目监理机构还应针对建设工程实际情况,明确各岗位专业监理工程师的职责分工,制定具体监理工作计划,并根据实施情况进行必要的调整。

4. 监理员职责

监理员是指从事具体监理工作,具有中专及以上学历并经过监理业务培训的人员。监理员应履行下列职责:

(1)检查施工单位投入工程的人力、主要设备的使用及运行状况。

(2)进行见证取样。

(3)复核工程计量有关数据。

(4)检查工序施工结果。

(5)发现施工作业中的问题,及时指出并向专业监理工程师报告。

(三)建立项目监理机构的步骤

1. 确定项目监理机构目标

确定建设工程监理目标是项目监理机构建立的前提,项目监理机构应根据委托监理合同中确定的监理目标，制定总目标并明确划分监理机构的分解目标。

2. 确定工作内容并进行合理分类归并及组合

根据监理目标和委托监理合同中规定的监理任务，明确列出监理工作内容，并进行分类归并及组合。

监理工作的归并及组合应便于监理目标控制，并综合考虑监理工程的组织管理模式、工程结构特点、合同工期要求、工程复杂程度、工程管理及技术特点，还应考虑监理单位自身组织管理水平、监理人员数量、技术业务特点等。

如果建设工程进行实施阶段全过程监理，监理工作划分可按设计阶段和施工阶段分别归并和组合，如图 1-6 所示。

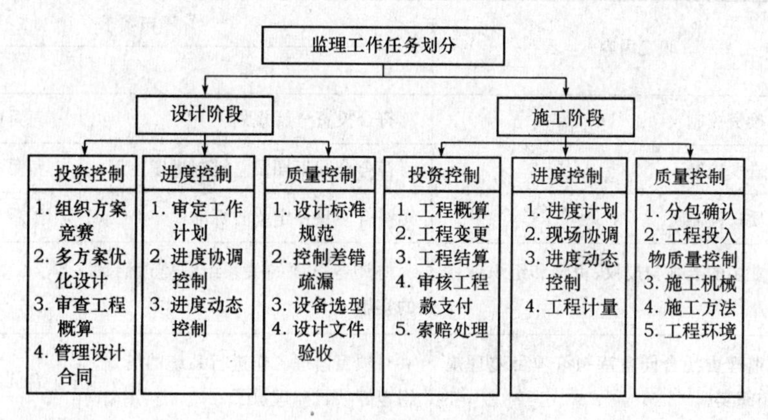

图 1-6　实施阶段监理工作划分

3. 设计项目监理机构的组织结构

(1)选择组织结构形式。

由于建设工程规模、性质、建设阶段等的不同，设计项目监理机构的组织结构时应选择适宜的组织结构形式以适应监理工作的需要。组织结构形式选择的基本原则是：

1)有利于工程合同管理。

2)有利于监理目标控制。

3)有利于决策指控。

4)有利于信息沟通。

(2)确定管理层次和管理跨度。项目监理机构中一般应有三个层次：

1)决策层。由总监理工程师和其助手组成，主要根据建设工程委托监理合同的要求和监理活动内容进行科学化、程序化的决策与管理。

2)中间控制层(协调层和执行层)。由各专业监理工程师组成，具体负责监理规划的落实、监理目标控制及合同实施的管理。

3)作业层。主要由监理员、检查员等组成，具体负责监理活动的操作实施。

项目监理机构中管理跨度应考虑监理人员的素质、管理活动的复杂性和相似性、监理业务的标准化程度、各项规章制度的建立健全情况、建设工程的集中或分散情况等，按监理工作实施需要确定。

(3)划分项目监理机构部门。项目监理中合理划分各职能部门,应依据监理机构目标、监理机构可利用人力和物力资源以及合同结构情况,将投资控制、造价控制、质量控制及安全生产管理的监理工作、合同管理、组织协调等监理工作内容按不同的职能活动或按子项分解形成相应的职能管理部门或子项目管理部门。

(4)制定岗位职责和考核标准。岗位职务及职责的确定,要有明确的目的性。根据责权一致的原则,应进行适当的授权,以承担相应的职责,并应确定考核标准,对监理人员的工作进行定期考核,包括考核内容、考核标准及考核时间。表 1-4 及表 1-5 分别为项目总监理工程师和专业监理工程师岗位职责和考核标准。

表 1-4　项目总监理工程师岗位职责和考核标准

项目	职责内容	考核要求	
		标准	完成时间
工作指标	项目投资控制	符合投资分解规划	每月(季)末
	项目进度控制	符合合同工期及总控制进度计划	每月(季)末
	项目质量控制	符合质量评定验收标准	工程各阶段末
基本职责	根据业主的委托与授权,负责和组织项目的监理工作	协调各方面的关系组织监理活动的实施	
	根据监理委托合同主持制订项目监理规划,并组织实施	对项目监理工作进行系统的策划,组建好项目监理班子	合同生效后 1 个月
	审核各子项、各专业监理工程师编制的监理工作计划或实施细则	应符合监理规划,并具有可行性	各子项专业监理开展前 15 天
	监督和指导各子项、各专业监理工程师对投资、进度、质量进行监控,并按合同进行管理	使监理工作进入正常工作状态,使工程处于受控状态	每月末检查
	做好建设过程中有关各方面的协调工作	使工程处于受控状态	每月末检查、协调
	签署监理组对外发出的文件、报表及报告	及时、完整、准确	每月(季)末
	审核、签署项目的监理档案资料	完整、准确、真实	竣工后 15 天或依合同约定

表 1-5　专业监理工程师岗位职责和考核标准

项目	职责内容	考核要求	
		标准	完成时间
工作指标	投资控制	符合投资分解规划	月末
	进度控制	符合控制性进度计划	月末
	质量控制	符合质量评定验收标准	工程各阶段末
	合同管理	按合同约定	月末

续表

项目	职责内容	考核要求	
		标准	完成时间
基本职责	在项目总监理工程师领导下，熟悉项目情况，清楚本专业监理的特点和要求	制订本专业监理工作计划或实施细则	实施前1个月
	具体负责组织专业监理工作	监理工作有序，工程处于受控状态	每周(月)检查
	做好与有关部门之间的协调工作	保证监理工作及工程顺利进展	每周(月)检查、协调
	处理与本专业有关的重大问题并及时向监理工程师报告	及时、如实	问题发生后10天内
	负责与本专业有关的签证、对外通知、备忘录，以及向总监理工程师提供的报告、报表资料	及时、如实、准确	
	负责整理本专业有关的竣工验收资料	完整、准确、真实	竣工后10天或依合同约定

(5)安排监理人员。项目监理机构的监理人员应由一名总监理工程师、若干名专业监理工程师和监理员组成，且专业配套、数量应满足监理工作和建设工程监理合同对监理工作深度及建设工程监理目标控制的要求，必要时可设总监理工程师代表。

除总监理工程师、专业监理工程师和监理员外，项目监理机构还可根据监理工作需要，配备文秘、翻译、司机和其他行政辅助人员。

项目监理机构应根据建设工程不同阶段的需要配备数量和专业满足要求的监理人员，有序安排相关监理人员进退场。

工程监理单位在建设工程监理合同签订后，应及时将项目监理机构的组织形式、人员构成及对总监理工程师的任命书面通知建设单位。总监理工程师任命书应按表1-6填写。

工程监理单位调换总监理工程师时，应征得建设单位书面同意；调换专业监理工程师时，总监理工程师应书面通知建设单位。施工现场监理工作全部完成或建设工程监理合同终止时，项目监理机构可撤离施工现场。

表1-6　　总监理工程师任命书

工程名称：__________　　　　编号：__________

致：____________(建设单位)

兹任命__________(注册监理工程师注册号：__________)为我单位______________项目总监理工程师。负责履行建设工程监理合同、主持项目监理机构工作。

工程监理单位(盖章)__________

法定代表人(签字)__________

______年___月___日

注：本表一式三份，项目监理机构、建设单位、施工单位各一份。

四、工程监理设施

建设单位应按建设工程监理合同约定，提供监理工作需要的办公、交通、通信、生活等设施。

1. 办公室

如果监理办公设施由承包商提供，应在招标文件中注明下述项目：空间大小、办公室在现场的位置、办公室所使用的建筑材料、办公室设施（如公用设施、暖/冷气设备、门窗面积、照明设备、家具、办公设备、照相机、安全设备、急救箱、茶几、厨房设备、通道、停车棚等）、维修与安保措施以及付款办法。

2. 实验室

注明下列各项：一般试验设备、材料试验设备、土壤和骨料试验设备，实验室在工地所处的位置、面积、地面和装饰要求，实验室的通风条件、供水、供电和电话等。

承包商也可以按合同建立自己的实验设施，测试、试验由驻地监理工程师派员监控。

在城市地区的工程项目，许多试验可以在工地以外的专业实验室进行。

3. 勘测设备

勘测设备主要包括计量、放线、检查等所需要的设备，如经纬仪、测距器、自动水准仪、直角转光器等等。

如果勘测设备由承包商提供，应注明设备的类别、数量、维护措施、付款办法等事项（勘测设备较适合于租用）。

4. 运输工具

如果运输工具由承包商提供，通常要说明：运输工具的类别与数量、燃料与备件的供应、保险，维护、付款办法、司机的提供等。

5. 通信器材

通信器材是监理人员不可缺少的工具，主要有电话、传呼机、流动无线电话等。通信器材的供应，取决于工地所需的技术复杂程度与后勤服务。

如果由承包商提供通信器材，也应注明其类别、数量、性能和付款方式等事项。

6. 宿舍和生活设施

监理人员的宿舍是兴建还是租用，应视工程的具体情况和地理位置而定。同时，还应考虑烹调设施、洗衣设施、社交设施、水电供应、营地安保措施、访客的住宿设施等。

监理人员的宿舍和生活设施必须在工程动工之前准备就绪。

对于建设单位提供的设施，项目监理机构应登记造册，妥善使用和保管，并应按建设工程监理合同约定的时间移交建设单位。

工程监理单位宜按建设工程监理合同约定，配备满足监理工作需要的检测设备和施工器具。

第三节　建设工程监理与相关服务收费

为规范建设工程监理及相关服务收费行为，维护委托双方合法权益，促进工程监理行业健康发展，国家发展和改革委员会、原建设部组织国务院有关部门和有关组织，制定了《建设工程监理与相关服务收费管理规定》，自 2007 年 5 月 1 日起执行。

一、建设工程监理与相关服务收费管理规定

《建设工程监理与相关服务收费管理规定》的基本规定如下：

（1）建设工程监理与相关服务，应当遵守公平、公正、公开、自愿和诚实信用的原则。依法必须招标的建设工程，应通过招标方式确定监理人。监理服务招标应优先考虑监理单位的资信程度、监理方案的优劣等技术因素。

（2）发包人和监理人应当遵守国家有关价格法律法规的规定，接受政府价格主管部门的监督、管理。

（3）建设工程监理与相关服务收费根据建设项目性质的不同情况，分别实行政府指导价或市场调节价。依法必须实行监理的建设工程施工阶段收费实行政府指导价；其他建设工程施工阶段的监理收费和其他阶段的监理与相关服务实行市场调节价。

（4）实行政府指导价的建设工程施工阶段监理收费，其基准价根据《建设工程监理与相关服务收费标准》计算，浮动幅度为上下 20%。发包人和监理人应当根据建设工程的实际情况在规定的浮动幅度内协商确定收费额。实行市场调节价的建设工程监理与相关服务收费，由发包人和监理人协商确定收费额。

（5）建设工程监理与相关服务收费，应当体现优质优价的原则。在保证工程质量的前提下，由于监理人提供的监理与相关服务节省投资，缩短工期，取得显著经济效益的，发包人可根据合同约定奖励监理人。

（6）监理人应当按照《关于商品和服务实行明码标价的规定》，告知发包人有关服务项目、服务内容、服务质量、收费依据，以及收费标准。

（7）建设工程监理与相关服务的内容、质量要求和相应的收费金额以及支付方式，由发包人和监理人在监理与相关服务合同中约定。

（8）监理人提供的监理与相关服务，应当符合国家有关法律、法规和标准规范，满足合同约定的服务内容和质量等要求。监理人不得违反标准规范规定或合同约定，通过降低服务质量、减少服务内容等手段进行恶性竞争，扰乱正常市场秩序。

（9）由于非监理人原因造成建设工程监理与相关服务工作量增加或减少的，发包人应当按合同约定与监理人协商另行支付或扣减相应的监理与相关服务费用。

（10）由于监理人原因造成监理与相关服务工作量增加的，发包人不另行支付监理与相关服务费用。

监理人提供的监理与相关服务不符合国家有关法律、法规和标准规范的，提供的监理服务人员、执业水平和服务时间未达到监理工作要求的，不能满足合同约定的服务内容和质量等要求的，发包人可按合同约定扣减相应的监理与相关服务费用。

由于监理人工作失误给发包人造成经济损失的，监理人应当按照合同约定依法承担相应赔偿责任。

（11）违反《建设工程监理与相关服务收费管理规定》和国家有关价格法律、法规规定的，由政府价格主管部门依据《中华人民共和国价格法》、《价格违法行为行政处罚规定》予以处罚。

二、建设工程监理与相关服务收费标准

1. 总则

(1)建设工程监理与相关服务是指监理人接受发包人的委托，提供建设工程施工阶段的质量、进度、费用控制管理和安全生产监督管理、合同、信息等方面协调管理服务，以及勘察、设计、保修等阶段的相关服务。各阶段的工作内容见表 1-7。

表 1-7　　建设工程监理与相关服务的主要工作内容

<table>
<tr><th>服务阶段</th><th>主要工作内容</th><th>备注</th></tr>
<tr><td>勘察阶段</td><td>协助发包人编制勘察要求、选择勘察单位，核查勘察方案并监督实施和进行相应的控制，参与验收勘察成果</td><td rowspan="4">建设工程勘察、设计、施工、保修等阶段监理与相关服务的具体工作内容执行国家、行业有关规范、规定</td></tr>
<tr><td>设计阶段</td><td>协助发包人编制设计要求、选择设计单位，组织评选设计方案，对各设计单位进行协调管理，监督合同履行，审查设计进度并监督实施，核查设计大纲和设计深度、使用技术规范合理性，提出设计评估报告(包括各阶段设计的核查意见和优化建议)，协助审核设计概算</td></tr>
<tr><td>施工阶段</td><td>施工过程中的质量、进度、费用控制，安全生产监督管理、合同、信息等方面的协调管理</td></tr>
<tr><td>保修阶段</td><td>检查和记录工程质量缺陷，对缺陷原因进行调查分析并确定责任归属，审核修复方案，监督修复过程并验收，审核修复费用</td></tr>
</table>

(2)建设工程监理与相关服务收费包括建设工程施工阶段的工程监理(以下简称“施工监理”)服务收费和勘察、设计、保修等阶段的相关服务(以下简称“其他阶段的相关服务”)收费。

(3)市政工程施工监理服务收费按照建设项目工程概算投资额分档定额计费方式计算收费。

(4)其他阶段的相关服务收费一般按相关服务工作所需工日和《建设工程监理与相关服务人员人工日费用标准》(表 1-8)收费。

表 1-8　　建设工程监理与相关服务人员工日费用标准

建设工程监理与相关服务人员职级	工日费用标准/元
高级专家	1000～1200
高级专业技术职称的监理与相关服务人员	800～1000
中级专业技术职称的监理与相关服务人员	600～800
初级及以下专业技术职称的监理与相关服务人员	300～600

(5)施工监理服务收费按照下列公式计算：

施工监理服务收费＝施工监理服务收费基准价×(1±浮动幅度值)

施工监理服务收费基准价＝施工监理服务收费基价×专业调整系数×工程复杂程度调整系数×高程调整系数

(6)施工监理服务收费基价。施工监理服务收费基价是完成国家法律法规、规范规定的施工阶段监理基本服务内容的价格。施工监理服务收费基价按《施工监理服务收费基价表》(表 1-9)确定，计费额处于两个数值区间的，采用直线内插法确定施工监理服务收费基价。

表 1-9　　施工监理服务收费基价表

序号	计费额	收费基价	备注
1	500	16.5	计费额大于 100 亿元的，以计费额乘以 1.039%的收费率计算收费基价。其他未包含的收费由双方协商议定
2	1000	30.1	
3	3000	78.1	
4	5000	120.8	
5	8000	181.0	
6	10000	218.6	
7	20000	393.4	
8	40000	708.2	
9	60000	991.4	
10	80000	1255.8	
11	100000	1507.0	
12	200000	2712.5	
13	400000	4882.6	
14	600000	6835.6	
15	800000	8658.4	
16	1000000	10390.1	

(7)施工监理服务收费基准价。施工监理服务收费基准价是按照收费标准规定的基价和计算出的施工监理服务基准收费额。发包人与监理人根据项目的实际情况，在规定的浮动幅度范围内协商确定施工监理服务收费合同额。

(8)施工监理服务收费的计费额。施工监理服务收费以建设项目工程概算投资额分档定额计费方式收费的，其计费额为工程概算中的建筑安装工程费、设备购置费和联合试运转费之和，即工程概算投资额。对设备购置费和联合试运转费占工程概算投资额 40%以上的工程项目，其建筑安装工程费全部计入计费额，设备购置费和联合试运转费按 40%的比例计入计费额。但其计费额不应小于建筑安装工程费与其相同且设备购置费和联合试运转费等于工程概算投资额 40%的工程项目的计费额。

工程中有利用原有设备并进行安装调试服务的，以签订工程监理合同时同类设备的当期价格作为施工监理服务收费的计费额；工程中有缓配设备的，应扣除签订工程监理合同时同类设备的当期价格作为施工监理服务收费的计费额；工程中有引进设备的，按照购进设备的离岸价格折换成人民币作为施工监理服务收费的计费额。

施工监理服务收费以建筑安装工程费分档定额计费方式收费的，其计费额为工程概算中的建筑安装工程费。

作为施工监理服务收费计费额的建设项目工程概算投资额或建筑安装工程费均指每个监理合同中约定的工程项目范围的计费额。

(9)施工监理服务收费调整系数。施工监理服务收费调整系数包括专业调整系数、工程复杂程度调整系数和高程调整系数。

1)专业调整系数是对不同专业建设工程的施工监理工作复杂程度和工作量差异进行调

整的系数。计算施工监理服务收费时,市政工程专业调整系数为 1.0。

2)工程复杂程度调整系数是对同一专业建设工程的施工监理复杂程度和工作量差异进行调整的系数。工程复杂程度分为一般、较复杂和复杂三个等级,其调整系数分别为:一般(Ⅰ级)0.85;较复杂(Ⅱ级)1.0;复杂(Ⅲ级)1.15。

3)高程调整系数:海拔高程 2001m 以下的为 1;海拔高程 2001～3000m 为 1.1;海拔高程 3001～3500m 为 1.2;海拔高程 3501～4000m 为 1.3;海拔高程 4001m 以上的,高程调整系数由发包人和监理人协商确定。

(10)发包人将施工监理服务中的某一部分工作单独发包给监理人,按照其占施工监理服务工作量的比例计算施工监理服务收费,其中质量控制和安全生产监督管理服务收费不宜低于施工监理服务收费额的 70%。

(11)建设工程项目施工监理服务由两个或者两个以上监理人承担的,各监理人按照其占施工监理服务工作量的比例计算施工监理服务收费。发包人委托其中一个监理人对建设工程项目施工监理服务总负责的,该监理人按照各监理人合计监理服务收费额的 4%～6%向发包人收取总体协调费。

2. 工程复杂程度标准

(1)公路、城市道路、轨道交通、索道工程复杂程度见表 1-10。

表 1-10　公路、城市道路、轨道交通、索道工程复杂程度表

等级	工程特征
Ⅰ级	1)Ⅲ、Ⅳ级公路及相应的机电工程; 2)Ⅰ、Ⅱ公路的机电工程
Ⅱ级	1)Ⅰ、Ⅱ公路; 2)高速公路的机电工程; 3)城市道路、广场、停车场工程
Ⅲ级	1)调整公路工程; 2)城市地铁、轻轨; 3)客(货)运索道工程

(2)公路桥梁、城市桥梁和隧道工程复杂程度见表 1-11。

表 1-11　公路桥梁、城市桥梁和隧道工程复杂程度表

等级	工程特征
Ⅰ级	1)总长小于 1000m 或单孔跨径小于 150m 的公路桥梁; 2)长度小于 1000m 的隧道工程; 3)人行天桥、涵洞工程
Ⅱ级	1)总长不小于 1000m 或 150m≤单孔跨径<250m 的公路桥梁; 2)1000m≤长度<3000m 的隧道工程; 3)城市桥梁、分离式立交桥、地下通道工程

续表

等级	工程特征
Ⅲ级	1)主跨不小于250m的拱桥,单跨不小于250m的预应力混凝土连续结构,不小于400m的斜拉桥,不小于800m的悬索桥; 2)连拱隧道、水底隧道、长度不小于3000m的隧道工程; 3)城市互通式立交桥

(3)市政公用、园林绿化工程复杂程度见表1-12。

表1-12 市政公用、园林绿化工程复杂程度表

等级	工程特征
Ⅰ级	1)*DN*<1.0m的给排水地下管线工程; 2)小区内燃气管道工程; 3)小区供热管网工程,小于2MW的小型换热站工程; 4)小型垃圾中转站,简易堆肥工程
Ⅱ级	1)*DN*≥1.0m的给排水地下管线工程;小于$3m^3/s$的给水、污水泵站;小于10万t/d的给水厂工程,小于5万t/d的潜水处理工程; 2)城市中、低压燃气管网(站)工程,小于$1000m^3$的液化气贮藏场(站); 3)锅炉房、城市供热管网工程,不小于2MW的换热站工程; 4)不小于100t/d的垃圾中转站、垃圾填埋工程; 5)园林绿化工程
Ⅲ级	1)不小于$3m^3/s$的给水、污水泵站;不小于10万t/d的给水厂工程,不小于5万t/d的潜水处理工程; 2)城市高压燃气管网(站)工程,不小于$1000m^3$的液化气贮藏场(站); 3)垃圾焚烧工程; 4)海底排污管线,海水取排水、氮化及处理工程

第四节 建设工程监理规划与监理实施细则

一、建设工程监理规划

监理规划是在项目监理机构详细调查和充分研究建设工程的目标、技术、管理、环境以及工程参建各方面等情况后制定的指导建设工程监理工作的实施方案,监理规划应起到指导项目监理机构实施建设工程监理工作的作用,因此,监理规划中应有明确、具体、切合工程实际的监理工作内容、程序、方法和措施,并制定完善的监理工作制度。

监理规划作为工程监理单位的技术文件,应经过工程监理单位技术负责人的审核批准,并在工程监理单位存档。

(一)监理规划的作用

(1)指导项目监理机构全面开展监理工作。监理规划需要对监理机构开展的各项监理工作做出全面的系统的组织和安排,它包括确定监理工作目标、制定监理工作程序、确定目标控制、合同管理、信息管理,组织协调等各项措施和确定各项工作的方法和手段。

(2)监理规划是建设监理主管机构对监理单位监督的依据。

(3)监理规划是业主确认监理单位履行合同的主要依据。监理规划是业主了解和确认监理单位是否履行监理合同的主要说明文件。监理规划应当能够全面详细地为业主监督监理合同的履行提供依据。

(4)监理规划是监理单位内部考核的依据和主要存档资料。监理规划的内容随着工程的进展应逐步调整、补充和完善,在一定程度上真实地反映了一个工程项目监理的全貌,是最好的监理过程记录,是监理单位的重要的存档资料。

(二)监理规划的编制

监理规划可在签订建设工程监理合同及收到工程设计文件后由总监理工程师针对建设工程实际情况进行编制。此外,还应结合施工组织设计、施工图审查意见等文件资料进行编制。一个监理项目应编制一个监理规划。

1. 监理规划编审程序

监理规划应在第一次工地会议召开之前完成工程监理单位内部审核后报送建设单位。监理规划编审应遵循下列程序:

(1)总监理工程师组织专业监理工程师编制。

(2)总监理工程师签字后由工程监理单位技术负责人审批。

2. 监理规划编制依据

编制监理规划时,必须详细了解有关项目的下列资料:

(1)工程建设方面的法律、法规。工程建设方面的法律、法规具体包括国家颁布的有关工程建设的法律、法规;工程所在地或所属部门颁布的工程建设相关的法规、规定和政策;工程建设的各种标准、规范。

(2)政府批准的工程建设文件。政府批准的工程建设文件包括政府工程建设主管部门批准的可行性研究报告、立项批文和政府规划部门确定的规划条件、土地使用条件、环境保护要求、市政管理规定。

(3)建设工程监理合同。在编写监理规划时,必须依据建设工程监理合同中的监理单位和监理工程师的权利和义务,监理工作范围和内容及有关监理规划方面的要求。

(4)其他工程建设合同。在编写监理规划时,也要考虑其他工程建设合同关于业主和承建单位权利和义务的内容。

(5)项目业主的正当要求。根据监理单位应竭诚为客户服务的宗旨,在不超出合同职责范围的前提下,监理单位应最大限度地满足业主的正当要求。

(6)工程实施过程输出的有关工程信息,如方案设计、初步设计、施工图设计;工程实施状况;工程招标投标情况;重大工程变更等。

(7)监理大纲。监理大纲是工程监理单位为获得监理任务在投标阶段编制的项目监理方案性文件,它是投标书的组成部分,其目的是要使建设单位满意,即采用监理单位制定的监理方案，能实现建设单位的投资目的和建设意图，进而赢得竞争，赢得监理业务。所以，监理规划大纲是为了工程监理单位经营目标服务的，起着承接监理任务的作用。

3. 监理规划编制要求

监理规划的编制应由项目总监理工程师主持，专业监理工程师参加。在监理规划中，应结合所监理项目的特点和合同要求，体现总监理工程师的组织管理思想、工作思路和总体安排。监理规划的编写应符合下列基本要求：

(1)监理规划的内容应具有针对性、指导性。这是监理规划能够有效实施的重要前提。监理规划是用来指导一个特定的项目组织在一个特定的工程项目上的监理工作，它的具体内容要适合于这个特定的监理组织和特定的工程项目，而每个工程项目都不相同，且具有单件性和一次性的特点。针对某项工程建设监理活动，有它自己的投资、进度、质量控制目标，有它的项目组织形式和相应的监理组织机构，有它自己的信息管理制度和合同管理措施，有它自己独特的目标控制措施、方法和手段。因此，监理规划只有具有针对性，才能真正起到指导监理工作的作用。

(2)监理规划的表达方式应当标准化、格式化。监理规划的内容表达应当明确、简洁、直观。比较而言，图、表和简单的文字说明应当是采用的基本方式。编写监理规划各项内容时应当采用什么表格、图示，以及哪些内容要采用简单的文字说明应当做出一般规定，从而满足监理规划格式化、标准化的要求。

(3)监理规划编写的主持人和决策者应是项目总监理工程师。监理规划在总监理工程师主持下编写制定，是工程建设监理实行项目总监理工程师负责制的要求。总监理工程师是项目监理的负责人，在他主持下编制监理规划，有利于贯彻他的监理方案。同时，总监理工程师主持编制监理规划，有利于熟悉监理活动，并使监理工作系统化，有利于监理规划的有效实施。

(4)监理规划应实事求是。坚持实事求是，是监理单位开展监理工作和市场业务经营中的原则。只有实事求是地编制监理规划并在监理工作中认真落实，才能保证监理规划在监理机构内部管理中的严肃性和约束力，才能保证监理单位在项目监理中和监理市场中的良好信誉。

(三)监理规划的内容

根据《建设工程监理规范》(GB/T 50319—2013)的规定，监理规划的主要内容包括：①工程概况；②监理工作的范围、内容、目标；③监理工作依据；④监理组织形式、人员配备及进退场计划、监理人员岗位职责；⑤监理工作制度；⑥工程质量控制；⑦工程造价控制；⑧工程进度控制；⑨安全生产管理的监理工作；⑩合同与信息管理；⑪组织协调；⑫监理工作设施。

1. 工程概况

工程概况部分主要编写以下内容：

(1)工程的性质和作用。

(2)工程项目的建设、设计、承包单位和建设监理单位。

(3)工程环境。

(4)工程地质水文条件。

(5)工程施工设计。

(6)工程计划工期。

(7)工程质量要求。

(8)工程设计单位及施工单位名称。

2. 监理工作的范围、内容、目标

(1)监理工作范围。施工阶段监理工作范围是指监理单位所承担的监理任务的工程范围,依据委托监理合同确定。一般可写为“根据委托监理合同的规定,监理单位承担施工阶段、保修阶段监理任务。”

(2)监理工作内容。施工阶段监理工作的内容是指依据委托监理合同的约定,在工程项目建设过程中,监督、管理建设工程合同的履行,控制工程建设项目的进度、造价、质量和安全施工,以及协调参加工程建设各方的工作关系。

(3)监理工作目标。工程项目建设监理目标是指监理单位所承担的工程项目的监理目标。通常以工程项目的建设质量、造价、进度三大目标来表示。

3. 监理工作依据

(1)工程建设方面的法律、法规。

(2)国家施工质量验收规范、规程、施工技术标准、设计图及设计文件。

(3)政府批准的工程建设文件。

(4)建设工程预算定额、《市政工程工程量计算规范》(GB 50857—2013)。

(5)建设工程监理合同。

(6)其他建设工程合同。

4. 监理组织形式、人员配备及进退场计划、监理人员岗位职责

(1)项目监理机构的组织形式应根据建设工程监理要求选择。

(2)监理人员配备。监理人员的配备,应根据被监理工程的类别、规模、技术复杂程度和能够对工程监理有效控制的原则进行配备。监理工程师办公室各专业部门负责人等各类高级监理人员一般应占监理总人数的10%以上;各类专业监理工程师中中级专业监理人员,一般应占监理总人数的40%;各类专业工程师助理及辅助人员等初级监理人员,一般应占监理总人数的40%;行政及事务人员应控制在监理总人数的10%以内。

(3)监理人员岗位职责。总监理工程师、总监理工程师代表、专业监理工程师、监理员的岗位职责。

5. 监理工作制度

为使监理工作更加科学有序,总监理工程师可选择性地制定其他监理工作制度。常见的监理工作制度有:

(1)设计交底与图纸会审制度。

(2)施工组织设计(施工方案)审批制度。

(3)监理日志与监理月报制度。

(4)隐蔽工程检查验收制度。

(5)监理例会与请示报告制度。

(6)监理收文与发文制度。

(7)合同管理办法。

(8)信息管理办法。

(9)监理档案管理制度。

(10)监理项目管理事故报告制度。

(11)监理人员职业守则。

(12)质量控制实施细则。

(13)监理人员岗位责任制。

6. 工程质量控制

(1)质量控制目标的描述。包括设计质量控制目标、材料质量控制目标、设备质量控制目标、施工质量控制目标及其他说明等。

(2)质量控制的具体措施。包括组织措施、技术措施、经济措施及合同措施。

(3)质量目标实现的风险分析。

(4)质量控制状况的动态分析。

7. 工程造价控制

(1)造价控制目标分解。可按基本建设投资的费用组成分解，按年、季度(月度)分解，按项目实施的阶段分解。

(2)编制投资使用计划。

(3)造价控制措施。包括组织措施、技术措施、经济措施及合同措施。

(4)投资目标的风险分析。

(5)造价控制的动态比较。

8. 工程进度控制

(1)项目总进度计划。

(2)总进度目标的分解。包括年、季度(月度)进度目标，各阶段的进度目标，各子项目的进度目标。

(3)进度控制的具体措施。包括组织措施、技术措施、经济措施及合同措施。

(4)进度目标实现的风险分析。

(5)进度控制的动态比较。包括进度目标分解值与项目进度实际值的比较，项目进度目标值预测分析。

9. 安全生产管理的监理工作

(1)总监理工程师应组织项目监理机构全体人员认真学习贯彻《建设工程安全生产管理条例》，要建立经常性的学习及自检查制度。

(2)项目监理机构全体人员要牢固树立“安全第一，预防为主”的思想，强化责任意识。

(3)项目监理机构应检查承包单位在施工现场的特种作业人员(如登高架设作业人员、安装拆卸工等)的特种作业操作资格证书，无证者不得上岗。

(4)项目监理机构必须按照法律、法规和工程建设强制性标准实施监理工作。

10. 合同与信息管理

(1)可以以合同结构图的形式表示合同管理的工作流程与措施、合同执行状况的动态分析、合同争议调解与索赔处理程序。

(2)可以以信息管理分类表表示机构内部信息流程图、信息管理的工作流程与措施。

11. 组织协调

(1)与工程建设有关的单位。系统内的单位包括业主、设计单位、施工单位、材料和设备供应单位等；系统外的单位包括政府建设行政主管机构、政府其他有关部门、工程毗邻单位、社会团体等。

(2)协调分析。

(3)协调工作程序。

(4)协调工作表格。

12. 监理工作设施

如果建设单位在委托建设工程监理时一并委托相关服务的，可将相关服务工作计划纳入监理规划。

(四)监理规划的调整

监理规划有适应性，在监理工作实施过程中，建设工程的实施可能会发生较大变化，如设计方案重大修改、施工方式发生变化、工期和质量要求发生重大变化，或者当原监理规划所确定的程序、方法、措施和制度等需要做重大调整时，总监理工程师应及时组织专业监理工程师修改监理规划，并按原报审程序审核批准后报建设单位。导致监理规划调整的主要原因是：

(1)由于工程项目的内容和特点各自不同，因此，对工程项目的理解，对工程项目管理的思路和经验，监理单位和其他涉及工程建设各方(建设单位、设计单位、承包单位)之间可能有不同的意见，当情况变化时应对监理规划进行适当调整。

(2)由于工程项目建设情况出现了重大改变(如工程规模有了改变、工期有重大修改、工程设计有重大变更等)，必须对监理规划进行补充、修改和调整。

需要对监理规划进行调整时，总监理工程师应先组织项目监理人员进行内部研究，取得一致意见，并与参加工程项目建设有关各方协商后，进行调整与修改。修改后的监理规划仍按原来监理规划审批程序办理。

二、建设工程监理实施细则

监理实施细则是指导项目监理机构具体开展专项监理工作的操作性文件，应体现项目监理机构对于建设工程在专业技术、目标控制方面的工作要点、方法和措施，做到详细、具体、明确。

监理实施细则应在相应工程施工开始前由专业监理工程师编制，并应报总监理工程师审批。

1. 监理实施细则编制依据

监理实施细则的编制应依据下列资料：

(1)监理规划。

(2)工程建设标准、工程设计文件。

(3)施工组织设计、(专项)施工方案。

2. 监理实施细则编制要求

(1)对专业性较强、危险性较大的分部分项工程，项目监理机构应结合工程特点、施工环境、施工工艺等编制监理实施细则，明确监理工作要点、监理工作流程和监理工作方法及措施，达到规范和指导监理工作的目的。

(2)对工程规模较小、技术较简单且有成熟管理经验和措施的，可不必编制监理实施细则。

(3)监理实施细则应根据实际情况进行补充、修改和完善。

在监理工作实施过程中，当发生工程变更、计划变更或原监理实施细则所确定的方法、措施、流程不能有效地发挥管理和控制作用等情况时，总监理工程师应及时根据实际情况安排专业监理工程师对监理实施细则进行补充、修改和完善。

3. 监理实施细则的内容

根据《建设工程监理规范》(GB/T 50319—2013)的规定，监理实施细则主要内容包括：专业工程特点、监理工作流程、监理工作要点、监理工作方法及措施。下面是分阶段详细阐述的监理实施细则内容：

(1)设计阶段监理实施细则主要内容：

1)协助业主组织设计竞赛或设计招标，优选设计方案和设计单位。

2)协助设计单位开展限额设计和设计方案的技术经济比较，优化设计，保证项目使用功能安全、可靠、合理。

3)向设计单位提供满足功能和质量要求的设备、主要材料的有关价格、生产厂家的资料。

4)组织好各设计单位的协调。

(2)施工招标阶段实施细则主要内容：

1)引进竞争机制，通过招投标，正确选择施工承包单位和材料设备的供应单位。

2)合理确定工程承包和材料、设备合同价。

3)正确拟定承包合同和订货合同条款等。

(3)施工阶段监理实施细则主要内容：

1)投资控制方面：

①在承包合同价款外，尽量减少所增加的工程费用。

②全面履约，减少对方提出索赔的机会。

③按合同支付工程款。

2)质量控制方面：

①要求承包单位推行全面质量管理，建立质量保证体系，做到开工有报告、施工有措施、技术有交底、定位有复查，材料、设备有试验报告，隐蔽工程有记录、质量有自检、专检，交工有资料。

②制定具体、细致的质量监督措施，特别是质量预控措施。

监理实施细则可根据建设工程实际情况及项目监理机构工作需要增加其他内容。

在实施建设工程监理过程中，监理实施细则可根据实际情况进行补充、修改，并应经总监理工程师批准后实施。

第二章　建设工程监理目标控制

建设工程监理的核心是工作规划、控制和协调。控制是指目标动态控制，即对目标进行跟踪。进行目标动态控制是监理工作的一个极其重要的环节。

根据控制论的一般原则，控制是作用者对被作用者的一种能动作用，被作用者按照作用者的这种作用而行动，并达到系统的预定目标。因此，控制具有一定的目的性，为达成某种或某些目标而实施。在管理学中，控制通常是指管理人员按计划标准来衡量所取得的成果，纠正所发生的念头，使目标和计划得以实现的管理活动。

第一节　监理目标控制概述

一、控制流程及基本环节

（一）控制流程

不同的控制系统都有区别于其他系统的特点，但同时又都存在许多共性。建设工程目标控制的流程如图 2-1 所示。

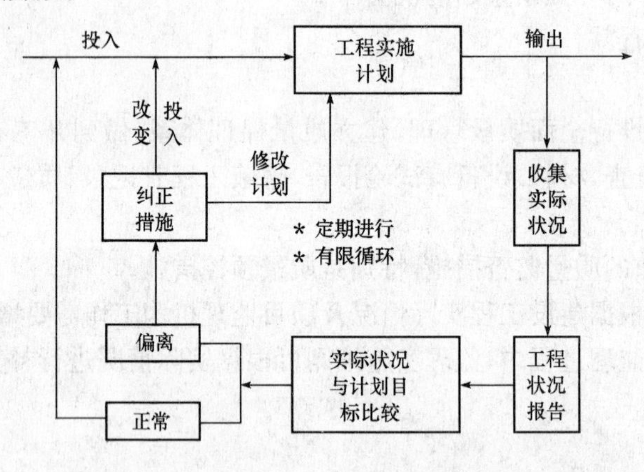

图 2-1　建设工程目标控制流程图

控制流程是一个不断循环的过程，一个工程项目目标控制的全过程，就是由这样的一个个循环过程组成的，如图 2-1 所示。循环控制要持续到项目建成动用，贯彻项目的整个建设过程。

对于工程建设目标控制系统来说，由于收集实际数据、偏差分析、制订纠偏措施主要都由目标控制人员来完成，需要一定的时间，这些工作不可能同时进行并在瞬间内完成，因而其控制实际上就表现为周期性的循环过程。通常，在建设工程监理的实践中，投资控制、进度控制和常规质量控制问题的控制周期按周或月计，而严重的工程质量问题和事故，则需要及时加以控制。

从另一个角度也可理解为:由于系统本身的状态和外部环境是不断变化的,相应的也就要求控制工作随之变化。目标控制人员对工程建设本身的技术经济规律、目标控制工作规律的认识不断变化,其目标控制能力和水平也在不断提高。因而,即使在系统状态和环境变化不大的情况下,目标控制工作也可能发生较大的变化。这表明,目标控制也可能包含着对已采取的目标控制措施的调整或控制。

(二)控制流程的基本环节

图 2-1 所示的控制流程可以简化成图 2-2 所示的投入、转换、反馈、对比、纠正等基本步骤。投入、转换、反馈、对比和纠正工作构成一个循环链,缺少任何一项工作环节,循环都不健全。

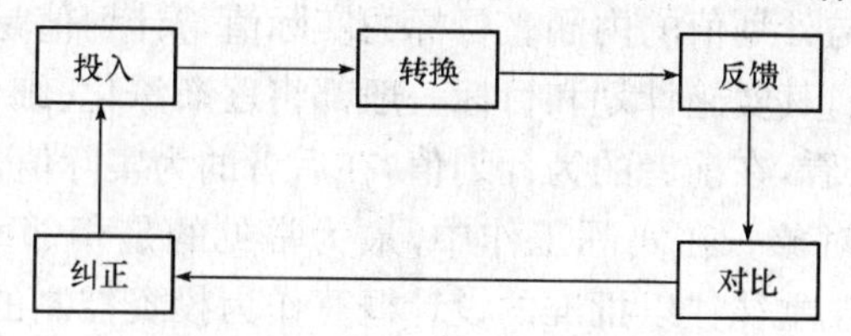

图 2-2　控制流程的基本环节

1. 投入

控制过程首先从投入开始。一项计划能否顺利实现,基本条件就是能否按计划所要求的人力、财力、物力进行投入。计划确定的资源数量、质量和投入的时间是保证计划顺利实施的基本条件,同时也是实现计划目标的基本保障。因此,要使计划能够正常实施并达到预计目标,就应当保证能够将质量、数量符合计划要求的资源按规定时间和地点投入到工程建设中去。

2. 转换

转换是指工程项目由投入到产出的过程,也就是工程建设目标实现的过程。转换过程通常表现为劳动力(管理人员、技术人员、工人)运用劳动资料(如施工材料、工程设备等)转变为预定的产出品。在转换过程中,计划的运行在一定的时期内会受到来自外部环境和内部系统等多种因素干扰,造成实际工程情况偏离计划的要求。

转换过程中的控制工作是实现有效控制的重要工作。为了做好"转换"过程的控制工作,监理工程师应跟踪了解工程进展情况,掌握工程转换过程的第一手资料,为今后分析偏差原因、确定纠正措施收集和提供原始依据。同时,采取"即时控制"措施,发现偏离,及时纠偏,解决问题于萌芽状态。

3. 反馈

即使是一项制订得相当完善的计划,其运行结果也未必与计划一致。这因为在计划实施过程中,实际情况的变化是绝对的,不变是相对的,每个变化都会对目标和计划的实现带来一定的影响。所以,控制部门和控制人员需要全面、及时、准确地了解计划的执行情况及其结果,而这就需要通过反馈信息来实现。

反馈的信息包括项目实施过程中已发生的工程状况、环境变化等信息,还包括对未来工程的预测信息。要确定各种信息流通渠道,建立功能完善的信息系统,保证反馈的信息真实、完整、正确和及时。

信息反馈的方式可以分为正式和非正式信息反馈两种。在控制过程中都需要两者。正式信息反馈是指书面的工程状况报告的一类信息，是控制过程中应当采用的主要反馈方式。非正式信息反馈主要指口头方式的信息反馈，对其也应当给予足够的重视。此外，还应使非正式信息反馈转化为正式信息反馈。

4. 对比

对比是指将得到的反馈信息与计划所期望的状况相比较，以确认是否发生偏离，是控制过程的重要特征。进行对比工作，首先是确定实际目标值；然后将这些目标值与衡量标准（计划目标值）进行对比，判断偏差，如果存在偏差，还要进一步判断偏差的程度大小，同时，还要分析产生偏差的原因，以便找到消除偏差的措施。在对比工作中，要注意以下事项：

(1)明确目标实际值与计划值的内涵。目标的实际值与计划值是两个相对的概念。随着工程建设实施过程的进展，其实施计划和目标一般都将逐渐深化、细化，往往还要做适当的调整。从目标形成的时间来看，在前者的为计划值，在后者的为实际值。

(2)合理选择比较的对象。在实际工作中，最为常见的是相邻两种目标值之间的比较。在我国许多工程建设中，业主往往以批准的设计概算作为投资控制的总目标。这时，合同价、设计概算、结算价与设计概算的比较也是必要的。另外，结算价以外的各种投资值之间的比较都是一次性的，而结算价与合同价（或设计概算）的比较则是经常性的，一般是定期（如每月）比较。

(3)建立目标实际值与计划值之间的对应关系。工程建设的各项目标都要进行适当分解。通常，目标的计划值分解较粗，目标的实际值分解较细。因此，为了保证能够切实地进行目标实际值与计划值的比较，并通过比较发现问题，必须建立目标实际值与计划值之间的对应关系。这就要求目标的分解粗度、细度可以不同，但分解的原则、方法必须相同，从而可以在较粗的层次上进行目标实际值与计划值的比较。

(4)确定衡量目标偏离的标准。要正确判断某一目标是否发生偏差，就要预先确定衡量目标偏离的标准。例如，某工程建设的某项工作的实际进度比计划要求拖延了一段时间，如果这项工作是关键工作，或者虽然不是关键工作，但该项工作拖延的时间超过了它的总时差，则应当判断为发生偏差，即实际进度偏离计划进度；反之，如果该项工作不是关键工作，且其拖延的时间未超过总时差，则虽然该项工作本身偏离计划进度，但从整个工程的角度来看，实际进度并未偏离计划进度。

5. 纠正

对于目标实际值偏离计划值的情况要采取措施加以纠正，即纠正偏差，根据偏差的大小和产生偏差的原因，有针对性地进行。如果偏差较小，通常可采用比较简单的措施纠正；如果偏差较大，则需改变局部计划才能使计划目标得以实现。如果已经确认原计划不能实现，就要重新确定目标，制订新计划，然后工程在新计划下进行。

需要特别说明的是，只要目标的实际值与计划值有差异，就发生了偏差。但是，对于工程建设目标控制来说，纠正一般是针对正偏差（实际值大于计划值）而言，如投资增加、工期拖延；而如果出现负偏差，如投资节约、工期提前，并不采取“纠正”措施，可通过故意增加投资、放慢进度，使投资和进度恢复到计划状态。不过，对于负偏差的情况，要仔细分析其原因，排除假象。对于确实是通过积极而有效的目标控制方法和措施而产生负偏差效果的情况，应认真总结经验，扩大其应用范围，更好地发挥其在目标控制中的作用。

二、监理目标控制类型

监理目标控制的类型可以按照不同的方法来划分。按照被控系统全过程的不同阶段，控制可划分为事前控制、事中控制和事后控制；按照控制信息的来源，可分为前馈控制和反馈控制；按照控制过程是否形成闭合回路，可分为开环控制和闭环控制；按照控制措施制订的出发点，可分为主动控制和被动控制。控制类型的划分是人为的(主观的)，是根据不同的分析目的而选择的，而控制措施本身是客观的。因此，同一控制措施可以表述为不同的控制类型，或者说，不同划分依据的不同控制类型之间存在着内在的同一性。

1. 主动控制

主动控制就是预先分析目标偏离的可能性，并拟定和采取各项预防性措施，以使计划目标得以实现。

主动控制可以表述为其他不同的控制类型。如主动控制是一种事前控制，必须在计划实施之前就采取控制措施；主动控制是一种前馈控制，主要是根据已建同类工程实施情况的综合分析结果，结合拟建工程的具体情况和特点，用以指导拟建工程的实施；主动控制还是一种开环控制。综上所述，主动控制是一种面对未来的控制，可以解决传统控制过程中存在的时滞影响，尽最大可能改变偏差已经成为事实的尴尬局面，从而使控制更为有效。主动控制的措施包括以下几个方面：

(1)详细调查并分析研究外部环境条件，以确定影响计划目标实现和计划运行的各种有利和不利因素，并将其考虑到计划和其他管理工作当中。

(2)识别风险，努力将各种影响目标实现和计划执行的潜在因素揭示出来，为风险分析和管理提供依据，并在计划实施过程中做好风险管理工作。

(3)用科学的方法制订计划。做好计划的可行性分析工作，消除各种不可行的因素、错误和缺陷，保障工程的实施能够有足够的时间、空间、人力、物力和财力，并在此基础上力求使计划优化。计划制订得越明确、完善，就越能使控制产生出更好的效果。

(4)高质量地做好组织工作。使组织与目标和计划高度一致，把目标控制的任务与管理职能落实到适当的机构和人员，做到职权与职责明确，使全体成员能够通力协作为实现目标而努力。

(5)制订必要的备用方案。一旦发生情况，则有应急措施做保障，从而可以减少偏离量，或避免发生偏离。

(6)计划应有适当的松弛度。这样，可以避免那些经常发生、又不可避免的干扰对计划的不断影响，减少“例外”情况产生的数量，使管理人员处于主动地位。

(7)沟通信息流通渠道，加强信息收集、整理和研究工作，为预测工程未来发展状况提供全面、及时、准确的信息。

2. 被动控制

被动控制是从计划的实际输出中发现偏差，通过对产生偏差原因的分析，使控制人员可以从中发现问题，找出偏差，寻求并确定解决问题和纠正偏差的方案，然后再回送给计划实施系统付诸实施，使得计划目标出现偏离就能得以纠正。

被动控制也可以表述为其他不同的控制类型。如被动控制是一种事中控制和事后控制。

它是在计划实施过程中对已经出现的偏差采取控制措施。被动控制是一种反馈控制(图 2-3),是根据本工程实施情况(即反馈信息)的综合分析结果进行的控制。被动控制是一种闭环控制(图 2-4)。闭环控制即循环控制,也就是说,被动控制表现为一个循环过程:发现偏差,分析产生偏差的原因,研究制订纠偏措施并预计纠偏措施的成效,落实并实施纠偏措施,产生实际成效,收集实际实施情况,对实施的实际效果进行评价,将实际效果与预期效果进行比较,发现偏差等等,直至整个工程建成。

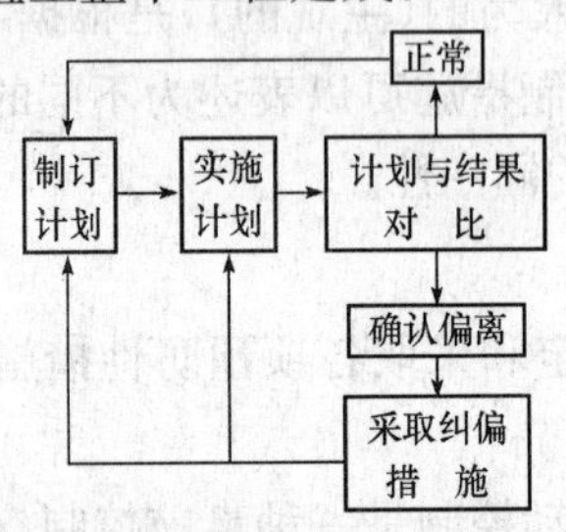

图 2-3　被动控制的反馈过程图

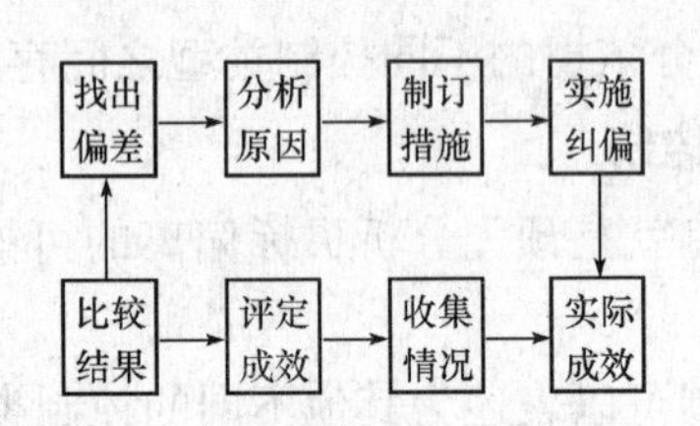

图 2-4　被动控制的闭合回路图

对监理工程师来讲,被动控制不仅是一种积极的控制,同时也是十分重要的控制方式,而且是经常运用的控制形式。

3. 主动控制与被动控制的关系

由以上分析可知,被动控制是根据系统的输出来调节系统的再输入和输出,即根据过去的操作情况,去调整未来的行为。在建设工程实施过程中,如果仅仅采取被动控制措施,出现偏差是不可避免的,而且偏差可能有累积效应,即虽然采取了纠偏措施,但偏差可能越来越大,从而难以实现预定的目标。这种特点,一方面决定了被动控制在监理控制中具有普遍的应用价值;另一方面也决定了其自身的局限性。

虽然主动控制的效果比被动控制好,但是,仅仅采取主动控制措施却是不现实的,或者说是不可能的。某些难以预测的干扰因素的存在,也常常给主动控制带来困难。而且采取主动控制往往要付出一定的代价,即耗费一定的资金和时间,对于那些发生概率小且发生后损失亦较小的风险因素,采取主动控制措施有时可能是不经济的。

由上可知,是否采取主动控制措施,采取什么主动控制措施,应在对风险因素进行定量分析的基础上,通过技术经济分析和比较来决定。对于一些次要的变量和某些干扰变量可以在主动控制的同时,辅以被动控制不断予以消除。这就是要把主动控制和被动控制结合起来。

实际上,主动控制和被动控制对于有效的控制而言都是必要的,两者目标一致,相辅相成、缺一不可。控制过程就是这两种控制的结合,是两者的辩证统一。主动控制和被动控制的关系如图 2-5 所示。

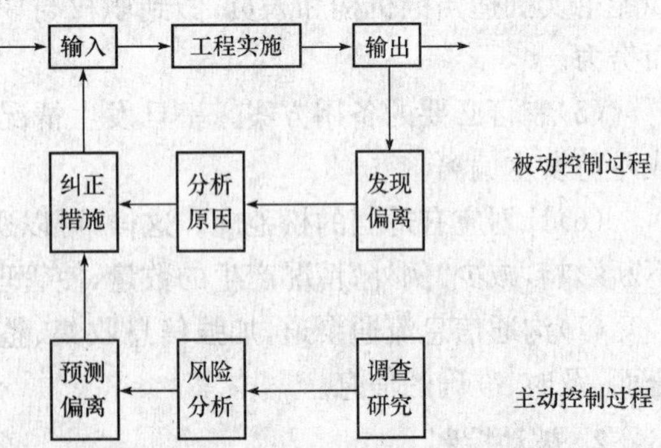

图 2-5　主动控制与被动控制相结合

(注:图中"纠正措施"包括主动控制采取的纠正措施和被动控制采取的纠正措施。)

第二节　监理目标控制系统

一、工程建设三大目标之间的关系

任何建设工程都有投资、进度、质量三大目标，三者相互联系、相互制约，构成了建设工程的目标系统。投资、进度、质量三大目标之间既存在矛盾的方面，又存在统一的方面，是一个矛盾的统一体，如图 2-6 所示。

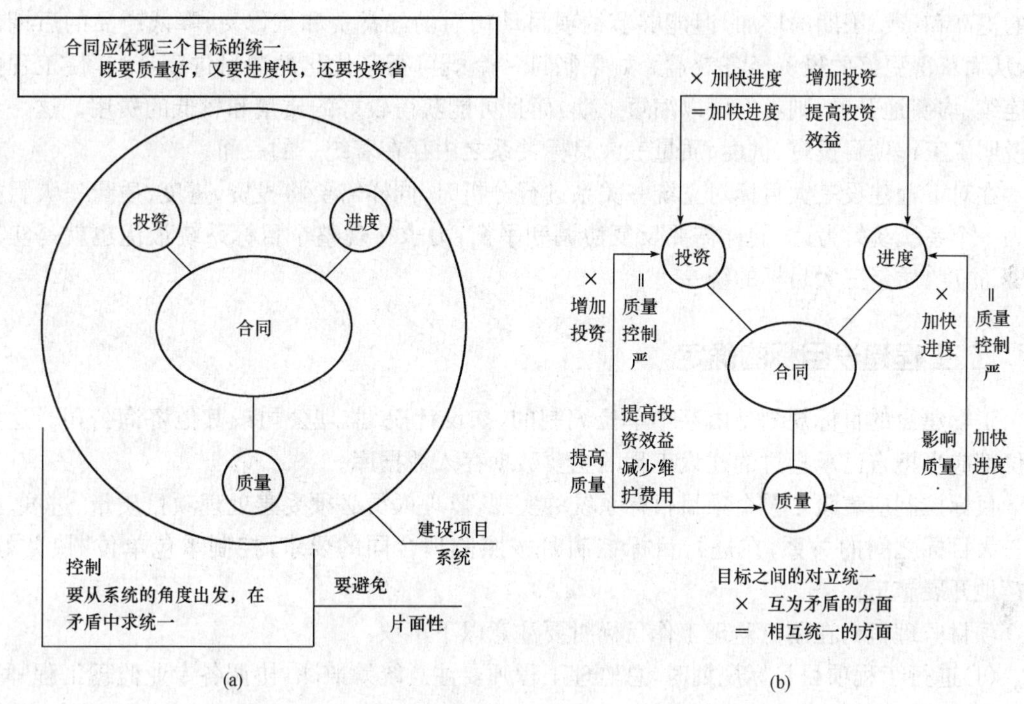

图 2-6　工程项目投资、进度、质量三大目标的关系

(a)要从系统的角度出发，在矛盾中求统一；(b)投资目标、进度目标和质量目标的关系

为有效地进行目标控制，必须正确认识和处理投资、进度、质量三大目标之间的关系，并且合理确定和分解这三大目标。

1. 工程建设三大目标之间的对立关系

工程建设投资、进度、质量三大目标之间首先存在着矛盾和对立的一面。例如，通常情况下，如果建设单位对工程质量要求较高，那么就要投入较多的资金、花费较长的建设时间来实现这个质量目标。如果要抢时间、争速度地完成工程项目，把工期目标定得很高，那么在保证工程质量不受到影响的前提下，投资就要相应地提高；或者是在投资不变的情况下，适当降低对工程质量的要求。如果要降低投资、节约费用，那么势必要考虑降低项目的功能要求和质量标准。

以上分析表明，工程建设三大目标之间存在对立的关系。因此，不能奢望投资、进度、质量三大目标同时达到“最优”，即既要投资少，又要工期短，还要质量好。在确定工程建设目标时，不能将投资、进度、质量三大目标割裂开来，分别、孤立地分析和论证，更不能片面强调某一目标而忽略其对其他两个目标的不利影响，而是必须将投资、进度、质量三大目标作为一个系统而统筹考虑，反复协调和平衡，力求实现整个目标系统达到最优。

2. 工程建设三大目标之间的统一关系

工程建设投资、进度、质量三大目标之间不仅存在着对立的一面，还存在着统一的一面。例如，在质量与功能要求不变的条件下，适当增加投资的数量，就为采取加快工程进度的措施提供了经济条件，就可以加快项目建设速度，缩短工期，使项目提前完工，投入使用，投资尽早收回，项目全寿命经济效益得到提高。适当提高项目功能和质量标准，虽然会造成一次性投资的提高和(或)工期的增加，但能够节约项目动用后的经常费和维修费，降低产品的后期成本，从而获得更好的投资经济效益。如果制订一个既可行又优化的项目进度计划，使工程能够连续、均衡地开展，则不但可以缩短工期，而且可能获得较好的质量和较低的费用。这一切都说明了工程项目投资、进度、质量三大目标关系之中存在着统一的一面。

在对工程建设三大目标对立统一关系进行分析时，同样需要将投资、进度、质量三大目标作为一个系统统筹考虑，同样需要反复协调和平衡，力求实现整个目标系统最优也就是实现投资、进度、质量三大目标的统一。

二、工程建设目标的确定

工程建设的目标规划是由某个单位编制的，如设计院、监理公司或其他咨询公司。这些单位都应当把自己承担过的建设工程的主要数据存入数据库。

目标控制应着眼于整个项目目标系统的实现，监理人员必须妥善处理项目质量、进度、投资三大目标之间的关系，在进行目标控制时按照监理合同的要求，控制承包单位“快”“好”“省”地开展施工。

项目监理机构在制订监理工作目标时要注意以下事项：

(1)进行工程项目目标规划时，总监理工程师要注意统筹兼顾，协调各专业监理工程师合理确定投资、进度、质量三大目标的标准。监理工程师要在需求与目标之间、三大目标之间进行反复衡量，找准它们之间的最佳均衡点，力求做到需求与目标之间、三大目标之间的辩证统一。

与控制的动态性相一致，在整个项目的运行过程中，目标规划也处于动态变化之中。因此，在控制实施行为尽可能使之与目标计划相一致的前提下，要随变化了的内部情况和外部环境适当调整目标规划。每一次调整，都是目标之间新的均衡与统一。

(2)要以实现项目目标系统作为衡量目标控制效果的标准，针对整个目标系统实施控制，绝不能因盲目追求单一目标而冲击或干扰其他目标。为了落实项目的总目标，首先要对总目标进行分解，但目标的分解应当满足目标控制的全面性要求和实现过程的系统性要求。通过项目监理机构的有机运作，将分目标统一于总目标中。

(3)追求目标系统的整体效果，综合运用各种目标控制的措施，使各目标之间做到互补。实现目标控制必须综合运用技术、经济、合同、组织四种措施。每一措施的运用都会对目标的实现产生影响。如施工中改进施工工艺，不但有利于提高施工的质量，加快施工进度，而且可能带来投资的节省。同样，加强对施工的管理，也会带来同样的效果。

(4)不同的项目,在不同的时期,目标的重要性也是不同的。对某个项目来说,在特定条件下可能某一个目标(如进度目标)是最重要的。因此总监理工程师要能够辩证地对待监理工作,在工作中要抓住主要矛盾和矛盾的主要方面。

三、工程建设目标的分解

1. 目标分解的原则

为了在工程建设实施过程中有效地进行目标控制,仅有总目标还不够,还需要将总目标进行适当分解。

工程建设目标分解应遵循以下几个原则:

(1)能分能合。要求工程建设的总目标能够自上而下逐层分解,也能够根据需要自下而上逐层综合。这一原则实际上是要求目标分解要有明确的依据并采用适当的方式,避免目标分解的随意性。

(2)按工程部位分解,而不按工种分解。这是因为建设工程的建造过程也是工程实体的形成过程,这样分解比较直观,而且可以将投资、进度、质量三大目标联系起来,也便于对偏差原因进行分析。

(3)区别对待,有粗有细。根据工程建设目标的具体内容、作用和所具备的数据,目标分解的粗细程度应当有所区别。

(4)有可靠的数据来源。目标分解本身不是目的而是手段,是为目标控制服务的。目标分解的结果是形成不同层次的分目标,这些分目标就成为各级目标控制组织机构和人员进行目标控制的依据。如果数据来源不可靠,分目标就不可靠,就不能作为目标控制的依据。因此,目标分解所达到的深度应当以能够取得可靠的数据为原则,并非越深越好。

(5)目标分解结构与组织分解结构相对应。如前所述,目标控制必须要有组织加以保障,要落实到具体的机构和人员,因而,就存在一定的目标控制组织分解结构。只有使目标分解结构与组织分解结构相对应,才能进行有效的目标控制。当然,一般而言,目标分解结构较细、层次较多,而组织分解结构较粗、层次较少,目标分解结构在较粗的层次上应当与组织分解结构一致。

2. 目标分解的方式

建设工程的总目标可以按照不同的方式进行分解。对于建设工程投资、进度、质量三个目标来说,目标分解的方式并不完全相同,其中,进度目标和质量目标的分解方式较为单一,而投资目标的分解方式较多。

按工程内容分解是建设工程目标分解最基本的方式,适用于投资、进度、质量三个目标的分解,但是,三个目标分解的深度不一定完全一致。一般来说,将投资、进度、质量三个目标分解到单项工程和单位工程是比较容易办到的,其结果也是比较合理和可靠的。在施工图设计完成之前,目标分解至少都应当达到这个层次。至于是否分解到分部工程和分项工程,一方面取决于工程进度所处的阶段、资料的详细程度、设计所达到的深度等;另一方面还取决于目标控制工作的需要。

建设工程的投资目标还可以按总投资构成内容和资金使用时间(即进度)分解,详细内容将在本书后续章节中介绍。

四、工程建设目标管理

工程建设目标管理是以被管理的活动目标为中心，通过把社会经济活动的任务转换为具体的目标以及目标的制订、实施和控制来实现社会经济活动的最终目的。根据目标管理的定义，项目目标管理的程序大体可划分为以下几个阶段：

(1)确立项目具体的任务及项目内各层次、各部门的任务分工。

(2)把项目的任务转换为具体的指标或目标。目标管理中的指标是用来具体落实评价考核项目任务的手段，所以，必须要全面、真实地反映出项目任务的主要内容。但指标又只能从某一侧面反映出项目任务的主要内容，而不能代替项目任务本身，因此，还不能用目标管理代替其对项目任务的全面管理，除了要实现目标外，还必须全面地完成项目任务。

指标是可以测定和计量的，这样才能为落实指标、考核指标提供可行的基础标准；指标必须在目标承担者的可控范围之内，这样才能保证目标能够真正执行并成为目标承担者的一种自我约束。指标作为一种管理手段应该具有层次性、优先次序性以及系统性。

目标是指标实现程度的标准，它反映在一定时期某一主体活动达到的指标水平。同样的指标体系，由于对其具体达到的水平要求不同就可构成不同的目标。对于企业来说，其目标水平应该是逐步提高的，但其基本指标可能长期保持不变。

(3)落实和执行项目所制订的目标。一要确定目标的责任主体，即谁要对目标的实现负责，是负主要责任还是一般责任；二要明确目标责任主体的权力、利益和责任；三要确定对目标责任主体进行检查、监督的上一级责任人和手段；四要落实实现目标的各种保证条件，如生产要素供应、专业职能的服务指导等。

(4)对目标的执行过程进行调控。首先要监督目标的执行过程，从中找出需要加强控制的重要环节和偏差；其次要分析目标出现偏差的原因并及时进行协调控制。对于按目标进行的主体活动要进行各种形式的激励。

(5)对目标完成的结果进行评价。即要考查经济活动的实际效果与预定目标之间的差别，根据目标实现的程度进行相应的奖惩。一方面要总结有助于目标实现的实际有效的经验；另一方面要找出还可以改进的方面，并据此确定新的目标水平。

第三节　建设工程目标控制

投资、进度、质量控制既有区别，又有内在联系和共性。三者属于建设项目管理中目标控制的范畴，又不同于施工项目和设计项目管理中的目标控制。

一、建设工程投资控制

1. 控制目标

建设工程监理投资控制的目标，就是通过有效的投资控制工作和具体的投资控制措施，在满足进度和质量要求的前提下，力求工程实际投资不超过计划投资。“实际投资不超过计划投资”可能表现在以下几个方面：

(1)在投资目标分解的各个层次上，实际投资均不超过计划投资，这是最理想的情况，是投资控制追求的最高目标。

(2)在投资目标分解的较低层次上，实际投资在有些情况下超过计划投资，但在大多数情况下不超过计划投资，因而在投资目标分解的较高层次上，实际投资不超过计划投资。

(3)实际总投资未超过计划总投资，在投资目标分解的各个层次上，都出现实际投资超过计划投资的情况，但在大多数情况下实际投资未超过计划投资。

2. 系统控制

从上述可知，投资控制是与进度控制和质量控制同时进行的，是针对整个建设工程目标系统所实施的控制活动的一个组成部分，在实施投资控制的同时需要满足预定的进度目标和质量目标。因此，在投资控制的过程中，要协调好与进度控制和质量控制的关系，做到三大目标控制的有机配合和相互平衡，而不能片面强调投资控制。为此，监理工程师在实施投资控制时应注意以下问题：

(1)在对投资目标进行确定或论证时应当综合考虑整个目标系统的协调与统一，不仅使投资控制目标满足建设单位的要求，还要使进度目标和质量目标同时满足建设单位的要求。这就要求在确定项目目标系统时，要认真分析建设监理合同对项目监理的整体需求，做好投资、进度和质量三方面的反复协调工作，不断优化，实现各目标之间的平衡。

(2)在进行投资控制的过程中，采用某项投资控制措施时，要协调好与质量和进度控制的关系，做到三大控制的有机配合。比如，采用限额设计进行设计投资控制时，一方面要力争使实际的项目设计投资限定在投资额度内，同时又要保障项目的功能、使用要求和质量标准。这种协调工作在目标控制过程中是绝对不可缺少的。

3. 全面控制

全面地对项目投资进行控制是工程建设监理控制的主要特点。因此，监理工程师需要从项目系统性出发，进行综合性的工作，从多方面采取措施实施控制。也就是说，在进行投资控制时除了采取经济方面的控制措施以外，还应在组织、技术和合同等有关方面采取相应的措施。监理工程师的控制工作应着眼于工程项目的全寿命经济效益，不能只局限于项目的一次性费用。

(1)全过程投资控制。全过程投资控制，要求从设计阶段就开始进行投资控制，并将投资控制工作贯穿于建设工程实施的全过程，直至整个工程建成且延续到保修期结束。在明确全过程控制的前提下，还要特别强调早期控制的重要性，越早进行控制，投资控制的效果越好，节约投资的可能性就越大。如果能实现工程建设全过程投资控制，效果会更好。

(2)全方位投资控制。对投资目标进行全方位投资控制，包括两种含义：一是对按工程内容分解的各项投资进行控制，即对单项工程、单位工程，乃至分部分项工程的投资进行控制；二是对按总投资构成内容分解的各项费用进行控制，即对建筑安装工程费用、设备和工器具购置费用以及工程建设其他费用等都要进行控制。

4. 微观性投资控制

建设工程监理的微观性投资控制决定了监理工程师开展的投资控制也是微观性的工作。监理工程师所进行的投资控制是针对一个项目投资计划的控制，其着眼点是控制住一个具体建设项目的投资，它有别于宏观的固定资产管理，不是关于项目的投资方向、投资结构、资金筹措方式和渠道的控制。

二、建设工程进度控制

建设工程监理所进行的进度控制是指在实现建设项目总目标的过程中，监理工程师进行监督、协调工作，使建设工程的实际进度符合项目进度计划的要求，使项目按计划要求的时间进行。

1. 控制目标

建设工程项目进度控制的目标可以表达为：通过有效的进度控制工作和具体的进度控制措施，在满足投资和质量要求的前提下，力求使工程实际工期不超过计划工期。

监理工程师开展进度控制工作，首先应当明确进度控制的目标。监理单位作为建设项目管理服务的主体，它所进行的进度控制是为了最终实现建设项目按计划的时间进行。因此，上述“工程实际工期不超过计划工期”相应地就表达为“整个建设工程按计划的时间进行”。建设工程监理进度控制的总目标就是项目最终需要的计划时间，也就是，工业项目达到负荷联动试车成功、民用项目交付使用的计划时间。

对于具体的监理任务来说，监理工作可以是全过程的监理，也可以是阶段性的监理，还可以是某个子项目的监理。因此，具体到某个项目、某个监理单位，它的进度控制目标是什么，则由建设工程监理合同来决定。既可以是从立项起到项目正式动用的整个计划时间，也可以是某个实施阶段的计划时间，如设计阶段或施工阶段计划工期。但无论是分阶段监理，还是分项目监理，作为整个建设工程项目的一个组成部分，其进度计划目标必须实现，否则进度的总目标就成为一句空话。

2. 系统控制

进度控制的系统控制思想与投资控制基本相同，但其具体内容和表现却有所不同。

在采取进度控制措施时，要尽可能采取对投资目标和质量目标产生有利影响的进度控制措施。相对于投资控制和质量控制而言，进度控制措施可能对其他两个目标产生直接的有利作用，应充分利用，以提高目标控制的总体效果。

当然，采取进度控制措施也可能对投资目标和质量目标产生不利影响。当采取进度控制措施时，不能仅仅保证目标的实施而不顾投资目标和质量目标，而应当综合考虑三大目标。

3. 全面控制

既然建设工程监理进度控制的总目标贯穿整个项目的实施阶段，那么监理工程师在进行进度控制时就要涉及建设项目的各个方面，需要实施全面的进度控制。

(1)进度控制的全过程控制。明确了建设工程监理进度控制的目标是项目的计划进行时间，那么进度控制就不仅仅包括施工阶段，还要包括设计准备阶段、设计阶段以及施工招标和动用准备等阶段，其时间范围涵盖了项目建设的全过程。关于对进度进行全过程控制，要注意以下几个问题：

1)在工程建设的早期就应当编制进度计划。为此，首先要澄清将进度计划狭隘地理解为施工进度计划的模糊认识；其次要纠正工程建设早期由于资料详细程度不够且可变因素很多而无法编制进度计划的错误观念。

在工程建设早期编制进度计划，是早期控制思想在进度控制中的反映。越早进行控制，工程建设项目进度控制的效果越好。

2)在编制进度计划时要充分考虑各阶段工作之间的合理搭接。建设工程实施各阶段的工作是相对独立的,但不是截然分开的,在内容上有一定的联系,在时间上有一定的搭接。搭接时间越长,建设工程的总工期就越短。但是,搭接时间与各阶段工作之间的逻辑关系有关,都有其合理的限度。因此,合理确定具体的搭接工作内容和搭接时间,也是进度计划优化的重要内容。

3)抓好关键线路的进度控制。进度控制的重点对象是关键线路上的各项工作,包括关键线路变化后的各项关键工作,这样可取得事半功倍的效果。由此也可看出工程建设早期编制进度计划的重要性。如果没有进度计划,就不知道哪些工作是关键工作,进度控制工作就没有重点,精力分散,甚至可能对关键工作控制不力,而对非关键工作却全力以赴,结果是事倍功半。当然,对于非关键线路的各项工作,要确保其不要延误后而变为关键工作。

(2)进度目标的全方位控制。由于项目进度总目标是计划的进行时间,所以,监理工程师进行进度控制必须实现全方位控制。关于对进度进行全方位控制,应注意以下问题:

1)对整个建设工程所有工程内容的进度都要进行控制,除了单项工程、单位工程之外,还包括区内道路、绿化、配套工程等的进度。这些工程内容都有相应的进度目标,应尽可能将它们的实际进度控制在进度目标之内。

2)对整个建设工程所有工作内容都要进行控制。建设工程的各项工作,诸如征地、拆迁、勘察、设计、施工招标、材料和设备采购、施工、进行前准备等,都有进度控制的任务。

3)对影响进度的各种因素都要进行控制。建设工程的实际进度受到很多因素的影响,例如,施工机械数量不足或出现故障;技术人员和工人的素质和能力低下;建设资金缺乏,不能按时到位;材料和设备不能按时、按质、按量供应;施工现场组织管理混乱,多个承包商之间施工进度不够协调;出现异常的工程地质、水文、气候条件,还可能出现政治、社会等风险。要实现有效的进度控制,必须对上述影响进度的各种因素都进行控制,采取措施减少或避免这些因素对进度的影响。

4)注意各方面工作进度对施工进度的影响。任何建设工程最终都是通过施工将其建造起来。从这个意义上讲,施工进度作为一个整体,肯定是在总进度计划中的关键线路上,任何导致施工进度拖延的情况,都将导致总进度的拖延。而施工进度的拖延往往是其他方面工作进度的拖延引起的。因此,要考虑围绕施工进度的需要来安排其他方面的工作进度。

4. 组织协调管理

组织协调是实现有效进度控制的关键,做好项目进度控制工作必须做好与有关单位的协调工作。与建设项目进度有关的单位较多,包括项目建设单位、设计单位、施工单位、材料供应单位、设备供应厂家、资金供应单位、工程毗邻单位、监督管理建设工程的政府部门等等。只有有效地与这些单位做好协调工作,建立协调工作网络,投入一定力量去做联结、联合、协调工作,进度控制才能顺利开展。

三、建设工程质量控制

建设工程监理质量控制是指在力求实现工程建设项目总目标的过程中,为满足项目总体质量要求所开展的有关的监督管理活动。

1. 质量目标

建设项目的质量目标就是通过有效的质量控制工作和具体的质量控制措施，在满足投资和进度要求的前提下，实现工程预定的质量目标。建设项目质量目标的定义可从以下两个方面进行理解：

(1)建设工程的质量首先必须符合国家现行的关于工程质量的法律、法规、技术标准和规范等的有关规定，尤其是强制性标准的规定。这实际上也就明确了对设计、施工质量的基本要求。从这个角度讲，同类建设工程的质量目标具有共性，不因其业主、建造地点以及其他建设条件的不同而不同。

(2)建设工程的质量目标又是通过合同加以约定的，其范围更广、内容更具体。任何建设工程都有其特定的功能和使用价值。由于建设工程都是根据业主的要求而兴建，不同的业主有不同的功能和使用价值要求，即使是同类建设工程，具体的要求也不同。因此，建设工程的功能与使用价值的质量目标是相对于业主的需要而言，并无固定和统一的标准。从这个角度讲，建设工程的质量目标都具有个性。

2. 系统控制

建设工程监理的质量控制要与政府部门对工程质量的监督检验紧密结合在投资、进度、质量三大目标中，质量特别受到政府监督管理部门的"青睐"。这是因为工程质量不仅影响建设单位的投资效益，还关系着社会公众的利益，而维护社会公众利益正是政府的主要职能之一。工程建设的特殊性使其在城市规划、环境保护、安全可靠等方面产生重要的社会性影响。监理工程师在工作中必须考虑这些方面的要求，把它们作为监理工作的一个内容，与政府部门密切配合。只有这样，才能更好地保障建设单位的利益。建设工程质量控制的系统控制可以从以下几方面进行考虑：

(1)避免不断提高质量目标的倾向。在可行性研究阶段确定质量目标时要有一定的前瞻性，对质量目标要有一个理性的认识，不要盲目追求，要定量分析提高质量目标后对投资目标和进度目标的影响。

(2)确保基本质量目标的实现。建设工程的质量目标关系到生命安全、环境保护等社会问题，国家有相应的强制性标准。确保建设工程安全可靠、质量合格是工程建设的首要目标。例如，原定的一条一级公路，由于质量控制不好，只达到二级公路的标准，这不仅是质量标准的降低，其本质是功能的改变，不仅大大降低其通车能力，而且还大大降低其社会效益。

(3)尽可能发挥质量控制对投资目标和进度目标的积极作用。

3. 全面控制

(1)建设工程总体质量目标的实现与工程质量的形成过程息息相关，因而必须对工程质量实行全过程控制。建设项目质量控制是一种系统过程的控制，工程项目的建成进行过程也就是它的质量形成的过程。要使质量控制产生所期望的成效，监理工程师就要在整个项目建设的过程中不间断地进行质量控制。

在规划和设计阶段，项目建设是处于由"粗"到"细"，形成规划、计划和设计的阶段。在这个时期，一方面要全面落实项目的质量目标系统；另一方面又要根据上阶段确定的计划目标和设计文件对下阶段要达到的目标实施控制。也就是说，既要确定各级质量目标，又要进行质量控制。

在施工阶段，是从“小”到“大”逐步建成工程项目实体的时期。在这个时期，要把质量的事前控制与事中、事后控制紧密地结合起来。在各项工程或工作开始之前，首先要明确目标、制定措施、确定流程、选择方法，做好人、财、物等各项资源的准备工作，并为其创造和建立良好环境；然后，在各项工程或工作开展的过程中，及时发现和预测问题并采取相应措施加以解决；最后，对完成的工程或工作的质量进行检查验收，把存在的工程质量问题查找出来并集中处理，使项目最终达到总体质量目标的要求。这是一种序列性的控制，要将它们视为有机的整体控制过程。

(2)建设项目质量要实施全方位的控制。对建设工程质量进行全方位控制应从以下几个方面进行：

1)对建设工程所有工程内容的质量进行控制。建设工程是一个整体，其总体质量是各个组成部分质量的综合体现，也取决于具体工程内容的质量。如果某项工程内容的质量不合格，即使其余工程内容的质量都很好，也可能导致整个建设工程的质量不合格。因此，对建设工程质量的控制必须落实到其每一项工程内容，只有确实实现了各项工程内容的质量目标，才能保证实现整个建设工程的质量目标。

2)对建设工程质量目标的所有内容进行控制。建设工程的质量目标包括许多具体的内容。这些具体质量目标之间有时也存在对立统一的关系，在质量控制工作中要注意加以妥善处理。这些具体质量目标是否实现或实现的程度如何，又涉及评价方法和标准。此外，对功能和使用价值质量目标要予以足够的重视，因为该质量目标的确很重要，而且其控制对象和方法与对工程实体质量的控制不同。为此，要特别注意对设计质量的控制，要尽可能做多方案的比较。

3)对影响建设工程质量目标的所有因素进行控制。影响建设工程质量目标的因素很多，可以从不同的角度加以归纳和分类。例如，可以将这些影响因素分为人、机械、材料、方法和环境五个方面。质量控制的全方位控制，就是要对这五方面因素都进行控制。

4. 处理好工程质量事故

工程质量事故处理的本身就是质量控制的一项重要工作。“返工”就是质量控制中的“纠正”措施之一。若拖延的工期、超额的投资还可能在以后的实施过程中挽回，但是工程质量若不合格，就成了既定事实。不合格的工程，决不会随着时间的推移而自然变成合格工程。因此，对于不合格工程必须及时返工或返修，达到合格后才能进入下一工序，才能交付使用。否则，拖延的时间越长，所造成损失的后果越严重。因此，对于不合格工程必须及时处理，决不能含糊。对工程质量事故及时发现、及时进行处理，是实施有效的质量控制的重要措施之一，是质量控制一项必不可少的工作。

工程质量事故在建设工程实施过程中具有多发性特点。因此，应当对工程质量事故予以高度重视，从设计、施工以及材料和设备供应等多方面入手，进行全过程、全方位的质量控制，特别要尽可能做到主动控制，事前控制。在实施建设监理的工程上，减少一般性工程质量事故，杜绝重大工程质量事故，只有通过连续性、系统性的质量控制，认真做好主动控制、事前控制才能实现。特别应强调的是工程质量事故主要来自设计、施工和材料设备供应，只有从事这些活动的承建单位杜绝或减少工程质量事故的发生，才能从根本上解决问题。因此，监理工程师要把所有减少或杜绝工程事故的措施有效地贯彻到工程实施者当中。

第四节　建设工程目标控制的任务和措施

一、建设工程设计和施工阶段的特点

在建设工程实施的各个阶段中，设计阶段和施工阶段目标控制任务的内容最多，目标控制工作持续的时间最长。因此，设计阶段和施工阶段是建设工程目标全过程控制中的两个主要阶段。

1. 设计阶段的特点

在设计阶段，通过设计将建设单位的基本需求具体化，同时，从各方面衡量了需求的可行性，并经过设计过程中的反复协调，使建设单位的需求变得科学、合理，从而为实现工程项目确立了信心。

(1)设计阶段是决定建设工程价值和使用价值的主要阶段。在设计阶段，通过设计工作使建设工程的规模、标准、组成、结构、构造等各方面都确定下来，从而也就基本确定了建设工程的价值。例如，主要的物化劳动价值通过材料和设备的确定而确定下来；设计工作的活劳动价值在此阶段已经形成，而施工安装的活劳动价值的大小也由于设计的完成而能够估算出来。因此，在设计阶段已经可以基本确定整个建设工程的价值，其精度取决于设计所达到的深度和设计文件的完善程度。

另外，任何建设工程都有预定的基本功能，这些基本功能只有通过设计才能具体化、细化。这些具体功能的不同组合，形成了一个个与其他同类工程不同的建设工程，也正是这些不同功能建设工程的不同组合，形成了人类生存和发展的基本空间。这不仅体现了设计工作决定建设工程使用价值的重要作用，也是设计工作的魅力所在。

(2)设计阶段是影响投资程度的关键阶段。工程项目实施各个阶段对投资程度的影响是不同的。总的趋势是随着阶段性设计工作的进展，工程项目构成状况一步步地明确。可以优化的空间越来越小，优化的限制条件却越来越多，各阶段性工作对投资程度影响逐步下降。其中，方案设计阶段影响最大，初步设计阶段次之，施工图设计阶段影响已明显降低，到了施工阶段至多也不过10%左右。

现代的投资控制已不仅仅限于对已完工程量的测量与计价，也不仅仅限于按照设计图纸和市场价格估算工程价格，进行单纯性地付款控制，而是在设计之前就确定项目投资目标，从设计阶段开始就要实施投资控制，持续到工程项目的正式动用。因此，面对设计阶段，特别是它的前期阶段对项目投资的重大影响，监理工程师不但不能忽视，反而应当加强对设计阶段的投资控制。

(3)设计工作的特殊性和设计阶段工作的多样性要求加强进度控制。设计工作与施工活动相比较具有一定的特殊性。设计过程需要进行大量的反复协调工作，其主要内容包括以下方面：

1)建设工程的设计是由方案设计到施工图设计不断深化的过程。从方案设计到施工图设计要由“粗”而“细”地进行，下一阶段的设计要符合上一阶段设计的基本要求，而且随着设计的进一步深入会发现上阶段设计存在的问题，需要对上阶段的设计进行必要的修改。因

此，设计过程离不开纵向反复协调。

2)建设工程的设计涉及许多不同的专业领域，各专业设计之间要保持一致。这就要求各专业相互密切配合，在各专业设计之间进行反复协调，以避免和减少设计上的矛盾。一个局部看来优秀的专业设计，如果与其他专业设计不协调，就必须做适当的修改。因此，在设计阶段要正确处理个体劳动与集体劳动之间的关系，每一个专业设计都要考虑来自其他专业的制约条件，也要考虑对其他专业设计的影响，这往往表现为一个反复协调的过程。

3)建设工程的设计还需要与外部环境因素进行反复协调，在这方面主要涉及与业主需求和政府有关部门审批工作的协调。

(4)设计工作是一种智力型工作，更富有创造性。从事这种工作的设计人员有其独特的工作方式和方法，与施工活动大不相同。因此，不能像通常的控制施工进度那样来控制设计进度。

设计的创造性主要体现在因时、因地根据实际情况解决具体的技术问题。在设计阶段，所消耗的主要是设计人员的活劳动，而且主要是脑力劳动。随着计算机辅助设计(CAD)技术的不断发展，设计人员将主要从事设计工作中创造性劳动的部分。脑力劳动的时间是外在的、可以度量的，但脑力劳动的强度却是内在的、难以度量的。设计劳动投入量与设计产品的质量之间并没有必然的联系。何况，建筑设计往往需要灵感，冥思苦想未必能创造出优秀的设计产品，而优秀的设计产品也未必消耗了大量的设计劳动量。因此，不能简单地以设计工作的时间消耗量作为衡量设计产品价值量的尺度，也不能以此作为判断设计产品质量的依据。

(5)外部环境因素对设计工作的顺利开展有着重要影响。例如，建设单位提供的设计所需要的基础资料是否满足要求；政府有关管理部门能否按时对设计进行审查和批准；建设单位需求会不会发生变化；参加项目设计的多家单位能否有效协作等等。这些因素给设计进度控制造成了困难。

设计阶段进度控制的效果对今后项目的实施产生重要影响。例如，过于强调缩短设计工期，会造成设计质量低下，严重影响施工招标、施工安装阶段工作的顺利进行，不仅直接影响到项目工期，而且还影响到工程质量和投资。因此，应当紧紧把握住设计工作的特点，认真做好计划、控制和协调，在保障项目安全可靠性、适用性和经济性的前提下，力求实现设计计划工期的要求。

(6)设计质量对建设工程总体质量有决定性影响。在设计阶段，通过设计工作将建设工程的总体质量目标进行具体落实，工程实体的质量要求、功能和使用价值质量要求等都已确定下来，工程内容和建设方案也都十分明确。从这个角度讲，设计质量在相当程度上决定了整个建设工程的总体质量。一个设计质量不佳的工程，无论其施工质量如何出色，都不可能成为总体质量优秀的工程；而一个总体质量优秀的工程，必然是设计质量上佳的工程。

实践表明，在已建成的建设工程中，质量问题突出且造成巨大损失的主要表现当属功能不齐全、使用价值不高，不能满足业主和使用者对建设工程功能和使用价值的要求。其中，有的工程实际生产能力长期达不到设计的水平；有的工程严重污染周围环境，影响公众正常的生产和生活；有的工程设计与建设条件脱节，造成投资大幅度增加，工期也大幅度延长，而有的工程空间和平面布置不合理，既不便于生产又不便于生活等。

另外，建设工程实体质量的安全性、可靠性在很大程度上取决于设计的质量。在那些发生严重工程质量事故的建设工程中，由于设计不当或错误所引起的事故占有相当大的比例。对于普通的工程质量问题，也存在类似情况。

符合要求的设计成果是保障项目总体质量的基础。工程设计应符合建设单位的投资意图，满足建设单位对项目的功能和使用要求。只有满足了这些适用性要求，同时又符合有关法律、法规、规范、标准要求的设计才能称得上实现了预期的设计质量目标。在实现这些质量目标的过程中都要受到资金、资源、技术和环境条件的限制和约束。因此，要使设计最大限度地满足设计质量的要求，必然要在如何有效地利用这些限制条件上下功夫。

2. 施工阶段的特点

施工阶段是以执行计划为主的阶段，就具体的施工工作来说，基本要求是“按图施工”，创造性劳动较少，但是对于大型、复杂的建设工程来说，其施工组织设计对创造性劳动的要求相当高，某些特殊的工程构造也需要创造性的施工才能完成。

(1)施工是形成建设工程实体、实现建设工程使用价值的过程。设计所完成的建设工程只是阶段产品，而且只是“纸上产品”，而不是实物产品，只是为施工提供了施工图纸并确定了施工的具体对象。施工就是根据设计图纸和有关设计文件的规定，将施工对象由设想变为现实，由“纸上产品”变为实际的、可供使用的建设工程的物质生产活动。虽然建设工程的使用价值从根本上说是由设计决定的，但是如果没有正确的施工，就不能完全按设计要求实现其使用价值。对于某些特殊的建设工程来说，能否解决施工中的特殊技术问题，能否科学地组织施工，往往是成为其设计所预期的使用价值能否实现的关键。

(2)施工阶段是资金投放量最大的阶段。由于建设工程的投资主要是在施工阶段“花”出去的，因而要合理确定资金筹措的方式、渠道、数额、时间等问题，在满足工程资金需要的前提下，尽可能减少资金占用的数量和时间，从而降低资金成本。另外，在施工阶段，业主经常面对大量资金的支出，往往特别关心、甚至直接参与投资控制工作，对投资控制的效果也有直接、深切的感受。因此，在实践中往往把施工阶段作为投资控制的主要阶段。

需要提出的是，虽然施工阶段影响投资的程度只有10%左右，但其绝对数额还是相当可观的。而且，这时对投资的影响基本上是从投资数额上理解，而较少考虑价值工程和全寿命费用，因而是非常现实和直接的。应当看到，在施工阶段，保证施工质量、保证实现设计所规定的功能和使用价值的前提下，仍然存在通过优化的施工方案来降低物化劳动和活劳动消耗，从而降低建设工程投资的可能性。何况，10%这一比例是平均数，对具体的建设工程来说，在施工阶段降低投资的幅度有可能大大超过这一比例。

(3)施工阶段持续时间长、动态性强。施工阶段是项目建设各阶段中持续时间最长的阶段。持续时间长，则内、外部因素变化就多，各种干扰就大大增加。同时，施工阶段具有更明显的动态性。比如，施工所面临的多变环境；大量人力、财力、物力的投入，并在不同的时间、空间进行流动；承包单位之间的错综复杂的关系到工程变更的频繁出现等等。因此，在施工阶段，监理工程师进行目标控制要正视它的多变性、复杂性和不均衡性特点。

(4)施工阶段是暴露问题最多的阶段。根据设计，把工程项目实体“做出来”是施工阶段要解决的根本问题。因此，在施工之前各阶段的主要工作，如规划、设计、招标以及有关的准备工作做得如何，全部要接受施工阶段主动或被动地检验，各项工作中存在的问题会大量地暴露出来。在施工阶段，如果不能妥善处理这些问题，那么工程项目总体质量就难以保证，工程进度就会拖延，投资就会失控。

由于问题暴露最多，在施工阶段将出现大量工程变更。工程变更将会给项目目标控制带来严重影响。对此，监理工程师应当给予足够重视。

(5)施工阶段是合同双方利益冲突最多的阶段。由于施工阶段合同数量大，存在频繁、大量的支付关系，又由于对合同条款理解上的差异，以及合同中不可避免地存在着含糊不清和矛盾的内容，再加上外部环境变化引起的分歧等等，合同纠纷会经常出现。于是，各种索赔事件就会接踵发生。建设单位作为建设项目管理主体，往往会成为被索赔的主要一方。索赔会直接影响投资、进度目标的实现，同时，也会间接影响质量目标的实现。

(6)施工阶段工程信息内容广泛、时间性强、数量大。在施工阶段，工程状态时刻在变化。计划的实施意味着实际的工程质量、进度和投资情况在不断地输出。所以，各种工程信息和外部环境信息的数量大、类型多、周期短、内容杂。

因此，如何获得全面、及时、准确的工程信息是本阶段目标控制成败的关键。信息作为目标控制基础，监理单位应当投入足够力量做好信息管理工作。

(7)施工阶段需要协调的内容多。在施工阶段，既涉及直接参与工程建设的单位，又涉及不直接参与工程建设的单位，需要协调的内容很多。例如，设计与施工的协调；材料和设备供应与施工的协调；结构施工与安装和装修施工的协调；总包商与分包商的协调等等，还可能需要协调与政府有关管理部门、工程毗邻单位之间的关系。实践中常常由于这些单位之间的关系无法协调一致而使建设工程的施工不能顺利进行，不仅直接影响施工进度，而且影响投资目标和质量目标的实现。因此，在施工阶段与这些不同单位之间的协调显得特别重要。

(8)合同关系复杂、合同争议多。施工阶段涉及的合同种类多、数量大，从业主的角度来看，合同关系相当复杂，极易导致合同争议。其中，施工合同与其他合同联系最为密切，其履行时间最长，本身涉及的问题最多，最易产生合同争议和索赔。

二、建设工程目标控制的任务

在建设工程实施的各阶段中，设计阶段、施工招标阶段、施工阶段的持续时间长且涉及的工作内容多，所以，本书只阐述涉及这三个目标控制的具体任务。

(一)设计阶段

1. 投资控制任务

在设计阶段，监理单位投资控制的主要任务是通过收集类似建设工程投资数据和资料，协助业主制定建设工程投资目标规划；开展技术经济分析等活动，协调和配合设计单位力求使设计投资合理化；审核概(预)算，提出改进意见，优化设计，最终满足业主对建设工程投资的经济性要求。

设计阶段监理工程师投资控制的主要工作，包括对建设工程总投资进行论证，确认其可行性；组织设计方案竞赛或设计招标，协助业主确定对投资控制有利的设计方案；伴随着设计各阶段的成果输出制定建设工程投资目标划分系统，为本阶段和后续阶段投资控制提供依据；协助设计单位开展限额设计工作；编制本阶段资金使用计划，并进行付款控制；审查工程概、预算；进行设计挖潜，节约投资；对设计进行技术经济分析、比较、论证，寻求一次性投资少而全寿命经济性好的设计方案等。

2. 进度控制任务

(1)设计准备阶段进度控制的任务。

1)收集有关工期的信息,进行工期目标和进度控制决策。

2)编制工程项目总进度计划。

3)编制设计准备阶段详细工作计划,并控制其执行。

4)进行环境及施工现场条件的调查和分析。

(2)设计阶段进度控制的任务。

1)编制设计阶段工作计划,并控制其执行。

2)编制详细的出图计划,并控制其执行。

3. 质量控制任务

在设计阶段,监理单位设计质量控制的主要任务是了解业主建设需求,协助业主制定建设工程质量目标规划(如设计要求文件);根据合同要求及时、准确、完善地提供设计工作所需的基础数据和资料;配合设计单位优化设计,并最终确认设计符合有关法规要求,符合技术、经济、财务、环境条件要求,满足业主对建设工程的功能和使用要求。

设计阶段监理工程师质量控制的主要工作,包括建设工程总体质量目标论证;提出设计要求文件,确定设计质量标准;利用竞争机制选择并确定优化设计方案;协助业主选择符合目标控制要求的设计单位;进行设计过程跟踪,及时发现质量问题,并及时与设计单位协调解决;审查阶段性设计成果,并根据需要提出修改意见;对设计提出的主要材料和设备进行比较,在价格合理基础上确认其质量符合要求;做好设计文件验收工作等。

(二)施工招标阶段

1. 协助业主编制施工招标文件

施工招标文件是工程施工招标工作的纲领性文件,又是投标人编制投标书的依据和评标的依据。监理工程师在编制施工招标文件时,应当为选择符合要求的施工单位打下基础,为合同价不超过计划投资、合同工期,且符合计划工期要求、施工质量满足设计要求打下基础,为施工阶段进行合同管理、信息管理打下基础。

2. 协助业主编制招标控制价

应当使招标控制价控制在工程概算或预算以内,并用其控制合同价。

3. 做好投标资格预审工作

应当将投标资格预审看做公开招标方式的第一轮竞争择优活动。要抓好这项工作,为选择符合目标控制要求的承包单位做好首轮择优工作。

4. 组织开标、评标、定标工作

通过组织开标、评标、定标工作,特别是评标工作,协助业主选择出报价合理、技术水平高、社会信誉好、保证施工质量、保证施工工期、具有足够承包财务能力和较高施工项目管理水平的施工承包单位。

(三)施工阶段

1. 投资控制的任务

施工阶段建设工程投资控制的主要任务是通过工程付款控制、工程变更费用控制,预防并处理好费用索赔,挖掘节约投资潜力来努力实现实际发生的费用不超过计划投资。

为完成施工阶段投资控制的任务,监理工程师应做好以下工作:制定本阶段资金使用计划；严格控制工程变更，力求减少变更费用；研究确定预防费用索赔的措施，以避免、减少对方的索赔数额；及时处理费用索赔，并协助业主进行反索赔；根据有关合同的要求，协助做好应由业主方完成的，与工程进展密切相关的各项工作，如按期提交合格施工现场，按质、按量、按期提供材料和设备等工作；做好工程计量工作；审核施工单位提交的工程结算书等。

2. 进度控制的任务

（1）编制施工总进度计划，并控制其执行。

（2）编制单位工程施工进度计划，并控制其执行。

（3）编制工程年、季、月实施计划，并控制其执行。

为了有效地控制建设工程进度，监理工程师要在设计准备阶段向建设单位提供有关工期的信息，协助建设单位确定工期总目标，并进行环境及施工现场条件的调查和分析。在设计阶段和施工阶段，监理工程师不仅要审查设计单位和施工单位提交的进度计划，还要编制监理进度计划，以确保进度控制目标的实现。

3. 质量控制的任务

施工阶段建设工程质量控制的主要任务是通过对施工投入、施工和安装过程、产出品进行全过程控制，以及对参加施工的单位和人员的资质、材料和设备、施工机械和机具、施工方案和方法、施工环境实施全面控制，以期按标准达到预定的施工质量目标。

为完成施工阶段质量控制任务，监理工程师应当做好以下工作：协助业主做好施工现场准备工作，为施工单位提交质量合格的施工现场；确认施工单位资质；审查确认施工分包单位；做好材料和设备检查工作，并确认其质量；检查施工机械和机具，保证施工质量；审查施工组织设计；检查并协助搞好各项生产环境、劳动环境、管理环境条件；进行施工工艺过程质量控制工作；检查工序质量，严格工序交接检查制度；做好各项隐蔽工程的检查工作；做好工程变更方案的比选，保证工程质量；进行质量监督，行使质量监督权；认真做好质量鉴证工作；行使质量否决权，协助做好付款控制；组织质量协调会；做好中间质量验收准备工作；做好竣工验收工作；审核竣工图等。

三、建设工程目标控制的措施

为了对监理目标系统进行有效的控制，取得理想成果，必须采取一定的措施。这些措施包括组织措施、技术措施、经济措施和合同措施四个方面。

1. 组织措施

组织措施是指对被控对象具有约束功能的各种组织形式、组织规范、组织指令的集合。组织是目标控制的基本前提和保障。控制的目的是为了评价工作并采取纠偏措施，以确保计划目标的实现。监理人员必须知道，在实施计划的过程中，如果发生了偏差，责任由谁承担，采取纠偏行动的职责由谁承担。由于所有控制活动都是由人来实现的，如果没有明确机构和人员，就无法落实各项工作和职能，控制也就无法进行。因此，组织措施对控制是很重要的。

监理工程师在采取组织措施时，首先要采取适当的组织形式。因为，对于被控对象而言，任何组织形式都意味着一种约束和秩序，意味着其行为空间的缩小和确定。组织形式越完备、越合理，被控对象的可控性就越高，组织控制形式不同，其控制效果也不同。因此，采取组织措施，首先必须建立有效的组织形式；其次，必须建立完善配套的组织规范，完善监理组织人员的任务和职能分工、权力、责任及有关制度；最后，要实行组织奖惩，对违犯组织规范的行为仍追究其责任。

2. 技术措施

技术措施不仅对解决建设工程施工过程中的技术问题是不可缺少的，而且对纠正目标偏差亦有相当重要的作用。控制在很大程度上要通过技术来解决问题。任何一个技术方案都有基本确定的经济效果，不同的技术方案就有着不同的经济效果。实施有效控制，如果不对多个可能的主要技术方案做技术可行性分析；不对各种技术数据进行审核、比较；不通过科学试验确定新材料、新工艺、新方法的适用性；不对各投标文件中的主要施工技术方案做必要的论证；不对施工组织设计进行审查；不想方设法在整个项目实施阶段寻求节约投资、保障工期和质量的技术措施……那么目标控制也就毫无效果可谈。使计划能够输出期望的目标正是依靠掌握特定技术的人。不应用工程技术，不采取一系列有效的技术措施就难以进行有效的目标控制。

3. 经济措施

一项工程的建成动用，归根结底是一项投资的实现，从项目提出到项目的实现，始终贯穿着资金的筹集和运用工作。无论对投资实施控制，还是对进度、质量实施控制，都离不开经济措施。为了理想地实现工程项目，监理工程师要收集、加工、整理工程经济信息和数据，要对各种实现目标的计划进行资源、经济、财务诸方面的可行性分析；对经常出现的各种设计变更和其他工程变更方案进行技术经济分析，力求减少对计划目标实现的影响；对工程概、预算进行审核；要编制资金使用计划；对工程付款进行审查等。如果监理工程师在目标控制时忽视了经济措施，不但投资目标难以实现，而且进度目标和质量目标也同样难以实现。

4. 合同措施

工程项目建设需要设计单位、施工单位和材料设备供应单位进行设计、施工和供应，没有这些工程建设行为，项目就无法建成动用。在市场经济条件下，这些承建商是根据与业主签订的设计合同、施工合同和供销合同来参与项目建设的，监理工程师实施目标控制也是紧紧依靠工程建设合同来进行的。因此，协助业主确定对目标控制有利的工程承发包模式和合同结构、拟订合同条款、参加合同谈判、处理合同执行过程中的问题，做好防止和处理索赔的工作等都是监理工程师重要的目标控制措施。

第三章　市政工程质量与安全控制

第一节　工程质量控制概述

一、工程质量与质量管理

(一)工程质量

1. 工程质量

工程质量是反映工程产品满足使用需求功能特性的总和。质量的主体包括产品与服务。简单地说,工程质量,一是必须符合规定要求;二是要满足用户期望。

2. 工程项目质量

工程项目质量包括工程实体质量、工程服务质量、施工质量和工作质量四个部分,且实体质量和服务质量取决于施工质量和工作质量。

工程实体质量适用于某种规定用途,满足人们的要求,具有适用性、可靠性、协调性、安全性和经济性。

工程服务质量是指产品在使用前和使用过程中满足用户要求的程度。包括服务时间、服务能力和服务态度。

施工质量是指施工过程中人员、机具、材料、方法和环境对工程质量的影响程度。

工作质量是指参与工程建设者,为保证工程质量所从事工作的素质水平和完善程度。

3. 市政工程质量

市政工程质量的定义可表述为反映市政工程满足相关标准或合同约定的要求,包括适用性、耐久性、安全性、可靠性、经济性,与环境的协调性等方面的功能特性的总和。

(二)影响工程质量的主要因素

影响工程项目质量的因素有很多,可概括为人员、机械、材料、施工方法、环境五大因素。其中,人员是指与工程项目建设有关部门的所有人员;机械是指施工机械设备;材料是指材料、混合料及半成品,如砂、石、水泥、预制构件等;施工方法包括施工方案和施工工艺等;环境是指施工环境,包括自然环境和气候条件等。

(三)质量管理

质量管理,广义地说,是为了最经济地生产出适合使用者要求的高质量产品所采用的各种方法的体系。

随着科学技术的进步和市场竞争的加剧,质量管理已越来越为人们所重视,并逐渐发展成为一门学科。工程项目质量管理体系是指 1987 年 3 月由国际标准化组织(ISO)正式发布的 ISO 9000 质量管理体系标准,世界各地纷纷等同或等效采用该标准作为工程项目质量管理体系标准。我国于1992年发布了等同采用国际标准ISO 9000质量管理体系标准的GB/T 19000系列标准，并于2008年进行修订。这一系列标准是为了帮助企业建立和完善质量体系，增强质量意识和质量保证能力，提高管理素质和市场经济条件下的竞争能力。

二、工程质量控制

(一)工程质量形成的过程

任何工程项目从酝酿筹备到投产运行都先后经历可行性研究、决策、设计、施工、竣工验收及运行保修六个阶段，且各阶段对工程项目的质量均有不同的影响。工程质量形成的过程中，各阶段的主要内容如下：

(1)可行性研究阶段：研究质量目标和质量控制的依据，直接影响项目的决策质量和设计质量。

(2)决策规划阶段：制定项目的质量目标和质量水平的基本依据，要能充分反映项目法人对质量的要求和意愿。

(3)设计阶段：通过勘察设计使质量目标具体化；设计文件是体现质量目标的主体文件，是制定质量控制计划的具体依据，是影响工程项目质量的决定性环节。

(4)施工阶段：将质量目标付诸实施并得以实现的重要过程，且通过施工及相应的质量控制把设计图纸变成工程实体，这一阶段是质量控制的关键时期，直接影响工程的最终质量。

(5)竣工验收阶段：对工程项目的质量目标的完成程度进行检验、评定和考核的过程，是实现建设投资向生产力转化的标志，是体现工程质量水平的最终结果。应积极慎重地抓好这一重要环节。

(6)运行保修阶段：缺陷责任期阶段是通过运行保修过程收集有关的质量信息，巩固并确保工程质量，并在此基础上总结经验教训，以使同类工程项目的质量不断提高。

(二)工程项目质量的特点

市政工程项目是建筑产品，与一般的工业产品不同。工程项目质量的特点是由工程项目的特点决定的。工程项目的特点是具有单体性；具有生产的一次性和寿命的长期性；具有生产管理方式的特殊性；具有高投入性；具有风险性。

工程项目质量的特点如下：

(1)影响因素多。如决策、设计、材料、机械、环境、施工方案、操作方法、技术措施、管理制度、施工人员素质等均直接或间接影响工程项目的质量。

(2)质量波动大。工程建设具有复杂性和单一性，不像一般工业产品的生产那样，有固定生产线，有规范化的生产工艺，完善的监测技术，成套的生产设备和稳定的生产环境，有相同系列规格和相同功能的产品，所以工程建设项目质量波动性大。

(3)质量变异大。由于影响工程质量的因素很多，任一因素的出现，均会引起工程建设系统的变异，造成工程质量事故。

(4)质量隐蔽性。工程项目在施工过程中，由于工序交接多、中间产品多、隐蔽工程多，若不及时检查并发现其存在的质量问题，事后看表面可能很好，就会产生判断错误，将不合格的产品判定为合格。

(5)质检局限性大。鉴于工程项目是一次性产品，建造过程中，某些缺陷不可能立即显现；项目建成后，在进行竣工验收时，既不可能发现内在的、隐蔽的质量缺陷，也不可能像工业产品那样，检查出质量问题后采取替换的方式处理。

因此，应特别重视工程质量的事前控制，防患于未然，将质量事故消除于萌芽状态。

(三)工程质量控制的方法

(1)审核有关技术文件、报告或报表。对质量文件、报告或报表的审核，是对工程质量进行全面质量控制的重要手段，监理工程师应按施工顺序、工程进度和奖励计划及时审核和签署有关质量文件和报表，其具体内容有：

1)审核进入施工现场各分包单位的技术资质证明文件。

2)审核承包单位的正式开工报告，并经现场核实后，下达开工指令。

3)审核承包单位提交的施工方案和施工组织设计，确保工程质量有可靠的技术措施。

4)审核承包人提交的有关材料、半成品的质量检验报告。

5)审核承包人提交的反映工序质量动态的统计资料或管理图表。

6)审核设计变更、图纸修改和技术核定书。

7)审核有关工程质量事故处理报告。

8)审核有关应用新工艺、新技术、新材料、新结构的技术鉴定书。

9)审核承包人提交的关于工序交接检查、单项工程质量检查报告。

10)审核并签署现场有关文件和确认工程质量等。

(2)质量监督与检查。监理工程师应常驻现场，执行质量监督和检查。现场检查的具体内容有：

1)开工前检查。检查是否具备开工条件，开工后能否保证工程质量，能否连续进行正常施工。

2)工序交接检查。对于重要的工序或对工程质量有重大影响的工作，在自检、抽检的基础上，还要经监理人员交接验收检查。

3)隐蔽工程检查。凡是隐蔽工程需经监理人员检查确认后方能覆盖。

4)停工后复工前的检查。当承包人严重违反质量事宜，监理工程师可行使质量否决权，指令其停工(表 3-1)，当暂停施工原因消失、具备复工条件时，施工单位可提出复工申请(表 3-2)；或工程因某种原因停工后需复工时，监理机构检查认可后下达复工令(表 3-3)。

表 3-1　　工程暂停令

工程名称：　　　　编号：

<table>
<tr><td>致：______________________(施工项目经理部)
由于____
______________________原因，现通知你方于______年____月____日____时起，暂停______部位(工序)施工，并按下述要求做好后续工作。
要求：

项目监理机构(盖章)
总监理工程师(签字、加盖执业印章)
年　月　日</td></tr>
</table>

注：本表一式三份，项目监理机构、建设单位、施工单位各一份。

表 3-2 工程复工报审表

工程名称：________ 编号：________

致：________________（项目监理机构） 编号为________《工程暂停令》所停工的________部位（工序）已满足复工条件，我方申请于________年____月____日复工，请予以审批。 附件：证明文件资料 施工项目经理部（盖章）________ 项目经理（签字）________ ________年____月____日
审核意见： 项目监理机构（盖章）________ 总监理工程师（签字）________ ________年____月____日
审批意见： 建设单位（盖章）________ 建设单位代表（签字）________ ________年____月____日

注：本表一式三份，项目监理机构、建设单位、施工单位各一份。

表 3-3 工程复工令

工程名称：________ 编号：________

致：____________（施工项目经理部） 我方发出的编号为________《工程暂停令》，要求暂停施工的________部位（工序），经查已具备复工条件。经建设单位同意，现通知你方于________年____月____日____时起恢复施工。 附件：工程复工报审表 项目监理机构（盖章）________ 总监理工程师（签字、加盖执业印章）________ ________年____月____日

注：本表一式三份，项目监理机构、建设单位、施工单位各一份。

5)随班或跟踪检查。对于施工难度较大的工程结构或容易产生质量通病的施工，监理人员还应进行随班跟踪检查。

监理工程师在工程质量检查中，如对质量文件产生疑点，应要求施工单位加以澄清，如发现工程存在质量问题时，一般首先要立即下达停工指令，通知施工单位停止该项施工；然后要施工单位提出报告，说明质量缺陷情况及其严重程度、产生缺陷的原因和处理方法、今后保证质量的措施；最后待质量缺陷处理完后，经监理工程师检查认可，方可继续施工。

(四)工程质量控制程序

1. 开工前质量控制

开工前，项目监理机构应对施工单位现场的质量管理组织机构是否健全，制度是否完善，主要管理人员及专职管理人员配备是否与投标文件相符合，各项质量管理流程是否满足施工质量管理的需要，以及特种作业人员施工方案的资格是否符合要求等内容进行审查。

监理人员应参加由建设单位主持召开的第一次工地会议，会议纪要应由项目监理机构负责整理，与会各方代表应会签。必要时，可邀请设计等相关单位参加第一次工地例会。

由建设单位主持召开的第一次工地会议是建设单位、工程监理单位和施工单位对各自人员及分工、开工准备、监理例会的要求等情况进行沟通和协调的会议。总监理工程师应介绍监理工作的目标、范围和内容，项目监理机构及人员职责分工、监理工作程序、方法和措施等。第一次工地会议应包括以下主要内容：

(1)建设单位、施工单位和工程监理单位分别介绍各自驻现场的组织机构、人员及其分工。

(2)建设单位介绍工程开工准备情况。

(3)施工单位介绍施工准备情况。

(4)建设单位代表和总监理工程师对施工准备情况提出意见和要求。

(5)总监理工程师介绍监理规划的主要内容。

(6)研究确定各方在施工过程中参加监理例会的主要人员，召开监理例会的周期、地点及主要议题。

(7)其他有关事项。

2. 施工方案审查

总监理工程师应组织专业监理工程师审查施工单位报审的施工方案，符合要求后应予以签认。施工方案审查应包括下列基本内容：

(1)审查编审程序。重点审查施工方案的编制人、审批人是否符合有关权限规定的要求。根据相关规定，通常情况下，施工方案应由项目技术负责人组织编制，并经施工单位技术负责人审批签字后提交项目监理机构。项目监理机构在审批施工方案时，应检查施工单位的内部审批程序是否完善、签章是否齐全，重点核对审批人是否为施工单位技术负责人。

(2)审查工程质量保证措施。重点审查施工方案是否具有针对性、指导性、可操作性；现场施工管理机构是否建立了完善的质量保证体系、是否明确工程质量要求及目标、是否健全了质量保证体系组织机构及岗位职责、是否配备了相应的质量管理人员、是否建立了各项质量管理制度和质量管理程序等；施工质量保证措施是否符合现行的规范、标准等，特别是与工程建设强制性标准的符合性，如：施工方案编审及技术交底制度、重点部位与关键工序的质量技术措施、隐蔽工程的质量保证措施等。

项目监理机构审查施工方案的主要依据有：建设工程施工合同文件及建设工程监理合同文件，经批准的建设工程项目文件和设计文件，相关法律、法规、规范、规程、标准、图集等，以及其他工程基础资料、工程场地周边环境(含管线)资料等。

3. 施工过程中对施工单位的报送审查

(1)专业监理工程师应审查施工单位报送的新材料、新工艺、新技术、新设备的质量认证材料和相关验收标准的适用性。专业监理工程师审查时，可根据具体情况要求施工单位提供相应的检验、检测、试验、鉴定或评估报告及相应的验收标准。必要时，应要求施工单位组织专题论证，审查合格后报总监理工程师签认。

专业监理工程师应检查施工单位为工程提供服务的试验室。根据规定，为工程提供服务的试验室应具有政府主管部门颁发的资质证书及相应的试验范围，试验室的资质等级和试验范围必须满足工程需要；试验设备应由法定计量部门出具符合规定要求的计量检定证明；试验室还应具有相关管理制度，以保证试验、检测过程和结果的规范性、准确性、有效性、可靠性及可追溯性，试验室管理制度应包括试验人员工作纪律、人员考核及培训制度、资料管理制度、原始记录管理制度、试验检测报告管理制度、样品管理制度、仪器设备管理制度、安全环保管理制度、外委试验管理制度、对比试验及能力考核管理制度、施工现场（搅拌站）试验管理制度、检查评比制度、工作会议制度以及报表制度等；从事试验、检测工作的人员应按规定具备相应的上岗资格证书。专业监理工程师应对以上制度逐一进行检查，符合要求后予以签认。

（2）专业监理工程师应检查、复核施工单位报送的施工控制测量成果报验表（表 3-4）及保护措施，并签署意见。专业监理工程师应对施工单位在施工过程中报送的施工测量放线成果进行查验。

表 3-4　施工控制测量成果报验表

工程名称：________　　　　　　编号：________

施工控制测量成果报验表
致：________（项目监理机构） 我方已完成________________的施工控制测量，经自检合格，请予以查验。 附件：1. 施工控制测量依据资料 2. 施工控制测量成果表 施工项目经理部（盖章）________ 项目技术负责人（签字）________ ______年____月____日
审查意见： 项目监理机构（盖章）________ 专业监理工程师（签字）________ ______年____月____日

注：本表一式三份，项目监理机构、建设单位、施工单位各一份。

专业监理工程师应检查、复核施工单位测量人员的资格证书和测量设备鉴定证书。

1）施工单位测量人员的资格证书及测量设备鉴定证书。从事工程测量的技术人员应取得合法有效的相关资格证书，用于测量的仪器和设备也应具备有效的鉴定证书。

2）施工平面控制网、高程控制网和临时水准点的测量成果及控制桩的保护措施。

专业监理工程师应按照相应测量标准的要求对施工平面控制网、高程控制网和临时水准点的测量成果及控制桩的保护措施进行检查、复核。例如，场区控制网点位应选择在通视良好、便于施测、利于长期保存的地点，并埋设相应的标石，必要时还应增加强制对中装置。标石埋设深度，应根据地冻线和场地设计标高确定。施工中，当少数高程控制点标石不能保存时，应将其引测至稳固的建(构)筑物上，引测精度不应低于原高程点的精度等级。

(3)项目监理机构应审查施工单位报送的用于工程的材料、构配件、设备的质量证明文件(包括出厂合格证、质量检验报告、性能检测报告以及施工单位的质量抽检报告等)(表 3-5)，并应按有关规定、建设工程监理合同约定，对用于工程的材料进行见证取样、平行检验。

表 3-5 工程材料、构配件、设备报审表

工程名称：________ 编号：________

致：________(项目监理机构) 于___年__月__日进场的拟用于工程________部位的________，经我方检验合格，现将相关资料报上，请予以审查。 附件：1. 工程材料、构配件或设备清单 2. 质量证明文件 3. 自检结果 施工项目经理部(盖章)________ 项目经理(签字)________ ____年___月___日
审查意见： 项目监理机构(盖章)________ 专业监理工程师(签字)________ ____年___月___日

注：本表一式二份，项目监理机构、施工单位各一份。

项目监理机构对已进场检验不合格的工程材料、构配件、设备，应要求施工单位限期将其撤出施工现场。

(4)专业监理工程师应审查施工单位定期提交的影响工程质量的计量设备的检查和检定报告。

计量设备是指施工中使用的衡器、量具、计量装置等设备。施工单位应按有关规定定期对计量设备进行检查、检定，确保计量设备的精确性和可靠性。

4. 监理巡视

(1)项目监理机构应根据工程特点和施工单位报送的施工组织设计，将影响工程主体结构安全的、完工后无法检测其质量的或返工会造成较大损失的部位以及施工过程作为旁站的关键部位、关键工序，安排监理人员进行旁站，并应及时记录旁站情况(表 3-6)。

表 3-6 旁站记录

工程名称：________ 编号：________

<table>
<tr><td>旁站的关键部位、关键工序</td><td></td><td>施工单位</td><td></td></tr>
<tr><td>旁站开始时间</td><td>年 月 日 时 分</td><td>旁站结束时间</td><td>年 月 日 时 分</td></tr>
<tr><td colspan="4">旁站的关键部位、关键工序施工情况：</td></tr>
<tr><td colspan="4">发现的问题及处理情况：

旁站监理人员（签字）________
________年____月____日</td></tr>
</table>

注：本表一式一份，项目监理机构留存。

(2)项目监理机构应当按照工程监理规范的要求，安排监理人员采取旁站、巡视和平行检验等形式，对工程施工质量进行巡视。巡视应包括下列主要内容：

1)施工单位是否按工程设计文件、工程建设标准和批准的施工组织设计、(专项)施工方案施工。施工单位必须按照工程设计图纸和施工技术标准施工，不得擅自修改工程设计，不得偷工减料。

2)使用的工程材料、构配件和设备是否合格。不得在工程中使用不合格的原材料、构配件和设备，只有经过复试检测合格的原材料、构配件和设备才能够用于工程。

3)施工现场管理人员，特别是施工质量管理人员是否到位。

4)特种作业人员是否持证上岗。根据《建筑施工特种作业人员管理规定》，对于建筑电工、建筑架子工、建筑起重信号司索工、建筑起重机械司机、建筑起重机械安装拆卸工、高处作业吊篮安装拆卸工以及经省级以上人民政府建设主管部门认定的其他特种作业人员，必须持施工特种作业人员操作证上岗。

(3)项目监理机构应根据工程特点、专业要求，以及建设工程监理合同约定，对工程材料、施工质量进行平行检验。

对于施工过程中已完工程施工质量进行的平行检验应在施工单位自检的基础上进行，并应符合工程特点或专业要求以及行业主管部门的相关规定，平行检验的项目、数量、频率和费用等应符合建设工程监理合同的约定。对平行检验不合格的工程材料、施工质量，项目监理机构应签发《监理通知单》(表 3-7),要求施工单位在指定的时间内整改并重新报验。

表 3-7　　**监理通知单**

工程名称:________　　编号:________

致:____________(施工项目经理部) 事由:____________ ____________ ____________ 内容:____________ ____________ ____________ 项目监理机构(盖章)________ 总监理工程师/专业监理工程师(签字)________ ________年____月____日

注:本表一式三份,项目监理机构、建设单位、施工单位各一份。

(4)项目监理机构应对施工单位报验的隐蔽工程、检验批、分项工程(表 3-8)和分部工程(表 3-9)进行验收,对验收合格的应给予签认;对验收不合格的应拒绝签认,同时应要求施工单位在指定的时间内整改并重新报验。

表 3-8　　**__________报审、报验表**

工程名称:________　　编号:________

致:____________(项目监理机构) 我方已完成____________工作,经自检合格,请予以审查或验收。 附件:1. 隐蔽工程质量检验资料 2. 检验批质量检验资料 3. 分项工程质量检验资料 4. 施工试验室证明资料 5. 其他 施工项目经理部(盖章)________ 项目经理或项目技术负责人(签字)________ ________年____月____日

续表

<table>
<tr><td>审查或验收意见：

项目监理机构(盖章)________
专业监理工程师(签字)________
________年___月___日</td></tr>
</table>

注：本表一式二份，项目监理机构、施工单位各一份。

表 3-9　　分部工程报验表

工程名称：________　　　　编号：________

<table>
<tr><td>致：____________(项目监理机构)
我方已完成____________(分部工程)，经自检合格，请予以验收。
附件：分部工程质量资料

施工项目经理部(盖章)________
项目技术负责人(签字)________
________年___月___日</td></tr>
<tr><td>验收意见：

专业监理工程师(签字)________
________年___月___日</td></tr>
<tr><td>验收意见：

项目监理机构(盖章)________
总监理工程师(签字)________
________年___月___日</td></tr>
</table>

注：本表一式三份，项目监理机构、建设单位、施工单位各一份。

对已同意覆盖的工程隐蔽部位质量有疑问的，或发现施工单位私自覆盖工程隐蔽部位的，项目监理机构应要求施工单位对该隐蔽部位进行钻孔探测、剥离或其他方法进行重新检验。

5. 质量问题与质量事故处理

(1)项目监理机构发现施工存在质量问题的，或施工单位采用不适当的施工工艺，或施工不当，造成工程质量不合格的，应及时签发监理通知单，要求施工单位整改。整改完毕后，项目监理机构应根据施工单位报送的监理通知回复单(表 3-10)对整改情况进行复查，提出复查意见。

(2)对需要返工处理或加固补强的质量缺陷，项目监理机构应要求施工单位报送经设计等相关单位认可的处理方案，并应对质量缺陷的处理过程进行跟踪检查，同时应对处理结果进行验收。

特别要注意的是，根据《建设工程施工质量验收统一标准》(GB 50300—2013)规定，经返工或加固处理的分项、分部工程，虽然改变外形尺寸但仍能满足安全使用要求，可按技术处理方案和协商文件进行验收。

表 3-10　　监理通知回复单

工程名称：________　　　　编号：________

<table>
<tr><td>致：____________(项目监理机构)
我方接到编号为________的监理通知单后，已按要求完成相关工作，请予以复查。
附件：需要说明的情况

施工项目经理部(盖章)________
项目经理(签字)________
______年___月___日</td></tr>
<tr><td>复查意见：

项目监理机构(盖章)________
总监理工程师/专业监理工程师(签字)________
______年___月___日</td></tr>
</table>

注：本表一式三份，项目监理机构、建设单位、施工单位各一份。

(3)对需要返工处理或加固补强的质量事故，项目监理机构应要求施工单位报送质量事故调查报告和经设计等相关单位认可的处理方案，并应对质量事故的处理过程进行跟踪检查，同时应对处理结果进行验收。

项目监理机构对质量事故的处理应及时、合规，包括及时向建设单位提交质量事故书面报告，处理程序应符合相关规定。事故处理结束后，应将完整的质量事故处理记录整理归档。

项目监理机构向建设单位提交的质量事故书面报告应包括下列主要内容：

1)工程及各参建单位名称。

2)质量事故发生的时间、地点、工程部位。

3)事故发生的简要经过、造成工程损伤状况、伤亡人数和直接经济损失的初步估计。

4)事故发生原因的初步判断。

5)事故发生后采取的措施及处理方案。

6)事故处理的过程及结果。

6. 竣工验收

(1)施工单位应在完成单位工程施工内容并自检合格的基础上，向项目监理机构提交单位工程竣工验收报审表(表 3-11)及竣工资料，由项目监理机构组织竣工预验收。项目监理机构在收到施工单位提交的单位工程竣工验收报审表及竣工资料后，由总监理工程师组织专业监理工程师对工程实体质量情况及竣工资料进行全面检查。对于存在问题的，应要求施工单位及时整改；合格的，总监理工程师应签认单位工程竣工验收报审表。

表 3-11　　单位工程竣工验收报审表

工程名称：__________　　　　编号：__________

致：________________(项目监理机构) 我方已按施工合同要求完成____________工程，经自检合格，现将有关资料报上，请予以预验收。 附件：1. 工程质量验收报告 2. 工程功能检验资料 施工单位(盖章)__________ 项目经理(签字)__________ ________年____月____日
预验收意见： 项目监理机构(盖章)__________ 总监理工程师(签字、加盖执业印章)__________ ________年____月____日

注：本表一式三份，项目监理机构、建设单位、施工单位各一份。

(2)工程竣工预验收合格后，项目监理机构应编写工程质量评估报告，并应经总监理工程师和工程监理单位技术负责人审核签字后报送建设单位。工程质量评估报告应主要包括以下内容：

1)工程概况。

2)工程各参建单位。

3)工程质量验收情况。

4)工程质量事故及其处理情况。

5)竣工资料审查情况。

6)工程质量评估结论。

(3)项目监理机构应参加由建设单位组织的竣工验收,对验收中提出的整改问题,应督促施工单位及时整改。工程质量符合要求的,总监理工程师应在工程竣工验收报告中签署意见。

三、市政工程质量监理的作用与任务

1. 市政工程质量监理的作用

监理单位受建设单位的委托,对市政工程质量形成的全过程各个阶段和各环节影响工程质量的主导因素进行有效的控制,预防、减少或消除质量缺陷,满足使用单位对工程质量的要求,使工程建设项目发挥良好的社会效益。由此可见,质量控制在市政工程建设项目的实施过程中具有十分重要的作用。具体表现在:

(1)有利于克服由建设单位进行质量控制的片面性和放任的弊端。

(2)有利于促进建设单位和施工单位的质量控制活动。

(3)有利于健全设计和施工单位质量保证体系。

2. 市政工程质量监理的任务

(1)监理工程师事前控制的主要任务包括:

1)审查施工单位(包括分包单位)的技术资质。

2)对工程建设项目所需的原材料、设备、零配件等质量进行检查和控制。

3)对承包人提交的施工组织设计或施工方案进行审核。

4)协助施工单位完善质量保证体系,建立健全质量管理制度。

5)与当地质量监督部门合作,进行工程质量控制。

6)组织设计交底和图纸会审。

7)对施工现场进行检查验收。

8)对承包单位的实验室进行考核。

(2)监理工程师事中控制的主要任务包括:

1)协助施工单位完善工序控制。

2)严格工序间的交接检查。

3)对于重要的工程部位或专业工程,监理工程师应亲自进行试验或技术复核,并实行旁站监理。

4)根据工程施工的特点和相应资质评定标准的方法对完成的分部(分项)工程进行检查、验收。

5)审核设计变更和图纸修改,尤其注意审核设计变更和图纸修改后对工程质量的影响。

6)按合同行使质量监督权和质量否决权,为工程进度款的支付签署意见。

7)组织定期或不定期的质量现场会议,及时分析,通报工程质量状况,并协调有关单位间的业务活动。

8)审查工程质量事故的处理方案,并对处理效果进行检查。

(3)监理工程师事后控制的主要任务包括:

1)按国家有关的质量评定标准和办法,对完成的分项、分部工程和单位工程进行检查验收。

2)审核施工单位提供的有关项目的质量检验报告、评定报告及有关技术文件。

3)审核施工单位提交的工程竣工图,并与设计施工图进行比较,对竣工图做出评价。

4)组织有关单位参加联合试车,组织项目的竣工总验收。

5)整理有关工程质量的技术文件,并编写目录、建立档案。并在建设工程竣工验收后,及时向建设行政主管部门或者其他有关部门移交建设项目档案。

四、工程质量监督管理

(一)政府监督管理体制及其管理职能

我国实行建设工程质量监督管理制度。国务院建设行政主管部门对全国的建设工程质量实施统一监督管理。县级以上政府建设行政主管部门和其他有关部门履行检查职责时,有权要求被检查的单位提供有关工程质量的文件和资料,有权进入被检查单位的施工现场进行检查,在检查中发现工程质量存在问题时,有权责令改正。

政府的工程质量监督管理具有权威性、强制性、综合性的特点。工程质量监督机构应履行以下职责:

(1)贯彻有关建设工程质量方面的法律法规。

(2)执行国家和省有关建设工程质量方面的规范、标准。

(3)对建设工程质量主体的质量实施监督。

(4)对下级工程质量监督机构实行层级监督和业务指导。

(5)组织建设工程质量执法检查。

(6)巡查、抽查建设工程实体质量。

(7)参与建设工程质量事故处理。

(8)调解在建设工程和保修期内的建设工程质量纠纷,受理对建设工程质量的投诉。

(9)监督建设工程质量竣工验收活动,办理建设工程竣工验收备案手续。

(二)工程质量管理制度

1. 施工图设计文件审查制度

施工图设计文件(以下简称施工图)审查是政府主管部门对工程勘察设计质量监督管理的重要环节。工程设计等级分级标准中新建、改建、扩建的工程项目均属审查范围。省、自治区、直辖市人民政府建设行政主管部门可结合当地的实际,确定具体的审查范围。

(1)施工图审查的主要内容。

1)建筑物的稳定性、安全性审查,包括地基基础和主体结构是否安全、可靠。

2)是否符合消防、节能、环保、抗震、卫生、人防等有关强制性标准、规范。

3)施工图是否达到规定的深度要求。

4)是否损害公众利益。

(2)施工图审查有关各方的职责。

1)国务院建设行政主管部门负责全国施工图审查管理工作。省、自治区、直辖市人民政府建设行政主管部门负责组织本行政区域内的施工图审查工作的具体实施和监督管理工作。

建设行政主管部门在施工图审查工作中主要负责制定审查程序、审查范围、审查内容、审查标准并颁发审查批准书；负责制定审查机构和审查人员条件，批准审查机构，认定审查人员；对审查机构和审查工作进行监督并对违规行为进行查处；对施工图设计审查负依法监督管理的行政责任。

2)勘察、设计单位必须按照工程建设强制性标准进行勘察、设计，并对勘察、设计质量负责。审查机构按照有关规定对勘察成果、施工图设计文件进行审查，但并不改变勘察、设计单位的质量责任。

3)审查机构接受建设行政主管部门的委托对施工图设计文件涉及安全和强制性标准执行情况进行技术审查。建设工程经施工图设计文件审查后因勘察设计原因发生工程质量问题，审查机构承担审查失职的责任。

(3)施工图审查程序。施工图审查的各个环节可按以下步骤办理：

1)建设单位向建设行政主管部门报送施工图，并做书面登录。

2)建设行政主管部门委托审查机构进行审查，同时发出委托审查通知书。

3)审查机构完成审查，向建设行政主管部门提交技术性审查报告。

4)审查结束，建设行政主管部门向建设单位发出施工图审查批准书。

5)报审施工图设计文件和有关资料应存档备查。

审查机构应当在收到审查材料后 20 个工作日内完成审查工作，并提出审查报告；特级和一级项目应当在 30 个工作日内完成审查工作，并提出审查报告。施工图一经审查批准，不得擅自进行修改。

2. 工程质量监督制度

工程质量监督管理的主体是各级政府建设行政主管部门和其他有关部门。工程质量监督管理由建设行政主管部门或其他有关部门委托的工程质量监督机构具体实施。

工程质量监督机构是经省级以上建设行政主管部门或有关专业部门考核认定，具有独立法人资格的单位，受县级以上地方人民政府建设行政主管部门或有关专业部门的委托，依法对工程质量进行强制性监督，并对委托部门负责。工程质量监督机构的主要任务包括：

(1)根据政府主管部门的委托，受理建设工程项目的质量监督。

(2)制定质量监督工作方案。

(3)检查施工现场工程建设各方主体的质量行为。

(4)检查建设工程实体质量。

(5)监督工程质量验收。

(6)向委托部门报送工程质量监督报告。

(7)对预制建筑构件和商品混凝土的质量进行监督。

(8)受委托部门委托按规定收取工程质量监督费。

(9)政府主管部门委托的工程质量监督管理的其他工作。

3. 工程质量检测制度

在建设行政主管部门领导和标准化管理部门指导下开展检测工作，其出具的检测报告具有法定效力。法定的国家级检测机构出具的检测报告，在国内为最终裁定，在国外具有代表国家的性质。

4. 工程质量保修制度

建设工程承包单位在向建设单位提交工程竣工验收报告时，应向建设单位出具工程质量保修书，质量保修书中应明确建设工程保修范围、保修期限和保修责任等。

建设工程的保修期，自竣工验收合格之日算起。

第二节　市政工程各阶段质量监理

一、施工准备阶段质量监理

施工准备，是整个工程施工过程的开始，只有认真做好施工准备工作，才能顺利地组织施工，并为保证和提高工程质量、加速施工进度、缩短建设工期、降低工程成本提供可靠的条件。施工准备阶段质量控制工作的基本任务是：掌握施工项目工程的特点；了解对施工总进度的要求；摸清施工条件；编制施工组织设计；全面规划和安排施工力量；制定合理的施工方案；组织物资供应；做好现场“五通一平”和平面布置；兴建施工临时设施，为现场施工做好准备工作。

(一)技术准备的控制

技术准备是指各项施工准备工作在正式开展作业技术活动前，是否按预先计划的安排落实到位，包括配置的人员、材料、机具、场所环境、通风、照明、安全设施等。

1. 设计交底和图纸会审

在工程正式组织施工之前，为了使施工单位熟悉设计图纸，了解工程特点和设计意图，以及对关键工程部分的质量要求，减少图纸的差错，提高工程质量，业主或监理工程师应组织施工单位进行图纸会审，组织设计单位进行设计交底。

监理工程师参加设计交底应着重了解以下内容：

(1)有关地形、地貌、水文气象、工程地质及水文地质等自然条件。

(2)主管部门及其他部门(如规划、环保、农业、交通、旅游等)对本工程的要求、设计单位采用的主要设计规范、市场供应的建筑材料情况等。

(3)在设计意图方面，如设计思想、设计方案比选的情况、基础开挖及基础处理方案、结构设计意图、设备安装和调试要求、施工进度与工期安排等。

(4)施工注意事项方面，如基础处理的要求、对建筑材料方面的要求、主体工程设计中采用新结构或新工艺对施工提出的要求、为实现进度安排而应采用的施工组织和技术保证措施等。

项目监理机构应协调工程建设相关方的关系。项目监理机构与工程建设相关方之间的工作，除另有规定外宜采用工作联系单形式进行(表 3-12)。

表 3-12　工作联系单

工程名称：________　　编号：________

<table>
<tr><td>致：______________________________
____

发文单位(盖章)________
负责人(签字)________
______年____月____日</td></tr>
</table>

2. 施工组织设计审查

工程施工开始前，总监理工程师要组织专业监理工程师审查承包单位报审的施工组织设计。施工组织设计审查的主要内容包括：

(1)在工程项目开工前约定的时间内，承包单位必须完成施工组织设计的编制及内部自审批准工作，填写《施工组织设计/(专项)施工方案报审表》(表 3-13)报送监理机构。

表 3-13　施工组织设计/(专项)施工方案报审表

工程名称：________　　编号：________

<table>
<tr><td>致：__________(项目监理机构)
我方已完成__________工程施工组织设计/(专项)施工方案的编制和审批，请予以审查。
附件：1. 施工组织设计
2. 专项施工方案
3. 施工方案

施工项目经理部(盖章)________
项目经理(签字)________
______年____月____日</td></tr>
<tr><td>审查意见：

专业监理工程师(签字)________
______年____月____日</td></tr>
<tr><td>审核意见：

项目监理机构(盖章)________
总监理工程师(签字、加盖执业印章)________
______年____月____日</td></tr>
<tr><td>审批意见(仅对超过一定规模的危险性较大分部分项工程专项施工方案)：

建设单位(盖章)________
建设单位代表(签字)________
______年____月____日</td></tr>
</table>

注：本表一式三份，项目监理机构、建设单位、施工单位各一份。

(2)总监理工程师在约定的时间内,组织专业监理工程师审查,提出意见后,由总监理工程师审核签认。需要承包单位修改时,由总监理工程师签发书面意见,退回承包单位修改后再报审,总监理工程师重新审查。

(3)已审定的施工组织设计由项目监理机构报送建设单位。

(4)承包单位应按审定的施工组织设计文件组织施工。如需对其内容进行较大的变更,应在实施前将变更内容书面报送给项目监理机构审核。

(5)规模大、结构复杂或属新结构、特种结构的工程,项目监理机构对施工组织设计审查后,还应报送监理单位技术负责人审查,提出审查意见后由总监理工程师签发,必要时还应与建设单位协商,组织有关专业部门和有关专家会审。

(6)规模大、工艺复杂的工程、群体工程或分期出图的工程,经建设单位批准可分阶段报审施工组织设计;技术复杂或采用新技术的分项、分部工程,承包单位还应编制该分项、分部工程的施工方案,报送项目监理机构审查。

3. 质量计划审查

质量计划是质量策划结果的一项管理文件。对工程建设而言,质量计划主要是针对特定的工程项目,为完成预定的质量控制目标,编制专门规定的质量措施、资源和活动顺序的文件。质量计划具有对外作为针对特定工程项目的质量保证,对内作为针对特定工程项目质量管理的依据的作用。

根据质量管理的基本原理,质量计划包含为达到质量目标、质量要求的计划、实施、检查及处理这四个环节的相关内容。具体而言,质量计划应包括下列内容:编制依据;项目概况;质量目标;组织机构;质量控制及管理组织协调的系统描述;必要的质量控制手段,检验和试验程序等;确定关键过程和特殊过程及作业的指导书;与施工过程相适应的检验、试验、测量、验证要求;更改和完善质量计划的程序等。

(二)承包及分包单位资质审核

1. 承包单位资质审核

(1)根据工程的类型、规模和特点,确定参与投标企业的资质等级,并取得招投标管理部门的认可。

(2)对符合参与投标承包企业的考核。

1)查对《营业执照》、《市政公用工程施工总承包资质证书》,并了解其实际的建设业绩、人品素质、管理水平、资金情况、技术装备等。

2)考核承包企业近期的表现,查对年检情况,资质升降级情况,了解是否存在工程质量、施工安全、现场管理等方面的问题,企业管理的发展趋势、质量是否呈上升趋势,选择向上发展的企业。

3)查对近期承建工程,实地参观考核工程质量情况及现场管理水平。在全面了解的基础上,重点考核与拟建工程类型、规模和特点相似或接近的工程。优先选取创出名牌优质工程的企业。

2. 分包单位资质审核

分包工程开工前,承包单位应将分包单位资格报审表(表 3-14)和分包单位有关资质资料,报送专业监理工程师审查,审核的内容有:

(1)分包单位的营业执照、企业资质证书、特殊专业施工许可证等。

(2)分包单位的业绩。

(3)拟分包工程的内容和范围。

(4)专职管理人员和特种作业人员的资格证、上岗证。

审核符合规定后,由总监理工程师签认。

(三)现场施工准备质量控制

1. 工程定位及标高基准控制

测量放线是工程施工的第一步。施工测量质量的好坏,直接影响工程质量,若测量控制基准点或标高有误,则会导致建筑物或结构的位置或高程出现误差,从而影响整体质量;若设备的基础预埋件定位测量失准,则会造成设备难以正确安装的质量问题等。因此,工程测量控制可以说是施工质量控制的一项最基础的工作,也是施工准备阶段的一项重要内容。

(1)监理工程师应要求施工承包单位,对建设单位(或其委托的单位)给定的原始基准点、基准线和标高等测量控制点进行复核,并将复测结果报送监理工程师审核,经批准后施工承包单位才能据以进行准确的测量放线,建立施工测量控制网,并应对其正确性负责,同时做好基桩的保护措施。

(2)复测施工测量控制网。在工程总平面图上,各种建筑物或构筑物的平面位置都是用施工坐标系统的坐标来表示的。复测施工测量控制网时,应抽检建筑方格网、控制高程的水准网点以及标桩埋设位置等。

表 3-14　　分包单位资格报审表

工程名称:＿＿＿＿＿　　　　编号:＿＿＿＿＿

<table>
<tr><td colspan="3">致:＿＿＿＿＿＿＿(项目监理机构)
经考察,我方认为拟选择的＿＿＿＿＿＿＿(分包单位)具有承担下列工程的施工或安装资质和能力,可以保证本工程按施工合同第＿＿＿条款的约定进行施工或安装,请予以审查。</td></tr>
<tr><td>分包工程名称(部位)</td><td>分包工程量</td><td>分包工程合同额</td></tr>
<tr><td></td><td></td><td></td></tr>
<tr><td></td><td></td><td></td></tr>
<tr><td colspan="2">合计</td><td></td></tr>
<tr><td colspan="3">附件:1. 分包单位资质材料
2. 分包单位业绩材料
3. 分包单位专职管理人员和特种作业人员的资格证书
4. 施工单位对分包单位的管理制度

施工项目经理部(盖章)＿＿＿＿＿
项目经理(签字)＿＿＿＿＿
＿＿＿＿年＿＿月＿＿日</td></tr>
</table>

续表

<table>
<tr><td>审查意见：

专业监理工程师（签字）________
________年___月___日</td></tr>
<tr><td>审核意见：

项目监理机构（盖章）________
总监理工程师（签字）________
________年___月___日</td></tr>
</table>

注：本表一式三份，项目监理机构、建设单位、施工单位各一份。

2. 施工平面位置的控制

建设单位按照合同约定并结合承包单位施工的需要，事先划定并提供给承包单位占有和使用现场有关部分的范围。如果在现场的某一区域内需要不同的施工承包单位同时或先后施工、使用，应根据施工总进度计划的安排，规定他们各自占用的时间和先后顺序，并在施工总平面图中详细注明各工作区的位置及占用顺序，监理工程师要检查施工现场总体布置是否合理，是否有利于保证施工的正常、顺利进行，是否有利于保证质量。

3. 材料构配件质量控制

(1)掌握材料信息，优选供货厂家。

(2)合理组织材料供应，确保施工正常进行。

(3)合理组织材料使用，减少材料的损失。

(4)加强材料检查验收，严把材料质量关。凡标志不清或认为质量有问题的材料，对质量保证资料有怀疑或与合同规定不符的一般材料；由工程重要程度决定，应进行一定比例试验的材料；需要进行追踪检验，以控制和保证其质量的材料等，均应进行抽检。对于进口的材料设备和重要工程或关键施工部位所用的材料，则应进行全部检验。

(5)要重视材料的使用认证，以防错用或使用不合格的材料。材料的选择或使用不当，均会严重影响工程质量或造成质量事故。为此，必须针对工程特点，根据材料的性能、质量标准、适用范围和对施工要求等方面进行综合考虑，慎重地来选择和使用材料。

4. 施工机械配置质量控制

施工机械设备是实现施工机械化的重要物质基础，是现代施工中必不可少的设备，对施工项目的质量有直接的影响。为此，施工机械设备的选用，必须综合考虑施工场地的条件、建筑结构形式、机械设备性能、施工工艺和方法、施工组织与管理、建筑经济等各种因素，进行多方案比较，使之合理装备、配套使用、有机联系，以充分发挥机械设备的功能，力求获得较好的综合经济效益。

机械设备的选用，应着重从机械设备的选择、主要性能参数、使用与操作要求三方面予以控制。

(1)机械设备的选择。机械设备的选择应本着因地制宜、因工程制宜，按照技术上先进、经济上合理、生产上适用、性能上可靠、使用上安全、操作及维修方便的原则，贯彻执行机械化、半机械化与改良工具相结合的方针，突出施工与机械相结合的特色，使其具有工程的适用性、保证工程质量的可靠性、使用操作的方便性和安全性。

(2)机械设备的主要性能参数。机械设备的主要性能参数是选择机械设备的依据，要能满足需要和保证质量的要求。

(3)机械设备的使用与操作要求。合理使用机械设备，正确地进行操作，是保证项目施工质量的重要环节。

5. 严把开工关

建设单位应及时按计划保质保量地提供承包单位所需的场地和施工通道以及水、电供应等条件，以保证及时开工，防止承担补偿工期和费用损失的责任。为此，监理工程师应事先检查工程施工所需场地征用以及道路和水、电是否开通；否则，应督促建设单位努力实现。

总监理工程师对与拟开工工程有关的现场各项施工准备工作进行检查并认为合格后，方可发布书面的开工指令。对于已停工程，则需有总监理工程师的复工指令才能复工。对于合同中所列工程及工程变更的项目，开工前承包单位必须提交《工程开工报审表》(表 3-15)，经监理工程师审查前述各方面条件具备并由总监理工程师予以批准后，再由总监理工程师签发《工程开工令》(表 3-16)，承包单位才能开始进行正式施工。

表 3-15　　工程开工报审表

工程名称：__________　　　　编号：__________

致：______________(建设单位) ______________(项目监理机构) 我方承担的__________工程，已完成相关准备工作，具备开工条件，申请于______年____月____日开工，请予以审批。 附件：证明文件资料 施工单位(盖章)__________ 项目经理(签字)__________ ______年____月____日
审核意见： 项目监理机构(盖章)__________ 总监理工程师(签字、加盖执业印章)__________ ______年____月____日
审批意见： 建设单位(盖章)__________ 建设单位代表(签字)__________ ______年____月____日

注：本表一式三份，项目监理机构、建设单位、施工单位各一份。

表 3-16　　工程开工令

工程名称：________　　编号：________

致：______________（施工单位） 经审查，本工程已具备施工合同约定的开工条件，现同意你方开始施工，开工日期为______年____月____日。 附件：工程开工报审表   项目监理机构（盖章）________ 总监理工程师（签字、加盖执业印章）________ ______年____月____日

注：本表一式三份，项目监理机构、建设单位、施工单位各一份。

二、施工阶段质量监理

施工过程体现在一系列的作业活动中，作业活动的效果将直接影响到施工过程的施工质量。因此，施工过程质量控制工作应体现在对作业活动的控制上。为确保施工质量，监理工程师要对施工过程进行全过程、全方位的质量监督、控制与检查。

（一）施工工序质量控制

工序质量是指施工中人、材料、机械、工艺方法和环境等对产品起综合作用的过程的质量。工序质量包含两方面的内容：一是工序活动条件的质量；二是工序活动效果的质量。

工程项目的施工过程是由一系列相互关联、相互制约的工序所构成的。工序质量是基础，直接影响工程项目的整体质量。要控制工程项目施工过程的质量，首先必须控制工序的质量。

1. 工序施工条件控制

工序施工条件是指从事工序活动的各种生产要素及生产环境条件。控制方法主要采取检查、测试、试验、跟踪监督等方法。控制依据是要坚持设计质量标准、材料质量标准、机械设备技术性能标准、操作规程等。控制方式对工序准备的各种生产要素及环境条件宜采用事前质量控制的模式（即预控）。

工序施工条件的控制包括以下两个方面：

（1）施工准备方面的控制。即在工序施工前，应对影响工序质量的因素或条件进行监控。要控制的内容一般包括：人员自身因素，如施工操作者和有关人员是否符合上岗要求；材料因素，如材料质量是否符合标准，能否使用；施工机械设备的条件，如其规格、性能、数量能否满足要求，质量有无保障；采用的施工方法及工艺是否恰当，产品质量有无保证；施工的环境条件是否良好等。这些因素或条件应当符合规定的要求或保持良好状态。

（2）施工过程中对工序活动条件的控制。对影响工序产品质量的各因素的控制不仅体现在开工前的施工准备中，而且还应当贯穿于整个施工过程中，包括各工序、各工种的质量保证与强制活动。在施工过程中，工序活动是在经过审查认可的施工准备的条件下展开的，要注意各因素或条件的变化，如果发现某种因素或条件向不利于工序质量方面变化，应及时予以控制或纠正。

在各种因素中，投入施工的物料如材料、半成品等，以及施工操作或工艺是比较活跃和易变化的因素，应予以特别监督与控制，使它们的质量始终处于控制之中，符合相关标准及设计要求。

2. 工序施工效果控制

工序施工效果主要反映在工序产品的质量特征和特性指标两个方面。对工序施工效果控制就是控制工序产品的质量特征和特性指标是否达到设计要求和施工验收标准。工序施工效果质量控制一般属于事后质量控制，其控制的基本步骤包括实测、统计、分析、判断、认可或纠偏。

(1)实测。即采用必要的检测手段，对抽取的样品进行检验，测定其质量特性指标(例如：混凝土的抗拉强度)。

(2)分析。即对检测所得数据进行整理、分析，找出规律。

(3)判断。根据对数据分析的结果，判断该工序产品是否达到了规定的质量标准，如果未达到，应找出原因。

(4)纠偏或认可。如发现质量不符合规定标准，应采取措施纠正，如果质量符合要求则予以确认。

3. 质量控制点设置

质量控制点是指为了保证工序质量而确定的重点控制对象、关键部位或薄弱环节。设置质量控制点是保证达到工序质量要求的必要前提，监理工程师在拟定质量控制工作计划时，应予以详细考虑，并以制度来保证落实。对于质量控制点，一般要事先分析可能造成质量问题的原因，再针对原因制定对策和措施进行预控。质量控制点重点控制对象为：

(1)人员自身条件。对某些作业或操作，应以人员为重点进行控制。例如：高空、高温、水下、危险作业等，对人的身体素质或心理应有相应的要求；技术难度大或精度要求高的作业，如精密、复杂的设备安装，以及重型构件吊装等对人的技术水平均有相应较高的要求。

(2)物的质量与性能。施工设备和材料是直接影响工程质量和安全的主要因素，对某些工程尤为重要，常作为控制的重点。

(3)关键的操作。如预应力钢筋的张拉工艺操作过程及张拉力的控制，是可靠地建立预应力值和保证预应力构件质量的关键过程。

(4)施工技术参数。如对填方路堤进行压实时，对填土含水量等参数的控制是保证填方质量的关键；对于岩基水泥灌浆，灌浆压力和吃浆率是质量保证的关键；冬期施工混凝土受冻临界强度等技术参数是质量控制的重要指标。

(5)施工顺序。对于某些工作必须严格作业之间的顺序，如对于冷拉钢筋应当先对焊、后冷拉，否则会失去冷强。

(6)技术间歇。有些作业之间需要有必要的技术间歇时间。

(7)新工艺、新技术、新材料的应用。由于缺乏经验，施工时可作为重点进行严格控制。

(8)产品质量不稳定、不合格率较高及易发生质量通病的工序应列为重点，仔细分析、严格控制。例如防水层的铺设，供水管道接头的渗漏等。

(9)易对工程质量产生重大影响的施工方法。

(10)特殊地基或特种结构。如大孔性湿陷性黄土、膨胀土等特殊土地基的处理,大跨度和超高结构等难度大的施工环节和重要部位等都应予以特别重视。

(二)现场监督和检查

1. 现场监督检查的内容

(1)开工前检查。检查施工单位开工前的各项准备工作完成情况,是否具备开工条件,能否保证工程连续施工和顺利完成。

(2)工序施工过程中的监督检查。在工序施工过程中,监理人员应对施工操作人员、材料、施工机械及机具、施工方法及施工工艺、施工环境等因素进行跟踪监督和检查,检查上述因素是否处于良好的受控状态,是否能保证质量要求,如发现问题应及时采取措施加以纠正。

(3)工序交接检查。工序交接检查是指前一道工序完工后,经检查合格才能进行下一道工序的作业。监理人员在上一道工序作业完成后,在施工班组进行质量自检、互检合格的基础上,进行工序质量的交接检查。

(4)隐蔽工程在封闭掩盖前的检查验收。隐蔽工程是指将被其后工程施工所隐蔽的分项、分部工程,在隐蔽前应进行检查验收。

(5)工程施工预检。施工预检是指监理人员在施工未进行前所进行的预先检查,以防出现差错,确保工程的质量。需进行施工预验的项目有:轴线、标高、预埋件位置、测量基准点等。通过预检合格后,监理人员予以书面确认,未经预检或预验不合格时,则不能进行下一道工序的施工。

(6)停工后复工前的检查。工程项目由于某种原因停工后,在复工前,应经监理人员检查认可,并在总监理工程师下达复工令后,方可复工。

(7)其他质量跟踪检查。在施工过程中,监理工程师应派出检查员(监理员或巡视员)在施工现场进行巡视、旁站监督(或临场监督),根据工程合同和技术标准、规程对工程质量进行监督和检查。

2. 现场监督检查的方式

(1)旁站与巡视。旁站是指在关键部位或关键工序施工过程中由监理人员在现场进行的监督活动。

在施工阶段,很多工程的质量问题是由于现场施工、操作不当或不符合规程、标准所导致,有些施工操作不符合要求的工程质量,虽然在表面上似乎影响不大,或外表上看不出来,但却隐藏着潜在的质量隐患与危险。这类不符合规程或标准要求的违章施工或违章操作,只有通过监理人员的现场旁站监督与检查,才能发现问题并得到控制。旁站的部位或工序要根据工程特点,也应根据承包单位内部质量管理水平及技术操作水平决定。

巡视是指监理人员对正在施工的部位或工序现场进行的定期或不定期的监督活动,巡视是一种“面”上的活动,不限于某一部位或过程;而旁站则是“点”的活动,是针对某一部位或工序。因此,在施工过程中,监理人员必须加强对现场的巡视、旁站监督与检查,及时发现违章操作和不按设计要求、施工图纸或施工规范、规程或质量标准施工的现象,对不符合质量要求的要及时进行纠正和严格控制。

（2）平行检验。平行检验是指监理工程师利用一定的检查或检测手段在承包单位自检的基础上，按照一定的比例独立进行检查或检测的活动。平行检验是监理工程师质量控制的一种重要手段，在技术复核及复验工作中采用，是监理工程师对施工质量进行验收，做出自己独立判断的重要依据之一。

3. 现场检查的方法

监理人员进行现场质量检验的方法，通常可分为视觉检查、量测检查和试验检查三类。

（1）视觉检查。根据检查对象的不同，通常又将上述检查方法具体化为看、摸、敲、照等四种方法。

（2）量测检查。根据检查手段的不同，量测检查可归纳为靠、吊、重、套四种方法。

（3）试验检查。通过现场取得或制作试件，由专门的试验室进行试验，或直接通过现场试验取得数据，然后分析判断质量是否符合要求。

（三）成品的质量保护

成品的质量保护一般是指在施工过程中，某些分项工程已经完成而其他一些分项工程尚在施工；或者是在其分项工程施工过程中，某些部位已完成而其他部位正在施工。在这种情况下，施工单位必须负责对已完成部分采取妥善措施予以保护，以免因成品缺乏保护或保护不善而造成损伤或污染，影响工程整体质量。

根据建设产品特点的不同，可以分别对成品采取防护、包裹、覆盖、封闭等保护措施，以及合理安排施工顺序等来达到保护成品的目的。具体如下所述：

（1）防护。针对被保护对象的特点采取各种防护的措施。

（2）包裹。将被保护物包裹起来，以防损伤或污染。

（3）覆盖。用表面覆盖的办法防止堵塞或损伤。

（4）封闭。采取局部封闭的办法进行保护。

总之，在工程项目施工过程中，必须充分重视成品的保护工作。

三、交工验收及缺陷责任期质量监理

（一）交工验收阶段的监理

交工验收是检查施工合同的执行情况，评价工程质量是否符合技术标准及设计要求，是否可以移交下一阶段施工或是否满足通车要求，应对各参建单位进行初步评价。

合同段或整个项目范围内的工程完工后，承包人先进行自检，并向监理工程师提交完整的施工资料和竣工验收报表；成立由监理工程师、业主（必要时建议业主邀请监督部门参加、承包人列席）参加的工程竣工交工验收检查小组；检查小组审查承包人竣工交工的申请，并提出具体审查和审核意见，提请业主组织验收；检查小组经过对工程全面检查和评价，写出检查验收报告，符合合同文件要求时，报送业主，同时抄送给承包人；由业主、监理工程师、设计代表及承包人各方代表协商签认“交工证书”的事宜，最后由监理工程师签发“工程交工证书”。

竣工交工验收的具体监理程序如下：

（1）成立交工验收检查小组，由参与三方（业主、监理工程师、承包人）、设计方、质监方代表组成。

(2)审查交工申请报告。

(3)组织现场检查验收与评价。

(4)确认剩余工程和缺陷工程,审查剩余工程完成计划和缺陷工程处理方案。

(5)检查小组提交交工检查报告。

(6)签发竣工交工证书。

若整个工程或工程的任一区段或一部分实质上按合同要求已经完工,承包人可向监理工程师提交交工的申请,请求进行交工验收。监理工程师在接到上述申请后,应及时给予明确答复,组织交工验收。经监理工程师检验合格后,即可签发工程交工证书。

当交工验收不合格,存在质量缺陷时,应进行质量缺陷的调查、处理与责任划分。当工程质量缺陷因所用材料、设备或施工工艺不符合合同要求,或由承包人负责设计的部分永久性工程在设计上失误,或因承包人一方疏忽造成时,所有费用应由承包人负担。而对非承包人原因造成的工程质量缺陷,由承包人进行修复时,监理工程师应对其进行费用估价,并向业主签发为承包人追加费用的证明。

(二)缺陷责任期的监理

当工程按合同完成,圆满地通过了规定的各项检验且符合要求,由监理工程师签发交工证书后,仍需在规定时间内继续完成工程剩余的工作,并检验该工程的使用质量,这个规定的期限称为缺陷责任期。

缺陷责任期是从监理工程师签发工程交工证书之日算起,期限一般为两年。对于有多个交工日期的单项工程,缺陷责任期应分别从各自不同的交工日期算起。

1. 缺陷责任期的监理工作任务

在缺陷责任期内,监理工程师的主要工作任务是督促设计单位和承包人进行质量回访,检查工程在运行中的质量情况并发现质量问题;鉴定质量问题的责任;督促承包人进行保修,并参与保修质量鉴定;督促和监督承包人"剩余工程计划"的执行;监督承包人继续进行竣工图和竣工资料的编制与整理;继续解决合同管理中的支付、最终结账单、工程变更、延期和索赔等方面的问题;做好签发"工程缺陷责任终止证书"的各项准备工作。

2. 缺陷责任期的监理工作内容

监理工程师应根据剩余工程量配置缺陷责任期的监理人员,包括:现场巡视、检查的监理人员,负责质量检验的试验人员,处理合同事宜(索赔、变更)、办理计量支付、督促交工资料的合同管理人员。

在缺陷责任期,监理工程师应定期检验承包人剩余工程计划的实施情况;经常检查已完工程的质量缺陷情况,并对工程质量缺陷发生的原因及其责任者进行调查,同时,对修复工作做出费用估价;督促承包人按合同规定完成交工资料的编制。

在缺陷责任期终止前,如果工程出现了任何缺陷、变形或不合格,监理工程师应及时通知承包人组织进行调查。调查应在监理工程师指导下进行,并向业主呈交一份调查报告副本。工程产生的任何缺陷、变形、不合格,经调查后证明确属施工质量所致,则上述调查费用应由承包人承担;如调查证明属于其他原因,则监理工程师应在和业主与承包人协商后,确定上述调查费用总额,然后增列于合同总额之中。

承包人应在缺陷责任期内或在其终止后 14d 内,按照监理工程师指出的工作项目和检查的结果，对工程尚存在的质量缺陷进行修补、修复或重建，以使工程质量满足合同要求。如果承包人在合理的期限内未执行监理工程师的指令，则业主有权雇用其他施工单位完成上述各项修复工作，并付给报酬，由此而发生或伴随产生的全部费用，将从承包人的保留金内，或从业主付给承包人的其他款项中扣除。

第三节　城镇道路工程质量监理

一、路基

（一）土方路基

1. 土方开挖监理内容

（1）路基挖土的开挖程序（方法）、挖至路基顶面时的预留碾压沉降高度、超挖或土质松软路段的处理、压实度及外观质量。

（2）路基填土的基底处理要求、用土质量（控制最佳含水量、最大干密度）、填土松厚度、压实度及外观质量。

（3）不填不挖路基在遇有地下水位较高或土质湿软情况下，应控制处理措施（可采用晾晒、换土、石灰处理、设置砂垫层、砂桩等措施）。

（4）挖方路基的弃土，若设计中无明确规定，承包人不得随意动用，应按监理工程师指令处理。

（5）挖方路基应按设计的横断面边坡坡度要求，自上而下逐层开挖，不可乱挖，更不可因开挖方式不当而引起边坡失稳或坍塌。

2. 土方回填监理内容

（1）路基填筑必须在监理工程师已验收过的地面上进行。

（2）填方路基开始施工前宜做50～100m试验段，以确定在所用土质条件下机具设备的合理组合和最佳碾压遍数。

（3）路基填挖土方在接近设计标高时，监理人员应按设计要求及时检测路基宽度、标高和平整度，对有缺陷的，应指示承包人进行整修。

（4）审批碾压方案。碾压（夯击）完成以后，现场监理人员应立即测定其含水量和湿密度，计算干密度和压实度，并按重型击实标准，判断是否达到压实度标准。合格，予以书面认可；不合格，通知承包人返工，待合格后，再给予书面认可。

（5）对施工单位的压实资料进行抽检。

（6）路基达到顶面标高后，应按规范要求对路线中心线、高程、纵坡度、横坡度、平整度、弯沉、宽度及边坡进行一次验收（或会同路面施工单位联合验收效果更好）。检验合格后，允许进行下道工序施工。若检验不合格，则应由原施工单位负责修整直到合格为止。

3. 土方路基工程监理验收标准

（1）主控项目。

1）路基压实度应符合表3-17的规定。

表 3-17　　**路基压实度标准**

<table>
<tr><th rowspan="2">填挖类型</th><th rowspan="2">路床顶面以下深度/cm</th><th rowspan="2">道路类别</th><th rowspan="2">压实度(%)
(重型击实)</th><th colspan="2">检验频率</th><th rowspan="2">检验方法</th></tr>
<tr><th>范围</th><th>点数</th></tr>
<tr><td rowspan="3">挖方</td><td rowspan="3">0～30</td><td>城市快速路、主干路</td><td>≥95</td><td rowspan="12">1000m²</td><td rowspan="12">每层
3 点</td><td rowspan="12">环刀法、灌水法或灌砂法</td></tr>
<tr><td>次干路</td><td>≥93</td></tr>
<tr><td>支路及其他小路</td><td>≥90</td></tr>
<tr><td rowspan="9">填方</td><td rowspan="3">0～80</td><td>城市快速路、主干路</td><td>≥95</td></tr>
<tr><td>次干路</td><td>≥93</td></tr>
<tr><td>支路及其他小路</td><td>≥90</td></tr>
<tr><td rowspan="3">>80,≤150</td><td>城市快速路、主干路</td><td>≥93</td></tr>
<tr><td>次干路</td><td>≥90</td></tr>
<tr><td>支路及其他小路</td><td>≥90</td></tr>
<tr><td rowspan="3">>150</td><td>城市快速路、主干路</td><td>≥90</td></tr>
<tr><td>次干路</td><td>≥90</td></tr>
<tr><td>支路及其他小路</td><td>≥87</td></tr>
</table>

2)弯沉值不应大于设计要求。

(2)一般项目。

1)土路基允许偏差应符合表 3-18 的规定。

2)路床应平整、坚实，无显著轮迹、翻浆、波浪、起皮等现象，路堤边坡应密实、稳定、平顺等。

表 3-18　　**土路基允许偏差**

<table>
<tr><th rowspan="2">项　目</th><th rowspan="2">允许偏差</th><th colspan="4">检验频率</th><th rowspan="2">检验方法</th></tr>
<tr><th>范围/m</th><th colspan="3">点数</th></tr>
<tr><td>路床纵断高程/mm</td><td>−20
+10</td><td>20</td><td colspan="3">1</td><td>用水准仪测量</td></tr>
<tr><td>路床中线偏差/mm</td><td>≤30</td><td>100</td><td colspan="3">2</td><td>用经纬仪、钢尺量取最大值</td></tr>
<tr><td rowspan="3">路床平整度/mm</td><td rowspan="3">≤15</td><td rowspan="3">20</td><td rowspan="3">路宽/m</td><td><9</td><td>1</td><td rowspan="3">用 3m 直尺和塞尺连续量两尺，取较大值</td></tr>
<tr><td>9～15</td><td>2</td></tr>
<tr><td>>15</td><td>3</td></tr>
<tr><td>路床宽度/mm</td><td>小于设计值+B</td><td>40</td><td colspan="3">1</td><td>用钢尺量</td></tr>
<tr><td rowspan="3">路床横坡</td><td rowspan="3">±0.3%且
不反坡</td><td rowspan="4">20</td><td rowspan="3">路宽/m</td><td><9</td><td>2</td><td rowspan="3">用水准仪测量</td></tr>
<tr><td>9～15</td><td>4</td></tr>
<tr><td>>15</td><td>6</td></tr>
<tr><td>边坡</td><td>不陡于设计值</td><td colspan="3">2</td><td>用坡度尺量，每侧 1 点</td></tr>
</table>

注：B 为施工时必要的附加宽度。

(二)石方路基

1. 石方爆破工程监理内容

(1)监理工程师应首先对施工现场进行地质勘察,并对爆破区的周围环境进行检查。

(2)审查爆破方案,对不合理的设计进行修改。

(3)检查施工人员持证情况。

(4)检查施工现场是否设有安全警戒标识。

2. 石方填筑工程监理内容

(1)检查各填筑部位的填料质量。

(2)检查铺料厚度、碾压遍数、洒水量等。

(3)检查施工机具的规格、系数等。

3. 石方路基工程监理验收标准

(1)主控项目。

1)挖石方路基上边坡必须稳定,严禁有松石、险石。

2)填石路堤压实密度应符合试验路段确定的施工工艺,沉降差不应大于试验路段确定的沉降差。

(2)一般项目。

1)挖石方路基允许偏差应符合表 3-19 的规定。

表 3-19　挖石方路基允许偏差

项　目	允许偏差	检验频率		检验方法
		范围/m	点数	
路床纵断高程/mm	+50 −100	20	1	用水准仪测量
路床中线偏位/mm	≤30	100	2	用经纬仪、钢尺量取最大值
路床宽/mm	不小于设计值+B	40	1	用钢尺量
边坡(%)	不陡于设计值	20	2	用坡度尺量,每侧1点

注:B 为施工时必要的附加宽度。

2)填石路堤路床顶面应嵌缝牢固,表面均匀、平整、稳定,无推移、浮石。

3)填石路堤边坡应稳定、平顺,无松石。

4)填石方路基允许偏差应符合表 3-20 的规定。

表 3-20　填石方路基允许偏差

项　目	允许偏差	检验频率		检验方法
		范围/m	点数	
路床纵断高程/mm	−20 +10	20	1	用水准仪测量
路床中线偏位/mm	≤30	100	2	用经纬仪、钢尺量取最大值

续表

项目	允许偏差	检验频率				检验方法
		范围/m	点数			
路床平整度/mm	≤20	20	路宽/m	<9	1	用3m直尺和塞尺连续量两尺，取较大值
				9～15	2	
				>15	3	
路床宽度/mm	小于设计值+B	40	1			用钢尺量
路床横坡	±0.3%且不反坡	20	路宽/m	<9	2	用水准仪测量
				9～15	4	
				>15	6	
边坡	不陡于设计值		2			用坡度尺量，每侧1点

注：B为施工必要附加宽度。

(三)路肩

路肩应平整坚实，直线段肩线应直顺，曲线段应顺畅。路肩应与路基、基层、面层等各层同步施工。

路肩一般项目质量检验应符合下列规定：

(1)肩线应顺畅、表面平整，不积水、不阻水。

(2)路肩压实度应大于或等于90%。

(3)路肩允许偏差应符合表3-21的规定。

表3-21　　路肩允许偏差

项目	允许偏差	检验频率		检验方法
		范围/m	点数	
宽度/mm	不小于设计值	40	2	用钢尺量，每侧1点
横坡	±1%且不反坡		2	用水准仪测量，每侧1点

注：硬质路肩应结合所用材料，按《城镇道路工程施工与质量验收规范》(CJJ 1—2008)第7～11章的有关规定，补充相应的检查项目。

(四)特殊土路基

1. 软土路基

(1)砂垫层处理软土路基。

1)施工监理要求。采用砂垫层置换时，砂垫层应宽出路基边脚0.5～1.0m，两侧以片石护砌。

2)监理验收标准。

①主控项目。

a. 砂垫层的材料质量应符合设计要求。

b. 砂垫层的压实度应大于等于90%。

②一般项目。砂垫层允许偏差应符合表3-22的规定。

表3-22　砂垫层允许偏差

<table>
<tr><th rowspan="2">项　目</th><th rowspan="2">允许偏差/mm</th><th colspan="4">检验频率</th><th rowspan="2">检验方法</th></tr>
<tr><th>范围/m</th><th colspan="3">点数</th></tr>
<tr><td>宽度</td><td>小于设计值＋B</td><td>40</td><td colspan="3">1</td><td>用钢尺量</td></tr>
<tr><td rowspan="3">厚度</td><td rowspan="3">不小于设计值</td><td rowspan="3">200</td><td rowspan="3">路宽/m</td><td><9</td><td>2</td><td rowspan="3">用钢尺量</td></tr>
<tr><td>9～15</td><td>4</td></tr>
<tr><td>>15</td><td>6</td></tr>
</table>

注：B为施工时必要的附加宽度。

(2)反压护道处理。

1)施工监理要求。采用反压护道处理时，护道宜与路基同时填筑。当分别填筑时，必须在路基达到临界高度前将反压护道施工完成。

2)监理验收标准。

①主控项目。压实度不应小于90%。

②一般项目。宽度、高度应符合设计要求。

(3)土工材料处理软土路基。

1)施工监理要求。

①土工材料铺设前，应对基面压实整平。宜在原地基上铺设一层30～50cm厚的砂垫层。铺设土工材料后，运、铺料等施工机具不得在其上直接行走。

②每压实层的压实度、平整度经检验合格后，方可于其上铺设土工材料。土工材料应完好，发生破损应及时修补或更换。

③铺设土工材料时，应将其垂直于路轴线展开，并视填土层厚度选用符合要求的锚固钉固定、拉直，不得出现扭曲、皱褶等现象。土工材料纵向搭接宽度不应小于30cm，采用锚接时其搭接宽度不得小于15cm；采用胶结时胶结宽度不得小于5cm，其胶结强度不得低于土工材料的抗拉强度。相邻土工材料横向搭接宽度不应小于30cm。

④路基边坡留置的回卷土工材料，其长度不应小于2m。

⑤土工材料铺设完后，应立即铺筑上层填料，其间隔时间不应超过48h。双层土工材料上、下层接缝应错开，错缝距离不应小于50cm。

2)监理验收标准。

①主控项目。

a. 土工材料的技术质量指标应符合设计要求。

b. 土工合成材料敷设、胶接、锚固和回卷长度应符合设计要求。

②一般项目。

a. 下承层面不得有突刺、尖角。

b. 土工合成材料铺设允许偏差应符合表3-23的规定。

(4)袋装砂井排水。

1)施工监理要求。

①宜采用含泥量小于3%的粗砂或中砂做填料。砂袋的渗透系数应大于所用砂的渗透系数。

②砂袋安装应垂直入井，不应扭曲、缩颈、断割或磨损，砂袋在孔口外的长度应能顺直伸入砂垫层不小于30cm。

表 3-23　　土工合成材料铺设允许偏差

项　目	允许偏差	检验频率				检验方法
		范围/m	点数			
下承面平整度/mm	≤15	20	路宽/m	<9	1	用3m直尺和塞尺连续量两尺
				9～15	2	
				>15	3	
下承面拱度	±1%		路宽/m	<9	2	用水准仪测量
				9～15	4	
				>15	6	

③袋装砂井的井距、井深、井径等应符合设计要求。

2)监理验收标准。

①主控项目。

a. 砂的规格和质量、砂袋织物质量必须符合设计要求。

b. 砂袋下沉时不得出现扭结、断裂等现象。

c. 井深不小于设计要求，砂袋在井口外应伸入砂垫层。

②一般项目。袋装砂井允许偏差应符合表3-24的规定。

表 3-24　　袋装砂井允许偏差

项　目	允许偏差	检验频率		检验方法
		范围	点数	
井间距/mm	±150	全部	抽查2%且不少于5处	两井间，用钢尺量
砂井直径/mm	+10 0			查施工记录
井竖直度	≤1.5%H			查施工记录
砂井灌砂量	−5%G			查施工记录

注：H为桩长或孔深；G为灌砂量。

(5)塑料排水板。

1)施工监理要求。塑料排水板应耐腐蚀并具有柔韧性，其强度与排水性能应符合设计要求。塑料排水板敷设应直顺，深度符合设计规定，超过孔口长度应伸入砂垫层不小于50cm。

2)监理验收标准。

①主控项目。

a. 塑料排水板质量必须符合设计要求。

b. 塑料排水板下沉时不得出现扭结、断裂等现象。

c. 板深不小于设计要求，排水板在井口外应伸入砂垫层50cm以上。

②一般项目。塑料排水板设置允许偏差应符合表3-25的规定。

表 3-25　　塑料排水板设置允许偏差

项　目	允许偏差	检验频率		检验方法
		范围	点数	
板间距/mm	±150	全部	抽查2%且不少于5处	两板间，用钢尺量
板竖直度	≤1.5%H			查施工记录

注：H为桩长或孔深。

(6)砂桩处理软土路基。

1)施工监理要求。砂宜采用含泥量小于3%的粗砂或中砂，应根据成桩方法选定填砂的含水量。砂桩应砂体连续、密实，桩长、桩距、桩径、填砂量应符合设计规定。

2)监理验收标准。

①主控项目。

a. 砂桩材料应符合设计要求。

b. 复合地基承载力不应小于设计规定值。

c. 桩长不小于设计要求。

②一般项目。砂桩成桩允许偏差应符合表3-26的规定。

表 3-26　　砂桩成桩允许偏差

项　目	允许偏差	检验频率		检验方法
		范围	点数	
桩距/mm	±150	全部	抽查2%且不少于2根	两桩间，用钢尺量，查施工记录
桩径/mm	不小于设计值			
竖直度	≤1.5%H			

注：H为桩长或孔深。

(7)碎石桩处理软土路基。

1)施工监理要求。宜选用含泥砂量小于10%、粒径19～63mm的碎石或砾石作桩料。应进行成桩试验，确定控制水压、电流和振冲器的振留时间等参数，桩距、桩长、灌石量等应符合设计规定。

2)监理验收标准。

①主控项目。

a. 碎石桩材料应符合设计要求。

b. 复合地基承载力不应小于设计规定值。

c. 桩长不应小于设计要求。

②一般项目。碎石桩成桩允许偏差应符合表3-27的规定。

表 3-27　　碎石桩允许偏差

项　目	允许偏差	检验频率		检验方法
		范围	点数	
桩距/mm	±150	全部	抽查2%且不少于2根	两桩间，用钢尺量，查施工记录
桩径/mm	不小于设计值			
竖直度	≤1.5%H			

注：H为桩长或孔深。

(8)粉喷桩处理软土地基。

1)施工监理要求。

①石灰应采用磨细Ⅰ级钙质石灰(最大粒径小于2.36mm、氧化钙含量大于80%),宜选用SiO_2和Al_2O_3含量大于70%,烧失量小于10%的粉煤灰、普通或矿渣硅酸盐水泥。

②工艺性成桩试验桩数不宜少于5根,以获取钻进速度、提升速度、搅拌、喷气压力与单位时间喷入量等参数。

③柱距、桩长、桩径、承载力等应符合设计要求。

2)监理验收标准。

①主控项目。

a. 水泥的品种、级别及石灰、粉煤灰的性能指标应符合设计要求。

b. 桩长不应小于设计要求。

c. 复合地基承载力应不小于设计规定值。

②一般项目。粉喷桩成桩允许偏差应符合表3-28的规定。

表3-28　粉喷桩成桩允许偏差

项　目	允许偏差	检验频率		检验方法
		范围	点数	
强度/kPa	不小于设计值	全部	抽查5%	切取试样或无损检测
桩距/mm	±100		抽查2%且不少于2根	两桩间,用钢尺量,查施工记录
桩径/mm	不小于设计值			
竖直度	≤1.5%H			

注:H为桩长或孔深。

2. 湿陷性黄土路基

(1)施工监理要求。

1)路基内的地下排水构筑物与地面排水沟渠必须采取防渗措施。

2)用换填法处理路基时应符合下列要求:

①换填材料可选用黄土、其他黏性土或石灰土,其填筑压实要求同土方路基。采用石灰土换填时,消石灰与土的质量配合比宜为石灰∶土为9∶91(二八灰土)或12∶88(三七灰土)。

②换填宽度应宽出路基坡脚0.5~1.0m。

③填筑用土中大于10cm的土块必须打碎,并应在接近土的最佳含水量时碾压密实。

3)强夯处理路基时应符合下列要求:

①夯实施工前,必须查明场地范围内的地下管线等构筑物的位置及标高,严禁在其上方采用强夯施工,靠近其施工必须采取保护措施。

②施工前应按设计要求在现场选点进行试夯,通过试夯确定施工参数,如夯锤质量、落距、夯点布置、夯击次数和夯击遍数等。

③地基处理范围不宜小于路基坡脚外3m。

④应划定作业区,并应设专人指挥施工。

⑤施工过程中,应设专人对夯击参数进行监测和记录。当参数变异时,应及时采取措施处理。

4)路堤边坡应整平夯实,并应采取防止路面水冲刷措施。

(2)监理验收标准。

1)主控项目。路基土的压实度应符合设计要求。

2)一般项目。湿陷性黄土夯实质量应符合表3-29的规定。

表3-29　湿陷性黄土夯实质量检验标准

<table>
<tr><th rowspan="2">项　目</th><th rowspan="2">检验标准</th><th colspan="3">检验频率</th><th rowspan="2">检验方法</th></tr>
<tr><th>范围/m</th><th colspan="2">点数</th></tr>
<tr><td rowspan="3">夯点累计夯沉量</td><td rowspan="3">不小于试夯时确定夯沉量</td><td rowspan="6">200</td><td rowspan="3">路宽/m</td><td><9</td><td>2</td><td rowspan="3">查施工记录</td></tr>
<tr><td>9～15</td><td>4</td></tr>
<tr><td>>15</td><td>6</td></tr>
<tr><td rowspan="3">湿陷系数</td><td rowspan="3">符合设计要求</td><td rowspan="3">路宽/m</td><td><9</td><td>2</td><td rowspan="3">见注</td></tr>
<tr><td>9～15</td><td>4</td></tr>
<tr><td>>15</td><td>6</td></tr>
</table>

注:隔7～10d,在设计有效加固深度内,每隔50～100cm取土样测定土的压实度、湿陷系数等指标。

二、基层

(一)石灰稳定土类基层及底基层

1. 石灰稳定土类基层监理工作内容

(1)随时抽查使用的石灰、土、水的技术指标和质量规格,检查拌和的灰土石灰剂量、颜色均匀性和含水量。

(2)检测摊铺灰土的厚度、标高、宽度是否符合设计要求,检查稳压、碾压的施工原则、速度、遍数。

(3)随机取样对压实度进行检验,检查中发现的缺陷,如裂缝、软弹等现象,制定补救措施,发出工作联系单,指令施工单位进行整改。

(4)施工完毕,及时检查石灰土的压实度、平整度、厚度、宽度、中线高程及纵横坡度,并对外观做出评定。

(5)完工后,监理人员要指令施工单位设专人进行湿法养护,避免发生缩裂和松散现象。养护应为喷洒,不得冲洒。

2. 石灰、粉煤灰稳定砾石基层监理工作内容

(1)施工前检查原材料的质量是否满足施工要求。

(2)检查配合比,并与施工单位共同取样送有资质试验单位进行配合比、强度、压实度技术指标试验。

(3)施工前应对路槽进行复验,路基质量必须符合验收标准的要求。

(4)检查混合料的摊铺虚铺厚度、宽度是否符合设计要求。

(5)检查碾压速度及遍数是否达到施工设计及规范要求,监理要随机取样,对压实度进行抽检。

(6)监理在施工完毕后，要检查混合料的压实度、平整度、厚度、宽度、中线高程及纵横坡度，并对外观做出评定。

3. 石灰、粉煤灰、钢渣稳定土基层监理工作内容

(1)开工前，监理人员应要求承包人对原材料进行各项试验，并将试验结果报监理工程师审批，经审批合格的原材料方可使用。

(2)对混合料的配合比进行审查，并检查混合料的拌和质量。

(3)审核施工放样数据。

(4)检查混合料压实度是否符合规范要求。

4. 监理验收标准

(1)主控项目。

1)原材料质量应符合《城镇道路工程施工与质量验收规范》(CJJ 1—2008)的规定。

2)基层、底基层的压实度应符合下列要求：

①城市快速路、主干路基层大于等于97%，底基层大于等于95%。

②其他等级道路基层大于等于95%，底基层大于等于93%。

3)基层、底基层试件做7d无侧限抗压强度测试，应符合设计要求。

(2)一般项目。

1)表面应平整、坚实、无粗细骨料集中现象，无明显轮迹、推移、裂缝，接茬平顺，无贴皮、散料。

2)石灰稳定土类基层及底基层允许偏差应符合表3-30的规定。

表3-30　石灰稳定土类基层及底基层允许偏差

<table>
<tr><th colspan="2" rowspan="2">项　目</th><th rowspan="2">允许偏差</th><th colspan="4">检验频率</th><th rowspan="2">检验方法</th></tr>
<tr><th>范围</th><th colspan="3">点数</th></tr>
<tr><td colspan="2">中线偏位/mm</td><td>≤20</td><td>100m</td><td colspan="3">1</td><td>用经纬仪测量</td></tr>
<tr><td rowspan="2">纵断高程/mm</td><td>基层</td><td>±15</td><td rowspan="2">20m</td><td colspan="3" rowspan="2">1</td><td rowspan="2">用水准仪测量</td></tr>
<tr><td>底基层</td><td>±20</td></tr>
<tr><td rowspan="3">平整度/mm</td><td rowspan="2">基层</td><td rowspan="2">≤10</td><td rowspan="3">20mm</td><td rowspan="3">路宽/m</td><td><9</td><td>1</td><td rowspan="3">用3m直尺和塞尺连续量两尺，取较大值</td></tr>
<tr><td>9～15</td><td>2</td></tr>
<tr><td>底基层</td><td>≤15</td><td>>15</td><td>3</td></tr>
<tr><td colspan="2">宽度/mm</td><td>不小于设计值+B</td><td>40m</td><td colspan="3">1</td><td>用钢尺量</td></tr>
<tr><td colspan="2" rowspan="3">横坡</td><td rowspan="3">±0.3%且不反坡</td><td rowspan="3">20m</td><td rowspan="3">路宽/m</td><td><9</td><td>2</td><td rowspan="3">用水准仪测量</td></tr>
<tr><td>9～15</td><td>4</td></tr>
<tr><td>>15</td><td>6</td></tr>
<tr><td colspan="2">厚度/mm</td><td>±10</td><td>1000m²</td><td colspan="3">1</td><td>用钢尺量</td></tr>
</table>

(二)水泥稳定土类基层

1. 监理工作内容

(1)对承包人自检后的下承层进行抽检，合格后方可进行水泥稳定土基层施工。

(2)复核承包人的施工放样，严格控制路中心高程和横坡度。

(3)严格控制原材料质量，并控制混合料的拌和质量。

(4)对混合料摊铺后的平整度进行检查。

(5)碾压结束后，应始终保持表面潮湿，严禁忽干忽湿，以免影响强度的增长，避免收缩裂缝的产生。

(6)水泥稳定土养护期间，严禁车辆通行，以防基层(底基层)“跑翻”影响水泥稳定土的质量。

2. 监理验收标准

(1)主控项目。

1)原材料应符合《城镇道路工程施工与质量验收规范》(CJJ 1—2008)要求。

2)基层、底基层的压实度应符合下列要求：

①城市快速路、主干路基层大于等于97%，底基层大于等于95%。

②其他等级道路基层大于等于95%；底基层大于等于93%。

3)基层、底基层7d的无侧限抗压强度应符合设计要求。

(2)一般项目。

1)表面应平整、坚实、接缝平顺，无明显粗、细骨料集中现象，无推移、裂缝、贴皮、松散、浮料。

2)石灰稳质土类基层及底基层的偏差应符合表3-30的规定。

(三)级配砂砾及级配砾石基层

1. 监理工作内容

(1)监理工程师应根据设计文件和图纸、技术规范、规程等制定适合本工程的监理实施细则，补充必要的技术标准和措施。

(2)检测路基的施工放样，并检查施工材料、施工机具等是否与承包合同要求相一致。

(3)控制混合料的摊铺厚度、宽度及高程。

(4)检查碾压后的平整度。

(5)指示承包人设专人对施工后的道路基层进行养护，禁止车辆通行。

2. 监理验收标准

(1)主控项目。

1)骨料质量及级配应符合《城镇道路工程施工与质量验收规范》(CJJ 1—2008)的规定。

2)基层压实度大于等于97%，底基层压实度大于等于95%。

3)弯沉值不应大于设计要求。

(2)一般项目。

1)表面应平整、坚实，无松散和粗、细骨料集中现象。

2)级配砂砾及级配砾石基层和底基层允许偏差应符合表3-31的规定。

(四)级配碎石及级配碎砾石基层

1. 监理工作内容

(1)监理应审核开工报告、施工工艺、原材料质量及施工机具是否合格。

(2)检查路基排水设施是否完好。

(3)检查道路基层施工放样，严格控制道路中线、高程及宽度。

(4)检查摊铺厚度、压实密度、平整度等。

(5)基层养护期间，禁止机动车及履带车辆进行。

表 3-31 级配砂砾及级配砾石基层和底基层允许偏差

<table>
<tr><th rowspan="2">项 目</th><th rowspan="2" colspan="2">允许偏差</th><th colspan="4">检验频率</th><th rowspan="2">检验方法</th></tr>
<tr><th>范围</th><th colspan="3">点数</th></tr>
<tr><td>中线偏位/mm</td><td colspan="2">≤20</td><td>100m</td><td colspan="3">1</td><td>用经纬仪测量</td></tr>
<tr><td rowspan="2">纵断高程/mm</td><td>基层</td><td>±15</td><td rowspan="2">20m</td><td rowspan="2" colspan="3">1</td><td rowspan="2">用水准仪测量</td></tr>
<tr><td>底基层</td><td>±20</td></tr>
<tr><td rowspan="3">平整度/mm</td><td rowspan="2">基层</td><td rowspan="2">≤10</td><td rowspan="3">20mm</td><td rowspan="3">路宽/m</td><td><9</td><td>1</td><td rowspan="3">用 3m 直尺和塞尺连续量两尺，取较大值</td></tr>
<tr><td>9～15</td><td>2</td></tr>
<tr><td>底基层</td><td>≤15</td><td>>15</td><td>3</td></tr>
<tr><td>宽度/mm</td><td colspan="2">不小于设计值＋B</td><td>40m</td><td colspan="3">1</td><td>用钢尺量</td></tr>
<tr><td rowspan="3">横坡</td><td rowspan="3" colspan="2">±0.3%且不反坡</td><td rowspan="3">20m</td><td rowspan="3">路宽/m</td><td><9</td><td>2</td><td rowspan="3">用水准仪测量</td></tr>
<tr><td>9～15</td><td>4</td></tr>
<tr><td>>15</td><td>6</td></tr>
<tr><td rowspan="2">厚度/mm</td><td>砂石</td><td>＋20
－10</td><td rowspan="2">1000m²</td><td rowspan="2" colspan="3">1</td><td rowspan="2">用钢尺量</td></tr>
<tr><td>砾石</td><td>＋20
－10%层厚</td></tr>
</table>

2. 监理验收标准

(1)主控项目。

1)碎石与嵌缝料质量及级配应符合《城镇道路工程施工与质量验收规范》(CJJ 1—2008)的规定。

2)级配碎石压实度，基层不得小于 97%，底基层不应小于 95%。

3)弯沉值不应大于设计要求。

(2)一般项目。

1)外观质量：表面应平整、坚实，无推移、松散、浮石现象。

2)级配碎石及级配碎砾石基层和底基层的偏差应符合表 3-31 的规定。

(五)沥青混合料(沥青碎石)与贯入式基层

1. 沥青混合料(沥青碎石)基层监理验收标准

(1)主控项目。

1)用于沥青碎石的各种原材料质量应符合《城镇道路工程施工与质量验收规范》(CJJ 1—2008)规定。

2)压实度不得低于 95%(马歇尔击实试件密度)。

3)弯沉值不应大于设计要求。

(2)一般项目。

1)表面应平整、坚实,接缝紧密,不应有明显轮迹、粗细料集中、推挤、裂缝、脱落等现象。

2)沥青碎石基层允许偏差应符合表3-32的规定。

表3-32　　沥青碎石基层允许偏差

<table>
<tr><th rowspan="2">项　目</th><th rowspan="2">允许偏差</th><th colspan="4">检验频率</th><th rowspan="2">检验方法</th></tr>
<tr><th>范围</th><th colspan="3">点数</th></tr>
<tr><td>中线偏位/mm</td><td>≤20</td><td>100m</td><td colspan="3">1</td><td>用经纬仪测量</td></tr>
<tr><td>纵断高程/mm</td><td>±15</td><td rowspan="4">20m</td><td colspan="3">1</td><td>用水准仪测量</td></tr>
<tr><td rowspan="3">平整度/mm</td><td rowspan="3">≤10</td><td rowspan="3">路宽
/m</td><td><9</td><td>1</td><td rowspan="3">用3m直尺和塞尺连续量两尺,取较大值</td></tr>
<tr><td>9～15</td><td>2</td></tr>
<tr><td>>15</td><td>3</td></tr>
<tr><td>宽度/mm</td><td>不小于设计值+B</td><td>40m</td><td colspan="3">1</td><td>用钢尺量</td></tr>
<tr><td rowspan="3">横坡</td><td rowspan="3">±0.3%且不反坡</td><td rowspan="3">20m</td><td rowspan="3">路宽
/m</td><td><9</td><td>2</td><td rowspan="3">用水准仪测量</td></tr>
<tr><td>9～15</td><td>4</td></tr>
<tr><td>>15</td><td>6</td></tr>
<tr><td>厚度/mm</td><td>±10</td><td>1000m²</td><td colspan="3">1</td><td>用钢尺量</td></tr>
</table>

2. 沥青贯入式基层监理验收标准

(1)主控项目。

1)沥青、集料、嵌缝料的质量应符合《城镇道路工程施工与质量验收规范》(CJJ 1—2008)的规定。

2)压实度不应小于95%。

3)弯沉值不应大于设计要求。

(2)一般项目。

1)表面应平整、坚实,石料嵌锁稳定,无明显高低差;嵌缝料、沥青撒布应均匀,无花白、积油、漏浇等现象,且不得污染其他构筑物。

2)沥青贯入式碎石基层和底基层允许偏差应符合表3-33的规定。

表3-33　　沥青贯入式碎石基层和底基层允许偏差

<table>
<tr><th rowspan="2">项　目</th><th rowspan="2" colspan="2">允许偏差</th><th colspan="4">检验频率</th><th rowspan="2">检验方法</th></tr>
<tr><th>范围</th><th colspan="3">点数</th></tr>
<tr><td>中线偏位/mm</td><td colspan="2">≤20</td><td>100m</td><td colspan="3">1</td><td>用经纬仪测量</td></tr>
<tr><td rowspan="2">纵断高程/mm</td><td>基层</td><td>±15</td><td rowspan="5">20m</td><td colspan="3" rowspan="2">1</td><td rowspan="2">用水准仪测量</td></tr>
<tr><td>底基层</td><td>±20</td></tr>
<tr><td rowspan="3">平整度/mm</td><td>基层</td><td>≤10</td><td rowspan="3">路宽
/m</td><td><9</td><td>1</td><td rowspan="3">用3m直尺和塞尺连续量两尺,取较大值</td></tr>
<tr><td rowspan="2">底基层</td><td rowspan="2">≤15</td><td>9～15</td><td>2</td></tr>
<tr><td>>15</td><td>3</td></tr>
</table>

续表

<table>
<tr><th rowspan="2">项　目</th><th rowspan="2">允许偏差</th><th colspan="4">检验频率</th><th rowspan="2">检验方法</th></tr>
<tr><th>范围</th><th colspan="3">点数</th></tr>
<tr><td>宽度/mm</td><td>不小于设计值+B</td><td>40m</td><td colspan="3">1</td><td>用钢尺量</td></tr>
<tr><td rowspan="3">横坡</td><td rowspan="3">±0.3%且不反坡</td><td rowspan="3">20m</td><td rowspan="3">路宽/m</td><td><9</td><td>2</td><td rowspan="3">用水准仪测量</td></tr>
<tr><td>9～15</td><td>4</td></tr>
<tr><td>>15</td><td>6</td></tr>
<tr><td>厚度/mm</td><td>+20
−10%层厚</td><td>1000m²</td><td colspan="3">1</td><td>刨挖，用钢尺量</td></tr>
<tr><td>沥青总用量/(kg/m²)</td><td>±0.5%总用量</td><td>每工作日、每层</td><td colspan="3">1</td><td>T0982</td></tr>
</table>

三、面层

(一)沥青混合料面层

1. 热拌、冷拌沥青混合料面层

(1)监理工作内容。

1)监理员应审核施工单位的开工报告、施工工艺及有关施工质量检验标准。对承包人的施工放样自检报告进行复核、审批。

2)检测原材料的质量。

①检测骨料的规格、强度及含泥量。

②沥青的软化点、针入度和其他有关技术指标。

③检测混合料的级配、颗粒情况及拌制温度。

3)检查摊铺机、压路机等有关机具性能、规格及运转情况。

4)检查已验收合格的基层及侧石、平石、雨水井、各种盖座等附属构筑物是否符合设计及规范要求。

5)检测施工放样的测桩是否完备，边线及中线高程是否符合设计要求。

6)监理员要检查运到现场沥青混合料的温度、摊铺厚度是否符合设计要求。

7)检查碾压时混合料的强度、碾压遍数及轮迹状况。

8)监理员在混合料碾压成形后要检查路面的平整度、坡度及抗滑性。

(2)热拌沥青混合料面层监理验收标准。

1)主控项目。

①沥青混合料面层压实度，对城市快速路、主干路不应小于96%；对次干路及以下道路不应小于95%。

②面层厚度应符合设计要求，允许偏差为−5～+10mm。

③弯沉值不应大于设计要求。

2)一般项目。

1)表面应平整、坚实，接缝紧密，无枯焦；不应有明显轮迹、推挤裂缝、脱落、烂边、油斑、掉

渣等现象,不得污染其他构筑物。面层与路缘石、平石及其他构筑物应接顺,不得有积水现象。

2)热拌沥青混合料面层允许偏差应符合表3-34的规定。

表3-34　热拌沥青混合料面层允许偏差

项目		允许偏差		检验频率				检验方法
				范围	点数			
纵断高程/mm		±15		20m	1			用水准仪测量
中线偏位/mm		≤20			1			用经纬仪测量
平整度/mm	标准差σ值	快速路、主干路	≤1.5	100m	路宽/m	<9	1	用测平仪检测,见注1
		次干路、支路	≤2.4			9~15	2	
						>15	3	
	最大间隙	次干路、支路	≤5	20m	路宽/m	<9	1	用3m直尺和塞尺连续量取两尺,取最大值
						9~15	2	
						>15	3	
宽度/mm		不小于设计值		40m	1			用钢尺量
横　坡		±0.3%且不反坡		20m	路宽/m	<9	2	用水准仪测量
						9~15	4	
						>15	6	
井框与路面高差/mm		≤5		每座	1			十字法,用直尺、塞尺量取最大值
抗滑	摩擦系数	符合设计要求		200m	1			摆式仪
					全线连续			横向力系数车
	构造深度	符合设计要求			1			砂铺法
								激光构造深度仪

注:1. 测平仪为全线每车道连续检测每100m计算标准差σ;无测平仪时可采用3m直尺检测;表中检验频率点数为测线数。

2. 平整度、抗滑性能也可采用自动检测设备进行检测。

3. 底基层表面、下面层应按设计规定用量洒泼透层油、黏层油。

4. 中面层、底面层仅进行中线偏位、平整度、宽度、横坡的检测。

5. 改性(再生)沥青混凝土路面可采用此表进行检验。

6. 十字法检查井框与路面高差,每座检查井均应检查。十字法检查中,以平行于道路中线,过检查井盖中心的直线做基线,另一条线与基线垂直,构成检查用十字线。

(3)冷拌沥青混合料面层监理验收标准。

1)主控项目。

①冷拌沥青混合料面层所用乳化沥青的品种、性能及骨料的规格、质量应符合《城镇道路工程施工与质量验收规范》(CJJ 1—2008)的规定。

②冷拌沥青混合料的压实度不应小于95%。

③面层厚度应符合设计要求,允许偏差为-5~+15mm。

2)一般项目。

1)表面应平整、坚实,接缝紧密,不应有明显轮迹、粗细骨料集中、推挤、裂缝、脱落等现象。

2)冷拌沥青混合料面层允许偏差应符合表 3-35 的规定。

表 3-35　　冷拌沥青混合料面层允许偏差

<table>
<tr><th colspan="2" rowspan="2">项　目</th><th rowspan="2">允许偏差</th><th colspan="4">检验频率</th><th rowspan="2">检验方法</th></tr>
<tr><th>范围</th><th colspan="3">点数</th></tr>
<tr><td colspan="2">纵断高程/mm</td><td>±20</td><td>20m</td><td colspan="3">1</td><td>用水准仪测量</td></tr>
<tr><td colspan="2">中线偏位/mm</td><td>≤20</td><td>100m</td><td colspan="3">1</td><td>用经纬仪测量</td></tr>
<tr><td colspan="2" rowspan="3">平整度/mm</td><td rowspan="3">≤10</td><td rowspan="3">20m</td><td rowspan="3">路宽
/m</td><td><9</td><td>1</td><td rowspan="3">用 3m 直尺、塞尺连续量两尺,取最大值</td></tr>
<tr><td>9～15</td><td>2</td></tr>
<tr><td>>15</td><td>3</td></tr>
<tr><td colspan="2">宽度/mm</td><td>不小于设计值</td><td>40m</td><td colspan="3">1</td><td>用钢尺量</td></tr>
<tr><td colspan="2" rowspan="3">横　坡</td><td rowspan="3">±0.3%且
不反坡</td><td rowspan="3">20m</td><td rowspan="3">路宽
/m</td><td><9</td><td>2</td><td rowspan="3">用水准仪测量</td></tr>
<tr><td>9～15</td><td>4</td></tr>
<tr><td>>15</td><td>6</td></tr>
<tr><td colspan="2">井框与路面高差/mm</td><td>≤5</td><td>每座</td><td colspan="3">1</td><td>十字法,用直尺、塞尺量,取最大值</td></tr>
<tr><td rowspan="4">抗滑</td><td rowspan="2">摩擦
系数</td><td rowspan="2">符合设计要求</td><td rowspan="4">200m</td><td colspan="3">1</td><td>摆式仪</td></tr>
<tr><td colspan="3">全线连续</td><td>横向力系数车</td></tr>
<tr><td rowspan="2">构造
深度</td><td rowspan="2">符合设计要求</td><td colspan="3" rowspan="2">1</td><td>砂铺法</td></tr>
<tr><td>激光构造深度仪</td></tr>
</table>

2. 透层、黏层、封层

(1)监理工作内容。

1)透层施工监理工作内容包括:

①浇洒透层前,对路缘石及人工构造物进行适当防护,以防污染。

②清除未渗入基层的多余透层沥青,对于遗漏处进行人工补洒。

③检查透层沥青的浇洒量。

2)黏层施工监理工作内容包括:

①清除路面脏物。

②浇洒沥青后,严禁车辆行人通行。

3)封层施工监理工作内容包括:

①检查稀浆封层的厚度,宜为 3～6mm。

②严格控制稀浆封层混合料中的沥青用量。

③审核施工机具的功能,控制混合料的配合比。

④保证稀浆封层施工气温不得低于 10℃。

⑤稀浆封层铺筑后,必须在乳液破乳、水分蒸发、干燥成形后方可开放交通。

(2)监理验收标准。

1)主控项目。透层、黏层、封层所采用沥青的品种、标号和封层粒料质量、规格应符合《城镇道路工程施工与质量验收规范》(CJJ 1—2008)的规定。

2)一般项目。

①透层、黏层、封层的宽度不应小于设计规定值。

②封层油层与粒料洒布应均匀,不应有松散、裂缝、油丁、泛油、波浪、花白、漏洒、堆积、污染其他构筑物等现象。

(二)沥青贯入式与沥青表面处治面层

1. 沥青贯入式面层

(1)监理工作内容。

1)检查已验收合格的基层是否清扫干净,如有缺陷应认真处理。铺筑的侧、平石、检查井等各种盖座及其他附属构筑物是否符合要求。

2)检测面层的施工放样、边线及中线的控制高程。

3)随机抽查石料、嵌缝料的规格,严格控制施工程序。

4)在主层骨料撒布时,监理工程师应检查其松铺厚度、平整度及均匀度,一般松铺系数为1.25～1.30。

5)监理工程师应检查浇洒透层油的用量、厚度及均匀度,检查沥青洒布时的温度。

6)控制初碾压遍数,防止碾压过量使大块碎石被压碎,造成石粉出现,影响喷油。

7)控制洒布嵌缝料的均匀度,使之随喷洒沥青油,随洒布嵌缝料,随整扫均匀,不得有重叠现象,个别有不均匀之处,应及时找补。

8)控制洒压要及时,使嵌缝料均匀嵌牢,并检查碾压遍数。

9)碾压成形后,及时对外观及外形尺寸进行检查。

(2)监理验收标准。

1)主控项目。

①沥青、乳化沥青、骨料、嵌缝料的质量应符合设计及《城镇道路工程施工与质量验收规范》(CJJ 1—2008)的有关规定。

②压实度不应小于95%。

③弯沉值不得大于设计要求。

④面层厚度应符合设计要求,允许偏差为－5～＋15mm。

2)一般项目。

①表面应平整、坚实,石料嵌锁稳定,无明显高低差;嵌缝料、沥青应洒布均匀,无花白、积油、漏浇、浮料等现象,且不应污染其他构筑物。

②沥青贯入式面层允许偏差应符合表3-36的规定。

2. 沥青表面处治面层

(1)监理工作内容。

1)检查基层整修是否平整完好,杂物浮土是否清除干净。当有路缘石时,应在安装好路缘石后施工。

2)检查对下承层洒布透层或黏层的质量。因沥青表面处治层较薄,不能单独承受汽车荷载作用，要求其下承层有完好的整体性并与之相互粘结良好、共同受力，因此，应视下承层的不同类型洒透层沥青或黏层沥青。

3）严格控制洒油、撒料、碾压各工序紧密衔接，不能中断。每个作业段长度应根据压路机数量、沥青洒布车、骨料撒布机能力等确定，当天施工路段必须当天完成。

4）控制气温在15℃以上施工较为理想。

5）洒油时，控制沥青用量及喷洒均匀，不得有油包、油丁、波浪、泛油现象，不得污染其他构筑物。

6）碾压时控制压路机的重量，一般以8～10t中型压路机碾压为宜，压至表面平整、稳定、无明显轮迹为止，防止过碾。

表3-36　　沥青贯入式面层允许偏差

项　目	允许偏差	检验频率				检验方法
		范围	点数			
纵断高程/mm	±15	20m	1			用水准仪测量
中线偏位/mm	≤20	100m	1			用经纬仪测量
平整度/mm	≤7	20m	路宽/m	<9	1	用3m直尺、塞尺连续两尺，取较大值
				9～15	2	
				>15	3	
宽度/mm	不小于设计值	40m	1			用钢尺量
横坡	±0.3%且不反坡	20m	路宽/m	<9	2	用水准仪测量
				9～15	4	
				>15	6	
井框与路面高差/mm	≤5	每座	1			十字法，用直尺、塞尺量最大值
沥青总用量/(kg/m²)	±0.5%总用量	每工作日、每层	1			T0982

（2）监理验收标准。

1）主控项目。沥青、乳化沥青的品种、指标、规格应符合设计要求和《城镇道路工程施工与质量验收规范》（CJJ 1—2008）的规定。

2）一般项目。

①骨料应压实平整，沥青应洒布均匀、无露白，嵌缝料应撒铺、扫墁均匀，不应有重叠现象。

②沥青表面处治允许偏差应符合表3-37的规定。

表3-37　　沥青表面处治允许偏差

项　目	允许偏差	检验频率		检验方法
		范围	点数	
纵断高程/mm	±15	20m	1	用水准仪测量
中线偏位/mm	≤20	100m	1	用经纬仪测量

续表

项目	允许偏差	检验频率				检验方法
		范围	点数			
平整度/mm	≤7	20m	路宽/m	<9	1	用3m直尺和塞尺连续量两尺，取较大值
				9～15	2	
				>15	3	
宽度/mm	不小于设计值	40m	1			用钢尺量
横坡	±0.3%且不反坡	20m	路宽/m	<9	2	用水准仪测量
				9～15	4	
				>15	6	
厚度/mm	±10 −5	1000m²	1			钻孔，用钢尺量
弯沉值	符合设计要求	设计要求时	—			弯沉仪测定时
沥青总用量/(kg/m²)	±0.5%总用量	每工作日、每层	1			T0982

(三)水泥混凝土面层

1. 监理工作内容

(1)开工前，在选定的料场中，选取有代表性的样品进行试验，确定材料是否满足施工技术规范要求。

(2)检查水泥混凝土混合料的配合比。

(3)在水泥混凝土路面浇筑前，应对模板、传力杆、拉杆的加工制作质量进行检查。

(4)混凝土摊铺过程中，混凝土拌合物按设计配合比适当增大用水量，水灰比可为0.48～0.55之间，其他材料用量不变。

(5)采用切缝法施工时，混凝土的强度必须达到30%以上时，方能进行切割或锯切。必须设施工缝时，应尽可能将施工缝设在胀缝或缩缝处，缝的位置应与路中心线垂直。

(6)禁止车辆在养护期间通行。

2. 监理验收标准

(1)主控项目。

1)混凝土弯拉强度应符合设计要求。

2)混凝土面层厚度应符合设计要求，允许误差为±5mm。

3)抗滑构造深度应符合设计要求。

(2)一般项目。

1)水泥混凝土面层应板面平整、密实，边角应整齐、无裂缝，并不应有石子外露和浮浆、脱皮、踏痕、积水等现象，蜂窝麻面面积不得大于总面积的0.5%。

2)伸缩缝应垂直、直顺，缝内不应有杂物。伸缩缝在规定的深度和宽度范围内应全部贯通，传力杆应与缝面垂直。

3)混凝土路面允许偏差应符合表 3-38 的规定。

表 3-38　　混凝土路面允许偏差

<table>
<tr><th colspan="2" rowspan="2">项　目</th><th colspan="2">允许偏差或规定值</th><th colspan="2">检验频率</th><th rowspan="2">检验方法</th></tr>
<tr><th>城市快速路、主干路</th><th>次干路、支路</th><th>范围</th><th>点数</th></tr>
<tr><td colspan="2">纵断高程/mm</td><td colspan="2">±15</td><td>20m</td><td>1</td><td>用水准仪测量</td></tr>
<tr><td colspan="2">中线偏位/mm</td><td colspan="2">≤20</td><td rowspan="2">100m</td><td>1</td><td>用经纬仪测量</td></tr>
<tr><td rowspan="2">平整度</td><td>标准差σ/mm</td><td>≤1.2</td><td>≤2</td><td>1</td><td>用测平仪检测</td></tr>
<tr><td>最大间隙/mm</td><td>≤3</td><td>≤5</td><td>20m</td><td>1</td><td>用 3m 直尺和塞尺连续量两尺，取较大值</td></tr>
<tr><td colspan="2" rowspan="2">宽度/mm</td><td colspan="2">0</td><td rowspan="2">40m</td><td rowspan="2">1</td><td rowspan="2">用钢尺量</td></tr>
<tr><td colspan="2">−20</td></tr>
<tr><td colspan="2">横坡</td><td colspan="2">±0.30%且不反坡</td><td>20m</td><td>1</td><td>用水准仪测量</td></tr>
<tr><td colspan="2">井框与路面高差/mm</td><td colspan="2">≤3</td><td>每座</td><td>1</td><td>十字法，用直尺和塞尺量，取最大值</td></tr>
<tr><td colspan="2">相邻板高差/mm</td><td colspan="2">≤3</td><td>20m</td><td>1</td><td>用钢板尺和塞尺量</td></tr>
<tr><td colspan="2">纵缝直顺度/mm</td><td colspan="2">≤10</td><td>100m</td><td rowspan="2">1</td><td rowspan="2">用 20m 线和钢尺量</td></tr>
<tr><td colspan="2">横缝直顺度/mm</td><td colspan="2">≤10</td><td>40m</td></tr>
<tr><td colspan="2">蜂窝麻面面积①/(%)</td><td colspan="2">≤2</td><td>20m</td><td>1</td><td>观察和用钢板尺量</td></tr>
</table>

① 每 20m 查 1 块板的侧面。

(四)铺砌式面层

1. 监理工作内容

(1)检查原材料质量是否符合设计要求及相关规范的规定。

(2)检查料石面层的平整度及伸缩缝的处理情况。

2. 监理验收标准

(1)料石面层。

1)主控项目。

①石材质量、外形尺寸应符合设计要求及《城镇道路工程施工与质量验收规范》(CJJ 1—2008)的规定。

②砂浆平均抗压强度等级应符合设计要求，任一组试件抗压强度最低值不应低于设计强度的 85%。

2)一般项目。

①表面应平整、稳固、无翘动，缝线直顺、灌缝饱满，无反坡积水现象。

②料石面层允许偏差应符合表 3-39 的规定。

表 3-39　料石面层允许偏差

项　　目	允许偏差	检验频率		检查方法
		范围	点数	
纵断高程/mm	±10	10m	1	用水准仪测量
中线偏位/mm	≤20	100m	1	用经纬仪测量
平整度/mm	≤3	20m	1	用 3m 直尺和塞尺连续量两尺，取较大值
宽度/mm	不小于设计值	40m	1	用钢尺量
横坡	±0.3%且不反坡	20m	1	用水准仪测量
井框与路面高差/mm	≤3	每座	1	十字法，用直尺和塞尺量，取最大值
相邻块高差/mm	≤2	20m	1	用钢板尺量
纵横缝直顺度/mm	≤5	20m	1	用 20m 线和钢尺量
缝宽/mm	+3 −2		1	用钢尺量

(2)预制混凝土砌块面层。

1)主控项目。

①砌块的强度应符合设计要求。

②砂浆平均抗压强度等级应符合设计要求，任一组试件抗压强度最低值不应低于设计强度的 85%。

2)一般项目。

①砌块外观质量应符合《城镇道路工程施工与质量验收规范》(CJJ 1—2008)的有关规定。

②预制混凝土砌块面层允许偏差应符合表 3-40 的规定。

表 3-40　预制混凝土砌块面层允许偏差

项　　目	允许偏差	检验频率		检测方法
		范围	点数	
纵断高程/mm	±15	20m	1	用水准仪测量
中线偏位/mm	≤20	100m	1	用经纬仪测量
平整度/mm	≤5	20m	1	用 3m 直尺和塞尺连续量两尺，取较大值
宽度/mm	不小于设计值	40m	1	用钢尺量
横坡	±0.3%且不反坡	20m	1	用水准仪测量
井框与路面高差/mm	≤4	每座	1	十字法，用直尺和塞尺量，取最大值
相邻块高差/mm	≤3	20m	1	用钢板尺量
纵横缝直顺度/mm	≤5	20m	1	用 20m 线和钢尺量
缝宽/mm	+3 −2		1	用钢尺量

(五)广场与停车场面层

1. 监理工作内容

(1)合理划分施工单元，安排施工道路与社会交通疏导。

(2)检查高程控制面层铺装坡度，面层与周围构筑物、路口应接顺，不得有积水。

2. 监理验收标准

(1)料石面层监理验收标准。

1)主控项目。石材质量、外形尺寸及砂浆平均抗压强度等级应符合前述(四)铺砌式面层中“2. 监理验收标准”料石面层主控项目的有关规定。

2)一般项目。石材安装除应符合前述(四)铺砌式面层中“2. 监理验收标准”料石面层一般项目的有关规定外,广场、停车场料石面层允许偏差应符合表3-41的要求。

表3-41　广场、停车场料石面层允许偏差

项　目	允许偏差	检验频率		检验方法
		范围	点数	
高程/mm	±6	施工单元①	1	用水准仪测量
平整度/mm	≤3	10m×10m	1	用3m直尺和塞尺连续量两尺,取较大值
宽度	不小于设计值	40m②	1	用钢尺或测距仪量
坡度	±0.3%且不反坡	20m	1	用水准仪测量
井框与面层高差/mm	≤3	每座	1	十字法,用直尺和塞尺量,取最大值
相邻块高差/mm	≤2	10m×10m	1	用钢板尺量
纵、横缝直顺度/mm	≤5	40m×40m	1	用20m线和钢尺量
缝宽/mm	+3 −2			用钢尺量

① 在每一单位工程中,以40m×40m定方格网,进行编号,作为量测检查的基本施工单元,不足40m×40m的部分以一个单元计。在基本施工单元中再以10m×10m或20m×20m为子单元,每基本施工单元范围内只抽一个子单元检查;检查方法为随机取样,即基本施工单元在室内确定,子单元在现场确定,量取3点取最大值计为检查频率中的1个点。

② 适用于矩形广场与停车场。

(2)预制混凝土砌块面层监理验收标准。

1)主控项目。预制块强度、外形尺寸及砂浆平均抗压强度等级应符合前述(四)铺砌式面层中“2. 监理验收标准”预制混凝土砌块面层主控项目的有关规定。

2)一般项目。预制块安装除应符合前述铺砌式预制混凝土砌块面层监理验收标准中的有关规定外,广场、停车场预制混凝土砌块面层允许偏差尚应符合表3-42的规定。

表3-42　广场、停车场预制混凝土砌块面层允许偏差

项　目	允许偏差	检验频率		检验方法
		范围	点数	
高程/mm	±10	施工单元①	1	用水准仪测量
平整度/mm	≤5	10m×10m	1	用3m直尺和塞尺连续量两尺,取较大值
宽度/mm	不小于设计值	40m②	1	用钢尺或测距仪量
坡度	±0.3%且不反坡	20m	1	用水准仪测量

续表

项　目	允许偏差	检验频率		检验方法
		范围	点数	
井框与面层高差/mm	≤4	每座	1	十字法，用直尺和塞尺量，取最大值
相邻块高差/mm	≤2	10m×10m	1	用钢板尺量
纵、横缝直顺度/mm	≤10	40m×40m	1	用20m线和钢尺量
缝宽/mm	+3 −2			用钢尺量

注：①、②同表3-41注。

(3)沥青混合料面层监理验收标准。

1)主控项目。面层厚度应符合设计要求，允许偏差为±5mm。

2)一般项目。广场、停车场沥青混合料面层允许偏差应符合表3-43的有关规定。

表3-43　广场、停车场沥青混合料面层允许偏差

项　目	允许偏差	检验频率		检验方法
		范围	点数	
高程/mm	±10	施工单元①	1	用水准仪测量
平整度/mm	≤5	10m×10m	1	用3m直尺和塞尺连续量两尺，取较大值
宽度	不小于设计值	40m②	1	用钢尺或测距仪量
坡度	±0.3%且不反坡	20m	1	用水准仪测量
井框与面层高差/mm	≤5	每座	1	十字法，用直尺和塞尺量，取最大值
坡度	±0.3%且不反坡	20m	1	用水准仪测量

注：①、②同表3-41注。

(4)水泥混凝土面层监理验收标准。

1)主控项目。混凝土原材料与混凝土面层质量、外观质量应符合前述(三)水泥混凝土面层中“2. 监理验收标准”主控项目的有关规定。

2)广场、停车场水泥混凝土面层允许偏差应符合表3-44的规定。

表3-44　广场、停车场水泥混凝土面层允许偏差

项　目	允许偏差	检验频率		检验方法
		范围	点数	
高程/mm	±10	施工单元①	1	用水准仪测量
平整度/mm	≤5	10m×10m	1	用3m直尺和塞尺连续量两尺，取较大值
宽度	不小于设计值	40m②	1	用钢尺或测距仪量测
井框与面层高差/mm	≤5	每座	1	十字法，用直尺和塞尺量，取最大值
相邻板高差/mm	≤3	10m×10m	1	用钢板尺和塞尺量

续表

项　目	允许偏差	检验频率		检验方法
		范围	点数	
纵缝直顺度/mm	≤10	40m×40m	1	用20m线和钢尺量
横缝直顺度/mm	≤10		1	
蜂窝麻面面积③(%)	≤2	20m	1	观察和用钢板尺量

注:①、②同表3-41注;③指每20m查1块板的侧面。

(六)人行道铺筑

1. 料石与预制砌块铺砌人行道面层

(1)监理工作内容。

1)水泥混凝土预制人行道砌块的抗压强度应符合设计规定,设计未规定时,不宜低于30MPa。砌块应表面平整、粗糙、纹路清晰、棱角整齐,不得有蜂窝、露石、脱皮等现象;彩色道砖应色彩均匀。

2)预制人行道料石、砌块进场后,应经检验合格后方可使用;预制人行道料石、砌块铺装应符合规范的有关规定。

3)盲道铺砌应注意行进盲道砌块与提示盲道砌块不得混用。盲道必须避开树池、检查井、杆线等障碍物。

(2)料石铺砌人行道面层监理验收标准。

1)主控项目。

①路床与基层压实度应大于或等于90%。

②砂浆强度应符合设计要求。

③石材强度、外观尺寸应符合设计要求及《城镇道路工程施工与质量验收规范》(CJJ 1—2008)的规定。

④盲道铺砌应正确。

2)一般项目。

①铺砌应稳固、无翘动,表面平整、缝线直顺、缝宽均匀、灌缝饱满,无翘边、翘角、反坡、积水现象。

②料石铺砌允许偏差应符合表3-45的规定。

表3-45　　料石铺砌允许偏差

项　目	允许偏差	检验频率		检验方法
		范围	点数	
平整度/mm	≤3	20m	1	用3m直尺和塞尺连续量2尺,取较大值
横坡	±0.3%且不反坡		1	用水准仪测量
井框与面层高差/mm	≤3	每座	1	十字法,用直尺和塞尺量,取最大值
相邻块高差/mm	≤2	20m	1	用钢尺量3点
纵缝直顺/mm	≤10	40m	1	用20m线和钢尺量

续表

项　目	允许偏差	检验频率		检验方法
		范围	点数	
横缝直顺/mm	≤10	20m	1	沿路宽用线和钢尺量
缝宽/mm	+3 −2		1	用钢尺量 3 点

(3)混凝土预制砌块铺砌人行道(含盲道)监理验收标准。

1)主控项目。

①混凝土预制砌块(含盲道砌块)强度应符合设计要求。

②砂浆平均抗压强度等级应符合设计要求,任一组试件抗压强度最低值不应低于设计强度的 85%。

③盲道铺砌应正确。

2)一般项目。

①铺砌应稳固、无翘动,表面平整、缝线直顺、缝宽均匀、灌缝饱满,无翘边、翘角、反坡、积水现象。

②预制砌块铺砌允许偏差应符合表 3-46 的规定。

表 3-46　　预制砌块铺砌允许偏差

项　目	允许偏差	检验频率		检验方法
		范围	点数	
平整度/mm	≤5	20m	1	用 3m 直尺和塞尺连续量 2 尺,取最大值
横坡	±0.3%且不反坡		1	用水准仪量测
井框与面层高差/mm	≤4	每座	1	十字法,用直尺和塞尺量,取最大值
相邻块高差/mm	≤3	20m	1	用钢尺量
纵缝直顺/mm	≤10	40m	1	用 20m 线和钢尺量
横缝直顺/mm	≤10	20m	1	沿路宽用线和钢尺量
缝宽/mm	+3 −2		1	用钢尺量

2. 沥青混合料铺筑人行道面层

(1)监理工作内容。沥青混合料铺筑人行道面层施工中应根据场地环境条件选择适宜的沥青混合料摊铺方式与压实机具。沥青混凝土铺装层厚不应小于 3cm,沥青石屑、沥青砂铺装层厚不应小于 2cm。压实度不应小于 95%。表面应平整,无明显轮迹。

(2)沥青混合料铺筑人行道面层监理验收标准。

1)主控项目。

①路床与基层压实度应大于或等于 90%。

②沥青混合料品质应符合马歇尔试验配合比技术要求。

2)一般项目。

①沥青混合料压实度不应小于 95%。

②表面应平整、密实,无裂缝、烂边、掉渣、推挤现象,接茬应平顺,烫边无枯焦现象,与构筑物衔接平顺、无反坡积水。

③沥青混合料铺筑人行道面层允许偏差应符合表 3-47 的规定。

表 3-47　沥青混合料铺筑人行道面层允许偏差

项　目		允许偏差	检验频率		检验方法
			范围	点数	
平整度/mm	沥青混凝土	≤5	20m	1	用 3m 直尺和塞尺连续量两尺,取最大值
	其他	≤7			
横坡		±0.3%且不反坡		1	用水准仪量
井框与面层高差/mm		≤5	每座	1	十字法,用直尺和塞尺量,取最大值
厚度/mm		±5	20m	1	用钢尺量

四、附属构筑物

(一)路缘石

1. 监理工作内容

(1)检测路缘石预制件的半成品规格及外观质量。

(2)检查施工放样及高程。

(3)检验基底的平整度、整体均匀密实度。

(4)检查预制件安砌的水泥砂浆规格。

(5)检查现浇水泥混凝土所用水泥、骨料、砂的规格及用量,并对现场浇筑的水泥混凝土或沥青混合料的强度、配合比等进行试验。

(6)安砌(或铺筑)完成后,应及时对路缘石外观、外形尺寸等进行检测,发现缺陷,及时通知承包人进行修整完善。

2. 监理验收标准

(1)主控项目。混凝土路缘石强度应符合设计要求。

(2)一般项目。

1)路缘石应砌筑稳固、砂浆饱满、勾缝密实,外露面清洁、线条顺畅,平缘石不阻水。

2)立缘石、平缘石安砌允许偏差应符合表 3-48 的规定。

表 3-48　立缘石、平缘石安砌允许偏差

项　目	允许偏差/mm	检验频率		检验方法
		范围/m	点数	
直顺度	≤10	100	1	用 20m 线和钢尺量*
相邻块高差	≤3	20	1	用钢板尺和塞尺量*
缝宽	±3	20	1	用钢尺量*
顶面高程	±10	20	1	用水准仪测量

注:1. * 随机抽样,量 3 点取最大值。

2. 曲线段缘石安装的圆顺度允许偏差应结合工程具体制定。

(二)雨水支管与雨水口

1. 监理工作内容

(1)检查雨水支管、雨水口的位置。雨水支管、雨水口位置应符合设计规定,且满足路面排水要求。当设计规定位置不能满足路面排水要求时,应在施工前办理变更设计。

(2)检查雨水支管、雨水口基底的强度。雨水支管、雨水口基底应坚实,现浇混凝土基础应振捣密实,强度符合设计要求。

2. 监理验收标准

(1)主控项目。

1)管材应符合现行国家标准《混凝土和钢筋混凝土排水管》(GB/T 11836—2009)的有关规定。

2)基础混凝土强度应符合设计要求。

3)砌筑砂浆平均抗压强度等级应符合设计要求,任一组试件抗压强度最低值不应低于设计强度的85%。

4)回填土压实应先轻后重、先慢后快、均匀一致,压实遍数应按压实度要求,经现场试验确定。

(2)一般项目。

1)雨水口内壁勾缝应直顺、坚实,无漏勾、脱落。井框、井箅应完整、配套,安装平稳、牢固。

2)雨水支管安装应直顺,无错口、反坡、存水,管内清洁,接口处内壁无砂浆外露及破损现象。管端面应完整。

3)雨水支管与雨水口允许偏差应符合表3-49的规定。

表3-49　雨水支管与雨水口允许偏差

项　目	允许偏差/mm	检验频率		检验方法
		范围	点数	
井框与井壁吻合	≤10	每座	1	用钢尺量
井框与周边路面吻合	0 −10		1	用直尺靠量
雨水口与路边线间距	≤20		1	用钢尺量
井内尺寸	+20 0		1	用钢尺量,最大值

(三)排水沟或截水沟

1. 监理工作内容

(1)检查排水沟或截水沟的位置、高程是否符合设计要求。

(2)检查排水沟或截水沟土基的夯实情况。

2. 监理验收标准

(1)主控项目。

1)预制砌块强度应符合设计要求。

2)预制盖板的钢筋品种、规格、数量,混凝土的强度应符合设计要求。

3)砌筑砂浆平均抗压强度等级应符合设计要求,任一组试件抗压强度最低值不应低于设计强度的85%。

(2)一般项目。

1)砌筑砂浆饱满度不应小于80%。

2)砌筑水沟沟底应平整,无反坡、凹兜,边墙应平整、直顺、勾缝密实。与排水构筑物衔接顺畅。

3)砌筑排水沟或截水沟允许偏差应符合表3-50的规定。

表3-50　　砌筑排水沟或截水沟允许偏差

项目		允许偏差/mm	检验频率		检验方法
			范围/m	点数	
轴线偏位		≤30	100	2	用经纬仪和钢尺量
沟断面尺寸	砌石	±20	40	1	用钢尺量
	砌块	±10			
沟底高程	砌石	±20	20	1	用水准仪测量
	砌块	±10			
墙面垂直度	砌石	≤30	40	2	用垂线、钢尺量
	砌块	≤15			
墙面平整度	砌石	≤30		2	用2m直尺、塞尺量
	砌块	≤10			
边线直顺度	砌石	≤20		2	用20m小线和钢尺量
	砌块	≤10			
盖板压墙长度		±20		2	用钢尺量

4)土沟断面应符合设计要求,沟底、边坡应坚实,无贴皮、反坡和积水现象。

(四)倒虹管及涵洞

1. 监理工作内容

(1)倒虹管施工。

1)管道水平与斜坡段交接处,应采用弯头连接。

2)主体结构建成后,闭水试验应在倒虹管充水24h后进行,测定30min渗水量。渗水量不应大于计算值。

(2)涵洞施工。

1)基槽开挖应符合相关规范规定,且边坡稳定。填方区内的涵洞应在填土至涵洞基底标高后,及时进行结构施工。

2)涵洞两侧的回填土应在主体结构防水层的保护层完成,且保护层砌筑砂浆强度达到3MPa后方可进行。涵洞两侧填土应对称进行,高差不宜超过30cm。

(3)采用埋设预制管做涵洞(管涵)施工,应符合现行国家标准《给水排水管道工程施工及验收规范》(GB 50268—2008)的有关规定。

2. 监理验收标准

(1)主控项目。

1)地基承载力应符合设计要求。

2)管材应符合现行国家标准《混凝土和钢筋混凝土排水管》(GB/T 11836—2009)的有关规定。

3)混凝土强度应符合设计要求。

4)砂浆平均抗压强度等级应符合设计要求,任一组试件抗压强度最低值不应低于设计强度的85%。

5)倒虹管闭水试验的渗水量不应大于计算值。

6)回填土压实度应符合路基压实度要求。

(2)一般项目。

1)倒虹管允许偏差应符合表3-51的规定。

表3-51　倒虹管允许偏差

项　目	允许偏差/mm	检验频率		检验方法
		范围	点数	
轴线偏位	≤30		2	用经纬仪和钢尺量
内底高程	±15	每座	2	用水准仪测量
倒虹管长度	不小于设计值		1	用钢尺量
相邻管错口	≤5	每井段	4	用钢板和塞尺量

2)预制管材涵洞允许偏差应符合表3-52的规定。

表3-52　预制管材涵洞允许偏差

项　目	允许偏差/mm		检验频率		检验方法
			范围	点数	
轴线位移	≤20			2	用经纬仪和钢尺量
内底高程	D≤1000	±10	每道	2	用水准仪测量
	D>1000	±15			
涵管长度	不小于设计值			1	用钢尺量
相邻管错口	D≤1000	≤3	每节	1	用钢板尺和塞尺量
	D>1000	≤5			

注:D为管涵内径。

(五)护坡

1. 监理工作内容

(1)施工护坡所用砌块、石料、砂浆、混凝土等均应符合设计要求。

(2)护坡砌筑应按设计坡度挂线,且应符合下列规定:

1)每日连续砌筑高度不宜超过1.2m,分段砌筑时,分段位置应设在基础变形缝部位。相邻砌筑段高差不宜超过1.2m。

2)砌块应上下错缝、丁顺排列、内外搭接,砂浆应饱满。

2. 监理验收标准

护坡监理验收应符合以下规定:

(1)预制砌块强度应符合设计要求。

(2)砂浆平均抗压强度等级应符合设计要求,任一组试件抗压强度最低不应低于设计强度的85%。

(3)基础混凝土强度应符合设计要求。

(4)砌筑线型顺畅、表面平整,咬砌有序、无翘动。砌缝均匀、勾缝密实。护坡顶与坡面之间的缝隙应封堵密实。

(5)护坡允许偏差应符合表 3-53 的规定。

表 3-53 护坡允许偏差

项目		允许偏差/mm			检验频率		检验方法
		浆砌块石	浆砌料石	混凝土砌块	范围	点数	
基底高程	土方	±20			20m	2	用水准仪测量
	石方	±100				2	
垫层厚度		±20				2	用钢尺量
砌体厚度		不小于设计值			每沉降缝	2	用钢尺量顶、底各 1 处
坡度		不陡于设计值			每 20m	1	用坡度尺量
平整度		≤30	≤15	≤10	每座	1	用 2m 直尺、塞尺量
顶面高程		±50	±30	±30		2	用水准仪测量两端部
顶边线型		≤30	≤10	≤10	100m	1	用 20m 线和钢尺量

注:H 为墙高。

(六)隔离墩

1. 监理工作内容

(1)隔离墩宜由有资质的生产厂供货。现场预制时宜采用钢模板,拼装严密、牢固,混凝土拆模时的强度不得低于设计强度的 75%。

(2)隔离墩吊装时,其强度应符合设计规定,设计无规定时不应低于设计强度的 75%。

(3)安装必须稳固,坐浆饱满;当采用焊接连接时,焊缝应符合设计要求。

2. 监理验收标准

(1)主控项目。

1)隔离墩混凝土强度应符合设计要求。

2)隔离墩预埋件焊接应牢固,焊缝长度、宽度、高度均应符合设计要求,且无夹渣、裂纹、咬肉现象。

(2)一般项目。

1)隔离墩安装应牢固、位置正确、线型美观,墩表面整洁。

2)隔离墩安装允许偏差应符合表 3-54 的规定。

表 3-54 隔离墩安装允许偏差

项目	允许偏差/mm	检验频率		检验方法
		范围	点数	
直顺度	≤5	每 20m	1	用 20m 线和钢尺量
平面偏位	≤4		1	用经纬仪和钢尺量
预埋件位置	≤5	每件	2	用经纬仪和钢尺量(发生时)
断面尺寸	±5	每 20m	1	用钢尺量
相邻高差	≤3	抽查 20%	1	用钢板尺和钢尺量
缝宽	±3	每 20m	1	用钢尺量

(七)隔离栅

1. 监理工作内容

(1)隔离网、隔离栅应由有资质的工厂加工,其材质、规格形式及防腐处理均应符合设计要求。

(2)固定隔离栅的混凝土柱宜采用预制件。金属柱和连接件规格、尺寸、材质应符合设计规定,并应做防腐处理。

(3)隔离栅立柱应与基础连接牢固,位置应准确。

(4)隔离栅立柱基础混凝土达到设计强度的75%后,方可安装隔离栅板、隔离网片。隔离栅板、隔离网片应与立柱连接牢固,框架、网面平整,无明显凹凸现象。

2. 监理验收标准

隔离栅监理验收应符合以下要求:

(1)隔离栅材质、规格、防腐处理均应符合设计要求。

(2)隔离栅柱(金属、混凝土)材质应符合设计要求。

(3)隔离栅柱安装应牢固。

(4)隔离栅允许偏差应符合表3-55的规定。

表3-55　隔离栅允许偏差

项　目	允许偏差	检验频率		检验方法
		范围/m	点数	
顺直度/mm	≤20	20	1	用20m线和钢尺量
立柱垂直度/(mm/m)	≤8	40	1	用垂线和直尺量
柱顶高度/mm	±20		1	用钢尺量
立柱中距/mm	±30		1	
立柱埋深/mm	不小于设计值		1	

(八)护栏

1. 监理工作内容

(1)护栏应由有资质的工厂加工。护栏的材质、规格形式及防腐处理应符合设计要求。加工件表面不得有剥落、气泡、裂纹、疤痕、擦伤等缺陷。

(2)护栏立柱应埋置于坚实的基础内,埋设位置应准确,深度应符合设计要求。

(3)护栏的栏板、波形梁应与道路竖曲线相协调。

(4)护栏的波形梁的起、止点和道口处应按设计要求进行端头处理。

2. 监理验收标准

(1)主控项目。护栏、护栏立柱质量,护栏柱基础混凝土强度,护栏柱置入深度应符合设计要求。

(2)一般项目。

1)护栏安装应牢固,位置正确、线型美观。

2)护栏安装允许偏差应符合表3-56的规定。

表 3-56　　护栏安装允许偏差

<table>
<tr><th rowspan="2">项　目</th><th rowspan="2">允许偏差/mm</th><th colspan="2">检验频率</th><th rowspan="2">检验方法</th></tr>
<tr><th>范围/m</th><th>点数</th></tr>
<tr><td>顺直度</td><td>≤5</td><td rowspan="5">20</td><td>1</td><td>用20m线和钢尺量</td></tr>
<tr><td>中线偏位</td><td>≤20</td><td>1</td><td>用经纬仪和钢尺量</td></tr>
<tr><td>立柱间距</td><td>±5</td><td>1</td><td>用钢尺量</td></tr>
<tr><td>立柱垂直度</td><td>≤5</td><td>1</td><td>用垂线、钢尺量</td></tr>
<tr><td>横栏高度</td><td>±20</td><td>1</td><td>用钢尺量</td></tr>
</table>

(九)声屏障

1. 监理工作内容

(1)声屏障所用材质与单体构件的结构形式、外形尺寸、隔声性能应符合设计要求。

(2)砌体声屏障施工应符合下列规定:

1)混凝土基础及砌筑施工应符合规范的规定。

2)施工中的临时预留洞净宽度不应大于1m。

3)当砌体声屏障处于潮湿或有化学侵蚀介质环境中时,砌体中的钢筋应采取防腐措施。

(3)金属声屏障施工应符合下列规定:

1)焊接必须符合设计要求和国家现行有关标准的规定。焊接不应有裂缝、夹渣、未熔合和未填满弧坑等缺陷。

2)基础为砌体或水泥混凝土时,其施工应符合砌体声屏障施工的有关规定。

3)屏体与基础的连接应牢固。

4)采用钢化玻璃屏障时,其力学性能指标应符合设计要求。屏障与金属框架应镶嵌牢固、严密。

2. 监理验收标准

(1)主控项目。降噪效果应符合设计要求。

(2)一般项目。

1)声屏障所用材料与性能、砌筑砂浆平均抗压强度等级、混凝土强度应符合设计要求。

2)砌体声屏障应砌筑牢固、咬砌有序、砌缝均匀、勾缝密实。金属声屏障安装应牢固。

3)砌体声屏障允许偏差应符合表3-57的规定。

表 3-57　　砌体声屏障允许偏差

<table>
<tr><th rowspan="2">项　目</th><th rowspan="2">允许偏差</th><th colspan="2">检验频率</th><th rowspan="2">检验方法</th></tr>
<tr><th>范围/m</th><th>点数</th></tr>
<tr><td>中线偏位/mm</td><td>≤10</td><td rowspan="3">20</td><td>1</td><td>用经纬仪和钢尺量</td></tr>
<tr><td>垂直度</td><td>≤0.3%H</td><td>1</td><td>用垂线和钢尺量</td></tr>
<tr><td>墙体断面尺寸/mm</td><td>符合设计要求</td><td>1</td><td>用钢尺量</td></tr>
<tr><td>顺直度/mm</td><td>≤10</td><td rowspan="2">100</td><td>2</td><td rowspan="2">用10m线与钢尺量,不少于5处</td></tr>
<tr><td>水平灰缝平直度/mm</td><td>≤7</td><td>2</td></tr>
<tr><td>平整度/mm</td><td>≤8</td><td>20</td><td>2</td><td>用2m直尺和塞尺量</td></tr>
</table>

注:H为墙高。

4)金属声屏障安装允许偏差应符合表3-58的规定。

表3-58　金属声屏障安装允许偏差

项　目	允许偏差	检验频率		检验方法
		范围	点数	
基线偏位/mm	≤10	20m	1	用经纬仪和钢尺量
金属立柱中距/mm	±10		1	用钢尺量
立柱垂直度/mm	≤0.3%H		2	用垂线和钢尺量，顺、横向各1点
屏体厚度/mm	±2		1	用游标卡尺量
屏体宽度、高度/mm	±10		1	用钢尺量
镀层厚度/μm	不小于设计值	20m且不少于5处	1	用测厚仪量

注：H为墙高。

(十)防眩板

1. 监理工作内容

(1)防眩板的材质、规格、防腐处理、几何尺寸及遮光角应符合设计要求。

(2)防眩板应由有资质的工厂加工，镀锌量应符合设计要求。防眩板表面应色泽均匀，不得有气泡、裂纹、疤痕、端面分层等缺陷。

(3)防眩板安装应位置准确，焊接或栓接应牢固。

(4)防眩板与护栏配合设置时，混凝土护栏上预埋连接件的间距宜为50cm。

(5)路段与桥梁上防眩设施衔接应直顺。

(6)施工中不得损伤防眩板的金属镀层，出现损伤应在24h之内进行修补。

2. 监理验收标准

防眩板监理验收应符合下列规定：

(1)防眩板质量应符合设计要求。

(2)防眩板安装应牢固、位置准确，遮光角符合设计要求，板面无裂纹，涂层无气泡、缺损。

(3)防眩板安装允许偏差应符合表3-59的规定。

表3-59　防眩板安装允许偏差

项　目	允许偏差/mm	检验频率		检验方法
		范围	点数	
防眩板直顺度	≤8	20m	1	用10m线和钢尺量
垂直度	≤5	20m且不少于5处	2	用垂线和钢尺量，顺、横向各1点
板条间距	±10		1	用钢尺量
安装高度	±10			

第四节 城市桥梁工程质量监理

一、桥梁混凝土工程

(一)模板、支架与拱架

1. 施工监理要求

(1)模板与混凝土接触面应平整、接缝严密。

(2)组合钢模板的制作、安装应符合现行国家标准《组合钢模板技术规范》(GB/T 50214—2013)的规定。

(3)采用其他材料做模板时,钢框胶合板模板的组配面板宜采用错缝布置,高分子合成材料面板、硬塑料或玻璃钢模板,应与边肋及加强肋连接牢固。

(4)支架安装过程中,应随安装随架设临时支撑,支架不得与施工脚手架、便桥相连。

(5)安装模板应与钢筋工序配合进行,妨碍绑扎钢筋的模板,应待钢筋工序结束后再安装。模板在安装过程中,必须设置防倾覆设施。

(6)当采用充气胶囊做空心构件芯模时,胶囊放气时间应经试验确定,以混凝土强度达到能保持构件不变形为度。

2. 监理验收标准

(1)主控项目。模板、支架和拱架制作及安装应符合施工设计图(施工方案)的规定,且稳固牢靠、接缝严密,立柱基础有足够的支撑面和排水、防冻融措施。

(2)一般项目。

1)模板制作允许偏差应符合表3-60的规定。

表3-60 模板制作允许偏差

<table>
<tr><th colspan="2" rowspan="2">项目</th><th rowspan="2">允许偏差/mm</th><th colspan="2">检验频率</th><th rowspan="2">检验方法</th></tr>
<tr><th>范围</th><th>点数</th></tr>
<tr><td rowspan="6">木模板</td><td>模板的长度和宽度</td><td>±5</td><td rowspan="9">每个构筑物或每个构件</td><td rowspan="5">4</td><td>用钢尺量</td></tr>
<tr><td>不刨光模板相邻两板表面高低差</td><td>3</td><td rowspan="2">用钢板尺和塞尺量</td></tr>
<tr><td>刨光模板和相邻两板表面高低差</td><td>1</td></tr>
<tr><td>平板模板表面最大的局部不平(刨光模板)</td><td>3</td><td rowspan="2">用2m直尺和塞尺量</td></tr>
<tr><td>平板模板表面最大的局部不平(不刨光模板)</td><td>5</td></tr>
<tr><td>榫槽嵌接紧密度</td><td>2</td><td>2</td><td rowspan="3">用钢尺量</td></tr>
<tr><td rowspan="3">钢模板</td><td>模板的长度和宽度</td><td>0
−1</td><td>4</td></tr>
<tr><td>肋高</td><td>±5</td><td>2</td></tr>
<tr><td>面板端偏斜</td><td>0.5</td><td>2</td><td>用水平尺量</td></tr>
</table>

续表

<table>
<tr><th colspan="3" rowspan="2">项　　目</th><th rowspan="2">允许偏差/mm</th><th colspan="2">检验频率</th><th rowspan="2">检验方法</th></tr>
<tr><th>范围</th><th>点数</th></tr>
<tr><td rowspan="5">钢模板</td><td rowspan="3">连接配件(螺栓、卡子等)的孔眼位置</td><td>孔中心与板面的间距</td><td>±0.3</td><td rowspan="5">每个构筑物或每个构件</td><td rowspan="4">4</td><td rowspan="3">用钢尺量</td></tr>
<tr><td>板端孔中心与板端的间距</td><td>0
−0.5</td></tr>
<tr><td>沿板长宽方向的孔</td><td>±0.6</td></tr>
<tr><td colspan="2">板面局部不平</td><td>1.0</td><td>用 2m 直尺和塞尺量</td></tr>
<tr><td colspan="2">板面和板侧挠度</td><td>±1.0</td><td>1</td><td>用水准仪和拉线量</td></tr>
</table>

2)模板、支架和拱架安装允许偏差应符合表 3-61 的规定。

表 3-61　模板、支架和拱架安装允许偏差

<table>
<tr><th colspan="2" rowspan="2">项　　目</th><th rowspan="2">允许偏差/mm</th><th colspan="2">检验频率</th><th rowspan="2">检验方法</th></tr>
<tr><th>范围</th><th>点数</th></tr>
<tr><td rowspan="3">相邻两板表面高低差</td><td>清水模板</td><td>2</td><td rowspan="19">每个构筑物或每个构件</td><td rowspan="3">4</td><td rowspan="3">用钢板尺和塞尺量</td></tr>
<tr><td>混水模板</td><td>4</td></tr>
<tr><td>钢模板</td><td>2</td></tr>
<tr><td rowspan="3">表面平整度</td><td>清水模板</td><td>3</td><td rowspan="3">4</td><td rowspan="3">用 2m 直尺和塞尺量</td></tr>
<tr><td>混水模板</td><td>5</td></tr>
<tr><td>钢模板</td><td>3</td></tr>
<tr><td rowspan="3">垂直度</td><td>墙、柱</td><td>$H/1000$,
且不大于 6</td><td rowspan="3">2</td><td rowspan="3">用经纬仪或垂线和钢尺量</td></tr>
<tr><td>墩、台</td><td>$H/500$,
且不大于 20</td></tr>
<tr><td>塔柱</td><td>$H/3000$,
且不大于 30</td></tr>
<tr><td rowspan="3">模内尺寸</td><td>基础</td><td>±10</td><td rowspan="3">3</td><td rowspan="3">用钢尺量,长、宽、高各 1 点</td></tr>
<tr><td>墩、台</td><td>+5
−8</td></tr>
<tr><td>梁、板、墙、柱、桩、拱</td><td>+3
−6</td></tr>
<tr><td rowspan="5">轴线偏位</td><td>基础</td><td>15</td><td rowspan="5">2</td><td rowspan="5">用经纬仪测量,纵、横向各 1 点</td></tr>
<tr><td>墩、台、墙</td><td>10</td></tr>
<tr><td>梁、柱、拱、塔柱</td><td>8</td></tr>
<tr><td>悬浇各梁段</td><td>8</td></tr>
<tr><td>横隔梁</td><td>5</td></tr>
<tr><td colspan="2">支承面高程</td><td>+2
−5</td><td>每支承面</td><td>1</td><td>用水准仪测量</td></tr>
</table>

续表

项目			允许偏差/mm	检验频率		检验方法
				范围	点数	
悬浇各梁段底面高程			+10 0	每个梁段	1	用水准仪测量
预埋件	支座板、锚垫板、连接板等	位置	5	每个预埋件	1	用钢尺量
		平面高差	2		1	用水准仪测量
	螺栓、锚筋等	位置	3		1	用钢尺量
		外露长度	±5		1	
预留孔洞	预应力筋孔道位置(梁端)		5	每个预留孔洞	1	
	其他	位置	8		1	
		孔径	+10 0		1	
梁底模拱度			+5 −2	每根梁、每个构件、每个安装段	1	沿底模全长拉线,用钢尺量
对角线差	板		7		1	用钢尺量
	墙板		5			
	桩		3			
倾向弯曲	板、拱肋、桁架		$L/1500$		1	沿侧模全长拉线,用钢尺量
	柱、桩		$L/1000$, 且不大于10			
	梁		$L/2000$, 且不大于10			
支架、拱架	纵轴线的平面偏位		$L/2000$, 且不大于30		3	用经纬仪测量
拱架高程			+20 −10			用水准仪测量

注:1. H 为构筑物高度(mm),L 为计算长度(mm)。

2. 支撑面高程是指模板底模上表面支撑混凝土面的高程。

3)固定在模板上的预埋件、预留孔内模不得遗漏,且应安装牢固。

(二)钢筋

1. 施工监理要求

(1)混凝土结构所用钢筋的品种、规格、性能等均应符合设计要求,以及现行国家标准《钢筋混凝土用钢　第1部分:热轧光圆钢筋》(GB 1499.1)、《钢筋混凝土用钢　第2部分:热轧带肋钢筋》(GB 1499.2)、《冷轧带肋钢筋》(GB 13788)和行业标准《环氧树脂涂层钢筋》(JG 3042)等的规定。

(2)钢筋的级别、种类和直径应按设计要求采用,当需要代换时,应由原设计单位做变更设计。

(3)预制构件的吊环必须采用未经冷拉的 HPB235 热轧光圆钢筋制作,不得以其他钢筋替代。

(4)在浇筑混凝土之前应对钢筋进行隐蔽工程验收,不符合设计要求的应令施工单位重新施工。

2. 监理验收标准

(1)主控项目。

1)材料应符合下列规定:

①钢筋、焊条的品种、牌号、规格和技术性能必须符合国家现行标准规定和设计要求。

②钢筋进场时,必须按批抽取试件做力学性能和工艺性能试验,其质量必须符合国家现行标准的规定。

③当钢筋出现脆断、焊接性能不良或力学性能显著不正常等现象时,应对该批钢筋进行化学成分检验或其他专项检验。

2)钢筋弯制和末端弯钩均应符合设计要求和《城市桥梁工程施工与质量验收规范》(CJJ 2—2008)的规定。

3)受力钢筋连接应符合下列规定:

①钢筋的连接形式必须符合设计要求。

②钢筋接头位置、同一截面的接头数量、搭接长度应符合设计要求和《城市桥梁工程施工与质量验收规范》(CJJ 2—2008)的规定。

③钢筋焊接接头质量应符合《钢筋焊接及验收规程》(JGJ 18—2003)的规定和设计要求。

④HRB335 和 HRB400 带肋钢筋机械连接接头质量应符合《钢筋机械连接技术规程》(JGJ 107—2010)的规定和设计要求。

4)钢筋安装时,其品种、规格、数量、形状必须符合设计要求。

(2)一般项目。

1)预埋件的规格、数量、位置等必须符合设计要求。

2)钢筋表面不得有裂纹、结疤、折叠、锈蚀和油污,钢筋焊接接头表面不得有夹渣、焊瘤。

3)钢筋加工允许偏差应符合表 3-62 的规定。

表 3-62　钢筋加工允许偏差

检查项目	允许偏差/mm	检验频率		检查方法
		范围	点数	
受力钢筋顺长度方向全长的净尺寸	±10	按每工作日同一类型钢筋、同一加工设备抽查 3 件	3	用钢尺量
弯起钢筋的弯折	±20			
箍筋内净尺寸	±5			

4)钢筋网允许偏差应符合表 3-63 的规定。

表 3-63 钢筋网允许偏差

<table>
<tr><th rowspan="2">检查项目</th><th rowspan="2">允许偏差/mm</th><th colspan="2">检验频率</th><th rowspan="2">检验方法</th></tr>
<tr><th>范围</th><th>点数</th></tr>
<tr><td>网的长、宽</td><td>±10</td><td rowspan="3">每片钢筋网</td><td rowspan="3">3</td><td>用钢尺量两端和中间各1次</td></tr>
<tr><td>网眼尺寸</td><td>±10</td><td rowspan="2">用钢尺量任意3个网眼</td></tr>
<tr><td>网眼对角线差</td><td>15</td></tr>
</table>

5)钢筋成形和安装允许偏差应符合表 3-64 的规定。

表 3-64 钢筋成形和安装允许偏差

<table>
<tr><th colspan="3" rowspan="2">检查项目</th><th rowspan="2">允许偏差
/mm</th><th colspan="2">检验频率</th><th rowspan="2">检验方法</th></tr>
<tr><th>范围</th><th>点数</th></tr>
<tr><td rowspan="4">受力钢筋间距</td><td colspan="2">两排以上排距</td><td>±5</td><td rowspan="11">每个构筑物或每个构件</td><td rowspan="4">3</td><td rowspan="4">用钢尺量，两端和中间各一个断面，每个断面连续量取钢筋间（排）距，取其平均值计1点</td></tr>
<tr><td rowspan="2">同排</td><td>梁板、拱肋</td><td>±10</td></tr>
<tr><td>基础、墩台、柱</td><td>±20</td></tr>
<tr><td colspan="2">灌注桩</td><td>±20</td></tr>
<tr><td colspan="3">箍筋、横向水平筋、螺旋筋间距</td><td>±10</td><td>5</td><td>连续量取5个间距，其平均值计1点</td></tr>
<tr><td rowspan="2">钢筋骨架尺寸</td><td colspan="2">长</td><td>±10</td><td>3</td><td rowspan="2">用钢尺量，两端和中间各1处</td></tr>
<tr><td colspan="2">宽、高或直径</td><td>±5</td><td>3</td></tr>
<tr><td colspan="3">弯起钢筋位置</td><td>±20</td><td>30%</td><td>用钢尺量</td></tr>
<tr><td rowspan="3">钢筋保护层厚度</td><td colspan="2">墩台、基础</td><td>±10</td><td rowspan="3">10</td><td rowspan="3">沿模板周边检查，用钢尺量</td></tr>
<tr><td colspan="2">梁、柱、桩</td><td>±5</td></tr>
<tr><td colspan="2">板、墙</td><td>±3</td></tr>
</table>

(三)混凝土

1. 施工监理要求

(1)混凝土强度应按现行国家标准《混凝土强度检验评定标准》(GB/T 50107—2010)的规定检验评定。

(2)混凝土宜使用非碱活性骨料，当使用碱活性骨料时，混凝土的总碱含量不宜大于3kg/m^3；对处于环境类别属三类以上受严重侵蚀环境的桥梁，不得使用碱活性骨料。

(3)混凝土配合比应以质量比计，并应通过设计和试配选定，试配时应使用施工实际采用的材料，配制的混凝土拌合物应满足和易性、凝结时间等施工技术条件，制成的混凝土应符合强度、耐久性等要求。

(4)混凝土应使用机械集中拌制，拌制混凝土所用各种材料宜按质量投料。

(5)混凝土在运输过程中应采取防止发生离析、漏浆、严重泌水及坍落度损失等现象的措施。

(6)混凝土的浇筑应连续进行，如因故间断时，其间断时间应小于前层混凝土的初凝时间。

2. 监理验收标准

(1)主控项目。

1)水泥进场除全数检验合格证和出厂检验报告外,应对其强度、细度、安定性和凝固时间抽样复验。

2)混凝土外加剂除全数检验合格证和出厂检验报告外,应对其减水率、凝结时间差、抗压强度比抽样检验。

3)混凝土配合比设计应符合《普通混凝土配合比设计规程》(JGJ 55)的规定。

4)混凝土宜使用非碱活性骨料,当使用碱活性骨料时,混凝土的总碱含量不宜大于3kg/m³;对大桥、特大桥梁总碱含量不宜大于1.8kg/m³;对处于环境类别属三类以上受严重侵蚀环境的桥梁,不得使用碱活性骨料。

5)混凝土强度等级应按现行国家标准《混凝土强度检验评定标准》(GB/T 50107—2010)的规定检验评定,其结果必须符合设计要求。用于检查混凝土强度的试件,应在混凝土浇筑地点随机抽取。取样与试件留置应符合下列规定:

①每拌制100盘且不超过100m³的同配比的混凝土,取样不得少于一次。

②每工作班拌制的同一配合比的混凝土不足100盘时,取样不得少于一次。

③每次取样应至少留置一组标准养护试件,同条件养护试件的留置组数应根据实际需要确定。

6)抗冻混凝土应进行抗冻性能试验,抗渗混凝土应进行抗渗性能试验。试验方法应符合现行国家标准《普通混凝土长期性能和耐久性能试验方法标准》(GB/T 50082—2009)的规定。

(2)一般项目。

1)混凝土掺用的矿物掺合料除全数检验合格证和出厂检验报告外,应对其细度、含水率、抗压强度比等项目抽样检验。

2)对细骨料,应抽样检验其颗粒级配、细度模数、含泥量及规定要求的检验项,并应符合《普通混凝土用砂、石质量及检验方法标准》(JGJ 52—2006)的规定。

3)对粗骨料,应抽样检验其颗粒级配、压碎值指标、针片状颗粒含量及规定要求的检验项,并应符合《普通混凝土用砂、石质量及检验方法标准》(JGJ 52—2006)的规定。

4)当拌制混凝土用水采用非饮用水源时,应进行水质检测,并应符合国家现行标准《混凝土用水标准》(JGJ 63—2006)的规定。

5)混凝土拌合物的坍落度应符合设计配合比要求。

6)混凝土原材料每盘称量允许偏差应符合表3-65的规定。

表3-65　混凝土原材料每盘称量允许偏差

材料名称	允许偏差(%)	
	工地	工厂或搅拌站
水泥和干燥状态的掺合料	±2	±1
粗、细骨料	±3	±2
水、外加剂	±2	±1

注:1. 各种衡器应定期检定,每次使用前应进行零点校核,保证计量准确。

2. 当遇雨天或含水率有显著变化时,应增加含水率检测次数,并及时调整水和骨料的用量。

(四)预应力混凝土

1. 施工监理要求

(1)预应力材料及器材应符合有关规定。

(2)从各种材料引入混凝土中的氯离子最大含量不宜超过水泥用量的0.06%。超过以上规定时,宜采取掺加阻锈剂、增加保护层厚度、提高混凝土密实度等防锈措施。混凝土浇筑时,对预应力筋锚固区及钢筋密集部位,应加强振捣,后张构件应避免振动器碰撞预应力筋的管道。

(3)预应力筋采用控制法张拉时,应以伸长值进行校核。实际伸长值与理论伸长值应符合设计要求;当设计无规定时,实际伸长值与理论伸长值之差应控制在6%以内。

2. 监理验收标准

(1)主控项目。

1)混凝土质量检验、预应力筋进场检验,预应力筋用锚具、夹具和连接器进场检验应符合《城市桥梁工程施工与质量验收规范》(CJJ 2—2008)有关规定。

2)预应力筋的品种、规格、数量必须符合设计要求。

3)预应力筋张拉和放张时,混凝土强度必须符合设计要求;设计无要求时,不得低于设计强度的75%。

4)预应力筋张拉允许偏差应分别符合表3-66~表3-68的规定。

表3-66 钢丝、钢绞线先张法允许偏差

项目		允许偏差/mm	检验频率	检验方法
镦头钢丝同束长度相对差	束长＞20m	L/5000,且≤5	每批抽查2束	用钢尺量
	束长6~20m	L/3000,且≤4		
	束长＜6m	2		
张拉应力值		符合设计要求	全数	查张拉记录
张拉伸长率		±6%		
断丝数		不超过总数的1%		

注:L为束长(mm)。

表3-67 钢筋先张法允许偏差

项目	允许偏差/mm	检验频率	检验方法
接头在同一平面内的轴线偏位	2,且≤1/10直径	抽查30%	用钢尺量
中心偏位	4%短边,且≤5		
张拉应力值	符合设计要求	全数	查张拉记录
张拉伸长率	±6%		

表3-68 钢筋后张法允许偏差

项目		允许偏差/mm	检验频率	检验方法
管道坐标	梁长方向	30	抽查30%,每根查10个点	用钢尺量
	梁高方向	10		
管道间距	同排	10	抽查30%,每根查5个点	
	上下排	10		

续表

项　目		允许偏差/mm	检验频率	检验方法
张拉应力值		符合设计要求	全数	查张拉记录
张拉伸长率		±6%		
断丝滑丝数	钢束	每束一丝，且每断面不超过钢丝总数的1%		
	钢筋	不允许		

5)孔道压浆的水泥浆强度必须符合设计要求，压浆时排气孔、排水孔应有水泥浓浆溢出。

(2)一般项目。

1)预应力筋使用前应进行外观质量检查，不得有弯折，表面不得有裂纹、毛刺、机械损伤、氧化铁锈、油污等。

2)预应力筋用锚具、夹具和连接器使用前应进行外观质量检查，表面不得有裂纹、机械损伤、锈蚀、油污等。

3)预应力混凝土用金属螺旋管使用前应按《预应力混凝土用金属波纹管》(JG 225)的规定进行检验。

4)预应力筋的锚固应在张拉控制应力处于稳定状态下进行，锚固阶段张拉端预应力筋的内缩量，不得大于设计要求。当设计无要求时，应符合表3-69的规定。

表3-69　锚固阶段张拉端预应力筋的内缩量允许值

锚具类别	内缩量允许值/mm
支撑式锚具(镦头锚、带有螺丝端杆的锚具等)	1
锥塞式锚具	5
夹片式锚具	5
每块后加的锚具垫板	1

注：内缩量值是指预应力筋锚固过程中，由于锚具零件之间和锚具与预应力筋之间的相对移动和局部塑性变形造成的回缩量。

二、基础工程

(一)扩大基础工程

1. 监理工作内容

(1)认真审阅基坑开挖、基坑围护、围堰施工方案，并明确审批意见。

(2)监理工程师应认真复核施工单位提交的放样复核单的各类数据，并到现场进行复核，签署复核意见。

(3)对基坑轴线、围堰轴线进行复核，并复核标高控制点。

(4)审核施工单位提供的回填土最佳含水量、最大干密度前，监理应按要求取样做好平行试验，确认施工单位提供的数据。基坑回填前确认构筑物的混凝土强度报告，重要构筑物应旁站混凝土试压试块过程。

(5)对施工前准备工作进行认真检查，检查所有人、机、物是否都按方案要求进行准备。

(6)检查基坑内有无积水、杂物、淤泥。

(7)回填时是否同步对称进行，分层填筑。

(8)桥台回填宜在架梁完成后进行，如确需架梁前填土，则应有专题施工组织设计，经批准后施工。

2. 监理验收标准

(1)基坑开挖一般项目。基坑开挖允许偏差应符合表 3-70 的规定。

表 3-70 基坑开挖允许偏差

项目		允许偏差/mm	检验频率		检验方法
			范围	点数	
基底高程	土方	0 −20	每座基坑	5	用水准仪测量四角和中心
	石方	+50 −200		5	
轴线偏位		50		4	用经纬仪测量，纵横各 2 点
基坑尺寸		不小于设计规定值		4	用钢尺量每边各 1 点

(2)地基检验。

1)基坑内地基承载力必须满足设计要求。基坑开挖完成后，应会同设计、勘探单位实地验槽，确认地基承载力满足设计要求。

2)地基处理应符合专项处理方案要求，处理后的地基必须满足设计要求。

(3)回填土方。

1)主控项目。当年筑路和管线上填方的压实度标准应符合表 3-71 的要求。

表 3-71 当年筑路和管线上填方的压实度标准

项目	压实度	检验频率		检验方法
		范围	点数	
填土上当年筑路	符合《城镇道路工程施工与质量验收规范》(CJJ 1)的有关规定	每个基坑	每层 4 点	用环刀法或灌砂法
管线填土	符合现行相关管线施工标准的规定	每条管线	每层 1 点	

2)一般项目。

①除当年筑路和管线上回填土方以外，填方压实度不应小于 87%(轻型击实)。

②填料应符合设计要求，不得含有影响填筑质量的杂物。基坑填筑应分层回填、分层夯实。

(4)现浇混凝土基础一般项目。

1)现浇混凝土基础允许偏差应符合表 3-72 的要求。

表 3-72 现浇混凝土基础允许偏差

项目		允许偏差/mm	检验频率		检验方法
			范围	点数	
断面尺寸	长、宽	±20	每座基础	4	用钢尺量，长、宽各 2 点
顶面高程		±10		4	用水准仪测量
基础厚度		+10 0		4	用钢尺量，长、宽向各 2 点
轴线偏位		15		4	用经纬仪测量，纵、横各 2 点

2)基础表面不得有孔洞、露筋。

(5)砌体基础一般项目。砌体基础允许偏差应符合表 3-73 的规定。

表 3-73　　砌体基础允许偏差

项目		允许偏差/mm	检验频率		检验方法
			范围	点数	
顶面高程		±25	每座基础	4	用水准仪测量
基础厚度	片石	+30 0		4	用钢尺量，长、宽各2点
	料石、砌块	+15 0			
轴线偏位		15		4	用经纬仪测量，纵、横各2点

(二)桩基础工程

1. 沉入桩

(1)监理工作内容。

1)检查桩基施工场地是否平整、坚实、无障碍物。

2)对预制桩进行检查，确认合格。

3)对地质复杂的大桥、特大桥，为检验桩的承载能力和确定沉桩工艺应进行试桩。

4)当对桩基的质量产生疑问时，可采用无损探伤进行检验。

5)检查桩的堆放场地是否平整、坚实、排水畅通。

6)每根桩下沉完毕后，应进行桩顶的标高检测。

7)检查桩的连接强度，不得低于桩截面的总强度。

(2)监理验收标准。

1)预制桩。

①主控项目。桩表面不得出现孔洞、露筋和受力裂缝。

②一般项目。

a. 钢筋混凝土和预应力混凝土桩的预制允许偏差应符合表 3-74 的规定。

表 3-74　　钢筋混凝土和预应力混凝土桩的预制允许偏差

项目		允许偏差/mm	检验频率		检验方法
			范围	点数	
实心桩	横截面边长	±5	每批抽查10%	3	用钢尺量相邻两边
	长度	±50		2	用钢尺量
	桩尖对中轴线的倾斜	10		1	
	桩轴线的弯曲矢高	≤0.1%桩长，且不大于20	全数	1	沿构件全长拉线，用钢尺量
	桩顶平面对桩纵轴线的倾斜	≤1%桩径(边长)，且不大于3	每批抽查10%	1	用垂线和钢尺量
	接桩的接头平面与桩轴平面垂直度	0.5%	每批抽查20%	4	用钢尺量
	内径	不小于设计值	每批抽查10%	2	
	壁厚	0 −3		2	
	桩轴线的弯曲矢高	0.2%	全数	1	沿管节全长拉线，用钢尺量

b. 桩身表面无蜂窝、麻面和超过 0.15mm 的收缩裂缝。小于 0.15mm 的横向裂缝长度，方桩不得大于边长或短边长的 1/3，管桩或多边形桩不得大于直径或对角线的 1/3；小于 0.15mm 的纵向裂缝长度，方桩不得大于边长或短边长的 1.5 倍，管桩或多边形桩不得大于直径或对角线的 1.5 倍。

2)钢管桩制作。

①主控项目。

a. 钢材品种、规格及其技术性能应符合设计要求和《城市桥梁工程施工与质量验收规范》(CJJ 2—2008)的规定。

b. 制作焊接质量应符合设计要求和《城市桥梁工程施工与质量验收规范》(CJJ 2—2008)的规定。

②一般项目。钢管桩制作允许偏差应符合表 3-75 的规定。

表 3-75　钢管桩制作允许偏差

项　目	允许偏差/mm	检验频率		检验方法
		范围	点数	
外径	±5	每批抽查 10%	4	用钢尺量
长度	+10 0		1	
桩轴线的弯曲矢高	≤1%桩长，且不大于 20	全数		沿桩身拉线，用钢尺量
端部平面度	2	每批抽查 20%		用直尺和塞尺量
端部平面与桩身中心线的倾斜	≤1%桩径，且不大于 3		2	用垂线和钢尺量

3)沉桩。

①主控项目。沉入桩的入土深度、最终贯入度或停打标准应符合设计要求。

②一般项目。

a. 沉桩允许偏差应符合表 3-76 的规定。

表 3-76　沉桩允许偏差

项　目			允许偏差/mm	检验频率		检验方法
				范围	点数	
桩位	群桩	中间桩	≤d/2，且不大于 250	每排桩	20%	用经纬仪测量
		外缘桩	d/4			
	排架桩	顺桥方向	40			
		垂直桥轴方向	50			
桩尖高程			不大于设计值	每根桩	全数	用水准仪测量
斜桩倾斜度			±15%tanθ			用垂线和钢尺量尚未沉入部分
直桩垂直度			1%			

注：1. d 为桩的直径或短边尺寸(mm)。

2. θ 为斜桩设计纵轴线与铅垂线间夹角(°)。

b. 接桩焊缝外观质量允许偏差应符合表 3-77 的规定。

表 3-77　　接桩焊缝外观允许偏差

项目		允许偏差/mm	检验频率		检验方法
			范围	点数	
咬边深度(焊缝)		0.5	每条焊道	1	用焊缝量规、钢尺量
加强层高度(焊缝)		+3			
加强层宽度(焊缝)		0			
钢管桩上下节错台	公称直径≥700mm	3			用钢板尺和塞尺量
	公称直径<700mm	2			

2. 混凝土灌注桩

(1)监理工作内容。

1)加强现场巡视,检查打入桩的长度和成桩深度,对搅拌桩和树根桩要注意水泥用量和混凝土的质量,并做好记录,确保成桩质量和计量支付。

2)对支撑设置进行检查,要确保基坑支撑牢固。

3)如坑边有房屋等结构物,应及时观察,记录地下水位和地面下沉数据,审核施工单位的沉降记录和沉降曲线,发现问题暂停施工,及时上报建设单位,要求施工单位提出可行的技术措施,并审批后报建设单位批示。

4)审查公用事业管线和保护措施,必要时报请建设单位组织召开协调会,以确保措施可靠、可行。

(2)监理验收标准。

1)主控项目。

①成孔达到设计深度后,必须核实地质情况,确认符合设计要求。

②孔径、孔深、混凝土抗压强度应符合设计要求。

③桩身不得出现断桩、缩径。

2)一般项目。

①钢筋笼底端高程偏差不得大于±50mm。

②混凝土灌注桩允许偏差应符合表 3-78 规定。

表 3-78　　混凝土灌注桩允许偏差

项目		允许偏差/mm	检验频率		检验方法
			范围	点数	
桩位	群桩	100	每根桩	1	用全站仪检查
	排架桩	50		1	
沉渣厚度	摩擦桩	符合设计要求		1	沉淀盒或标准测锤,查灌注前记录
	支撑桩	不大于设计值		1	
垂直度	钻孔桩	≤1%桩长,且不大于 500		1	用测壁仪或钻杆垂线和钢尺量
	挖孔桩	≤0.5%桩长,且不大于 200		1	用垂线和钢尺量

注:此表适用于钻孔和挖孔。

(三)沉井基础

1. 监理工作内容

(1)检查筑岛的材料和平面位置,应满足设计与施工的要求。

(2)沉井刃脚下的支垫位置除满足设计要求外,还要注意使刃脚受力均匀,抽垫方便。

(3)抽除垫木应分区对称,同步依次进行,抽垫前沉井混凝土强度应达到设计要求。

(4)监理人员应旁站检查沉井定位情况,并随时抽检沉井记录并了解现场地质情况,随时校正位置,防止倾斜。按常规模板、钢筋、混凝土浇筑的检查顺序检查沉井接长的施工。

(5)沉井落底后,封底前应得到监理工程师的认可,并检查以下项目:

1)检查沉井刃脚底标高及垂直度,应与设计要求相符。

2)检查基底情况,不排水时由潜水员做水下检查和取样鉴定,一般井底应放在基岩上。

3)基底面应尽量整平,清除淤泥和岩石残留物,防止封底混凝土和基底间掺入有害夹层。刃脚须有 2/3 以上嵌搁在岩层上,嵌入深度不小于 0.25m。其余部分用袋装水泥填塞缺口。刃脚以内井内岩层的倾斜面应凿成台阶或榫槽。

(6)封底混凝土最终浇筑高度应比设计要求提高不小于 15cm。检查导管的埋深不小于最小埋深的规定。

2. 监理验收标准

(1)沉井制作。

1)主控项目。

①钢壳沉井的钢材及其焊接质量应符合设计要求和《城市桥梁工程施工与质量验收规范》(CJJ 2—2008)的规定。

②钢壳沉井气筒必须按受压容器的有关规定制造,并经水压(不得低于工作压力的 1.5 倍)试验合格后方可投入使用。

2)一般项目。

①混凝土沉井制作允许偏差应符合表 3-79 的规定。

②混凝土沉井壁表面应无孔洞、露筋、蜂窝、麻面和宽度超过 0.15mm 的收缩裂缝。

表 3-79　　混凝土沉井制作允许偏差

<table>
<tr><th colspan="2" rowspan="2">项　目</th><th rowspan="2">允许偏差/mm</th><th colspan="2">检验频率</th><th rowspan="2">检验方法</th></tr>
<tr><th>范围</th><th>点数</th></tr>
<tr><td rowspan="2">沉井尺寸</td><td>长、宽</td><td>±0.5%边长,大于24m 时±120</td><td rowspan="6">每座</td><td>2</td><td>用钢尺量长、宽各 1 点</td></tr>
<tr><td>半径</td><td>±0.5%半径,大于 12m 时±60</td><td>4</td><td>用钢尺量,每侧 1 点</td></tr>
<tr><td colspan="2">对角线长度差</td><td>1%理论值,且不大于 80</td><td>2</td><td>用钢尺量,圆井量两个直径</td></tr>
<tr><td rowspan="2">井壁厚度</td><td>混凝土</td><td>+40
−30</td><td rowspan="2">4</td><td rowspan="2">用钢尺量,每侧 1 点</td></tr>
<tr><td>钢壳和钢筋混凝土</td><td>±15</td></tr>
<tr><td colspan="2">平 整 度</td><td>8</td><td>4</td><td>用 2m 直尺、塞尺量,每侧各 1 点</td></tr>
</table>

(2)沉井浮运。

沉井浮运监理验收应符合以下要求：

1)预制浮式沉井在下水、浮运前，应进行水密试验，合格后方可下水。

2)钢壳沉井底节应进行水压试验，其余各节应进行水密检查，合格后方可下水。

(3)沉井下沉。

1)主控项目。就地浇筑沉井首节下沉应在井壁混凝土达到设计强度后进行，其上各节达到设计强度的75%后方可下沉。

2)一般项目。

①就地制作沉井下沉就位允许偏差应符合表3-80的规定。浮式沉井下沉就位允许偏差应符合表3-81的规定。

表3-80 就地制作沉井下沉就位允许偏差

项目	允许偏差/mm	检验频率		检验方法
		范围	点数	
底面、顶面中心位置	$H/50$	每座	4	用经纬仪测量纵横向各2点
垂直度	$H/50$		4	用经纬仪测量
平面扭角	1°		2	经纬仪检验纵、横轴线交点

注：H为沉井高度(mm)。

表3-81 浮式沉井下沉就位允许偏差

项目	允许偏差/mm	检验频率		检验方法
		范围	点数	
底面、顶面中心位置	$H/50+250$	每座	4	用经纬仪测量纵横向各2点
垂直度	$H/50$		4	用经纬仪测量
平面扭角	2°		2	经纬仪检验纵、横轴线交点

注：H为沉井高度(mm)。

②下沉后内壁不得渗漏。

(4)封底填充混凝土。

封底填充混凝土监理验收应符合下列要求：

1)沉井在软土中沉至设计高程并清基后，待8h内累计下沉小于10mm时，方可封底。

2)沉井应在封底混凝土强度达到设计要求后方可进行抽水填充。

(四)地下连续墙

1. 监理工作内容

(1)了解堤防、建(构)筑物结构及其基础情况，并在施工中加强观测。

(2)检查导墙材料、位置、形式、厚度及埋置深度。

(3)挖槽过程中，检查槽位、槽深、槽宽和垂直度。

2. 监理验收标准

(1)主控项目。

1)成槽的深度应符合设计要求。

2)水下混凝土质量除应符合《城市桥梁工程施工与质量验收规范》(CJJ 2—2008)第

10.7.1条规定外,还应符合下列规定:

①墙身不得有夹层、局部凹进。

②接头处理应符合施工设计要求。

(2)一般项目。地下连续墙允许偏差应符合表3-82规定。

表3-82 地下连续墙允许偏差

项目	允许偏差/mm	检验频率		检验方法
		范围	点数	
轴线偏位	30	每单元段或每槽段	2	用经纬仪测量
外形尺寸	+30 0		1	用钢尺量一个断面
垂直度	0.5%墙高		1	用超声波测槽仪检验
顶面高程	±10		2	用水准仪测量
沉渣厚度	符合设计要求		1	用重锤或沉积物测定仪(沉淀盒)

(五)承台工程

1. 施工监理要求

(1)承台施工前应检查基桩位置,确认符合设计要求。

(2)在基坑无水情况下浇筑钢筋混凝土承台,如设计无要求,基底应浇筑10cm厚混凝土垫层。

(3)在基坑有渗水情况下浇筑钢筋混凝土承台,应有排水措施,基坑不得积水。如设计无要求,基底可铺10cm厚碎石,并浇筑5~10cm厚混凝土垫层。

(4)承台混凝土宜连续浇筑成型。分层浇筑时,接缝应按施工缝处理。

(5)水中高桩承台采用套箱法施工时,套箱应架设在可靠的支承上,并具有足够的强度、刚度和稳定性。套箱顶面高程应高于施工期间的最高水位。套箱应拼装严密、不漏水。套箱底板与基桩之间缝隙应堵严。套箱下沉就位后,应及时浇筑水下混凝土封底。

2. 监理验收标准

(1)混凝土承台允许偏差应符合表3-83的规定。

表3-83 混凝土承台允许偏差

项目		允许偏差/mm	检验频率		检验方法
			范围	点数	
断面尺寸	长、宽	±20	每座	4	用钢尺量,长、宽各2点
承台厚度		0 +10		4	用钢尺量
顶面高程		±10		4	用水准仪测量四角
轴线偏位		15		4	用经纬仪测量,纵、横各2点
预埋件位置		10	每件	2	经纬仪放线,用钢尺量

(2)承台表面应无孔洞、露筋、缺棱掉角、蜂窝、麻面和宽度超过0.15mm的收缩裂缝。

(六)墩台

1. 施工监理要求

(1)重力式宜水平分层浇筑,每次浇筑高度宜为1.5～2m。分块浇筑时,接缝应与墩台截面尺寸较小的一边平行,邻层分块接缝应错开,接缝宜做成企口形。分块数量,墩台水平截面积在200m² 内不得超过两块;在300m² 以内不得超过三块。每块面积不得小于50m²。

(2)柱式墩台施工时,模板、支架除应满足强度、刚度要求外,稳定计算中应考虑风力的影响。

(3)重力式砌体墩台应采用坐浆法分层砌筑,竖缝均应错开,不得贯通。

(4)现浇混凝土盖梁为悬臂梁时,混凝土浇筑应从悬臂端开始。预应力钢筋混凝土盖梁拆除底模时间应符合设计要求,如设计无要求,预应力孔道压浆强度应达到设计强度后,方可拆除底模板。

(5)在交通繁华路段施工盖梁宜采用整体组装模板、快装组合支架。

(6)盖梁就位时,应检查轴线和各部尺寸,确认合格后方可固定,并浇筑接头混凝土。接头混凝土达到设计强度后,方可卸除临时固定设施。

(7)台背填土宜与路基填土同时进行,宜采用机械碾压。台背0.8～1m范围内宜回填砂石、半刚性材料,并采用小型压实设备或人工夯实。

(8)回填土均应分层夯实,填土压实度应符合现行国家标准《城镇道路工程施工与质量验收规范》(CJJ 1—2008)的有关规定。

2. 监理验收标准

(1)现浇混凝土墩台。

1)主控项目。

①钢管混凝土柱的钢管制作质量应符合《城市桥梁工程施工与质量验收规范》(CJJ 2—2008)的有关规定。

②混凝土与钢管应紧密结合,无空隙。

2)一般项目。

①现浇混凝土墩台允许偏差应符合表3-84的规定。

表3-84　现浇混凝土墩台允许偏差

项目		允许偏差/mm	检验频率		检验方法
			范围	点数	
墩台身尺寸	长	+15 0	每个墩台或每个节段	2	用钢尺量
	厚	+10 −8		4	用钢尺量,每侧上、下各1点
顶面高程		±10		4	用水准仪测量
轴线偏位		10		4	用经纬仪测量,纵、横各2点
墙面垂直度		≤0.25%H, 且不大于25		2	用经纬仪测量或垂线和钢尺量
墙面平整度		8		4	用2m直尺、塞尺量
节段间错台		5		4	用钢尺和塞尺量
预埋件位置		5	每件	4	经纬仪放线,用钢尺量

注:H为墩台高度(mm)。

②现浇混凝土柱允许偏差应符合表3-85的规定。

表 3-85 现浇混凝土柱允许偏差

项目		允许偏差/mm	检验频率		检验方法
			范围	点数	
断面尺寸	长、宽（直径）	±5	每根桩	2	用钢尺量，长、宽各 1 点，圆柱量 2 点
顶面高程		±10		1	用水准仪测量
垂直度		≤0.2%H，且不大于 15		2	用经纬仪测量或垂线和钢尺量
轴线偏位		8		2	用经纬仪测量
平整度		5		2	用 2m 直尺、塞尺量
节段间错台		3		4	用钢板尺和塞尺量

注：H 为柱高(mm)。

③现浇混凝土挡墙允许偏差应符合表 3-86 的规定。

表 3-86 现浇混凝土挡墙允许偏差

项目		允许偏差/mm	检验频率		检验方法
			范围	点数	
墙身尺寸	长	±5	每 10m 墙长度	3	用钢尺量
	厚	±5		3	
顶面高程		±5		3	用水准仪量测
垂直度		≤0.15%H，且不大于 10		3	用经纬仪测量或垂线或钢尺量
轴线偏位		10		1	用经纬仪测量
直顺度		10		1	用 10m 小线、钢尺量
平整度		8		3	用 2m 直尺、塞尺量

注：H 为挡墙高度(mm)。

④混凝土表面应无孔洞、露筋、蜂窝、麻面。

(2)墩台砌体一般项目。砌筑墩台允许偏差应符合表 3-87 的规定。

表 3-87 砌筑墩台允许偏差

项目		允许偏差/mm		检验频率		检验方法
		浆砌块石	浆砌料石、砌块	范围	点数	
墩台尺寸	长	+20 −10	+10 0	每个墩台身	3	用钢尺量 3 个断面
	厚	±10	+10 0		3	
顶面高程		±15	±10		4	用水准仪测量
轴线偏位		15	10		4	用经纬仪测量，纵、横各 2 点
墙面垂直度		≤0.5%H，且不大于 20	≤0.3%H，且不大于 15		4	用经纬仪量或垂线和钢尺量
墙面平整度		30	10		4	用 2m 直尺、塞尺量
水平缝平直		—	10		4	用 10m 小线、钢尺量
墙面坡度		符合设计要求	符合设计要求		4	用坡度板量

注：H 为墩台高度(mm)。

(3)预制安装混凝土柱。

1)主控项目。柱与基础连接处必须接触严密、焊接牢固、混凝土灌注密实，混凝土强度符合设计要求。

2)一般项目。

①预制混凝土柱制作允许偏差应符合表3-88的规定。

表3-88　　预制混凝土柱制作允许偏差

项目		允许偏差/mm	检验频率		检验方法
			范围	点数	
断面尺寸	长、宽（直径）	±5	每个柱	4	用钢尺量，厚、宽各2点（圆断面量直径）
高度		±10	每个柱	2	用钢尺量
预应力筋孔道位置		10	每个孔道	1	用钢尺量
侧向弯曲		$H/750$	每个柱	1	沿构件全高拉线，用钢尺量
平整度		3	每个柱	2	2m直尺、塞尺量

注：H为柱高(mm)。

②预制柱安装允许偏差应符合表3-89的规定。

表3-89　　预制柱安装允许偏差

项目	允许偏差/mm	检验频率		检验方法
		范围	点数	
平面位置	10	每个柱	2	用经纬仪测量，纵、横向各1点
埋入基础深度	不小于设计规定	每个柱	1	用钢尺量
相邻间距	±10	每个柱	1	用钢尺量
垂直度	≤0.5%H，且不大于20	每个柱	2	用经纬仪测量或用垂线和钢尺量，纵横向各1点
墩、柱顶高程	±10	每个柱	1	用水准仪测量
节段间错台	3	每个柱	4	用钢板尺和塞尺量

注：H为柱高(mm)。

③混凝土柱表面应无孔洞、露筋、蜂窝、麻面和缺棱掉角现象。

(4)现浇混凝土盖梁。

1)主控项目。现浇混凝土盖梁不得出现超过设计规定的受力裂缝。

2)一般项目。

①现浇混凝土盖梁允许偏差应符合表3-90的规定。

②盖梁表面应无孔洞、露筋、蜂窝、麻面。

表3-90　　现浇混凝土盖梁允许偏差

项目		允许偏差/mm	检验频率		检验方法
			范围	点数	
盖梁尺寸	长	+20 −10	每个盖梁	2	用钢尺量，两侧各1点
	宽	+10 0	每个盖梁	3	用钢尺量，两端及中间各1点
	高	±5	每个盖梁	3	用钢尺量，两端及中间各1点
盖梁轴线偏位		8	每个盖梁	4	用经纬仪测量，纵横各2点
盖梁顶面高程		0 −5	每个盖梁	3	用水准仪测量，两端及中间各1点
平整度		5	每个盖梁	2	用2m直尺、塞尺量

续表

项目		允许偏差/mm	检验频率		检验方法
			范围	点数	
支座垫石预留位置		10	每个	4	用钢尺量，纵横各2点
预埋件位置	高程	±2	每件	1	用水准仪测量
	轴线	5		1	经纬仪放线，用钢尺量

(5)人行天桥钢墩柱。

1)主控项目。人行天桥钢墩柱的钢材和焊接质量检验应符合《城市桥梁工程施工与质量验收规范》(CJJ 2—2008)的规定。

2)一般项目。

①人行天桥钢墩柱制作允许偏差应符合表3-91的规定。

表3-91　人行天桥钢墩柱制作允许偏差

项目	允许偏差/mm	检查频率		检验方法
		范围	点数	
柱底面到柱顶支承面的距离	±5	每件	2	用钢尺量
柱身截面	±3			
柱身轴线与柱顶支承面垂直度	±5			用直角尺和钢尺量
柱顶支承面几何尺寸	±3			用钢尺量
柱身挠曲	≤H/1000，且不大于10			沿全高拉线，用钢尺量
柱身接口错台	3			用钢板尺和塞尺量

注：H为墩柱高度(mm)。

②人行天桥钢墩柱安装允许偏差应符合表3-92的规定。

表3-92　人行天桥钢墩柱安装允许偏差

项目		允许偏差/mm	检查频率		检验方法
			范围	点数	
钢柱轴线对行、列定位轴线的偏位		5	每件	2	用经纬仪测量
柱基标高		+10 −5			用水准仪测量
挠曲矢高		≤H/1000，且不大于10			沿全长拉线，用钢尺量
钢柱轴线的垂直度	H≤10m	10			用经纬仪测量或垂线和钢尺量
	H>10m	≤H/100，且不大于25			

注：H为墩柱高度(mm)。

(6)台背填土。

1)主控项目。

①台身、挡墙混凝土强度达到设计强度的75%以上时，方可回填土。

②拱桥台背填土应在承受拱圈水平推力前完成。

2)一般项目。台背填土的长度，台身顶面处不应小于桥台高度加2m；底面不应小于2m，拱桥台背填土长度不应小于台高的3～4倍。

三、钢梁和结合梁

1. 钢梁

(1)施工监理要求。

1)钢梁现场安装前应做充分的准备工作,并应符合下列规定:

①安装前应对临时支架、支承、吊车等临时结构和钢梁结构本身在不同受力状态下的强度、刚度和稳定性进行验算。

②安装前应按构件明细表核对进场的杆件和零件,查验产品出厂合格证、钢材质量证明书。

③对杆件进行全面质量检查,对装运过程中产生缺陷和变形的杆件,应进行矫正。

2)钢梁安装应符合下列规定:

①钢梁安装前应清除杆件上的附着物,摩擦面应保持干燥、清洁。安装中应采取措施防止杆件产生变形。

②在满布支架上安装钢梁时,冲钉和粗制螺栓总数不得少于孔眼总数的1/3,其中冲钉不得多于2/3。孔眼较少的部位,冲钉和粗制螺栓不得少于6个或将全部孔眼插入冲钉和粗制螺栓。

③用悬臂和半悬臂法安装钢梁时,连接处所需冲钉数量应按所承受荷载计算确定,且不得少于孔眼总数的1/2,其余孔眼布置精制螺栓,冲钉和精制螺栓应均匀安放。

④高强度螺栓栓合梁安装时,冲钉数量应符合上述规定,其余孔眼布置高强度螺栓。

⑤安装用的冲钉直径宜小于设计孔径0.3mm,冲钉圆柱部分的长度应大于板束厚度;安装用的精制螺栓直径宜小于设计孔径0.4mm;安装用的粗制螺栓直径宜小于设计孔径1.0mm。冲钉和螺栓宜选用Q345碳素结构钢制造。

⑥吊装杆件时,必须等杆件完全固定后方可摘除吊钩。

⑦安装过程中,每完成一个节间应测量其位置、高程和预拱度,不符合要求的应及时校正。

(2)监理验收标准。

1)钢梁制作。

①主控项目。

a. 钢材、焊接材料、涂装材料应符合国家现行标准规定和设计要求。

b. 高强度螺栓连接副等紧固件及其连接应符合国家现行标准规定和设计要求。

c. 高强螺栓的栓接板面(摩擦面)除锈处理后的抗滑移系数应符合设计要求。

d. 焊缝探伤检验应符合设计要求和前述焊缝检查的有关规定。

e. 涂装检验应符合下列要求:

a)涂装前钢材表面不得有焊渣、灰尘、油污、水和毛刺等。钢材表面除锈等级和粗糙度应符合设计要求。

b)涂装遍数应符合设计要求,每一涂层的最小厚度不应小于设计要求厚度的90%,涂装干膜总厚度不得小于设计要求厚度。

c)热喷铝涂层应进行附着力检查。

②一般项目。

a. 焊缝外观质量应符合《城市桥梁工程施工与质量验收规范》(CJJ 2—2008)的有关规定。

b. 钢梁制作允许偏差应分别符合表 3-93～表 3-95 的规定。

表 3-93　　钢板梁制作允许偏差

项目		允许偏差/mm	检验频率		检验方法
			范围	点数	
梁高 h	主梁梁高 $h\leqslant 2$m	±2	每件	4	用钢尺测量两端腹板处高度，每端 2 点
	主梁梁高 $h>2$m	±4			
梁高 h	横梁	±1.5		4	
	纵梁	±1.0			
跨度		±8		2	测量两支座中心距
全长		±15			用全站仪或钢尺测量
纵梁长度		±0.5 −1.5			用钢尺量两端角铁背至背之间距离
横梁长度		±1.5			
纵、横梁旁弯		3		1	梁立置时在腹板一侧主焊缝 100mm 处拉线测量
主梁拱度	不设拱度	+3 0			梁卧置时在下盖板外侧拉线测量
	设拱度	+10 −3			
两片主梁拱度差		4			用水准仪测量
主梁腹板平面度		≤h/350，且不大于 8		1	用钢板尺和塞尺量(h 为梁高)
纵、横梁腹板平面度		≤h/500，且不大于 5			
主梁、纵横梁盖板对腹板的垂直度	有孔部位	0.5		5	用直角尺和钢尺量
	其余部位	1.5			

表 3-94　　钢桁梁节段制作允许偏差

项目	允许偏差/mm	检验频率		检查方法
		范围	点数	
节段长度	±5	每节段	4～6	用钢尺量
节段高度	±2		4	
节段宽度	±3			
节间长度	±2	每节间	2	
对角线长度差	3			
桁片平面度	3	每节段	1	沿节段全长拉线，用钢尺量
挠度	±3			

表 3-95　　钢箱形梁制作允许偏差

项目		允许偏差/mm	检查频率		检验方法
			范围	点数	
梁高 h	$h\leqslant 2$m	±2	每件	2	用钢尺量两端腹板处高度
	$h>2$m	±4			
跨度 L		±(5+0.15L)			用钢尺量两支座中心距,L 按m计
全长		±15			用全站仪或钢尺量
腹板中心距		±3			用钢尺量
盖板宽度 b		±4			
横断面对角线长度差		4			
旁弯		3+0.1L			沿全长拉线,用钢尺量,L 按m计
拱度		+10 −5			用水平仪或拉线用钢尺量
支点高度差		5			
腹板平面度		$\leqslant h'/250$, 且不大于8			用钢板尺和塞尺量
扭曲		每1m≤1, 且每段≤10			置于平台,四角中三角接触平台,用钢尺量另一角与平台间隙

注:1. 分段分块制造的箱形梁拼接处,梁高及腹板中心距允许偏差按施工文件要求。

2. 箱形梁其余各项检查方法可参照板梁检查方法。

3. h'为盖板与加筋肋或加筋肋与加筋肋之间的距离。

c. 焊钉焊接后应进行弯曲试验检查,其焊缝和热影响区不得有肉眼可见的裂纹。

d. 焊钉根部应均匀,焊脚立面的局部未熔合或不足360°的焊脚应进行修补。

2)钢梁现场安装

①主控项目。

a. 高强螺栓连接质量检验应符合《城市桥梁工程施工与质量验收规范》(CJJ 2—2008)规定,其扭矩偏差不得超过±10%。

b. 焊缝探伤检验应符合前述1. 钢梁中(2)监理验收标准的有关规定。

②一般项目。

a. 钢梁安装允许偏差应符合表3-96的规定。

表 3-96　　钢梁安装允许偏差

项目		允许偏差/mm	检查频率		检验方法
			范围	点数	
轴线偏位	钢梁中线	10	每件或每个安装段	2	用经纬仪测量
	两孔相邻横梁中线相对偏差	5			
梁底标高	墩台处梁底	±10		4	用水准仪测量
	两孔相邻横梁相对高差	5			

b. 焊缝外观质量检验应符合《城市桥梁工程施工与质量验收规范》(CJJ 2—2008)的有关

规定。

2. 结合梁

(1)施工监理要求。

1)钢-混凝土结合梁。

①钢主梁架设和混凝土浇筑前,应按设计或施工要求设施工支架。施工支架除应考虑钢梁拼接荷载外,应同时计入混凝土结构和施工荷载。

②混凝土浇筑前,应对钢主梁的安装位置、高程、纵横向连接及临时支架进行检验,各项均应达到设计或施工要求。钢梁顶面传剪器焊接经检验合格后,方可浇筑混凝土。

③混凝土桥面结构应全断面连续浇筑,浇筑顺序,顺桥面向应自跨中开始向支点外交汇,或由一端开始浇筑;横桥向应先由中间开始向两侧扩展。

④设施工支架时,必须待混凝土强度达到设计要求,且预应力张拉完成后,方可卸落施工支架。

2)混凝土结合梁。

①预制混凝土主梁与现浇混凝土龄期差不得大于3个月。

②预制主梁吊装前,应对主梁预留剪力墙进行凿毛、清洗、清除浮浆,对预留传剪钢筋除锈、清除灰浆。预制主梁架设就位后,应设横向连系或支撑临时固定,防止施工过程中失稳。

③浇筑混凝土前应对主梁强度、安装位置、预留传剪钢筋进行检验,确认符合设计要求。

④混凝土桥面结构应全断面连续浇筑,浇筑顺序,顺桥向可自一端开始浇筑;横桥向应由中间开始向两侧扩展。

(2)监理验收标准。结合梁现浇混凝土结构允许偏差应符合表3-97的规定。

表3-97　　结合梁现浇混凝土结构允许偏差

项　目	允许偏差/mm	检验频率		检验方法
		范围	点数	
长度	±15	每段每跨	3	用钢尺量,两侧和轴线
厚度	+10 0		3	用钢尺量,两侧和中间
高程	±20		1	用水准仪测量,每跨测3～5处
横坡(%)	±0.15		1	用水准仪测量,每跨测3～5个断面

四、斜拉桥与悬索桥

1. 斜拉桥

(1)施工监理要求。

1)索塔。

①索塔施工应根据其结构特点与设计要求选择适宜的施工方法与施工设备。除应采用塔式起重机、施工升降机之外,还必须设置登高安全通道、安全网、临边护栏等安全防护装置。

②索塔施工安全技术方案中应对高空坠物、雷击、强风、寒暑、暴雨、飞行器等制定具体的防范措施,实施中应加强检查。

③索塔横梁模板与支撑结构设计时，除应考虑支撑高度、结构质量、结构的弹性与非弹性变形因素外，还应考虑环境温差、日照、风力等外界因素的影响，宜设置支座调节系统，并合理设置预拱度。

④索塔施工中宜设置劲性钢骨架。索塔混凝土浇筑应根据混凝土合理浇筑高度、索管位置及吊装设备的能力分节段施工。劲性骨架的接头形式及质量标准应得到设计的确认。

⑤索塔施工的环境温度应以施工段高空实测温度为准。索塔冬期施工时，模板应采取保温措施。

2)主梁。

①施工前应根据梁体类型、地理环境条件、交通运输条件、结构特点等综合因素选择适宜的施工方法与施工设备。

②当设计采用非塔、梁固结形式时，必须采取塔、梁临时固结措施，且解除临时固结的程序必须经设计确认。在解除过程中必须对拉索索力、主梁标高、索塔和主梁内力与索塔位移进行监控。

③主梁施工时应缩短双悬臂持续时间，尽快使一侧固定，必要时应采取临时抗风措施。

④主梁施工前，应先确定主梁上施工机具设备的数量、质量、位置及其在施工过程中的位置变化情况，施工中不得随意增加设备或随意移动。

⑤采用挂篮悬浇法或悬拼法施工之前，挂篮或悬拼设备应进行检验和试拼，确认合格后方可在现场整体组装；组装完成经检验合格后，必须根据设计荷载及技术要求进行预压，检验其刚度、稳定性、高程及其他技术性能，并消除非弹性变形。

3)拉索。拉索的张拉应符合下列规定：

①张拉设备应按预应力施工的有关规定进行标定。

②拉索张拉的顺序、批次和量值应符合设计要求。应以振动频率计测定的索力油压表量值为准，并应视拉索减振器以及拉索垂度状况对测定的索力予以修正，以延伸值作校核。

③拉索应按设计要求同步张拉。对称同步张拉的斜拉索，张拉中不同步的相对差值不得大于10%。两侧不对称或设计索力不同的斜拉索，应按设计要求的索力分段同步张拉。

④在下列情况下，应采用传感器或振动频率测力计检测各拉索索力值，并进行修正：

a. 每组拉索张拉完成后。

b. 悬臂施工跨中合龙前后。

c. 全桥拉索全部张拉完成后。

d. 主梁体内预应力钢筋全部张拉完成，且桥面及附属设施安装完成后。

⑤拉索张拉完成后应检查每根拉索的防护情况，发现破损应及时修补。

(2)监理验收标准。

1)现浇混凝土索塔。

①主控项目。

a. 索塔及横梁表面不得出现孔洞、露筋和超过设计规定的受力裂缝。

b. 避雷设施应符合设计要求。

②一般项目。

a. 现浇混凝土索塔允许偏差应符合表3-98的规定。

表 3-98 现浇混凝土索塔允许偏差

项目	允许偏差/mm	检验频率		检验方法
		范围	点数	
地面处轴线偏位	10	每对索距	2	用经纬仪测量，纵、横各1点
垂直度	≤H/3000，且不大于30或设计要求		2	用经纬仪、钢尺量测，纵、横各1点
断面尺寸	±20		2	用钢尺量，纵、横各1点
塔柱壁厚	±5		1	用钢尺量，每段每侧面1处
拉索锚固点高程	±10	每索	1	用水准仪测量
索管轴线偏位	10，且两端同向		1	用经纬仪测量
横梁断面尺寸	±10	每根横梁	5	用钢尺量，端部、L/2和L/4各1点
横梁顶面高程	±10		4	用水准仪测量
横梁轴线偏位	10		5	用经纬仪、钢尺量测
横梁壁厚	±5		1	用钢尺量，每侧面1处（检查3～5个断面，取最大值）
预埋件位置	5		2	用钢尺量
分段浇筑时，接缝错台	5	每侧面，每接缝	1	用钢板尺和塞尺量

注：1. H为塔高。
2. L为横梁长度。

b. 索塔表面应平整、直顺，无蜂窝、麻面和宽度大于0.15mm的收缩裂缝。

2)混凝土斜拉桥墩顶梁段。

①主控项目。梁段表面不得出现孔洞、露筋和宽度超过设计规定的受力裂缝。

②一般项目。

a. 混凝土斜拉桥墩顶梁段允许偏差应符合表3-99的规定。

表 3-99 混凝土斜拉桥墩顶梁段允许偏差

项目		允许偏差/mm	检验频率		检验方法
			范围	点数	
轴线偏位		跨径/1000	每段	2	用经纬仪或全站仪测量，纵桥向2点
顶面高程		±10		1	用水准仪测量
断面尺寸	高度	+5，−10		2	用钢尺量，2个断面
	顶宽	±30			
	底宽或肋间宽	±20			
	顶、底、腹板厚或肋宽	+10 0			
横坡(%)		±0.15		3	用水准仪测量，3个断面
平整度		8		4	用2m直尺、塞尺量，检查竖直、水平两个方向，每侧面每10m梁长测1处
预埋件位置		5	每件	2	经纬仪放线，用钢尺量

b. 梁段表面应无蜂窝、麻面和宽度大于 0.15mm 的收缩裂缝。

3)悬臂浇筑混凝土主梁。

①主控项目。

a. 悬臂浇筑必须对称进行。

b. 合龙段两侧的高差必须在设计允许范围内。

c. 混凝土表面不得出现露筋、孔洞和宽度超过设计规定的受力裂缝。

②一般项目。

a. 悬臂浇筑混凝土主梁允许偏差应符合表 3-100 的规定。

表 3-100　悬臂浇筑混凝土主梁允许偏差

项目		允许偏差/mm	检验频率		检验方法
			范围	点数	
轴线偏位	$L\leqslant 200m$	10	每段	2	用经纬仪测量
	$L>200m$	$L/20000$			
断面尺寸	宽度	+5 −8		3	用钢尺量端部和 $L/2$ 处
	高度	+5 −5		3	
	壁厚	+5 0		8	用钢尺量前端
长度		±10		4	用钢尺量顶板和底板两侧
节段高差		5		3	用钢尺量底板两侧和中间
预应力筋轴线偏位		10	每个管道	1	用钢尺量
拉索索力		符合设计和施工控制要求	每索	1	用测力计
索管轴线偏位		10		1	用经纬仪测量
横坡(%)		±0.15	每段	1	用水准仪测量
平整度		8		1	用 2m 直尺、塞尺量,竖直、水平两个方向,每侧每 10m 梁长测 1 点
预埋件位置		5	每件	2	经纬仪放线,用钢尺量

注:L 为节段长度。

b. 梁体线形平顺,梁段接缝处无明显折弯和错台,表面无蜂窝、麻面和宽度大于 0.15mm 的收缩裂缝。

4)悬臂拼装混凝土主梁。

①主控项目。

a. 悬臂拼装必须对称进行。

b. 合龙段两侧的高差必须在设计允许范围内。

②一般项目。

a. 悬臂拼装混凝土主梁允许偏差应符合表 3-101 的规定。

表 3-101　悬臂拼装混凝土主梁允许偏差

项目	允许偏差/mm	检验频率		检验方法
		范围	点数	
轴线偏位	10	每段	2	用经纬仪测量
节段高差	5		3	用钢尺量底板、两侧和中间
预应力筋轴线偏位	10	每个管道	1	用钢尺量
拉索索力	符合设计和施工控制要求	每索	1	用测力计
索管轴线偏位	10		1	用经纬仪测量

b. 梁体线形应平顺,梁段接缝处应无明显折弯和错台。

5)斜拉索安装。

①主控项目。

a. 拉索和锚头成品性能质量应符合设计要求和国家现行标准的有关规定。

b. 拉索和锚头防护材料技术性能应符合设计要求。

c. 拉索拉力应符合设计要求。

②一般项目。

a. 平行钢丝斜拉索制作与防护允许偏差应符合表 3-102 的规定。

表 3-102　平行钢丝斜拉索制作与防护允许偏差

项目		允许偏差/mm	检验频率		检查方法
			范围	点数	
斜拉索长度	≤100m	±20	每根每件每孔	1	用钢尺量
	>100m	±1/5000 索长			
PE 防护厚度		+1.0,−0.5		1	用钢尺量或测厚仪检测
锚板孔眼直径 D		$d<D<1.1d$		1	用量规检测
镦头尺寸		镦头直径≥$1.4d$,镦头高度≥d		10	用游标卡尺检测,每种规格检查 10 个
锚具附近密封处理		符合设计要求		1	观察

注:d 为钢丝直径。

b. 拉索表面应平整、密实、无损伤、无擦痕。

2. 悬索桥

(1)施工监理要求。

1)锚定。

①重力式锚定锚固体系施工应符合下列规定：

a. 型钢锚固体系的钢构件应由工厂制作，现场应进行成品检验，确认符合设计要求。

b. 预应力锚固体系中，预应力张拉与压浆工艺应符合设计要求和相关规范的规定。锚头应安装防护套，并注入保护性油脂。

②隧道式锚定在隧道开挖时应采用小药量爆破。开挖中应采取排水和防水措施，对于岩洞周围裂缝较多的岩石应加以处理。岩洞开挖到设计截面后，应及时支护并进行锚体混凝土灌注。

2)索鞍、索夹与吊索。

①索鞍安装应选择在白天连续完成。安装时应根据设计提供的预偏量就位，在加劲梁架设、桥面铺装过程中应按设计提供的数据逐渐顶推到永久位置。顶推前应确认滑动面的摩擦系数，控制顶推量，确保施工安全。

②索夹安装应符合下列规定：

a. 索夹安装前，必须测定主缆的空缆线形，经设计单位确认索夹位置后，方可对索夹进行放样、定位、编号。放样、定位应在环境温度稳定时进行。索夹位置处主缆表面的油污及灰尘应清除并涂除锈漆。

b. 索夹在运输和安装过程中应采取保护措施，防止碰伤及损坏。

c. 索夹安装位置纵向误差不得大于 10mm。当索夹在主缆上精确定位后，应立即紧固索夹螺栓。

d. 紧固同一索夹螺栓时，各螺栓受力应均匀，并应按三个荷载阶段(即索夹安装时、钢箱梁吊装后、桥面铺装后)对索夹螺栓进行紧固。

③吊索运输、安装过程中不得受损坏。吊索安装应与加劲梁安装配合进行，并对号入座，安装时必须采取防止扭转措施。

3)加劲钢箱梁安装应符合下列规定：

①索夹、吊索安装完毕，并完成各项吊装设备安装及检查工作后，加劲梁方可适时运输与吊装。

②吊装前必须进行试吊。

③加劲梁安装应符合下列规定：

a. 吊装必须符合高空作业及水上作业的安全规定。

b. 加劲梁安装宜从中跨跨中对称地向索塔方向进行。

c. 吊装过程中应观察索塔变位情况，宜根据设计要求和实测塔顶位移量分阶段调整索鞍偏移量。

d. 安装时，应避免相邻梁段发生碰撞。

e. 安装合龙段前，必须根据实际的合龙长度，对合龙段长度进行修正。

(2)监理验收标准。

1)锚碇锚固系统制作。锚碇锚固系统制作监理验收一般项目应符合下列要求：

①预应力锚固系统制作允许偏差应符合表 3-103 的规定。

表 3-103 预应力锚固系统制作允许偏差

项目		允许偏差/mm	检验频率		检验方法
			范围	点数	
连接器	拉杆孔至锚固孔中心距	±0.5	每件	1	游标卡尺
	主要孔径	+1.0 0		1	
	孔轴线与顶、底面垂直度(°)	0.3		2	量具
	底面平面度	0.08		1	
	拉杆孔顶、底面平行度	0.15		2	
	拉杆同轴度	0.04		1	

②刚架锚固系统制作允许偏差应符合表 3-104 的规定。

表 3-104 刚架锚固系统制作允许偏差

项目	允许偏差/mm	检验频率		检验方法
		范围	点数	
刚架杆件长度	±2	每件	1	用钢尺量
刚架杆件中心距	±2		1	
锚杆长度	±3		1	
锚梁长度	±3		1	
连接	符合设计规定		30%	超声波或测力扳手

2)锚碇锚固系统安装。锚碇锚固系统安装监理验收一般项目应符合下列规定：

①预应力锚固系统安装允许偏差应符合表 3-105 的规定。

表 3-105 预应力锚固系统安装允许偏差

项目	允许偏差/mm	检验频率		检验方法
		范围	点数	
前锚面孔道中心坐标偏差	±10	每件	1	用全站仪测量
前锚面孔道角度(°)	±0.2		1	用经纬仪或全站仪测量
拉杆轴线偏位	5		2	
连接器轴线偏位	5		2	

②刚架锚固系统安装允许偏差应符合表 3-106 的规定。

表 3-106 刚架锚固系统安装允许偏差

项目		允许偏差/mm	检验频率		检验方法
			范围	点数	
刚架中心线偏差		10	每件	2	用经纬仪测量
刚架安装锚杆之平联高差		+5 −2		1	用水准仪测量
锚杆偏位	纵	10		2	用经纬仪测量
	横	5			
锚固点高程		±5		1	用水准仪测量
后锚梁偏位		5		2	用经纬仪测量
后锚梁高程		±5		2	用水准仪测量

3)锚碇混凝土。

①主控项目。

a. 地基承载力必须符合设计要求。

b. 混凝土表面不得有孔洞、露筋和受力裂缝。

②一般项目。

a. 锚碇结构允许偏差应符合表 3-107 的规定。

表 3-107　　锚碇结构允许偏差

项目		允许偏差/mm	检验频率		检验方法
			范围	点数	
轴线偏位	基础	20	每座	4	用经纬仪或全站仪测量
	槽口	10			
断面尺寸		±30		4	用钢尺量
基础底面高程	土质	±50		10	用水准仪测量
	石质	+50 −200			
基础顶面高程		±20			
大面积平整度		5		1	用 2m 直尺、塞尺量，每 20m² 测一处
预埋件位置		符合设计要求	每件	2	经纬仪放线，用钢尺量

b. 锚碇表面应无蜂窝、麻面和大于 0.15mm 的收缩裂缝。

4)主缆架设。

①主控项目。索股和锚头性能质量应符合设计要求和国家现行标准的有关规定。

②一般项目。

a. 索股和锚头允许偏差应符合表 3-108 的规定。

表 3-108　　索股和锚头允许偏差

项目	允许偏差/mm	检验频率		检验方法
		范围	点数	
索股基准丝长度	±(基准丝长/15000)	每丝 每索	1	用钢尺量
成品索股长度	±(索股长/10000)		1	
热铸锚合金灌铸率(%)	>92		1	量测计算
锚头顶压索股外移量(按规定顶压力，持荷 5min)	符合设计要求		1	用百分表量测
索股轴线与锚头端面垂直度(°)	±5		1	用仪器量测

注：外移量允许偏差应在扣除初始外移量之后进行量测。

b. 主缆架设允许偏差应符合表 3-109 的规定。

表 3-109 主缆架设允许偏差

项目			允许偏差/mm	检验频率		检验方法
				范围	点数	
索股标高	基准	中跨跨中	±L/20000	每索	1	用全站仪测量跨中
		边跨跨中	±L/10000		1	
		上下游基准	±10		1	
	一般	相对于基准索股	+5 0		1	
锚跨索股力与设计的偏差			符合设计要求		1	用测力计
主缆空隙率/(%)			±2		1	量直径和周长后计算，测索夹处和两索夹间
主缆直径不圆率			直径的5%，且不大于2		1	紧缆后横竖直径之差，与设计直径相比，测两索夹间

注：L 为跨度。

c. 主缆架设后索股应直顺、无扭转；索股钢丝应直顺、无重叠和鼓丝，镀锌层完好。

5)主缆防护。

①主控项目。缠丝和防护涂料的材质必须符合设计要求。

②一般项目。

a. 主缆防护允许偏差应符合表 3-110 的规定。

表 3-110 主缆防护允许偏差

项目	允许偏差/mm	检验频率		检验方法
		范围	点数	
缠丝间距	1	每索	1	用插板，每两索夹间随机量测 1m 长
缠丝张力	±0.3kN		1	标定检测，每盘抽查 1 处
防护涂层厚度	符合设计规定		1	用测厚仪，每 200m 检测 1 点

b. 缠丝不重叠交叉，缠丝腻子应填满。

6)索鞍安装。

①主控项目。成品性能质量应符合设计要求和国家现行标准的有关规定。

②一般项目。

a. 主索鞍、散索鞍允许偏差应符合表 3-111 和表 3-112 的规定。

表 3-111 主索鞍允许偏差

项目	允许偏差/mm	检验频率		检验方法
		范围	点数	
主要平面的平面度	0.08/1000，且不大于 0.5/全平面	每件	1	用量具检测
鞍座下平面对中心索槽竖直平面的垂直度偏差	2/全长		1	在检测平台或机床上用量具检测

续表

项　　目	允许偏差/mm	检验频率		检验方法
		范围	点数	
上、下承板平面的平行度	0.5/全平面		2	在平台上用量具检测上、下承板
对合竖直平面与鞍体下平面的垂直度偏差	<3/全长		1	用百分表检查每对合竖直平面
鞍座底面对中心索槽底的高度偏差	±2		1	在检测平台或机床上用量具检测
鞍槽轮廓的圆弧半径偏差	±2/1000	每件	1	用数控机床检查
各槽深度、宽度	+1/全长，及累计误差+2		2	用样板、游标卡尺、深度尺量测
各槽对中心索槽的对称度	±0.5		1	用数控机床检查
各槽曲线立面角度偏差(°)	0.2		10	
防护层厚度/μm	不小于设计值		10	用测厚仪，每检测面10点

表 3-112　　散索鞍允许偏差

项　　目	允许偏差/mm	检验频率		检验方法
		范围	点数	
平面度	0.08/1000，且不大于0.5/全平面		1	用量具检测，检查摆轴平面、底板下平面、中心索槽竖直平面
支承板平行度	<0.5		1	用量具检测
摆轴中心线与索槽中心平面的垂直度偏差	<3		2	在检测平台或机床上用量具检测
摆轴接合面与索槽底面的高度偏差	±2		1	用钢尺量
鞍槽轮廓的圆弧半径偏差	±2/1000		1	用数控机床检查
各槽深度、宽度	+1/全长，及累计误差+2	每件	1	用样板、游标卡尺、深度尺量测
各槽对中心索槽的对称度	±0.5		1	用数控机床检查
各槽曲线平面、立面角度偏差(°)	0.2		1	
加工后鞍槽底部及侧壁厚度偏差	±10		3	用钢尺量
防护层厚度/μm	不小于设计值		10	用测厚仪，每检测面10点

b. 主索鞍、散索鞍安装允许偏差应符合表3-113和表3-114的规定。

表 3-113 主索鞍安装允许偏差

项目		允许偏差/mm	检验频率		检验方法
			范围	点数	
最终偏差	顺桥向	符合设计要求	每件	2	用经纬仪或全站仪测量
	横桥向	10			
高程		+20 0		1	用全站仪测量
四角高差		2		4	用水准仪测量

表 3-114 散索鞍安装允许偏差

项目	允许偏差/mm	检验频率		检验方法
		范围	点数	
底板轴线纵横向偏位	5	每件	2	用经纬仪或全站仪测量
底板中心高程	±5		1	用水准仪测量
底板扭转	2		1	用经纬仪或全站仪测量
安装基线扭转	1		1	
散索鞍竖向倾斜角	符合设计要求		1	

c. 索鞍防护层应完好无损。

7)索夹和吊索安装。

①主控项目。索夹、吊索和锚头成品性能质量应符合设计要求和国家现行标准规定。

②一般项目。

a. 索夹允许偏差应符合表 3-115 的规定。

表 3-115 索夹允许偏差

项目	允许偏差/mm	检验频率		检验方法
		范围	点数	
索夹内径偏差	±2	每件	1	用量具检测
耳板销孔位置偏差	±1		1	
耳板销孔内径偏差	+1 0		1	
螺杆孔直线度	$L/500$		1	
壁厚	符合设计要求		1	
索夹内壁喷锌厚度	不小于设计值		1	用测厚仪检测

注:L 为螺杆孔长度。

b. 吊索和锚头允许偏差应符合表 3-116 的规定。

表 3-116 吊索和锚头允许偏差

项目		允许偏差/mm	检验频率		检验方法
			范围	点数	
吊索调整后长度(销孔之间)	≤5m	±2	每件	1	用钢尺量
	>5m	$\pm L/500$			

续表

项　　目	允许偏差/mm	检验频率		检验方法
		范围	点数	
销轴直径偏差	0 −0.15	每件	1	量具检测
叉形耳板销孔位置偏差	±5		1	
热铸锚合金灌铸率/(%)	>92		1	量测计算
锚头顶压后吊索外移量(按规定顶压力，持荷5min)	符合设计要求		1	用量具检测
吊索轴线与锚头端面垂直度/(°)	0.5		1	
锚头喷涂厚度	符合设计规定		1	用测厚仪检测

注：1. L 为吊索长度。

2. 外移量允许偏差应在扣除初始外移量后进行量测。

c. 索夹和吊索安装允许偏差应符合表 3-117 的规定。

表 3-117　索夹和吊索安装允许偏差

项　　目		允许偏差/mm	检验频率		检验方法
			范围	点数	
索夹偏位	纵	10	每件	2	用全站仪和钢尺量
	横	3			
上、下游吊点高差		20		1	用水准仪测量
螺杆紧固力/kN		符合设计要求		1	用压力表检测

8)加劲梁。加劲梁监理验收一般项目应符合下列要求：

①悬索桥钢箱梁段制作允许偏差应符合表 3-118 的规定。

表 3-118　悬索桥钢箱梁段制作允许偏差

项　　目		允许偏差/mm	检验频率		检验方法
			范围	点数	
梁长		±2	每件 每段	3	用钢尺量，中心线及两侧
梁段桥面板四角高差		4		4	用水准仪测量
风嘴直线度偏差		≤L/2000，且不大于 6		2	拉线、用钢尺量风嘴边缘
端口尺寸	宽度	±4		2	用钢尺量两端
	中心高	±2		2	
	边高	±3		4	用钢尺量两侧、两端
	横断面对角线长度差	4		2	用钢尺最两端

续表

项目		允许偏差/mm	检验频率		检验方法
			范围	点数	
吊点位置	吊点中心距桥中心线距离偏差	±1	每件每段	2	用钢尺量
	同一梁段两侧吊点相对高差	5		1	用水准仪测量
	相邻梁段吊点中心距偏差	2		1	用钢尺量
	同一梁段两侧吊点中心连接线与桥轴线垂直度误差/(′)	2		1	用经纬仪测量
梁段匹配性	纵桥向中心线偏差	1		1	用钢尺量
	顶、底、腹板对接间隙	+3 −1		2	
	顶、底、腹板对接错台	2		2	用钢板尺和塞尺量

注：L 为量测长度。

②钢加劲梁段拼装允许偏差应符合表 3-119 的规定。

表 3-119　钢加劲梁段拼装允许偏差

项目	允许偏差/mm	检验频率		检验方法
		范围	点数	
吊点偏位	20	每件每段	1	用全站仪测量
同一梁段两侧对称吊点处梁顶高差	20		1	用水准仪测量
相邻节段匹配高差	2		2	用钢尺量

③安装线形应平顺，无明显折弯。焊缝应平整、顺齐、光滑，防护涂层应完好。

五、桥面系

1. 支座

(1)监理工作内容。

1)安装前应对墩、台支座垫层表面及梁底面清理干净，支座垫石应用水灰比不大于 0.5，强度不低于 M20 的水泥砂浆抹平，使其顶面标高符合图纸规定，水泥砂浆在预制构件安装前，必须进行养护，并保持清洁。

2)板式橡胶支座上的构件安装温度，应符合图纸规定。活动支座上的构件安装温度及相应的支座上、下部分的纵向错位(如有必要)，应符合图纸规定。对于非桥面连续简支梁，当图纸未规定安装温度时，一般在 5～20℃的温度范围内安装。

3)预制梁就位后，应妥善支撑，直到就地浇筑或焊接的横隔梁强度足以承受荷载。支撑系统图纸应在架梁开始之前报请监理工程师批准。

4)简支架、板的桥面连续设置,应符合图纸要求。

5)预制板的安装直至形成结构整体,各个阶段都不允许板式支座出现脱空现象,并应逐个进行检查。

(2)监理验收标准。

1)主控项目。

①支座应进行进场检验。

②支座安装前,应检查跨距、支座栓孔位置和支座垫石顶面高程、平整度、坡度、坡向,确认符合设计要求。

③支座与梁底及垫石之间必须密贴,间隙不得大于0.3mm。垫层材料和强度应符合设计要求。

④支座锚栓的埋置深度和外露长度应符合设计要求。支座锚栓应在其位置调整准确后固结,锚栓与孔的间隙必须填捣密实。

⑤支座的粘结灌浆和润滑材料应符合设计要求。

2)一般项目。支座安装允许偏差应符合表3-120的规定。

表3-120　支座安装允许偏差

项　目	允许偏差/mm	检验频率		检验方法
		范围	点数	
支座高程	±5	每个支座	1	用水准仪测量
支座偏位	3		2	用经纬仪、钢尺量

2. 桥面防水、排水

(1)施工监理要求。

1)汇水槽、泄水口顶面高程应低于桥面铺装层10～15mm。

2)泄水管下端至少应伸出构筑物底面100～150mm。泄水管宜通过竖向管道直接引至地面或雨水管线,其竖向管道应采用抱箍、卡环、定位卡等预埋件固定在结构物上。

3)涂膜防水层施工时,涂膜防水层的胎体材料,应顺流水方向搭接,搭接宽度长边不得小于50mm,短边不得小于70mm,上下层胎体搭接缝应错开1/3幅宽。

4)卷材防水层施工时,卷材应顺桥方向铺贴,自边缘最低处开始,顺流水方向搭接,长边搭接宽度宜为70～80mm,短边搭接宽度宜为100mm,上下层搭接缝错开距离不应小于100mm。

5)防水粘结层施工时的环境温度和相对湿度应符合防水粘结材料产品说明书的要求。

(2)监理验收标准。

1)排水设施。

①桥面排水设施的设置应符合设计要求,泄水管应畅通无阻。

②一般项目。

a. 桥面泄水口应低于桥面铺装层10～15mm。

b. 泄水管安装应牢固可靠,与铺装层及防水层之间应结合密实,无渗漏现象;金属泄水管应进行防腐处理。

c. 桥面泄水口位置允许偏差应符合表 3-121 的规定。

表 3-121 桥面泄水口位置允许偏差

项　目	允许偏差/mm	检验频率		检验方法
		范围	点数	
高程	0 −10	每孔	1	用水准仪测量
间距	±100		1	用钢尺量

2)桥面防水层。

①主控项目。

a. 防水材料的品种、规格、性能、质量应符合设计要求和相关标准规定。

b. 防水层、粘结层与基层之间应密贴，结合牢固。

②一般项目。

a. 混凝土桥面防水层粘结质量和施工允许偏差应符合表 3-122 的规定。

表 3-122 混凝土桥面防水层粘结质量和施工允许偏差

项目	允许偏差/mm	检验频率		检验方法
		范围	点数	
卷材接茬搭接宽度	不小于设计值	每 20 延长米	1	用钢尺量
防水涂膜厚度	符合设计要求;设计未要求时±0.1	每 200m²	4	用测厚仪检测
粘结强度/MPa	不小于设计值，且≥0.3(常温)，≥0.2(气温≥35℃)		4	拉拔仪(拉拔速度:10mm/min)
抗剪强度/MPa	不小于设计值，且≥0.4(常温)，≥0.3(气温≥35℃)	1组	3	剪切仪(剪切速度:10mm/min)
剥离强度/(N/mm)	不小于设计值，且≥0.3(常温)，≥0.2(气温≥35℃)		3	90°剥离仪(剪切速度:100mm/min)

b. 钢桥面防水粘结层质量应符合表 3-123 的规定。

表 3-123 钢桥面防水粘结层质量

项　目	允许偏差/mm	检验频率		检验方法
		范围	点数	
钢桥面清洁度	符合设计要求	全部		GB 8923 规定标准图片对照检查
粘结层厚度	符合设计要求	每洒布段	6	用测厚仪检测
粘结层与基层结合力/MPa	不小于设计值		6	用拉拔仪检测
防水层总厚度	不小于设计值		6	用测厚仪检测

c. 防水材料铺装或涂刷外观质量和细部做法应符合下列要求：

a)卷材防水层表面平整，不得有空鼓、脱层、裂缝、翘边、油包、气泡和皱褶等现象。

b)涂料防水层的厚度应均匀一致,不得有漏涂处。

c)防水层与泄水口、汇水槽接合部位应密封,不得有漏封处。

3. 桥面铺装工程

(1)施工监理要求。

1)在水泥混凝土桥面上铺筑沥青铺装层前应在桥面防水层上撒布一层沥青石屑保护层,或在防水粘结层上撒布一层石屑保护层,并用轻碾慢压。

2)在钢桥面上铺筑沥青铺装层宜采用改性沥青,其压实设备和工艺应通过试验确定。

3)水泥混凝土桥面铺装层的厚度、配筋、混凝土强度等应符合设计要求。结构厚度误差不得超过20mm。

4)人行天桥塑胶铺装宜在桥面全宽度内、两条伸缩缝之间,一次连续完成。

(2)监理验收标准。

1)主控项目。

①桥面铺装层材料的品种、规格、性能、质量应符合设计要求和相关标准规定。

②水泥混凝土桥面铺装层的强度和沥青混凝土桥面铺装层的压实度应符合设计要求。

2)一般项目。

①桥面铺装面层允许偏差应符合表3-124～表3-126的规定。

表3-124　水泥混凝土桥面铺装面层允许偏差

项目	允许偏差/mm	检验频率		检验方法
		范围	点数	
厚度	±5	每20延长米	3	用水准仪对比浇筑前后标高
横坡	±0.15%		1	用水准仪测量1个断面
平整度	符合城市道路面层标准	按城市道路工程检测规定执行		
抗滑构造深度	符合设计要求	每200m	3	铺砂法

注:跨度小于20m时,检验频率按20m计算。

表3-125　沥青混凝土桥面铺装面层允许偏差

项目	允许偏差/mm	检验频率		检验方法
		范围	点数	
厚度	±5	每20延长米	3	用水准仪对比浇筑前后标高
横坡	±0.3%		1	用水准仪测量1个断面
平整度	符合道路面层标准	按城市道路工程检测规定执行		
抗滑构造深度	符合设计要求	每200m	3	铺砂法

注:跨度小于20m时,检验频率按20m计算。

表3-126　人行天桥塑胶桥面铺装面层允许偏差

项目	允许偏差/mm	检验频率		检验方法
		范围	点数	
厚度	不小于设计值	每铺装段、每次拌合料量	1	取样法:按GB/T 14833附录B
平整度	±33	每20m²	1	用3m直尺,塞尺检查
坡度	符合设计要求	每铺装段	3	用水准仪测量主梁纵轴高程

②水泥混凝土桥面铺装面层表面应坚实、平整,无裂缝,并应有足够的粗糙度;面层伸缩

缝应直顺，灌缝应密实。沥青混凝土桥面铺装层表面应坚实、平整，无裂纹、松散、油包、麻面。桥面铺装层与桥头路接茬应紧密、平顺。

4. 桥面伸缩缝施工

(1)施工监理要求。

1)填充式伸缩缝装置施工时，填料填充前应在预留槽基面上涂刷底胶，热拌混合料应分层摊铺在槽内并捣实。

2)橡胶伸缩装置前应对伸缩装置预留槽进行修整，使其尺寸、高程符合设计要求。

3)安装顶部齿形钢板，应按安装时气温经计算确定定位值。齿形钢板与底层钢板端部焊缝应采用间隔跳焊，中部塞孔焊应间隔分层满焊。焊接后齿形钢板与底层钢板应密贴。

4)模数式伸缩装置安装时其间隙量定位值应由厂家根据施工时气温在工厂完成，用定位卡固定。如需在现场调整间隙量应在厂家专业人员指导下进行，调整定位并固定后应及时安装。

(2)监理验收标准。

1)主控项目。

①伸缩装置的形式和规格必须符合设计要求，缝宽应根据设计规定和安装时的气温进行调整。

②伸缩装置安装时焊接质量和焊缝长度应符合设计要求和规范的规定，焊缝必须牢固，严禁用点焊连接。大型伸缩装置与钢梁连接处的焊缝应做超声波检测。

③伸缩装置锚固部位的混凝土强度应符合设计要求，表面应平整，与路面衔接应平顺。

2)一般项目。

①伸缩装置安装允许偏差应符合表3-127的规定。

表3-127 伸缩装置安装允许偏差

<table>
<tr><th rowspan="2">项　目</th><th rowspan="2">允许偏差
/mm</th><th colspan="2">检验频率</th><th rowspan="2">检验方法</th></tr>
<tr><th>范围</th><th>点数</th></tr>
<tr><td>顺桥平整度</td><td>符合道路标准</td><td rowspan="5">每条缝</td><td colspan="2">按道路检验标准检测</td></tr>
<tr><td>相邻板差</td><td>2</td><td rowspan="3">每车道1点</td><td>用钢板尺和塞尺量</td></tr>
<tr><td>缝宽</td><td>符合设计要求</td><td>用钢尺量，任意选点</td></tr>
<tr><td>与桥面高差</td><td>2</td><td>用钢板尺和塞尺量</td></tr>
<tr><td>长度</td><td>符合设计要求</td><td>2</td><td>用钢尺量</td></tr>
</table>

②伸缩装置应无渗漏、无变形，伸缩缝应无阻塞。

5. 防护设施施工

(1)施工监理要求。

1)栏杆和防撞、隔离设施应在桥梁上部结构混凝土的浇筑支架卸落后施工，其线形应流畅、平顺，伸缩缝必须全部贯通，并与主梁伸缩缝相对应。

2)防护设施采用混凝土预制构件安装时，砂浆强度应符合设计要求。当设计无规定时，宜采用M20水泥砂浆。

3)预制混凝土栏杆采用榫槽连接时，安装就位后应用硬塞块固定，灌浆固结。塞块拆除时，灌浆材料强度不得低于设计强度的75%。采用金属栏杆时，焊接必须牢固，毛刺应打磨平整，并及时除锈防腐。

4)防撞墩必须与桥面混凝土预埋件、预埋筋连接牢固,并应在施作桥面防水层前完成。

5)护栏、防护网宜在桥面、人行道铺装完成后安装。

(2)监理验收标准。

1)主控项目。

①混凝土栏杆、防撞护栏、防撞墩、隔离墩的强度应符合设计要求,安装必须牢固、稳定。

②金属栏杆、防护网的品种、规格应符合设计要求,安装必须牢固。

2)一般项目。

①预制混凝土栏杆允许偏差应符合表3-128的规定。栏杆安装允许偏差应符合表3-129的规定。

表3-128　预制混凝土栏杆允许偏差

项目		允许偏差/mm	检验频率		检验方法
			范围	点数	
断面尺寸	宽	±4	每件抽查10%,且不少于5件	1	用钢尺量
	高			1	
长度		0 −10		1	
侧向弯曲		$L/750$		1	沿构件全长拉线,用钢尺量(L为构件长度)

表3-129　栏杆安装允许偏差

项目		允许偏差/mm	检验频率		检验方法
			范围	点数	
直顺度	扶手	4	每跨侧	1	用10m线和钢尺量
垂直度	栏杆柱	3	每柱(抽查10%)	2	用正线和钢尺量,顺、横桥轴方向各1点
栏杆间距		±3		1	有钢尺量
相邻栏杆扶手高差	有柱	4	每处(抽查10%)		
	无柱	2			
栏杆平面偏位		4	每30m	1	用经纬仪和钢尺量

注:现场浇筑的栏杆、扶手和钢结构栏杆、扶手的允许偏差可按本表执行。

②金属栏杆、防护网必须按设计要求做防护处理,不得漏涂、剥落。

③防撞护栏、防撞墩、隔离墩允许偏差应符合表3-130的规定。

表3-130　防撞护栏、防撞墩、隔离墩允许偏差

项目	允许偏差/mm	检验频率		检验方法
		范围	点数	
直顺度	5	每20m	1	用20m线和钢尺量
平面偏位	4		1	经纬仪放线,用钢尺量
预埋件位置	5	每件	2	经纬仪放线,用钢尺量
断面尺寸	±5	每20m	1	用钢尺量
相邻高差	3	抽查20%	1	用钢板尺和钢尺量
顶面高程	±10	每20m	1	用水准仪测量

④防护网安装允许偏差应符合表3-131的规定。

表 3-131 防护网安装允许偏差

项　目	允许偏差/mm	检验频率		检验方法
		范围	点数	
防护网直顺度	5	每 10m	1	用 10m 线和钢尺量
立柱垂直度	5	每柱(抽查 20%)	2	用垂线和钢尺量,顺、横桥轴方向各1点
立柱中距	±10	每处(抽查 20%)	1	用钢尺量
高度	±5			

⑤防护网安装后,网面应平整,无明显翘曲、凹凸现象。

⑥混凝土结构表面不得有孔洞、露筋、蜂窝、麻面、缺棱、掉角等缺陷,线形应流畅平顺。

⑦防护设施伸缩缝必须全部贯通,并与主梁伸缩缝相对应。

6. 人行道工程

(1)施工监理要求。

1)人行道结构应在栏杆、地袱完成后施工,且在桥面铺装层施工前完成。

2)人行道下铺设其他设施时,应在其他设施验收合格后,方可进行人行道铺装。

3)悬臂式人行道构件必须在主梁横向连接或拱上建筑完成后方可安装。人行道板必须在人行道梁锚固后方可铺设。

4)人行道施工应符合国家现行标准《城镇道路工程施工与质量验收规范》(CJJ 1—2008)的有关规定。

(2)监理验收标准。

1)主控项目。人行道结构材质和强度应符合设计要求。

2)一般项目。人行道铺装允许偏差应符合表 3-132 的规定。

表 3-132 人行道铺装允许偏差

项　目	允许偏差/mm	检验频率		检验方法
		范围	点数	
人行道边缘平面偏位	5	每 20m 一个断面	2	用 20m 线和钢尺量
纵向高程	+10 0		2	用水准仪测量
接缝两侧高差	2		2	
横坡	±0.3%		3	
平整度	5		3	用 3m 直尺、塞尺量

第五节　市政给排水工程质量监理

一、土石方与地基处理

(一)沟槽开挖与地基处理

1. 监理工作内容

(1)沟槽开挖与支护。

1)沟槽开挖至设计高程后与建设单位、设计、勘察、施工单位共同验槽。

2)检查沟槽开挖施工方案,检查沟槽底部开挖宽度是否符合设计要求。

3)对支撑进行检查,发现支撑构件有弯曲、松动、移位或劈裂等迹象时,应及时处理。

4)拆除支撑前,应对沟槽两侧的建筑物、构筑物和槽壁进行安全检查,并应制定拆除支撑的作业要求和安全措施。

(2)地基处理。

1)检查管道地基的强度。

2)对清槽情况和回填材料质量进行检查。

3)检查地基处理后的压实度、厚度等。

2. 监理验收标准

(1)沟槽开挖与地基处理。

1)主控项目。

①原状地基土不得扰动、受水浸泡或受冻。

②地基承载力应满足设计要求。

③进行地基处理时,压实度、厚度满足设计要求。

2)一般项目。槽开挖允许偏差应符合表3-133的规定。

表3-133　沟槽开挖允许偏差

<table>
<tr><th rowspan="2">项　目</th><th rowspan="2" colspan="2">允许偏差/mm</th><th colspan="2">检查数量</th><th rowspan="2">检查方法</th></tr>
<tr><th>范围</th><th>点数</th></tr>
<tr><td rowspan="2">槽底高程</td><td>土方</td><td>±20</td><td rowspan="4">两井之间</td><td rowspan="2">3</td><td rowspan="2">用水准仪测量</td></tr>
<tr><td>石方</td><td>+20、-200</td></tr>
<tr><td>槽底中线每侧宽度</td><td colspan="2">不小于设计值</td><td>6</td><td>挂中线用钢尺量测,每侧计3点</td></tr>
<tr><td>沟槽边坡</td><td colspan="2">不陡于设计值</td><td>6</td><td>用坡度尺量测,每侧计3点</td></tr>
</table>

(2)沟槽支护。

1)主控项目。

2)一般项目。支撑方式、支撑材料,支护结构强度、刚度、稳定性应符合设计要求。

①横撑不得妨碍下管和稳管。

②支撑构件安装应牢固、安全可靠,位置正确。

③支撑后,沟槽中心线每侧的净宽不应小于施工方案设计要求。

④钢板桩的轴线位移不得大于50mm,垂直度不得大于1.5%。

(二)沟槽回填

1. 监理工作内容

(1)对回填材料质量进行检查。

(2)检查回填土的虚铺厚度,每层回填土的虚铺厚度应根据所采用的压实机具按表3-134选取。

表 3-134　　每层回填土虚铺厚度

压实机具	虚铺厚度/mm
木夯、铁夯	≤200
轻型压实设备	200～250
压路机	200～300
振动压路机	≤400

(3)检查回填土的压实工具、压实遍数等。

2. 监理验收标准

(1)主控项目。

1)回填材料符合设计要求。

2)沟槽不得带水回填，回填应密实。

3)柔性管道的变形率不得超过设计要求，如设计无要求时，钢管或球墨铸铁管道变形率应不超过 2%，化学建材管道变形率应不超过 3%。管壁不得出现纵向隆起、环向扁平和其他变形情况。

4)回填土压实度应符合设计要求，设计无要求时，应符合表 3-135、表 3-136 的规定。柔性管道沟槽回填部位与压实度，如图 3-1 所示。

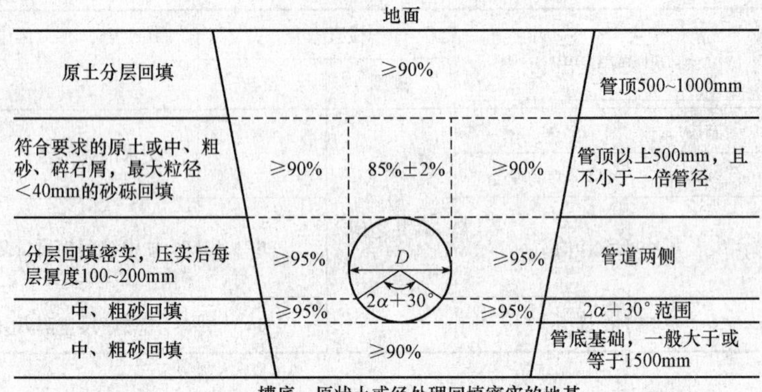

图 3-1　柔性管道沟槽回填部位与压实度示意图

表 3-135　　刚性管道沟槽回填土压实度

<table>
<tr><th colspan="3" rowspan="2">项　目</th><th colspan="2">最低压实度(%)</th><th colspan="2">检查数量</th><th rowspan="2">检查方法</th></tr>
<tr><th>重型击实标准</th><th>轻型击实标准</th><th>范围</th><th>点数</th></tr>
<tr><td colspan="3">石灰土类垫层</td><td>93</td><td>95</td><td>100m</td><td rowspan="5">每层每侧一组，每组3点</td><td rowspan="5">用环刀法检查或采用国家现行标准《土工试验方法标准》(GB/T 50123—1999)中其他方法</td></tr>
<tr><td rowspan="4">沟槽在路基范围外</td><td rowspan="2">胸腔部分</td><td>管　侧</td><td>87</td><td>90</td><td rowspan="4">两井之间或1000m²</td></tr>
<tr><td>管顶以上 500mm</td><td colspan="2">87±2(轻型)</td></tr>
<tr><td colspan="2">其余部分</td><td colspan="2">≥90(轻型)或按设计规定</td></tr>
<tr><td colspan="2">农田或绿地范围表层500mm范围内</td><td colspan="2">不宜压实，预留沉降量，表面整平</td></tr>
</table>

续表

<table>
<tr><th colspan="4" rowspan="2">项　目</th><th colspan="2">最低压实度(%)</th><th colspan="2">检查数量</th><th rowspan="2">检查方法</th></tr>
<tr><th>重型击实标准</th><th>轻型击实标准</th><th>范围</th><th>点数</th></tr>
<tr><td rowspan="11">沟槽在路基范围内</td><td colspan="2" rowspan="2">胸腔部分</td><td>管侧</td><td>87</td><td>90</td><td rowspan="11">两井之间或1000m²</td><td rowspan="11">每层每侧一组，每组3点</td><td rowspan="11">用环刀法检查或采用国家现行标准《土工试验方法标准》(GB/T 50123—1999)中其他方法</td></tr>
<tr><td>管顶以上250mm</td><td colspan="2">87±2(轻型)</td></tr>
<tr><td rowspan="9">由路槽底算起的深度范围/mm</td><td rowspan="3">≤800</td><td>快速路及主干路</td><td>95</td><td>98</td></tr>
<tr><td>次干路</td><td>93</td><td>95</td></tr>
<tr><td>支路</td><td>90</td><td>92</td></tr>
<tr><td rowspan="3">>800～1500</td><td>快速路及主干路</td><td>93</td><td>95</td></tr>
<tr><td>次干路</td><td>90</td><td>92</td></tr>
<tr><td>支路</td><td>87</td><td>90</td></tr>
<tr><td rowspan="3">>1500</td><td>快速路及主干路</td><td>87</td><td>90</td></tr>
<tr><td>次干路</td><td>87</td><td>90</td></tr>
<tr><td>支路</td><td>87</td><td>90</td></tr>
</table>

注：表中重型击实标准的压实度和轻型击实标准的压实度，分别以相应的标准击实试验法求得的最大干密度为100%。

表3-136　柔性管道沟槽回填土压实度

<table>
<tr><th colspan="2" rowspan="2">槽内部位</th><th rowspan="2">压实度(%)</th><th rowspan="2">回填材料</th><th colspan="2">检查数量</th><th rowspan="2">检查方法</th></tr>
<tr><th>范围</th><th>点数</th></tr>
<tr><td rowspan="2">管道基础</td><td>管底基础</td><td>≥90</td><td rowspan="2">中、粗砂</td><td>—</td><td>—</td><td rowspan="6">用环刀法检查或采用国家现行标准《土工试验方法标准》(GB/T 50123—1999)中其他方法</td></tr>
<tr><td>管道有效支撑角范围</td><td>≥95</td><td>每100m</td><td rowspan="5">每层每侧一组，每组3点</td></tr>
<tr><td colspan="2">管道两侧</td><td>≥95</td><td rowspan="3">中、粗砂、碎石屑，最大粒径小于40mm的砂砾或符合要求的原土</td><td rowspan="4">两井之间或每1000m²</td></tr>
<tr><td rowspan="2">管顶以上500mm</td><td>管道两侧</td><td>≥90</td></tr>
<tr><td>管道上部</td><td>85±2</td></tr>
<tr><td colspan="2">管顶500～1000mm</td><td>≥90</td><td>原土回填</td></tr>
</table>

注：回填土的压实度，除设计要求用重型击实标准外，其他皆以轻型击实标准试验获得最大干密度为100%。

(2)一般项目。

1)回填应达到设计高程，表面应平整。

2)回填时管道及附属构筑物无损伤、沉降、位移。

二、开槽施工管道主体结构

(一)管道基础

1. 监理工作内容

(1)复核高程样板的标高，认真验槽。

(2)在地基灌注混凝土前，监理必须严格控制基础面高程，允许偏差为低于设计高程不超过10mm，但不高于设计高程，必须按设计标高和轴线进行复核。

(3)旁站基础的施工，且在混凝土浇筑完毕后12h内不得浸水，以防基础不实而引起管道变形。

(4)检查在已硬化混凝土表面上继续浇筑混凝土前是否已凿毛处理，是否清除表面松动的石子及覆土层。

(5)在灌注管座混凝土时如管径大于700mm以上时，要求施工人员必须进入管内，勾抹管座部分的内缝。

2. 监理验收标准

(1)主控项目。原状地基的承载力、混凝土基础的强度、砂石基础的压实度符合设计要求。

(2)一般项目。

1)原状地基、砂石基础与管道外壁间接触均匀、无空隙。

2)混凝土基础外光内实，无严重缺陷；混凝土基础的钢筋数量、位置正确。

3)管道基础允许偏差应符合表3-137的规定。

表3-137　管道基础允许偏差

<table>
<tr><th colspan="3" rowspan="2">检查项目</th><th rowspan="2">允许偏差/mm</th><th colspan="2">检查数量</th><th rowspan="2">检查方法</th></tr>
<tr><th>范围</th><th>点数</th></tr>
<tr><td rowspan="4">垫层</td><td colspan="2">中线每侧宽度</td><td>不小于设计值</td><td rowspan="13">每个验收批</td><td rowspan="13">每10m测1点，且不少于3点</td><td>挂中心线钢尺检查，每侧一点</td></tr>
<tr><td rowspan="2">高程</td><td>压力管道</td><td>±30</td><td rowspan="2">水准仪测量</td></tr>
<tr><td>无压管道</td><td>0，−15</td></tr>
<tr><td colspan="2">厚度</td><td>不小于设计值</td><td>钢尺量测</td></tr>
<tr><td rowspan="5">混凝土基础、管座</td><td rowspan="3">平基</td><td>中线每侧宽度</td><td>+10，0</td><td>挂中心线钢尺量测每侧一点</td></tr>
<tr><td>高程</td><td>0，−15</td><td>水准仪测量</td></tr>
<tr><td>厚度</td><td>不小于设计值</td><td>钢尺量测</td></tr>
<tr><td rowspan="2">管座</td><td>肩宽</td><td>+10，−5</td><td rowspan="2">钢尺量测，挂高程线钢尺量测，每侧一点</td></tr>
<tr><td>肩高</td><td>±20</td></tr>
<tr><td rowspan="4">土(砂及砂砾)基础</td><td rowspan="2">高程</td><td>压力管道</td><td>±30</td><td rowspan="2">水准仪测量</td></tr>
<tr><td>无压管道</td><td>0，−15</td></tr>
<tr><td colspan="2">平基厚度</td><td>不小于设计值</td><td rowspan="2">钢尺量测</td></tr>
<tr><td colspan="2">土弧基础腋角高度</td><td>不小于设计值</td></tr>
</table>

(二)钢管安装

1. 监理工作内容

(1)检查管节材料、规格、压力等。

(2)检查钢管连接质量。

2. 监理验收标准

(1)主控项目。

1)管节、管件及焊接材料、规格、压力等级等应符合设计要求,管节宜工厂预制,现场加工应符合下列规定:

①管节表面应无斑疤、裂纹、严重锈蚀等缺陷。

②焊缝外观质量应符合表 3-138 的规定,焊缝无损检验合格。

表 3-138　焊缝外观质量

项　目	技术要求
外　观	不得有熔化金属流到焊缝外未熔化的母材上,焊缝和热影响区表面不得有裂纹、气孔、弧坑和灰渣等缺陷;表面应光顺、均匀,焊道与母材应平缓过渡
宽　度	应焊出坡口边缘 2～3mm
表面余高	应小于或等于 1+0.2 倍坡口边缘宽度,且不大于 4mm
咬　边	深度应小于或等于 0.5mm,焊缝两侧咬边总长不得超过焊缝长度的 10%,且连续长不应大于 100mm
错　边	应小于或等于 $0.2t$,且不大于 2mm
未焊满	不允许

注:t 为壁厚(mm)。

③直焊缝卷管管节几何尺寸允许偏差应符合表 3-139 的规定。

表 3-139　直焊缝卷管管节几何尺寸允许偏差

项　目	允许偏差/mm	
周　长	$D_i \leqslant 600$	± 2.0
	$D_i > 600$	$\pm 0.0035D_i$
圆　度	管端 $0.005D_i$;其他部位 $0.01D_i$	
端面垂直度	$0.001D_i$,且不大于 1.5	
弧　度	用弧长 $\pi D_i/6$ 的弧形板量测于管内壁或外壁纵缝处形成的间隙,其间隙为 $0.1t+2$,且不大于 4,距管端 200mm 纵缝处的间隙不大于 2	

注:D_i 为管内径(mm);t 为壁厚(mm)。

④同一管节允许有两条纵缝,管径大于或等于 600mm 时,纵向焊缝的间距应大于 300mm;管径小于 600mm 时,其间距应大于 100mm。

2)管节组对焊接时应先修口、清根,管端端面的坡口角度、钝边、间隙,应符合设计要求,设计无要求时应符合表 3-140 的规定;不得在对口间隙夹焊帮条或用加热法缩小间隙施焊。

表 3-140　　电弧焊管端倒角各部尺寸

倒角形式		间隙 b /mm	钝边 p /mm	坡口角度 α /(°)
图　示	壁厚 t /mm			
	4～9	1.5～3.0	1.0～1.5	60～70
	10～26	2.0～4.0	1.0～2.0	60±5

3)对口时应使内壁齐平,错口的允许偏差应为壁厚的 20%,且不得大于 2mm。

4)管道对接时,环向焊缝的检验应符合下列规定:

①检查前应清除焊缝的渣皮、飞溅物。

②应在无损检测前进行外观质量检查,并应符合表 3-138 的规定。

③无损探伤检测方法应按设计要求选用。

④无损检测取样数量与质量要求应按设计要求执行;如设计无要求时,压力管道的取样数量应不小于焊缝量的 10%。

⑤不合格的焊缝应返修,返修次数不得超过 3 次。

5)法兰接口的法兰应与管道同心,螺栓自由穿入,高强度螺栓的终拧扭矩应符合设计要求和有关标准的规定。

(2)一般项目。

1)对口时纵、环向焊缝的位置应符合下列规定:

①纵向焊缝应放在管道中心垂线上半圆的 45°左右处。

②纵向焊缝应错开,管径小于 600mm 时,错开的间距不得小于 100mm;管径大于或等于 600mm 时,错开的间距不得小于 300mm。

③有加固环的钢管,加固环的对焊焊缝应与管节纵向焊缝错开,其间距不应小于 100mm;加固环距管节的环向焊缝不应小于 50mm。

④环向焊缝距支架净距离不应小于 100mm。

⑤直管管段相邻两环向焊缝的间距不应小于 200mm,并不应小于管节的外径。

⑥管道任何位置不得有十字形焊缝。

2)管节组对前,坡口及内外侧焊接影响范围内,表面应无油、漆、垢、锈、毛刺等污物。

3)不同壁厚的管节对口时,管壁厚度相差不宜大于 3mm。不同管径的管节相连时,两管径相差大于小管管径的 15%时,可用渐缩管连接。渐缩管的长度不应小于两管径差值的两倍,且不应小于 200mm。

4)焊缝层次有明确规定时,焊接层数、每层厚度及层间温度应符合焊接作业指导书的规定,且层间焊缝质量均应合格。

5)法兰中轴线与管道中轴线的允许偏差应符合:D_i 小于或等于 300mm 时,允许偏差小于或等于 1mm;D_i 大于 300mm 时,允许偏差小于或等于 2mm。

6)连接的法兰之间应保持平行,其允许偏差不大于法兰外径的 1.5‰,且不大于 2mm。

螺孔中心允许偏差应为孔径的5%。

(三)管道防护

1. 管道防腐

(1)施工监理要求。

1)水泥砂浆内防腐层施工过程中，管道端点或施工中断时，应预留搭茬。水泥砂浆内防腐层成形后，应立即将管道封堵，终凝后进行潮湿养护；普通硅酸盐水泥砂浆养护时间不应少于7d，矿渣硅酸盐水泥砂浆不应少于14d；通水前应继续封堵，保持湿润。

2)液体环氧涂料内防腐层施工宜采用高压无气喷涂工艺，在工艺条件受限时，可采用空气喷涂或挤涂工艺。环境相对湿度大于85%时，应对钢管除湿后方可作业。

3)石油沥青涂料外防腐层涂底料前管体表面应清除油垢、灰渣、铁锈；涂沥青后应立即缠绕玻璃布，玻璃布的压边宽度应为20～30mm，接头搭接长度应为100～150mm，各层搭接接头应相互错开，玻璃布的油浸透率应达到95%以上，不得出现大于50mm×50mm的空白；管端或施工中断处应留出长150～250mm的缓坡型搭茬。

4)环氧煤沥青外防腐层底料应在表面除锈合格后尽快涂刷，空气湿度过大时，应立即涂刷，涂刷应均匀，不得漏涂；面料涂刷和包扎玻璃布，应在底料表干后、固化前进行，底料与第一道面料涂刷的间隔时间不得超过24h。

5)环氧树脂玻璃钢外防腐层施工时，管节表面应符合相关规定；现场施工可采用手糊法，具体可分为间断法或连续法。

(2)监理验收标准。

1)水泥砂浆防腐层。

①主控项目。

a. 防腐层材料应符合国家相关标准的规定和设计要求；给水管道内防腐层材料的卫生性能应符合国家相关标准的规定。

b. 水泥砂浆抗压强度符合设计要求，且不低于30MPa。

c. 液体环氧涂料内防腐层表面应平整、光滑，无气泡、无划痕等，湿膜应无流淌现象。

②一般项目。

a. 水泥砂浆防腐层的厚度及表面缺陷的允许偏差应符合表3-141的规定。

表3-141　水泥砂浆防腐层厚度及表面缺陷的允许偏差

<table>
<tr><th colspan="2" rowspan="2">项　目</th><th rowspan="2">允许偏差</th><th colspan="2">检查数量</th><th rowspan="2">检查方法</th></tr>
<tr><th>范围</th><th>点数</th></tr>
<tr><td colspan="2">裂缝宽度</td><td>≤0.8</td><td rowspan="6">管节</td><td rowspan="2">每处</td><td>用裂缝观测仪测量</td></tr>
<tr><td colspan="2">裂缝沿管道纵向长度</td><td>≤管道的周长，且≤2.0m</td><td>钢尺量测</td></tr>
<tr><td colspan="2">平整度</td><td><2</td><td rowspan="4">取两个截面，每个截面沿2点，取偏差值最大1点</td><td>用300mm长的直尺量测</td></tr>
<tr><td rowspan="3">防腐层厚度</td><td>$D_i\leq1000$</td><td>±2</td><td rowspan="3">用测厚仪测量</td></tr>
<tr><td>$1000<D_i\leq1800$</td><td>±3</td></tr>
<tr><td>$D_i>1800$</td><td>+4，−3</td></tr>
</table>

续表

项目		允许偏差	检查数量		检查方法
			范围	点数	
麻点、空窝等表面缺陷的深度	D_i≤1000	2	管节	取两个截面，每个截面沿2点，取偏差值最大1点	用直钢丝或探尺量测
	1000<D_i≤1800	3			
	D_i>1800	4			
缺陷面积		≤500mm²		每处	用钢尺量测
空鼓面积		不得超过2处，且每处≤10000mm²		每平方米	用小锤轻击砂浆表面，用钢尺量测

注：1. 表中单位除注明者外，均为mm。

2. 工厂涂覆管节，每批抽查20%；施工现场涂覆管节，逐根检查。

b. 液体环氧涂料内防腐层的厚度、电火花试验应符合表3-142的规定。

表3-142　液体环氧涂料内防腐层厚度及电火花试验验收标准

项目		允许偏差/mm	检查数量		检查方法
			范围	点数	
干膜厚度/μm	普通级	≥200	每根（节）管	两个断面，各4点	用测厚仪测量
	加强级	≥250			
	特加强级	≥300			
电火花试验漏点数	普通级	3	个/m²	连续检测	用电火花检漏仪测量，检漏电压值根据涂层厚度按5V/μm计算，检漏仪探头移动速度不大于0.3m/s
	加强级	1			
	特加强级	0			

注：1. 焊缝处的防腐层厚度不得低于管节防腐层规定厚度的80%。

2. 凡漏点检测不合格的防腐层都应补涂，直至合格。

2)钢管外防腐层。

①主控项目。

a. 外防腐层材料（包括补口、修补材料）、结构等应符合《给水排水管道工程施工及验收规范》(GB 50268—2008)的规定和设计要求。

b. 外防腐层的厚度、电火花检漏、粘结力应符合表3-143的规定。

表3-143　外绝缘防腐层厚度、电火花检漏、粘结力验收标准

项目	允许偏差	检查数量			检查方法
		防腐成品管	补口	补伤	
厚度	符合GB 50268—2008相关规定	每20根1组（不足20根按1组），每组抽查1根。测管两端和中间共3个截面，每截面测互相垂直的4点	逐个检测，每个随机抽查1个截面，每个截面测互相垂直的4点	逐个检测，每处随机测1点	用测厚仪测量
电火花检漏		全数检查	全数检查	全数检查	用电火花检漏仪逐根连续测量
粘结力		每20根为1组（不足20根按1组），每组抽1根，每根1处	每20个补口抽1处	—	按GB 50268表5.4.9规定，用小刀切割观察

注：按组抽检时，若被检测点不合格，则该组应加倍抽检；若加倍抽检仍不合格，则该组为不合格。

②一般项目。

a. 钢管表面除锈质量等级应符合设计要求。

b. 外防腐层的外观、厚度、电火花试验、粘结力应符合设计要求，如设计无要求时，应符合表 3-144的规定。

表 3-144　　外防腐层的外观、厚度、电火花试验、粘结力的技术要求

材料种类	防腐等级	构造	厚度/mm	外观	电火花试验		粘结力
石油沥青涂料	普通级	三油二布	≥4.0	外观均匀无皱褶、空泡、凝块	16kV	用电火花检漏仪检查无打火花现象	以夹角为 45°～60°边长 10～50mm 的切口，从角尖端撕开防腐层，首层沥青层应 100%地黏附在管道的外表面
	加强级	四油三布	≥5.5		18kV		
	特加强级	五油四布	≥7.0		20kV		
环氧煤沥青涂料	普通级	三油	≥0.3		2kV		以小刀割开一舌形切口，用力撕开切口处的防腐层，管道表面仍为漆皮所覆盖，不得露出金属表面
	加强级	四油一布	≥0.4		2.5kV		
	特加强级	六油二布	≥0.6		3kV		
环氧树脂玻璃钢	加强级	—	≥3	外观平整光滑、色泽均匀、无脱层、起壳和固化不完全等缺陷	3～3.5kV		以小刀割开一舌形切口，用力撕开切口处的防腐层，管道表面仍为漆皮所覆盖，不得露出金属表面

c. 管体外防腐材料搭接、补口搭接、补伤搭接应符合要求。

2. 钢管阴极保护

(1)施工监理要求。

1)阴极保护施工应与管道施工同步进行。

2)牺牲阳极保护法的施工，阳极连接电缆的埋设深度不应小于 0.7m，四周应垫有 50～100mm 厚的细砂，砂的顶部应覆盖水泥护板或砖，敷设电缆要留有一定富余量。阳极端面、电缆连接部位及钢芯均要防腐、绝缘。

3)外加电流阴极保护法的施工应符合下列规定：

①联合保护的平行管道可同沟敷设；均压线间距和规格应根据管道电压降、管道间距离及管道防腐层质量等因素综合考虑。

②非联合保护的平行管道间距，不宜小于 10m；当间距小于 10m 时，后施工的管道及其两端各延伸 10m 的管段做加强级防腐层。

③被保护管道与其他地下管道交叉时，两者间垂直净距不应小于 0.3m；小于 0.3m 时，应设有坚固的绝缘隔离物，并应在交叉点两侧各延伸 10m 以上的管段上做加强级防腐层。

④被保护管道与埋地通信电缆平行敷设时，两者间距离不宜小于 10m；小于 10m 时，后施工的管道或电缆按上述第“②”条的规定执行。

⑤被保护管道与供电电缆交叉时，两者间垂直净距不应小于 0.5m；同时应在交叉点两侧

各延伸 10m 以上的管道和电缆段上做加强级防腐层。

4)阴极保护系统安装后，应按国家现行标准《埋地钢质管道阴极保护参数测试方法》(SY/T 0023)的规定进行测试，测试结果应符合规范的规定和设计要求。

(2)监理验收标准。

1)主控项目。

①钢管阴极保护所用的材料、设备等应符合国家有关标准的规定和设计要求。

②管道系统的电绝缘性、电连续性经检测满足阴极保护的要求。

③阴极保护的系统参数测试应符合下列规定：

a. 设计无要求时，在施加阴极电流的情况下，测得管/地电位应小于或等于－850mV(相对于铜-饱和硫酸铜参比电极)。

b. 管道表面与同土壤接触的稳定的参比电极之间阴极极化电位值最小为 100mV。

c. 土壤或水中含有硫酸盐还原菌，且硫酸根含量大于 0.5%时，通电保护电位应小于或等于－950mV(相对于铜-饱和硫酸铜参比电极)。

d. 被保护体埋置于干燥的或充气的高电阻率(大于 500Ω·m)土壤中时，测得的极化电位小于或等于－750mV(相对于铜-饱和硫酸铜参比电极)。

2)一般项目。

①管道系统中阳极、辅助阳极的安装应符合《给水排水管道工程施工及验收规范》(GB 50268—2008)要求。

②所有连接点应按规定做好防腐处理，与管道连接处的防腐材料应与管道相同。

③阴极保护系统的测试装置及附属设施的安装应符合下列规定：

a. 测试桩埋设位置应符合设计要求，顶面高出地面 400mm 以上。

b. 电缆、引线铺设应符合设计要求，所有引线应保持一定的松弛度，并连接可靠、牢固。

c. 接线盒内各类电缆应接线正确，测试桩的舱门应启闭灵活、密封良好。

d. 检查片的材质应与被保护管道的材质相同，其制作尺寸、设置数量、埋设位置应符合设计要求，且埋深与管道底部相同，距管道外壁不小于 300mm。

e. 参比电极的选用、埋设深度应符合设计要求。

三、不开槽施工管道主体结构

(一)工作井

1. 施工监理要求

(1)编制专项施工方案。

(2)应根据工作井的尺寸、结构形式、环境条件等因素确定支护(撑)形式。

(3)土方开挖过程中，应遵循“开槽支撑、先撑后挖、分层开挖、严禁超挖”的原则进行开挖与支撑。

(4)井底应保证稳定和干燥，并应及时封底。

(5)井底封底前，应设置集水坑，坑上应设有盖；封闭集水坑时应进行抗浮验算。

(6)在地面井口周围应设置安全护栏、防汛墙和防雨设施。

(7)井内应设置便于上、下的安全通道。

2. 监理验收标准

(1)主控项目。

1)工程原材料、成品、半成品的产品质量应符合国家相关标准规定和设计要求。

2)工作井结构的强度、刚度和尺寸应满足设计要求,结构无滴漏和线流现象。

3)混凝土结构的抗压强度等级、抗渗等级符合设计要求。

(2)一般项目。

1)结构无明显渗水和水珠现象。

2)顶管顶进工作井、盾构始发工作井的后背墙应坚实、平整。后座与井壁后背墙联系紧密。

3)两导轨应顺直、平行、等高,盾构基座及导轨的夹角符合规定。导轨与基座连接应牢固、可靠,不得在使用中产生位移。

4)工作井施工允许偏差应符合表 3-145 的规定。

表 3-145　工作井施工允许偏差

<table>
<tr><th colspan="3" rowspan="2">项　目</th><th rowspan="2">允许偏差/mm</th><th colspan="2">检查数量</th><th rowspan="2">检查方法</th></tr>
<tr><th>范围</th><th>点　数</th></tr>
<tr><td rowspan="6">井内导轨安装</td><td rowspan="2">顶面高程</td><td>顶管、夯管</td><td>+3.0</td><td rowspan="6">每座</td><td rowspan="4">每根导轨 2 点</td><td rowspan="2">用水准仪、水平尺测量</td></tr>
<tr><td>盾构</td><td>+5.0</td></tr>
<tr><td rowspan="2">中心水平位置</td><td>顶管、夯管</td><td>3</td><td rowspan="2">用经纬仪测量</td></tr>
<tr><td>盾构</td><td>5</td></tr>
<tr><td rowspan="2">两轨间距</td><td>顶管、夯管</td><td>±2</td><td rowspan="2">2 个断面</td><td rowspan="2">用钢尺量</td></tr>
<tr><td>盾构</td><td>±5</td></tr>
<tr><td rowspan="2">盾构后座管片</td><td colspan="2">高　程</td><td>±10</td><td rowspan="2">每环底部</td><td rowspan="2">1 点</td><td rowspan="2">用水准仪测量</td></tr>
<tr><td colspan="2">水平轴线</td><td>±10</td></tr>
<tr><td rowspan="2">井尺寸</td><td>矩形</td><td>每侧长、宽</td><td rowspan="2">不小于设计值</td><td rowspan="2">每座</td><td rowspan="2">2 点</td><td rowspan="2">挂中线用尺量测</td></tr>
<tr><td>圆形</td><td>半径</td></tr>
<tr><td colspan="2" rowspan="2">井、出井预留洞口</td><td>中心位置</td><td>20</td><td rowspan="2">每个</td><td>竖、水平各 1 点</td><td>用经纬仪测量</td></tr>
<tr><td>内径尺寸</td><td>±20</td><td>垂直向各 1 点</td><td>用钢尺量</td></tr>
<tr><td colspan="3">井底板高程</td><td>±30</td><td rowspan="3">每座</td><td>4 点</td><td>用水准仪测</td></tr>
<tr><td colspan="2" rowspan="2">顶管、盾构工作井后背墙</td><td>垂直度</td><td>0.1%H</td><td rowspan="2">1 点</td><td rowspan="2">用垂线、角尺量测</td></tr>
<tr><td>水平扭转度</td><td>0.1%L</td></tr>
</table>

注:H 为后前墙的高度(mm);L 为后背墙的长度(mm)。

(二)顶管

1. 施工监理要求

(1)应根据土质条件、周围环境控制要求、顶进方法、各项顶进参数和监控数据、顶管机工作性能等,确定顶进、开挖、出土的作业顺序和调整顶进参数。

(2)掘进过程中应严格量测监控,实施信息化施工,确保开挖掘进工作面的土体稳定和土

(泥水)压力平衡;并控制顶进速度、挖土和出土量,减少土体扰动和地层变形。

(3)管道顶进过程中,应遵循"勤测量、勤纠偏、微纠偏"的原则,控制顶管机前进方向和姿态,并应根据测量结果分析偏差产生的原因和发展趋势,确定纠偏的措施。

(4)顶管结束后进行触变泥浆置换时,采用水泥砂浆、粉煤灰水泥砂浆等易于固结或稳定性较好的浆液置换泥浆填充管外侧超挖、塌落等原因造成的空隙。

2. 监理验收标准

(1)主控项目。

1)管节及附件等工程材料的产品质量应符合国家有关标准的规定和设计要求。

2)接口橡胶圈安装位置正确,无位移、脱落现象;钢管的接口焊接质量应符合相关规定,焊缝无损探伤检验符合设计要求。

3)无压管道的管底坡度无明显反坡现象;曲线顶管的实际曲率半径符合设计要求。

4)管道接口端部应无破损、顶裂现象,接口处无滴漏。

(2)一般项目。

1)管道内应线形平顺,无突变、变形现象;一般缺陷部位,应修补密实、表面光洁;管道无明显渗水和水珠现象。

2)管道与工作井出、进洞口的间隙连接牢固,洞口无渗漏水。

3)钢管防腐层及焊缝处的外防腐层及内防腐层质量验收合格。

4)有内防腐层的钢筋混凝土管道,防腐层应完整、附着紧密。

5)管道内应清洁,无杂物、油污。

6)顶管施工贯通后管道允许偏差应符合表 3-146 的规定。

表 3-146　　顶管施工贯通后管道允许偏差

<table>
<tr><th colspan="3" rowspan="2">项　目</th><th rowspan="2">允许偏差
/mm</th><th colspan="2">检查数量</th><th rowspan="2">检查方法</th></tr>
<tr><th>范围</th><th>点数</th></tr>
<tr><td rowspan="3">直线顶管水平轴线</td><td colspan="2">顶进长度<300m</td><td>50</td><td rowspan="13">每节点</td><td rowspan="13">1点</td><td rowspan="3">用经纬仪测量或挂中线用尺量测</td></tr>
<tr><td colspan="2">300m≤顶进长度<1000m</td><td>100</td></tr>
<tr><td colspan="2">顶进长度≥1000m</td><td>$L/10$</td></tr>
<tr><td rowspan="4">直线顶管内底高程</td><td rowspan="2">顶进长度<300m</td><td>D_i<1500</td><td>+30,−40</td><td rowspan="2">用水准仪或水平仪测量</td></tr>
<tr><td>D_i≥1500</td><td>+40,−50</td></tr>
<tr><td colspan="2">300m≤顶进长度<1000m</td><td>+60,−80</td><td rowspan="2">用水准仪测量</td></tr>
<tr><td colspan="2">顶进长度≥1000m</td><td>+80,−100</td></tr>
<tr><td rowspan="6">曲线顶管水平轴线</td><td rowspan="3">$R \leqslant 150D_i$</td><td>水平曲线</td><td>150</td><td rowspan="6">用经纬仪测量</td></tr>
<tr><td>竖曲线</td><td>150</td></tr>
<tr><td>复合曲线</td><td>200</td></tr>
<tr><td rowspan="3">$R > 150D_i$</td><td>水平曲线</td><td>150</td></tr>
<tr><td>竖曲线</td><td>150</td></tr>
<tr><td>复合曲线</td><td>150</td></tr>
</table>

续表

项目			允许偏差/mm	检查数量		检查方法
				范围	点数	
曲线顶管内底高程	$R\leqslant 150D_i$	水平曲线	+100,−150	每管节	1点	用水准仪测量
		竖曲线	+150,−200			
		复合曲线	±200			
	$R>150D_i$	水平曲线	+100,−150			
		竖曲线	+100,−150			
		复合曲线	±200			
相邻管间错口	钢管、玻璃钢管		≤2			用钢尺量
	钢筋混凝土管		15%壁厚,且≤20			
钢筋混凝土管曲线顶管相邻管间接口的最大间隙与最小间隙之差			$\leqslant\Delta S$			
钢管、玻璃钢管道竖向变形			$\leqslant 0.03D_i$			
对顶时两端错口			50			

注:D_i 为管道内径(mm);L 为顶进长度(mm);ΔS 为曲线顶管相邻管节接口允许的最大间隙与最小间隙之差(mm);R 为曲线顶管的设计曲率半径(mm)。

(三)盾构

1. 盾构管片制作

(1)施工监理要求。

1)模具、钢筋骨架按有关规定验收合格。

2)混凝土保护层厚度较大时,应设置防表面混凝土收缩的钢筋网片。

3)管片养护应根据具体情况选用蒸汽养护、水池养护或自然养护。

(2)监理验收标准。

1)主控项目。

①工厂预制管片的产品质量应符合国家相关标准的规定和设计要求。

②管片的钢模制作的允许偏差应符合表 3-147 的规定。

表 3-147　　管片的钢模制作的允许偏差

项目	允许偏差	检查数量		检查方法
		范围	点数	
宽度/mm	±0.4	每块钢模	6点	用专用量轨、卡尺及钢尺等量测
弧弦长/mm	±0.4		2点	
底座夹角	±1°		4点	
纵环向芯捧中心距/mm	±0.5		全检	
内腔高度/mm	±1		3点	

③管片的混凝土强度等级、抗渗等级符合设计要求。

④管片表面应平整,外观质量无严重缺陷,且无裂缝;铸铁管片或钢制管片无影响结构和拼装的质量缺陷。

⑤单块管片尺寸的允许偏差应符合表 3-148 的规定。

表 3-148　单块管片尺寸的允许偏差

项　目	允许偏差/mm	检查数量		检查方法
		范围	点数	
宽度	±1	每块	内、外侧各3点	用卡尺、钢尺直尺、角尺、专用弧形板量测
弧弦长	±1		两端面各1点	
管片的厚度	+3，-1		3点	
环面平整度	0.2		2点	
内、外环面与端面垂直度	1		4点	
螺栓孔位置	±1		3点	
螺栓孔直径	±1		3点	

⑥钢筋混凝土管片抗渗试验应符合设计要求。

⑦管片进行水平组合拼装检验时，应符合表 3-149 的规定。

表 3-149　管片水平组合拼装检验允许偏差

项　目	允许偏差/mm	检查数量		检查方法
		范围	点数	
环缝间隙	≤2	每条缝	6点	插片检查
纵缝间隙	≤2		6点	
成环后内径(不放衬垫)	±2	每环	4点	用钢尺量
成环后外径(不放衬垫)	+4，-2		4点	
纵、环向螺栓穿进后，螺栓杆与螺孔的间隙	$(D_1-D_2)<2$	每处	各1点	插钢丝检查

注：D_1 为螺孔直径(mm)；D_2 为螺栓杆直径(mm)。

2)一般项目。

①钢筋混凝土管片无缺棱、掉边、麻面和露筋现象，表面无明显气泡和一般质量缺陷；铸铁管片或钢制管片防腐层完整。管片预埋件齐全，预埋孔完整、位置正确，防水密封条安装凹槽表面光洁，线形直顺。

②管片的钢筋骨架制作允许偏差应符合表 3-150 的规定。

表 3-150　钢筋混凝土管片的钢筋骨架制作允许偏差

项　目	允许偏差/mm	检查数量		检查方法
		范围	点数	
主筋间距	±10	每榀	4点	用卡尺、钢尺量测
骨架长、宽、高	+5，-10		各2点	
环、纵向螺栓孔	畅通、内圆面平整		每处1点	
主筋保护层	±3		4点	
分布筋长度	±10		4点	
分布筋间距	±5		4点	
箍筋间距	±10		4点	
预埋件位置	±5		每处1点	

2. 盾构掘进与管片拼装

(1)施工监理要求。

1)盾构掘进应根据地质、埋深、地面的建筑设施及地面的沉降值等情况,及时调整盾构的施工参数和掘进速度。推进中盾构旋转角度偏大时,应采取纠正的措施。

2)管片拼装前应清理盾尾底部,并检查拼装机运转是否正常;拼装机在旋转时,操作人员应退出管片拼装作业范围。拼装时保持盾构姿态稳定,防止盾构后退、变坡变向。拼装成环后应进行质量检测。

(2)监理验收标准。

1)主控项目。

①管片防水密封条性能符合设计要求,粘贴牢固、平整、无缺损,防水垫圈无遗漏。

②环、纵向螺栓及连接件的力学性能符合设计要求,螺栓应全部穿入,拧紧力矩应符合设计要求。

③钢筋混凝土管片拼装无内外贯穿裂缝,表面无大于 0.2mm 的推顶裂缝以及混凝土剥落和露筋现象;铸铁、钢制管片无变形、破损。

④管道无线漏、滴漏现象,线形平顺,无突变现象;圆环无明显变形。

2)一般项目。

①管道无明显渗水。

②钢筋混凝土管片表面不宜有一般质量缺陷;铸铁、钢制管片防腐层完好。

③钢筋混凝土管片的螺栓手孔封堵时不得有剥落现象,且封堵混凝土强度符合设计要求。

④在盾尾内管片拼装成环允许偏差应符合表 3-151 的规定。

表 3-151　在盾尾内管片拼装成环允许偏差

<table>
<tr><th colspan="2" rowspan="2">项　目</th><th rowspan="2">允许偏差
/mm</th><th colspan="2">检查数量</th><th rowspan="2">检查方法</th></tr>
<tr><th>范围</th><th>点数</th></tr>
<tr><td colspan="2">环缝张开</td><td>≤2</td><td rowspan="7">每环</td><td rowspan="2">1</td><td rowspan="2">插片检查</td></tr>
<tr><td colspan="2">纵缝张开</td><td>≤2</td></tr>
<tr><td colspan="2">衬砌环直径圆度</td><td>5‰D_i</td><td rowspan="3">4</td><td rowspan="3">用钢尺量</td></tr>
<tr><td rowspan="2">相邻管片间的高差</td><td>环向</td><td>5</td></tr>
<tr><td>纵向</td><td>6</td></tr>
<tr><td colspan="2">成环环底高程</td><td>±100</td><td rowspan="2">1</td><td>用水准仪测量</td></tr>
<tr><td colspan="2">成环中心水平轴线</td><td>±100</td><td>用经纬仪测量</td></tr>
</table>

注:环缝、纵缝张开的允许偏差仅指直线段。

⑤管道贯通后允许偏差应符合表 3-152 的规定。

表 3-152　管道贯通后允许偏差

<table>
<tr><th colspan="2" rowspan="2">项　目</th><th rowspan="2">允许偏差
/mm</th><th colspan="2">检查数量</th><th rowspan="2">检查方法</th></tr>
<tr><th>范围</th><th>点数</th></tr>
<tr><td rowspan="2">相邻管片间的高差</td><td>环向</td><td>15</td><td rowspan="4">每 5 环</td><td>4</td><td rowspan="2">用钢尺量</td></tr>
<tr><td>纵向</td><td>20</td><td rowspan="3">1</td></tr>
<tr><td colspan="2">环缝张开</td><td>2</td><td rowspan="2">插片检查</td></tr>
<tr><td colspan="2">纵缝张开</td><td>2</td></tr>
</table>

续表

项目		允许偏差/mm	检查数量		检查方法
			范围	点数	
衬砌环直径圆度		8‰D_i	每5环	4	用钢尺量
管底高程	输水管道	±150		1	用水准仪测量
	套管或管廊	±100			
管道中心水平轴线		±150			用经纬仪测量

注：环缝、纵缝张开的允许偏差仅指直线段。

3. 管片衬砌

(1)施工监理要求。

1)盾构掘进中应采用注浆以利于管片衬砌结构稳定，注浆量控制宜大于环形空隙体积的150%，压力宜为0.2～0.5MPa，并宜多孔注浆；注浆后应及时将注浆孔封闭。

2)注浆前应对注浆孔、注浆管路和设备进行检查；注浆结束及时清洗管路及注浆设备。

3)盾构施工的给排水管道应按设计要求施做现浇钢筋混凝土二次衬砌；现浇钢筋混凝土二次衬砌前应隐蔽验收合格。

4)现浇钢筋混凝土二次衬砌分次浇筑成型时，应按“先下后上、左右对称、最后拱顶”的顺序分块施工。

5)全断面的钢筋混凝土二次衬砌，宜采用滑模台车浇筑。

(2)监理验收标准。

1)主控项目。

①钢筋数量、规格、混凝土强度等级、抗渗等级应符合设计要求。

②混凝土外观质量无严重缺陷；防水处理符合设计要求，管道无滴漏、线漏现象。

2)一般项目。

①变形缝位置符合设计要求，且通缝、垂直；拆模后无隐筋现象，混凝土不宜有一般质量缺陷；管道线形平顺，表面平整、光洁；管道无明显渗水现象。

②钢筋混凝土衬砌施工质量允许偏差应符合表3-153的规定。

表3-153　钢筋混凝土衬砌施工质量允许偏差

项目	允许偏差/mm	检查数量		检查方法
		范围	点数	
内径	±20	每榀	不少于1点	用钢尺量
内衬壁厚	±15		不少于2点	
主钢筋保护层厚度	±5		不少于4点	
变形缝相邻高差	10		不少于1点	
管底高程	±100		不少于1点	用水准仪测量
管道中心水平轴线	±100			用经纬仪测量
表面平整度	10			沿管道轴向用2m直尺量测
管道直顺度	15	每20m	1点	沿管道轴向用20m小线测

(四)浅埋暗挖

1. 土方开挖

(1)施工监理要求。

1)宜用激光准直仪控制中线和隧道断面仪控制外轮廓线。

2)按设计要求确定开挖方式,内径小于3m的管道,宜用正台阶法或全断面开挖。

3)每开挖一榀钢拱架的间距,应及时支护、喷锚、闭合,严禁超挖。

4)土层变化较大时,应及时控制开挖长度;在稳定性较差的地层中,应采用保留核心土的开挖方法,且核心土的长度不宜小于2.5m。

5)在稳定性差的地层中停止开挖或停止作业时间较长时,应及时喷射混凝土封闭开挖面。

(2)监理验收标准。

1)主控项目。开挖方法必须符合施工方案要求,开挖土层稳定;开挖断面尺寸不得小于设计要求,且轮廓圆顺;若出现超挖,其超挖允许值不得超出国家现行标准《地下铁道工程施工及验收规范》(GB 50299—1999)的规定。

2)一般项目。

①土层开挖允许偏差应符合表3-154的规定。

表3-154　土层开挖允许偏差

项　目	允许偏差/mm	检查数量		检查方法
		范围	点数	
轴线偏差	±30	每榀	4	挂中心线用尺量每侧2点
高程	±30		1	用水准仪测量

注:管道高度大于3m时,轴线偏差每侧测量3点。

②小导管注浆加固质量符合设计要求。

2. 初期衬砌

(1)施工监理要求。

1)混凝土的强度符合设计要求,且宜采用湿喷方式。

2)喷射混凝土时,喷头应保持垂直于工作面,喷头距工作面不宜大于1m,并应在喷射混凝土终凝2h后进行养护,时间不小于14d;冬期不得用水养护;混凝土强度低于6MPa时不得受冻。

3)操作人员应穿着安全防护衣具。

4)初期衬砌应尽早闭合,混凝土达到设计强度后,应及时进行背后注浆,以防止土体扰动造成土层沉降。

5)大断面分部开挖应设置临时支护。

(2)监理验收标准。

1)主控项目。

①支护钢格栅、钢架的加工、安装应符合下列要求:每批钢筋、型钢材料的规格、尺寸、焊接质量应符合设计要求。每榀钢格栅、钢架的结构形式,以及部件拼装的整体结构尺寸应符合设计要求,且无变形。

②钢筋网安装应符合下列要求：每批钢筋材料的规格、尺寸应符合设计要求。每片钢筋网的加工、制作尺寸应符合设计要求，且无变形。

③初期衬砌喷射混凝土，每批水泥、骨料、水、外加剂等原材料，其产品质量应符合国家标准的规定和设计要求；混凝土抗压强度应符合设计要求。

2)一般项目。

①初期支护钢格栅、钢架的加工、安装，每榀钢格栅各节点连接必须牢固，表面无焊渣；每榀钢格栅与壁面应楔紧，底脚支垫稳固，相邻格栅的纵向连接必须绑扎牢固；钢格栅、钢架加工与安装的允许偏差符合表 3-155 的规定。

表 3-155　　钢格栅、钢架加工与安装的允许偏差

项目			允许偏差	检查数量		检查方法
				范围	点数	
加工	拱架（顶拱、墙拱）	矢高及弧长	+200mm	每榀	2	用钢尺量
		墙架长度	±20mm		1	
		拱、墙架横断面（高、宽）	+100mm		2	
	格栅组装后外轮廓尺寸	高度	±30mm		1	
		宽度	±20mm		2	
		扭曲度	≤20mm		3	
安装	横向和纵向位置		横向±30mm、纵向±50mm		2	
	垂直度		5‰		2	用垂球及钢尺量
	高程		±30mm		2	用水准仪测量
	与管道中线倾角		≤2°		1	用经纬仪测量
	间距	格栅	±100mm		每处 1	用钢尺量
		钢架	±50mm		每处 1	

注：首榀钢格栅应经检验合格后，方可投入批量生产。

②钢筋网必须与钢筋格栅、钢架或锚杆连接牢固。钢筋网加工、铺设允许偏差应符合表 3-156 的规定。

表 3-156　　钢筋网加工、铺设允许偏差

项目		允许偏差/mm	检查数量		检查方法
			范围	点数	
钢筋网加工	钢筋间距	±10	片	2	用钢尺量
	钢筋搭接长度	±15			
钢筋网铺设	搭接长度	≥200	一榀钢拱架长度	4	
	保护层	符合设计规定		2	用垂球及尺量

③喷射混凝土层表面应保持平顺、密实，且无裂缝、脱落、漏喷、露筋、空鼓、渗漏水等现象。初期衬砌喷射混凝土质量的允许偏差符合表 3-157 的规定。

表 3-157　初期衬砌喷射混凝土质量的允许偏差

项　目	允许偏差/mm	检查数量		检查方法
		范围	点数	
平整度	≤30	每 20m	2	用 2m 靠尺和塞尺量
矢弦比	≥1/6		1 个断面	用尺量
喷射混凝土层厚度	见表注 1		1 个断面	钻孔法或其他有效方法，并见表注 2

注：1. 喷射混凝土层厚度允许偏差，60%以上检查点厚度不小于设计厚度，其余点处的最小厚度不小于设计厚度的1/2；厚度总平均值不小于设计厚度。

2. 每 20m 管道检查一个断面，每断面从拱部中线开始，每间隔 2～3m 设 1 个点，但每一检查断面的拱部不应少于3 个点，总计不应少于 5 个点。

3. 防水层施工

(1)施工监理要求。

1)应在初期支护基本稳定，且衬砌检查合格后进行。

2)初期衬砌衬垫固定时宜交错布置，间距应符合设计要求；固定钉距防水卷材外边缘的距离不应小于 0.5m。

3)防水卷材铺设时，宜环向铺设，环向与纵向搭接宽度不应小于 100mm。相邻两幅防水卷材的接缝应错开布置，并错开结构转角处，且错开距离不宜小于 600mm。

(2)监理验收标准。

1)主控项目。每批的防水层及衬垫材料品种、规格必须符合设计要求。

2)一般项目。

①双焊缝焊接，焊缝宽度不小于 10mm，且均匀连续，不得有漏焊、假焊、焊焦、焊穿等现象。

②防水层铺设质量允许偏差符合表 3-158 的规定。

表 3-158　防水层铺设质量允许偏差

项　目	允许偏差/mm	检查数量		检查方法
		范围	点数	
基面平整度	≤50	每 5m	2	用 2m 直尺量取最大值
卷材环向与纵向搭接宽度	≥100			用钢尺量
衬垫搭接宽度	≥50			

注：本表防水层系低密度聚乙烯(LDPE)卷材。

4. 二次衬砌

(1)施工监理要求。

1)在防水层验收合格后，结构变形基本稳定的条件下施作。

2)伸缩缝应根据设计设置，并与初期支护变形缝位置重合；止水带安装应在两侧加设支撑筋，并固定牢固，浇筑混凝土时不得有移动位置、卷边、跑灰等现象。

3)模板和支架的强度、刚度和稳定性应满足设计要求，使用前应经过检查，重复使用时应经修整再使用。

4)混凝土浇筑前，应对设立模板的外形尺寸、中线、标高、各种预埋件等进行隐蔽工程检查，并填写记录。检查合格后，方可进行灌注。应从下向上浇筑，各部位应对称浇筑、振捣密实，且振捣器不得触及防水层。

5)拆模时间应根据结构断面形式及混凝土达到的强度确定；矩形断面，侧墙应达到设计强度的70%，顶板应达到100%。

(2)监理验收标准。

1)主控项目。

①原材料的产品质量保证资料应齐全，每生产批次的出厂质量合格证明书及各项性能检验报告应符合国家相关标准规定和设计要求。

②伸缩缝的设置必须根据设计要求，并应与初期支护变形缝位置重合。

③混凝土抗压、抗渗等级必须符合设计要求。

2)一般项目。

①模板和支架的强度、刚度和稳定性，外观尺寸、中线、标高、预埋件必须满足设计要求；模板接缝应拼装严密，不得漏浆。

②止水带安装牢固，浇筑混凝土时，不得产生移动、卷边、漏灰现象。混凝土表面应光洁、密实，防水层完整不漏水。

③二次衬砌模板安装质量、混凝土施工允许偏差应分别符合表3-159、表3-160的规定。

表3-159　二次衬砌模板安装质量允许偏差

项　目	允许偏差	检查数量		检查方法
		范围	点数	
拱部高程(设计标高加预留沉降量)	±10mm	每20m	1	用水准仪测量
横向(以中线为准)	±10mm		2	用钢尺量
侧模垂直度	≤3‰	每截面	2	用垂球及钢尺量
相邻两块模板表面高低差	≤2mm	每5m	2	用尺量测取较大值

注：本表项目只适用分项工程检验，不适用分部及单位工程质量验收。

表3-160　二次衬砌混凝土施工允许偏差

项　目	允许偏差/mm	检查数量		检查方法
		范围	点数	
中线	≤30	每5m	2	用经纬仪测量，每侧计1点
高程	+20，−30	每20m	1	用水准仪测量

(五)定向钻及夯管

1. 定向钻施工

(1)施工监理要求。

1)导向孔第一根钻杆入土钻进时，应采取轻压慢转的方式，稳定钻进导入位置和保证入土角，且入土段和出土段应为直线钻进，其直线长度宜控制在20m左右。钻孔时应匀速钻进，并严格控制钻进给进力和钻进方向。

2)根据管径、管道曲率半径、地层条件、扩孔器类型等确定一次或分次扩孔方式。分次扩孔时每次回扩的级差宜控制在100～150mm,终孔孔径宜控制在回拖管节外径的1.2～1.5倍。

3)从出土点向入土点回拖,回拖管段的质量、拖拉装置安装及其与管段连接等经检验合格后,方可进行拖管;严格控制钻机回拖力、扭矩、泥浆流量、回拖速率等技术参数,严禁硬拉硬拖;回拖过程中应有发送装置,避免管段与地面直接接触和减小摩擦力;发送装置可采用水力发送沟、滚筒管架发送道等形式,并确保进入地层前的管段曲率半径在允许范围内。

4)定向钻施工的泥浆(液)配制材料、配比和技术性能指标应满足施工要求,并可根据地层条件、钻头技术要求、施工步骤进行调整;泥浆(液)应在专用的搅拌装置中配制,并通过泥浆循环池使用;从钻孔中返回的泥浆经处理后回用,剩余泥浆应妥善处置。

(2)监理验收标准。

1)主控项目。

①管节、防腐层等工程材料的产品质量应符合国家相关标准的规定和设计要求。

②管节组对拼接、钢管外防腐层(包括焊口补口)的质量经检验(验收)合格。

③钢管接口焊接,聚乙烯管、聚丙烯管接口熔焊检验符合设计要求,管道预水压试验合格。

④管段回拖后的线形应平顺,无突变、变形现象,实际曲率半径符合设计要求。

2)一般项目。

①导向孔钻进、扩孔、管段回拖及钻进泥浆(液)等符合施工方案要求。

②管段回拖力、扭矩、回拖速度等应符合施工方案要求,回拖力无突升或突降现象。

③布管和发送管段时,钢管防腐层无损伤,管段无变形;回拖后拉出暴露的管段防腐层结构应完整、附着紧密。

④定向钻施工管道允许偏差应符合表3-161的规定。

表3-161　定向钻施工管道允许偏差

<table>
<tr><th colspan="3" rowspan="2">项　目</th><th rowspan="2">允许偏差/mm</th><th colspan="2">检查数量</th><th rowspan="2">检查方法</th></tr>
<tr><th>范围</th><th>点数</th></tr>
<tr><td rowspan="2">入土点位置</td><td colspan="2">平面轴向、平面横向</td><td>20</td><td rowspan="6">每入、出土点</td><td rowspan="6">各1点</td><td rowspan="6">用经纬仪、水准仪测量,用钢尺量</td></tr>
<tr><td colspan="2">垂直向高程</td><td>±20</td></tr>
<tr><td rowspan="4">出土点位置</td><td colspan="2">平面轴向</td><td>500</td></tr>
<tr><td colspan="2">平面横向</td><td>1/2倍D_i</td></tr>
<tr><td rowspan="2">垂直向高程</td><td>压力管道</td><td>±1/2倍D_i</td></tr>
<tr><td>无压管道</td><td>±20</td></tr>
<tr><td rowspan="3">管道位置</td><td colspan="2">水平轴线</td><td>1/2倍D_i</td><td rowspan="3">每节管</td><td rowspan="3">不少于1点</td><td rowspan="3">用导向探测仪检查</td></tr>
<tr><td rowspan="2">管道内底高程</td><td>压力管道</td><td>±1/2倍D_i</td></tr>
<tr><td>无压管道</td><td>+20,−30</td></tr>
<tr><td rowspan="2">控制井</td><td colspan="2">井中心轴向、横向位置</td><td>20</td><td rowspan="2">每座</td><td rowspan="2">各1点</td><td rowspan="2">用经纬仪、水准仪测量,钢尺量</td></tr>
<tr><td colspan="2">井内洞口中心位置</td><td>20</td></tr>
</table>

注:D_i为管道内径(mm)。

2. 夯管施工

(1)施工监理要求。

1)第一节管入土层时应检查设备运行工作情况,并控制管道轴线位置;每夯入1m应进行轴线测量,其偏差控制在15mm以内。

2)第一节管夯至规定位置后,将连接器与第一节管分离,吊入第二节管进行与第一节管接口焊接;后续管节每次夯进前,应待已夯入管与吊入管的管节接口焊接完成,按设计要求进行焊缝质量检验和外防腐层补口施工后,方可与连接器及穿孔机连接夯进施工;后续管节与夯入管节连接时,管节组对拼接、焊缝和补口等质量应检验合格,并控制管节轴线,避免偏移、弯曲。

3)管节夯进过程中应严格控制气动压力、夯进速率,气压必须控制在穿孔机工作气压定值内,并应及时检查导轨变形情况以及设备运行、连接器连接、导轨面与滑块接触情况等。

4)夯管完成后进行排土作业,排土方式采用人工结合机械方式。小口径管道可采用气压、水压方法。排土完成后应进行余土、残土的清理。

(2)监理验收标准。

1)主控项目。

①管节、焊材、防腐层等工程材料的产品质量应符合国家相关标准的规定和设计要求。

②钢管组对拼接、外防腐层(包括焊口补口)的质量经检验(验收)合格;钢管接口焊接检验符合设计要求。

③管道线形应平顺,无变形、裂缝、突起、突弯、破损现象;管道无明显渗水现象。

2)一般项目。

①管内应清理干净,无杂物、余土、污泥、油污等;内防腐层的质量经检验(验收)合格;夯出的管节外防腐结构层完整、附着紧密,无明显划伤、破损等现象。

②夯入的起始管节,其轴向水平位置、管中心高程的允许偏差应控制在±20mm范围内。

③夯锤的锤击力、夯进速度应符合施工方案要求;承受锤击的管端部无变形、开裂、残缺等现象,并满足接口组对焊接的要求。

④夯管贯通后管道允许偏差应符合表3-162的规定。

表3-162 夯管贯通后管道允许偏差

序号	项目		允许偏差/mm	检查数量		检查方法
				范围	点数	
1	轴线水平位移		80	每管节	1点	用经纬仪测量或挂中线用钢尺量测
2	管道内底高程	$D_i<1500$	40			用水准仪测量
		$D_i\geqslant1500$	60			
3	相邻管间错口		≤2			用钢尺量

注:1. D_i为管道内径(mm)。

2. $D_i\leqslant700$mm时,检查项目1和2可直接测量管道两端,检查项目3可检查施工记录。

四、沉管和桥管施工主体结构

(一)沉管工程

1. 沉管基槽浚挖

(1)施工监理要求。

1)水下基槽浚挖前，应对管位进行测量放样复核，开挖成槽过程中应及时进行复测。

2)根据工程地质和水文条件因素，以及水上交通和周围环境要求，结合基槽设计要求选用浚挖方式和船舶设备。

3)基槽采用爆破成槽时，应进行试爆确定爆破施工方式。

4)基槽底部宽度和边坡应根据工程具体情况进行确定，必要时进行试挖。

5)基槽浚挖深度应符合设计要求，超挖时应采用砂或砾石填补。

6)基槽经检验合格后应及时进行管基施工和管道沉放。

(2)监理验收标准。

1)主控项目。沉管基槽中心位置和浚挖深度、沉管基槽处理、管基结构形式应符合设计要求。

2)一般项目。

①浚挖成槽后基槽应稳定，沉管前基底回淤量不大于设计和施工方案要求，基槽边坡应不陡于有关规定。

②管基处理所用的工程材料、规格、数量等符合设计要求。

③沉管基槽浚挖及管基处理的允许偏差应符合表 3-163 的规定。

表 3-163　　沉管基槽浚挖及管基处理的允许偏差

<table>
<tr><th colspan="2" rowspan="2">项　目</th><th rowspan="2">允许偏差
/mm</th><th colspan="2">检查数量</th><th rowspan="2">检查方法</th></tr>
<tr><th>范围</th><th>点数</th></tr>
<tr><td rowspan="2">基槽底部高程</td><td>土</td><td>0，−300</td><td rowspan="9">每 5～10m 取一个断面</td><td rowspan="4">基槽宽度不大于 5m 时测 1 点；基槽宽度大于 5m 时测不少于 2 点</td><td rowspan="7">用回声测深仪、多波束测深仪检查；或用水准仪、经纬仪测量、钢尺量测定位标志，潜水员检查</td></tr>
<tr><td>石</td><td>0，−500</td></tr>
<tr><td rowspan="2">整平后基础顶面高程</td><td>压力管道</td><td>0，−200</td></tr>
<tr><td>无压管道</td><td>0，−100</td></tr>
<tr><td colspan="2">基槽底部宽度</td><td>不小于设计值</td><td rowspan="5">1 点</td></tr>
<tr><td colspan="2">基槽水平轴线</td><td>100</td></tr>
<tr><td colspan="2">基础宽度</td><td>不小于设计值</td></tr>
<tr><td rowspan="2">整平后基础平整度</td><td>砂基础</td><td>50</td><td rowspan="2">潜水员检查，用刮平尺量</td></tr>
<tr><td>砾石基础</td><td>150</td></tr>
</table>

2. 组对拼装管道(段)沉放

(1)施工监理要求。

1)水面浮运法施工。

①水面浮运法施工前，组对拼装管道(段)溜放下水、浮运、拖运作业时应采取措施防止管道(段)防腐层损伤，局部损坏时应及时修补。

②水面浮运法施工，管道(段)充水时同时排气，充水应缓慢、适量，并应保证排气通畅，及时做好管道(段)沉放记录。

③采用浮箱法连接时，浮箱内接口连接的作业空间应满足操作要求，并应防止进水；沿管道轴线方向应设置与管径匹配的弧形管托，且止水严密；浮箱及进水、排水装置安装、运行可靠，并由专人指挥操作。

④采用水面浮运法，分段沉放管道(段)，水下连接接口时，分段管道水下接口连接形式应符合设计要求，沉放前连接面及连接件经检查合格。

2)铺管船法施工。

①发送管道(段)的专用铺管船只及其管道(段)接口连接、管道(段)发送、水中托浮、锚泊定位等装置经检查符合要求；应设置专用的管道(段)扶正和对中装置，防止受风浪影响而影响组装拼接。

②管道(段)发送前应对基槽断面尺寸、轴线及槽底高程进行测量复核；待发送管与已发送管的接口连接及防腐层施工质量应经检验合格；铺管船应经测量定位。

③管道(段)发送时铺管船航行应满足管道轴线控制要求，航行应缓慢平稳；应及时检查设备运行、管道(段)状况；管道(段)弯曲不应超过管材允许弹性弯曲要求；管道(段)发送平稳，管道(段)及防腐层无变形、损伤现象。

3)管道(段)底拖牵引前应对基槽断面尺寸、轴线及槽底高程进行测量复核；发送装置、牵引道等设置满足施工要求；牵引钢丝绳位于管沟内，并与管道轴线一致。应跟踪检查牵引设备运行、钢丝绳、管道状况，及时测量管位，发现异常应及时纠正。

(2)监理验收标准。

1)主控项目。

①管节、防腐层等工程材料的产品质量保证资料齐全，各项性能检验报告应符合国家相关相关标准的规定和设计要求。

②陆上组对拼装管道(段)的接口连接和钢管防腐层(包括焊口、补口)的质量经验收合格；钢管接口焊接、聚乙烯管、接口熔焊检验符合设计要求，管道预水压试验合格。

③管道(段)下沉均匀、平稳，无轴向扭曲、环向变形和明显轴向突弯等现象；水上、水下的接口连接质量经检验符合设计要求。

2)一般项目。

①沉放前管道(段)及防腐层无损伤、无变形。

②对于分段沉放管道，其水上、水下的接口防腐质量检验合格。

③沉放后管底与沟底应接触均匀、紧密。

④沉管下沉铺设的允许偏差应符合表3-164的规定。

表3-164 沉管下沉铺设允许偏差

项目		允许偏差/mm	检查数量		检查方法
			范围	点数	
管道高程	压力管道	0，−200	每10m	1点	用回声测深仪、多波束仪、测深图检查；或用水准仪、经纬仪测量、钢尺测量定位标志
	无压管道	0，−100			
管道水平轴线位置		50			

3. 预制钢筋混凝土管制作

(1)施工监理要求。

1)干坞结构形式应根据设计和施工方案确定，构筑干坞时，干坞平面尺寸应满足钢筋混凝土管节制作、主要设备、工程材料堆放和运输的布置需要；干坞深度应保证管节制作后浮运前的安装工作和浮运出坞的要求，并留出富余水深。

2)混凝土体积较大的管节预制，宜采用低水化热配合比；应按大体积混凝土施工要求制定施工方案，严格控制混凝土配合比、入模浇筑温度、初凝时间、内外温差等。

3)预制管节的混凝土强度、抗渗性能、管节渗漏检验达到设计要求后，方可进水浮运。

4)封墙应设置排水阀、进气阀，并根据需要设置人孔。压载装置应满足设计和施工方案要求并便于装拆，布置应对称，配重应一致。

5)沉管基槽浚挖及管基处理施工应符合《给水排水管道工程施工及验收规范》(GB 50268—2008)的规定。

6)管节(段)在浮起后出坞前，管节(段)四角干舷若有高差、倾斜，可通过分舱压载调整，严禁倾斜出坞。

7)管节(段)浮运到位后应进行测量定位，工作船只设备等应定位锚泊，并做好下沉前的准备工作。

8)管节(段)下沉前应设置接口对接控制标志并进行复核测量；下沉时应控制管节(段)轴向位置、已沉放管节(段)与待沉放管节(段)间的纵向间距，确保接口准确对接。

(2)监理验收标准。

1)预制钢筋混凝土管节制作。

①主控项目。

a. 原材料的产品质量保证资料齐全，各项性能检验报告应符合国家相关标准的规定和设计要求。混凝土强度、抗渗性能应符合设计要求。

b. 钢筋混凝土管节制作中的钢筋、模板、混凝土质量经验收合格。混凝土管节无严重质量缺陷。

c. 管节抗渗检验时无线流、滴漏和明显渗水现象；经检测平均渗漏量满足设计要求。

②一般项目。

a. 混凝土重度应符合设计要求，其允许偏差为：$+0.01t/m^3$，$-0.02t/m^3$。

b. 预制结构的外观质量不宜有一般缺陷，防水层结构符合设计要求。

c. 钢筋混凝土管节预制允许偏差应符合表 3-165 的规定。

表 3-165　　钢筋混凝土管节预制允许偏差

<table>
<tr><th colspan="2" rowspan="2">项　目</th><th rowspan="2">允许偏差
/mm</th><th colspan="2">检查数量</th><th rowspan="2">检 查 方 法</th></tr>
<tr><th>范围</th><th>点数</th></tr>
<tr><td rowspan="3">外包尺寸</td><td>长</td><td>±10</td><td rowspan="3">每 10m</td><td rowspan="5">各 4 点</td><td rowspan="9">用钢尺量</td></tr>
<tr><td>宽</td><td>±10</td></tr>
<tr><td>高</td><td>±5</td></tr>
<tr><td rowspan="2">结构厚度</td><td>底板、顶板</td><td>±5</td><td rowspan="2">每部位</td></tr>
<tr><td>侧墙</td><td>±5</td></tr>
<tr><td colspan="2">断面对角线尺寸差</td><td>0.5%L</td><td>两端面</td><td>各 2 点</td></tr>
<tr><td rowspan="2">管节内净空尺寸</td><td>净宽</td><td>±10</td><td rowspan="5">每 10m</td><td rowspan="3">各 4 点</td></tr>
<tr><td>净高</td><td>±10</td></tr>
<tr><td colspan="2">顶板、底板、外侧墙的
主钢筋保护层厚度</td><td>±5</td></tr>
<tr><td colspan="2">平整度</td><td>5</td><td rowspan="2">2 点</td><td>用 2m 直尺量</td></tr>
<tr><td colspan="2">垂直度</td><td>10</td><td>用垂线测量</td></tr>
</table>

注：L 为断面对角线长(mm)。

2)钢筋混凝土管节接口预制加工(水力压接法)。

①主控项目。

a. 端部钢壳材质、焊缝质量等级应符合设计要求。

b. 端部钢壳端面加工成型允许偏差应符合表 3-166 的规定。

表 3-166　　端部钢壳端面加工成型允许偏差

项　目	允许偏差/mm	检查数量		检查方法
		范围	点数	
不平整度	＜5,且每延米内＜1	每个钢壳的钢板面、端面	每 2m 各 1 点	用 2m 直尺量
垂直度	＜5		两侧、中间各 1 点	用垂线吊测全高
端面竖向倾斜度	＜5	每个钢壳	两侧、中间各 2 点	全站仪测量或吊垂线测端面上下外缘两点之差

c. 专用的柔性接口橡胶圈材质及相关性能应符合相关规范规定和设计要求,其外观质量应符合表 3-167 的规定。

表 3-167　　橡胶圈外观质量要求

缺陷名称	质量要求	
	中间部分	边翼部分
气泡	直径≤1mm 气泡,不超过 3 处/m	直径≤2mm 气泡,不超过 3 处/m
杂质	面积≤$4mm^2$ 气泡,不超过 3 处/m	面积≤$8mm^2$ 气泡,不超过 3 处/m
凹痕	不允许	允许有深度不超过 0.5mm、面积不大于 $10mm^2$ 的凹痕,不超过 2 处/m
接缝	不允许有裂口及“海绵”现象;高度≤1.5mm 的凸起,不超过 2 处/m	
中心偏心	中心孔周边对称部位厚度差不超过 1mm	

②一般项目。

a. 按设计要求进行端部钢壳的制作与安装。

b. 钢壳防腐处理符合设计要求。

c. 柔性接口橡胶圈安装位置正确,安装完成后处于松弛状态,并完整地附着在钢端面上。

3)预制钢筋混凝土。

①主控项目。

a. 沉放前后管道无变形、受损;沉放及接口连接后管道无滴漏、线漏和明显渗水现象。沉放后,对于无裂缝设计的沉管严禁有任何裂缝;对于有裂缝设计的沉管,其表面裂缝宽度、深度应符合设计要求。

b. 接口连接形式符合设计文件要求;柔性接口无渗水现象;混凝土刚性接口密实、无裂缝,无滴漏、线漏和明显渗水现象。

②一般项目。

a. 管道及接口防水处理符合设计要求。

b. 管节下沉均匀、平稳，无轴向扭曲、环向变形、纵向弯曲等现象。管道与沟底应接触均匀、紧密。

c. 钢筋混凝土管沉放允许偏差应符合表 3-168 的规定。

表 3-168　　钢筋混凝土管沉放允许偏差

项目		允许偏差/mm	检查数量		检查方法
			范围	点数	
管道高程	压力管道	0，－200	每 10m	1 点	用水准仪、经纬仪、测深仪测量或全站仪测量
	无压管道	0，－100			
沉放后管节四角高差		50	每管节	4 点	
管道水平轴线位置		50	每 10m	1 点	
接口连接的对接错口		20	每接口每面	各 1 点	用钢尺量

4. 沉管的稳管及回填

(1)施工监理要求。

1)采用压重、投抛砂石、浇筑水下混凝土或其他锚固方式等进行稳管施工时，对水流冲刷较大、易产生紊流、施工中对河床扰动较大等处，以及沉管拐弯、分段接口连接等部位，沉放完成后应先进行稳管施工。

2)回填应均匀，并不得损伤管道；采用吹填回土时，吹填土质应符合设计要求，取土位置及要求应征得航运管理部门的同意，且不得影响沉管管道。

3)应及时做好稳管和回填的施工及测量记录。

(2)监理验收标准。

1)主控项目。

①稳管、管基二次处理、回填时所用的材料应符合设计要求。

②稳管、管基二次处理、回填应符合设计要求，管道未发生漂浮和位移现象。

2)一般项目。

①管道未受外力影响而发生变形、破坏。

②二次处理后管基承载力符合设计要求。

③基槽回填应两侧均匀，管顶回填高度符合设计要求。

(二)桥管工程

1. 施工监理要求

(1)桥管的地基与基础、下部结构工程经验收合格，并满足管道安装条件。

(2)施工中应对管节(段)的吊点和其他受力点位置进行强度、稳定性和变形验算，必要时应采取加固措施。

(3)有伸缩补偿装置时，固定支架与管道固定之前，应先进行补偿装置安装及预拉伸(或压缩)。

(4)管节(段)吊装就位、支撑稳固后，方可卸去吊钩；就位后不能形成稳定的结构体系时，应进行临时支撑固定。

(5)桥管采用分段拼装时，应进行管道位置、挠度的跟踪测量，必要时应进行应力跟踪测量。

2. 监理验收标准

(1)主控项目。

1)管材、防腐层等工程材料的产品质量保证资料齐全,各项性能检验报告应符合国家相关标准的规定和设计要求。

2)钢管组对拼装和防腐层(包括焊口补口)的质量经验收合格;钢管接口焊接检验符合设计要求。

3)钢管预拼装尺寸允许偏差应符合表 3-169 的规定。

表 3-169　钢管预拼装尺寸允许偏差

<table>
<tr><th rowspan="2">项　目</th><th rowspan="2">允许偏差
/mm</th><th colspan="2">检查数量</th><th rowspan="2">检查方法</th></tr>
<tr><th>范围</th><th>点数</th></tr>
<tr><td>长度</td><td>±3</td><td>每件</td><td>2 点</td><td rowspan="2">用钢尺量</td></tr>
<tr><td>管口端面圆度</td><td>D_0/500,且≤5</td><td rowspan="2">每端面</td><td rowspan="2">1 点</td></tr>
<tr><td>管口端面与管道轴线的垂直度</td><td>D_0/500,且≤3</td><td>用焊缝量规测量</td></tr>
<tr><td>侧弯曲矢高</td><td>L/1500,且≤5</td><td rowspan="3">每件</td><td rowspan="2">1 点</td><td rowspan="2">用拉线、吊线和钢尺量</td></tr>
<tr><td>跨中起拱度</td><td>±L/5000</td></tr>
<tr><td>对口错边</td><td>t/10,且≤2</td><td>3 点</td><td>用焊缝量规、游标卡尺测量</td></tr>
</table>

注:D_0 为管道外径(mm);L 为管道长度(mm);t 为管道壁厚(mm)。

4)桥管位置应符合设计要求,安装方式正确,且安装牢固、结构可靠,管道无变形和裂缝等现象。

(2)一般项目。

1)桥管的基础、下部结构工程的施工质量经验收合格。

2)管道安装条件经检查验收合格,满足安装要求。

3)桥管钢管分段拼装焊接时,接口的坡口加工、焊缝质量等级应符合焊接工艺和设计要求。

4)管道支架规格、尺寸等,应符合设计要求;支架应安装牢固、位置正确,工作状况及性能符合设计文件和产品安装说明的要求。

5)桥管管道安装允许偏差应符合表 3-170 的规定。

表 3-170　桥管管道安装允许偏差

<table>
<tr><th colspan="2" rowspan="2">项　目</th><th rowspan="2">允许偏差
/mm</th><th colspan="2">检查数量</th><th rowspan="2">检查方法</th></tr>
<tr><th>范围</th><th>点数</th></tr>
<tr><td rowspan="3">支架</td><td>顶面高程</td><td>±5</td><td rowspan="3">每件</td><td>1 点</td><td>用水准仪测量</td></tr>
<tr><td>中心位置(轴向、横向)</td><td>10</td><td>各 1 点</td><td>用经纬仪测量,或挂中线用钢尺量</td></tr>
<tr><td>水平度</td><td>L/1500</td><td>2 点</td><td>用水准仪测量</td></tr>
<tr><td colspan="2">管道水平轴线位置</td><td>10</td><td rowspan="2">每跨</td><td>2 点</td><td>用经纬仪测量</td></tr>
<tr><td colspan="2">管道中部垂直上拱矢高</td><td>10</td><td>1 点</td><td>用水准仪测量,或拉线和用钢尺量</td></tr>
</table>

续表

<table>
<tr><th colspan="2" rowspan="2">项　目</th><th rowspan="2">允许偏差
/mm</th><th colspan="2">检查数量</th><th rowspan="2">检查方法</th></tr>
<tr><th>范围</th><th>点数</th></tr>
<tr><td colspan="2">支架地脚螺栓(锚栓)
中心位移</td><td>5</td><td rowspan="6">每件</td><td rowspan="6">1点</td><td>用经纬仪测量,或挂中线用钢尺量</td></tr>
<tr><td colspan="2">活动支架的偏移量</td><td>符合设计要求</td><td>用钢尺量</td></tr>
<tr><td rowspan="3">弹簧
支架</td><td>工作圈数</td><td>≤半圈</td><td>观察检查</td></tr>
<tr><td>在自由状态下,
弹簧各圈节距</td><td>≤平均节距
10%</td><td>用钢尺量</td></tr>
<tr><td>两端支承面与弹
簧轴线垂直度</td><td>≤自由高度
10%</td><td>挂中线用钢尺量</td></tr>
<tr><td colspan="2">支架处的管道顶部高程</td><td>±10</td><td>用水准仪测量</td></tr>
</table>

注:L 为支架底座的边长(mm)。

6)钢管涂装材料、涂层厚度及附着力符合设计要求;涂层外观应均匀,无褶皱、空泡、凝块、透底等现象,与钢管表面附着紧密,色标符合规定。

五、管道附属构筑物

(一)井室

1. 施工监理要求

(1)砌筑结构井室。砌块应垂直砌筑,需收口砌筑时,应按设计要求的位置设置钢筋混凝土梁进行收口。砌筑时应同时安装踏步,踏步安装后在砌筑砂浆未达到规定抗压强度前不得踩踏。

(2)预制装配式结构井室。采用水泥砂浆接缝时,企口坐浆与竖缝灌浆应饱满,装配后的接缝砂浆凝结硬化期间应加强养护,并不得受外力碰撞或震动。设有橡胶密封圈时,胶圈应安装稳固,止水严密可靠。

(3)现浇钢筋混凝土结构井室。浇筑前,钢筋、模板工程经检验合格,混凝土配合比满足设计要求。及时进行养护,强度等级未达设计要求不得受力。

2. 监理验收标准

(1)主控项目。

1)所用的原材料、预制构件的质量应符合国家有关标准的规定和设计要求。砌筑水泥砂浆强度、结构混凝土强度符合设计要求。

2)砌筑结构应灰浆饱满、灰缝平直,不得有通缝、瞎缝。预制装配式结构应坐浆、灌浆饱满密实,无裂缝;混凝土结构无严重质量缺陷;井室无渗水、水珠现象。

(2)一般项目。

1)井壁抹面应密实平整,不得有空鼓,裂缝等现象;混凝土无明显一般质量缺陷;井室无明显湿渍现象。

2)井内部构造符合设计和水力工艺要求,且部位位置及尺寸正确,无建筑垃圾等杂物;检查井流槽应平顺、圆滑、光洁。井室内踏步位置正确、牢固。井盖、座规格符合设计要求,安装稳固。

3)井室允许偏差应符合表 3-171 的规定。

表 3-171　　井室允许偏差

<table>
<tr><th colspan="3" rowspan="2">项　目</th><th rowspan="2">允许偏差/mm</th><th colspan="2">检查数量</th><th rowspan="2">检查方法</th></tr>
<tr><th>范围</th><th>点数</th></tr>
<tr><td colspan="3">平面轴线位置(轴向,垂直轴向)</td><td>15</td><td rowspan="13">每座</td><td rowspan="4">2</td><td>用钢尺量或经纬仪测量</td></tr>
<tr><td colspan="3">结构断面尺寸</td><td>+10,0</td><td rowspan="3">用钢尺量</td></tr>
<tr><td rowspan="2">井室尺寸</td><td colspan="2">长、宽</td><td rowspan="2">±20</td></tr>
<tr><td colspan="2">直径</td></tr>
<tr><td rowspan="2">井口高程</td><td colspan="2">农田或绿地</td><td>±20</td><td rowspan="2">1</td><td rowspan="6">用水准仪测量</td></tr>
<tr><td colspan="2">路面</td><td>与道路规定一致</td></tr>
<tr><td rowspan="4">井底高程</td><td rowspan="2">开槽法管道铺设</td><td>$D_i \leqslant 1000$</td><td>±10</td><td rowspan="4">2</td></tr>
<tr><td>$D_i > 1000$</td><td>±15</td></tr>
<tr><td rowspan="2">不开槽法管道铺设</td><td>$D_i < 1500$</td><td>+10,−20</td></tr>
<tr><td>$D_i \geqslant 1500$</td><td>+20,−40</td></tr>
<tr><td>踏步安装</td><td colspan="2">水平及垂直间距、外露长度</td><td>±10</td><td rowspan="3">1</td><td rowspan="3">用尺量测偏差较大值</td></tr>
<tr><td>脚窝</td><td colspan="2">高、宽、深</td><td>±10</td></tr>
<tr><td colspan="3">流槽宽度</td><td>±10</td></tr>
</table>

注:D_i 为管道内径(mm)。

(二)支墩

1. 施工监理要求

(1)管节及管件的支墩和锚定结构位置准确,锚定牢固。钢制锚固件必须采取相应的防腐处理。

(2)支墩应在坚固的地基上修筑。支墩施工前,应将支墩部位的管节、管件表面清理干净。

(3)支墩宜采用混凝土浇筑,其强度等级不应低于 C15。采用砌筑结构时,水泥砂浆强度不应低于 M7.5。

(4)管节安装过程中的临时固定支架,应在支墩的砌筑砂浆或混凝土达到规定强度后方可拆除。

2. 监理验收标准

(1)主控项目。

1)所用的原材料质量应符合国家有关标准的规定和设计要求。砌筑水泥砂浆强度、结构混凝土强度符合设计要求。

2)支墩地基承载力、位置符合设计要求;支墩无位移、沉降。

(2)一般项目。

1)混凝土支墩应表面平整、密实。砖砌支墩应灰缝饱满,无通缝现象,其表面抹灰应平整、密实。支墩支撑面与管道外壁接触紧密，无松动、滑移现象。

2)管道支墩的允许偏差应符合表3-172的规定。

表3-172　管道支墩的允许偏差

项　目	允许偏差/mm	检查数量		检查方法
		范围	点数	
平面轴线位置(轴向、垂直轴向)	15	每座	2	用钢尺量或经纬仪测量
支撑面中心高程	±15		1	用水准仪测量
结构断面尺寸(长、宽、厚)	+10,0		3	用钢尺量

(三)雨水口

1. 施工监理要求

(1)雨水口的位置及深度应符合设计要求。

(2)雨水口砌筑时，灰浆应饱满，随砌、随勾缝，抹面应压实。雨水口底部应用水泥砂浆抹出雨水口泛水坡。

(3)雨水口与检查井的连接管的坡度应符合设计要求，管道铺设应符合规范规定。

(4)位于道路下的雨水口，雨水支、连管应根据设计要求浇筑混凝土基础。坐落于道路基层内的雨水支、连管应做C25级混凝土全包封，且包封混凝土达到75%设计强度前，不得放行交通。

2. 监理验收标准

(1)主控项目。

1)所用的原材料、预制构件的质量应符合国家有关标准的规定和设计要求。

2)雨水口位置正确，深度符合设计要求，安装不得歪扭。

3)井框、井箅应完整、无损，安装平稳、牢固；支、连管应直顺，无倒坡、错口及破损现象。井内、连接管道内无线漏、滴漏现象。

(2)一般项目。

1)雨水口砌筑勾缝应直顺、坚实，不得漏勾、脱落；内、外壁抹面平整光洁。支、连管内清洁、流水通畅，无明显渗水现象。

2)雨水口、支管允许偏差应符合表3-173的规定。

表3-173　雨水口、支管允许偏差

项　目	允许偏差/mm	检查数量		检查方法
		范围	点数	
井框、井箅吻合	≤10	每座	1	用钢尺量较大值(高度、深度亦可用水准仪测量)
井口与路面高差	−5.0			
雨水口位置与道路边线平行	≤10			
井内尺寸	长、宽：+20,0			
	深：0,−20			
井内支、连管管口底高度	0,−20			

第六节　市政工程安全生产监理

一、安全生产监理工作

(一)安全生产监理工作主要内容

工程监理单位和监理工程师应根据建设单位的委托，主要对所监理的建设工程中施工单位提供的施工组织设计和专项施工方案进行审查，对与所监理的永久性工程实体有关的施工安全管理措施进行检查，具体工作内容如下：

1. 施工准备阶段安全生产监理主要工作

(1)协助建设单位及时办理工程项目安全监督手续。

(2)审查项目经理和专职安全生产管理人员是否考核合格、是否按照规定配备专职安全生产管理人员。

(3)审查施工单位的企业资质和安全生产许可证是否合格。

(4)审查电工、焊工、架子工、起重机械工、塔吊司机及指挥人员、爆破工等特种作业人员是否按主管部门规定经过专门的安全培训，是否已取得特种作业操作资格证书。

(5)督促施工单位建立健全施工现场安全生产保证体系；督促施工单位检查各分包企业的安全生产制度。

2. 安全技术措施监理主要工作

审核施工单位编制的施工组织设计中安全技术措施和危险性较大的分部分项工程专项施工方案以及工程项目应急救援抢险方案，主要内容如下：

(1)安全管理和安全保证体系的组织机构，项目经理和专职安全管理人员安全资格培训持证上岗情况。

(2)施工单位的安全生产责任制、安全管理规章制度、安全操作规程的制定情况。

(3)审查施工组织设计中的安全技术措施和专项施工技术方案是否符合安全生产强制性标准要求。

(4)施工现场各种安全标志和临时设施的设置是否符合有关安全技术标准规范和文明施工的要求。

(5)生产安全事故应急救援方案的制定情况，针对重点部位和重点环节制定的工程项目危险源监控措施和应急方案。

(6)施工单位安全技术措施或文明施工措施费用的使用计划。

对于施工单位所提交的施工组织设计或专项施工方案不符合工程建设有关安全的强制性标准的，监理单位不得批准施工单位开工，应要求施工单位修改，并应将情况书面报告建设单位。

(二)市政工程施工安全监理工作基本程序

市政工程施工安全监理工作的基本程序，如图 3-2 所示。

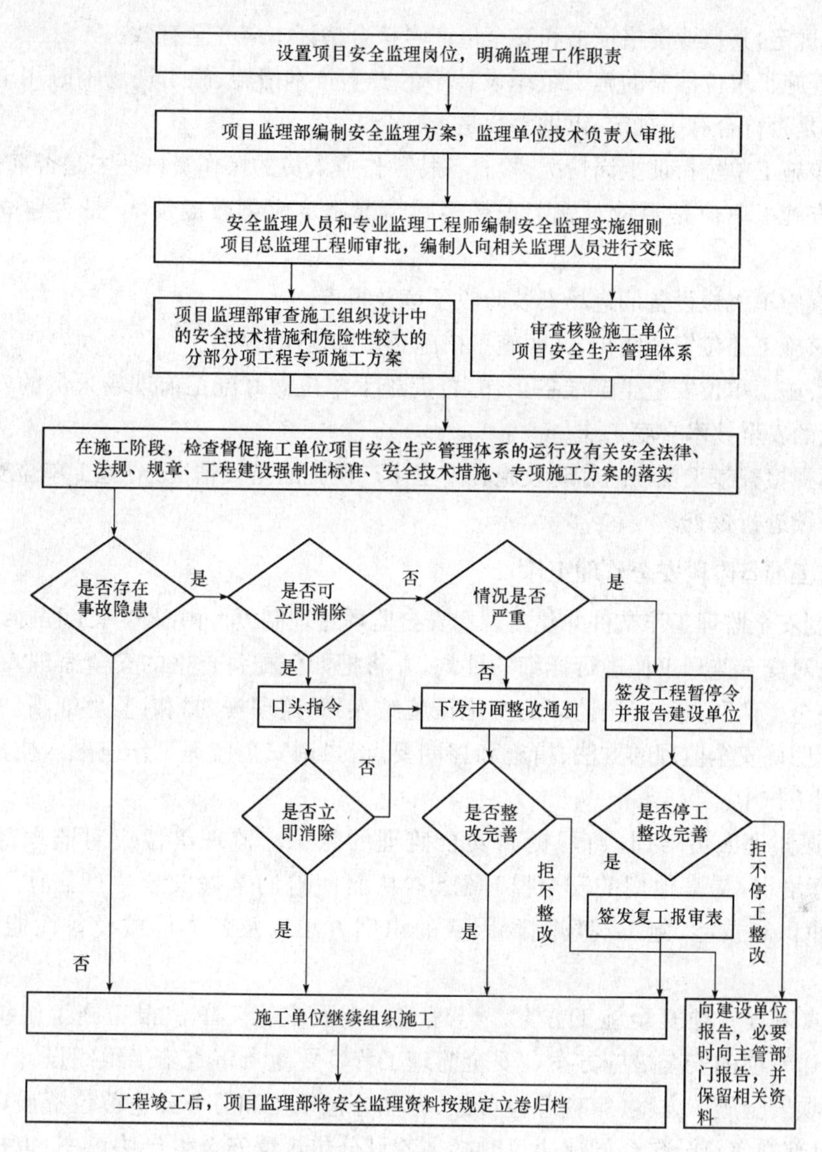

图 3-2　市政工程施工安全监理工作的基本程序

二、安全监理各阶段工作

（一）安全监理前期准备工作

(1)发现勘察、设计文件有不符合工程建设强制性标准及其他相关规定，或存在较大施工安全风险时，应向建设单位提出。

(2)核查施工总承包单位、专业工程分包单位和劳务分包单位(以下简称分包单位)的企业资质和安全生产许可证，检查施工总承包单位与分包单位的安全协议签订情况。

(3)检查施工单位施工现场安全生产保证体系，主要内容包括：施工现场安全生产组织机构、施工现场安全生产规章制度、施工单位主要负责人及专职安全生产管理人员的配备数量应符合有关规定，其执业资格证书和安全生产考核合格证书应齐全有效。

(4)审查施工单位编制的施工组织设计中的安全技术措施、施工现场临时用电方案及专项施工方案是否符合有关规定，审批手续是否齐全。

(5)审核施工单位持证上岗情况，检查各特种作业人员的操作资格证书是否真实有效。

(6)检查施工单位是否针对施工现场实际情况制定应急救援预案，是否建立应急救援体系。

(7)检查施工机械设备的进场安装验收手续及报审。

(8)审核施工单位安全防护、文明施工措施费用的使用计划。

(9)核查施工单位安全生产准备工作，督促施工单位做好施工前现场人员的安全生产教育及各阶段的安全技术交底工作。

(10)巡视检查施工现场的临时设施和安全生产设施的搭设情况，对施工单位安全生产设施的验收手续进行核查。

(二)施工准备阶段安全监理工作

(1)编制安全监理工作文件并建立现场安全监理管理制度。由总监理工程师组织项目部各专业人员对安全监理工作进行详细的计划，并将把如何配备合格的安全监理人员、项目监理机构的安全生产职责和安全监理的实施措施纳入到《监理规划》和《监理细则》中。在实施细则中应当明确安全监理的方法、措施和控制要点，强调安全监理工作应融入质量、进度、投资目标控制工作中。

(2)加强监理人员培训教育，提高安全监理的意识。监理单位应对监理部门成员进行安全教育培训，提高他们的安全监理意识，从而使他们掌握安全生产法律、法规知识，施工安全知识和技能、施工现场危险因素的识别方法以及各类机械设备性能、操作规程等知识。

(3)认真审查专项安全施工方案。监理部门在要求施工单位报送施工组织设计的同时，必须报送专项的安全措施方案。安全监理工程师要重点审查施工组织设计中的安全技术措施、专项安全施工方案；审查总包单位、专业分包单位和劳务分包单位资质，同时，应督促施工项目部在签订分包合同或协议时必须签订分包规程安全生产协议书；审核施工单位安全防护和应急救援预案；审查施工单位进场的大型起重机械和自升式架设设施的安全检验手续(包括产品合格证、设备监管卡和建设机械号牌及机械性能牌)，安装单位必须有相应的安装资质，安装完毕后应由相应资质的检测机构对机械设备、设施进行检测并出具检测合格报告后方可使用，同时向当地安全监督部门登记、备案；审查施工现场专职安全员、项目经理及电工、焊工、架子工、起重机械工、塔吊司机及指挥人员、爆破工等特种作业人员资格，做到相关证书与人员身份证相符，特别要注意证书的年审时间，严禁特种作业人员只挂名不上岗。

(4)抓好安全防护用品质量关。必须抓好工地现场使用的安全网、安全帽、安全带以及施工现场临时用电设施等方面的检查、审核工作，在工程中决不能使用劣质、失效或国家明令淘汰的产品。在日常施工过程中必须定期检查，保证防护用品能安全地使用，防止安全事故的发生。

(5)审核施工项目部安全生产经费的落实情况。施工单位应提供落实安全生产经费的有效证明材料及采购安全防护用品的合格证,搭建的临时活动房应有产品合格证和检验检测报告。

(三)施工阶段安全监理工作

施工过程中不安全因素多的原因:由于市政工程本身的特点是固定、体积庞大、施工周期长并且在有限的场地内集中大量的人力、物力、机械、设备进行施工;施工过程中机械设备较多,交叉作业大量增加,安全防护装置不到位;市政工程都在露天进行,并且有高处作业,受气候影响较大。因此,监理单位应提高自身的安全监理能力。

项目监理机构须配备合格的安全监理工程师负责安全监理的专业管理工作,并对从事安全监理工作的人员进行安全监理业务培训,提高监理业务水平,树立牢固监理人员的安全责任防范意识,提高法制观念和合同管理意识,以便在现场从事安全监理工作时具备辨别危险源、发现事故隐患的能力。

项目监理机构对施工现场的控制主要包括以下内容:

(1)监理单位要监督施工单位按照施工组织设计中的安全技术措施和安全专项施工方案组织施工。在施工中发现违规作业时应以监理通知单的形式下发给施工单位要求整改;情况严重的,项目监理部应及时下达"工程暂停令"(表 3-1)要求施工单位停工整改,并及时报告建设单位;若施工单位拒不整改的应及时向工程所在地建设行政主管部门(安全监督机构)报告。安全隐患消除后,监理项目部应检查结果,签署复查或复工意见。

(2)日常安全巡视检查。对现场的安全状态进行检查。检查的重点分为管理违章、人的不安全行为、物的不安全状态。监理人员在监理工作巡视过程中要抓住关键部位,重点把握好专项安全施工方案的施工,高危作业的关键工序需跟班旁站;在巡查中要检查起重机械特种作业人员持证上岗情况,督促施工单位按要求对起重机械进行检查、维修、保养,并检查施工单位的书面记录。

(3)定期进行安全检查。对施工承包的管理、安全施工、安全制度、文明施工、分包与临时工的管理以及事故考核等内容进行定期全面检查,发现施工安全问题,及时发出书面指令,并经项目经理或有关单位签认。

(4)开专题安全会议、工地例会。利用专题安全会议、工地例会等对下一步工作或新的工序中要注意的安全问题及时提出。

(四)安全监理的事后控制

若使施工单位对发现的问题和存在的隐患及时解决以及避免同类问题在以后的施工中重复出现,项目监理部应做好以下工作:

(1)项目监理部应坚持"四不放过"原则(一是事故原因不清楚不放过;二是事故责任者和员工没受到教育不放过;三是事故责任者和领导不处理不放过;四是事故处理后没有整改和预防措施不放过),狠抓整改措施的落实。

(2)每次检查结束后都应总结经验以及存在的隐患,帮助分析事故原因,制定整改措施,限期整改。

(3)利用每月的安全监理月报、安全检查情况通报、监理通知单等,使建设单位、施工单位及公司领导及时掌握安全方面的实际情况。监理人员积极参加由建设行政主管部门组织的安全监理培训,加强和规范监理企业的安全意识和责任,使监理行为成为施工现场安全生产管理的一个重要组成部门,共同提高施工现场的安全管理工作,杜绝一切安全隐患的发生。

第四章　市政工程投资控制

第一节　建设工程投资控制概述

一、投资控制基本概念

控制作为控制论的基本概念，是指组织系统根据内外部的变化而进行调整，使自身保持某种特定状态的活动。控制有一定的方向和目标，其作用在于使事物之间、系统之间、部门相互作用，相互制约，克服随机因素。

建设工程项目投资控制是指以建设项目为对象，在投资计划范围内为实现项目投资目标而对工程建设活动中投资所进行的规划、控制和管理。投资控制的目的在于建设项目实施的各个阶段，通过投资计划与动态控制，将实际发生的投资额控制在投资计划值以内，以使建设项目的投资目标得以最大程度的实现。

建设项目投资控制主要是由两个并行、各有侧重又相互联系和相互重叠的工作过程所构成，即建设项目投资的计划过程与建设项目投资的控制过程。在建设项目的建设前期，以投资计划为主；在建设项目实施的中后期，投资控制占主导地位。

二、建设项目投资构成

建设项目总投资是指投资主体为获取预期收益，在选定的建设项目上所需投入的全部资金。建设项目按用途可分为生产性建设项目和非生产性建设项目。生产性建设项目总投资由固定资产投资和铺底流动资产投资两部分组成，如图 4-1 所示。非生产性建设项目总投资则只包括固定资产投资。

固定资产投资包含设备及工、器具购置费用，建筑安装工程费用，工程建设其他费用，预备费及建设期贷款利息等内容。

铺底流动资产投资是项目投产初期，为保证项目建成后进行试运转所必需的投入，其值一般按项目建成后所需投入全部流动资金的 30%估算。

(一)设备及工、器具购置费

设备及工、器具购置费是指设备及工器具的原价和设备及工器具的运杂费之和。

1. 设备购置费

设备购置费是指建设项目购置或自制的达到固定资产标准的各种国产或得进口设备、工具、器具的费用。设备购置费包括设备原价和设备运杂费，即：

设备购置费＝设备原价(或进口设备抵岸价)＋设备运杂费

上式中，设备原价是指国产标准设备、非标准设备的原价。设备运杂费指除设备原价之

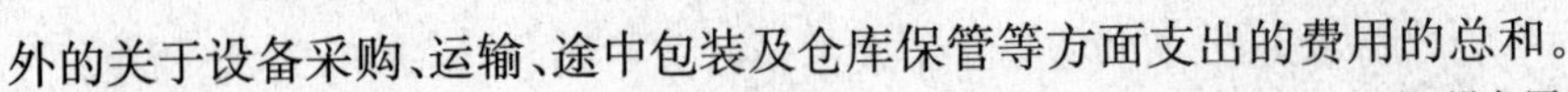
外的关于设备采购、运输、途中包装及仓库保管等方面支出的费用的总和。

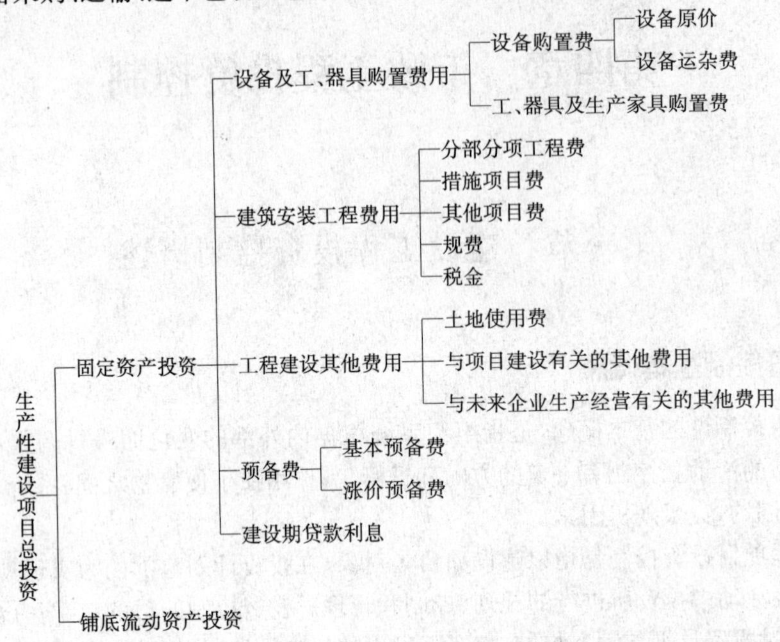

图 4-1　生产性建设项目总投资的构成

(1)国产设备原价的构成及计算。国产设备原价一般是指设备制造厂的交货价，即出厂价，或订货合同价，一般根据生产厂或供应商的询价、报价、合同价确定，或采用一定的方法计算确定。国产设备原价分为国产标准设备原价和国产非标准设备原价。

1)国产标准设备原价。国产标准设备是按照主管部门颁布的标准图纸和技术要求，由我国设备生产厂批量生产的，符合国家质量检验标准的设备。国产标准设备原价一般指的是设备制造厂的交货价，即出厂价。有的设备有两种出厂价，即带有备件的出厂价和不带备件的出厂价。在计算设备原价时，一般按带有备件的出厂价计算。

2)国产非标准设备原价。国产非标准设备是指国家尚无定型标准，各设备生产厂不可能在工艺过程中采用批量生产，只能按一次订货，并根据具体的设计图纸制造的设备。非标准设备原价有多种不同的计算方法，如成本计算估价法、系列设备插入估价法、分部组合估价法、定额估价法等。但无论采用哪种方法，都应该使非标准设备计价接近实际出厂价，并且计算方法要简便。

(2)进口设备原价的构成及计算。进口设备原价是指进口设备的抵岸价，即抵达买方边境港口或边境车站，且交完关税等税费后形成的价格。进口设备抵岸价的构成与进口设备的交货类别有关。

1)进口设备的交货类别。进口设备的交货类别可分为内陆交货类、目的地交货类、装运港交货类。

2)进口设备抵岸价的构成及计算。进口设备采用最多的是装运港船上交货价(FOB)，其抵岸价的构成可用公式表示为：

进口设备抵岸价＝货价＋国际运费＋运输保险费＋银行财务费＋外贸手续费＋
关税＋增值税＋消费税＋海关监管手续费＋车辆购置附加费

(3)设备运杂费的构成及计算。设备运杂费是指设备由制造厂仓库或交货地点,运至施工工地仓库或设备存放地点(该地点与安装地点的距离应在安装工程预算定额包括的运距范围之内),所发生的运输及杂项费用。

设备运杂费包括以下内容:

1)运费和装卸费。国产设备由设备制造厂交货地点起,至工地仓库(或施工组织设计指定的需要安装设备的堆放地点)之间所发生的运费和装卸费;进口设备则由我国到岸港口或边境车站起,至工地仓库(或施工组织设计指定的需安装设备的堆放地点)之间所发生的运费和装卸费。

2)包装费。在设备原价中没有包含的、为运输而进行的包装支出的各种费用。

3)设备供销部门的手续费。按有关部门规定的统一费率计算。

4)采购与仓库保管费。指采购、验收、保管和收发设备所发生的各种费用,包括设备采购人员、保管人员和管理人员的工资、工资附加费、办公费、差旅交通费,设备供应部门办公和仓库所占固定资产使用费、工器具用具使用费、劳动保护费、检验试验费等。这些费用可按主管部门规定的采购与保管费费率计算。

设备运杂费按设备原价乘以设备运杂费率计算,其公式为:

设备运杂费=设备原价×设备运杂费率

其中,设备运杂费率按各部门及省、市等的规定计取。

2. 工、器具及生产家具购置费的构成及计算

工、器具及生产家具购置费,是指新建或扩建项目初步设计规定的,保证初期正常生产必须购置的,没有达到固定资产标准的设备、仪器、工卡模具、器具、生产家具和备品备件等的购置费用。一般以设备购置费为计算基数,按照部门或行业规定的工、器具及生产家具费率计算。计算公式为:

工、器具及生产家具购置费=设备购置费×定额费率

(二)建筑安装工程费用项目

1. 按照费用构成要素划分

建筑安装工程费按照费用构成要素划分,由人工费、材料(包含工程设备,下同)费、施工机具使用费、企业管理费、利润、规费和税金组成(图4-2)。其中,人工费、材料费、施工机具使用费、企业管理费和利润包含在分部分项工程费、措施项目费、其他项目费中。

(1)人工费。

1)人工费组成。人工费是指按工资总额构成规定,支付给从事建筑安装工程施工的生产工人和附属生产单位工人的各项费用。内容包括:

①计时工资或计件工资:是指按计时工资标准和工作时间或对已做工作按计件单价支付给个人的劳动报酬。

②奖金:是指对超额劳动和增收节支支付给个人的劳动报酬。如节约奖、劳动竞赛奖等。

③津贴补贴:是指为了补偿职工特殊或额外的劳动消耗和因其他特殊原因支付给个人的津贴,以及为了保证职工工资水平不受物价影响支付给个人的物价补贴。如流动施工津贴、特殊地区施工津贴、高温(寒)作业临时津贴、高空津贴等。

④加班加点工资:是指按规定支付的在法定节假日工作的加班工资和在法定日工作时间

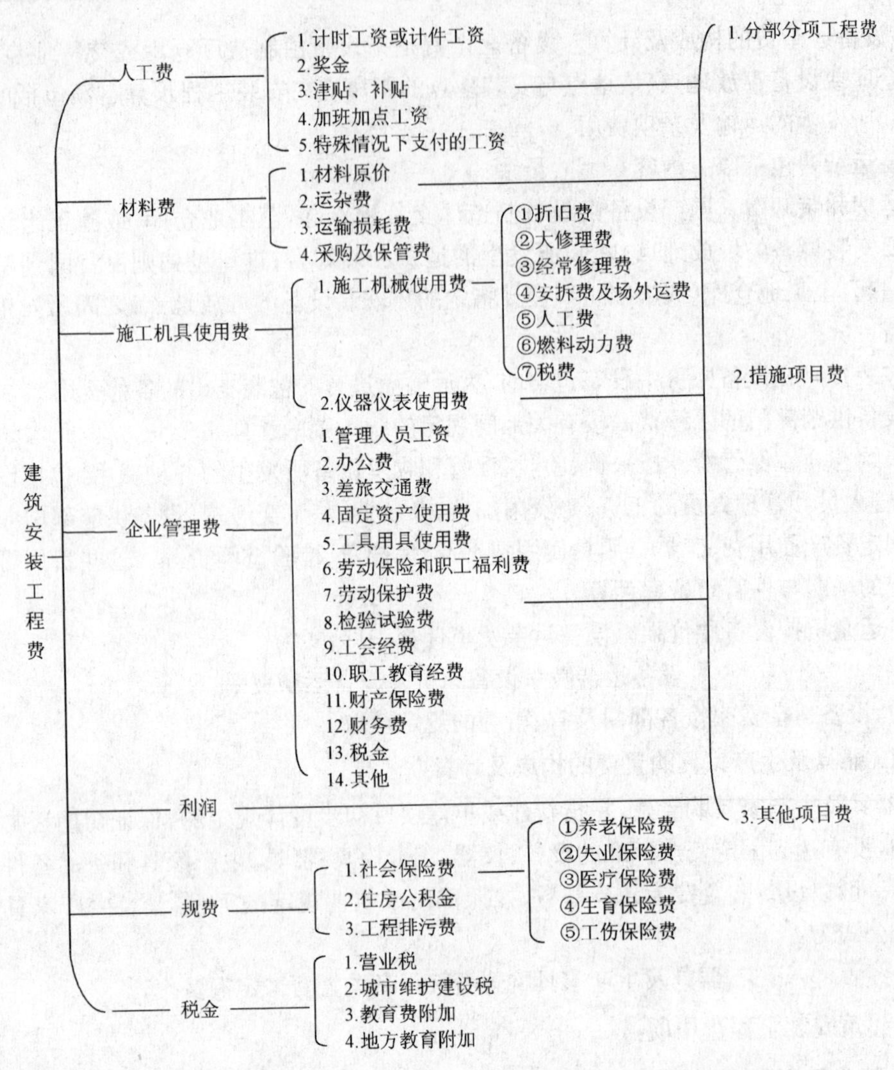

图 4-2　建筑安装工程费用项目组成(按费用构成要素划分)

外延时工作的加点工资。

⑤特殊情况下支付的工资:是指根据国家法律、法规和政策规定,因病、工伤、产假、计划生育假、婚丧假、事假、探亲假、定期休假、停工学习、执行国家或社会义务等原因按计时工资标准或计时工资标准的一定比例支付的工资。

2)人工费计算。

①人工费计算方法一:适用于施工企业投标报价时自主确定人工费,也是工程造价管理机构编制计价定额确定定额人工单价或发布人工成本信息的参考依据,计算公式如下:

$$人工费=\sum(工日消耗量\times日工资单价)$$

$$日工资单价=\frac{平均月(奖金+津贴补贴+特殊情况下支付的工资)}{年平均每月法定工作日}$$

②人工费计算方法二:适用于工程造价管理机构编制计价定额时确定定额人工费,是施工企业投标报价的参考依据,计算公式如下:

$$人工费=\sum(工程工日消耗量\times日工资单价)$$

日工资单价是指施工企业平均技术熟练程度的生产工人在每工作日（国家法定工作时间内）按规定从事施工作业应得的日工资总额。

工程造价管理机构确定日工资单价应通过市场调查，根据工程项目的技术要求，参考实物工程量人工单价综合分析确定，最低日工资单价不得低于工程所在地人力资源和社会保障部门所发布的最低工资标准的：普工1.3倍、一般技工2倍、高级技工3倍。

工程计价定额不可只列一个综合工日单价，应根据工程项目技术要求和工种差别适当划分多种日人工单价，确保各分部工程人工费的合理构成。

(2)材料费。

1)材料费组成。材料费是指施工过程中耗费的原材料、辅助材料、构配件、零件、半成品或成品、工程设备的费用。内容包括：

①材料原价：是指材料、工程设备的出厂价格或商家供应价格。

②运杂费：是指材料、工程设备自来源地运至工地仓库或指定堆放地点所发生的全部费用。

③运输损耗费：是指材料在运输装卸过程中不可避免的损耗。

④采购及保管费：是指为组织采购、供应和保管材料、工程设备的过程中所需要的各项费用。包括采购费、仓储费、工地保管费、仓储损耗。

工程设备是指构成或计划构成永久工程一部分的机电设备、金属结构设备、仪器装置及其他类似的设备和装置。

2)材料费计算。

①材料费。

$$材料费=\sum(材料消耗量\times材料单价)$$

$$材料单价=\{(材料原价+运杂费)\times[1+运输损耗率(\%)]\}\times[1+采购保管费率(\%)]$$

②工程设备费。

$$工程设备费=\sum(工程设备量\times工程设备单价)$$

$$工程设备单价=(设备原价+运杂费)\times[1+采购保管费率(\%)]$$

(3)施工机具使用费。

1)施工机具使用费组成。施工机具使用费是指施工作业所发生的施工机械、仪器仪表使用费或其租赁费。

①施工机械使用费：以施工机械台班耗用量乘以施工机械台班单价表示，施工机械台班单价应由折旧费、大修理费、经常修理费、安拆费及场外运费、人工费、燃料动力费和税费等七项费用组成。

②仪器仪表使用费：是指工程施工所需使用的仪器仪表的摊销及维修费用。

2)施工机具使用费计算。

①施工机械使用费。

$$施工机械使用费=\sum(施工机械台班消耗量\times机械台班单价)$$

$$\begin{aligned}机械台班单价=&台班折旧费+台班大修费+台班经常修理费+台班安拆费及\\&场外运费+台班人工费+台班燃料动力费+台班车船税费\end{aligned}$$

注：工程造价管理机构在确定计价定额中的施工机械使用费时，应根据《建筑施工机械台班费用计算规则》结

合市场调查编制施工机械台班单价。施工企业可以参考工程造价管理机构发布的台班单价，自主确定施工机械使用费的报价，如租赁施工机械，公式为：施工机械使用费＝$\sum$（施工机械台班消耗量×机械台班租赁单价）。

②仪器仪表使用费。

仪器仪表使用费＝工程使用的仪器仪表摊销费＋维修费

(4)企业管理费。

1)企业管理费组成。企业管理费是指建筑安装企业组织施工生产和经营管理所需的费用。内容包括：

①管理人员工资：是指按规定支付给管理人员的计时工资、奖金、津贴补贴、加班加点工资及特殊情况下支付的工资等。

②办公费：是指企业管理办公用的文具、纸张、账表、印刷、邮电、书报、办公软件、现场监控、会议、水电、烧水和集体取暖降温(包括现场临时宿舍取暖降温)等费用。

③差旅交通费：是指职工因公出差、调动工作的差旅费、住勤补助费，市内交通费和误餐补助费，职工探亲路费，劳动力招募费，职工退休、退职一次性路费，工伤人员就医路费，工地转移费以及管理部门使用的交通工具的油料、燃料等费用。

④固定资产使用费：是指管理和试验部门及附属生产单位使用的属于固定资产的房屋、设备、仪器等的折旧、大修、维修或租赁费。

⑤工具用具使用费：是指企业施工生产和管理使用的不属于固定资产的工具、器具、家具、交通工具和检验、试验、测绘、消防用具等的购置、维修和摊销费。

⑥劳动保险和职工福利费：是指由企业支付的职工退职金，按规定支付给离休干部的经费、集体福利费，夏季防暑降温、冬季取暖补贴，上下班交通补贴等。

⑦劳动保护费：是指企业按规定发放的劳动保护用品的支出。如工作服、手套、防暑降温饮料以及在有碍身体健康的环境中施工的保健费用等。

⑧检验试验费：是指施工企业按照有关标准规定，对建筑以及材料、构件和建筑安装物进行一般鉴定、检查所发生的费用，包括自设试验室进行试验所耗用的材料等费用。不包括新结构、新材料的试验费，对构件做破坏性试验及其他特殊要求检验试验的费用和建设单位委托检测机构进行检测的费用，对此类检测发生的费用，由建设单位在工程建设其他费用中列支。但对施工企业提供的具有合格证明的材料进行检测不合格的，该检测费用由施工企业支付。

⑨工会经费：是指企业按《工会法》规定的全部职工工资总额比例计提的工会经费。

⑩职工教育经费：是指按职工工资总额的规定比例计提，企业为职工进行专业技术和职业技能培训，专业技术人员继续教育、职工职业技能鉴定、职业资格认定以及根据需要对职工进行各类文化教育所发生的费用。

⑪财产保险费：是指施工管理用财产、车辆等的保险费用。

⑫财务费：是指企业为施工生产筹集资金或提供预付款担保、履约担保、职工工资支付担保等所发生的各种费用。

⑬税金：是指企业按规定缴纳的房产税、车船使用税、土地使用税、印花税等。

⑭其他：包括技术转让费、技术开发费、投标费、业务招待费、绿化费、广告费、公证费、法律顾问费、审计费、咨询费、保险费等。

2)企业管理费费率。

①以分部分项工程费为计算基础

$$企业管理费费率(\%)=\frac{生产工人年平均管理费}{年有效施工天数\times人工单价}\times人工费占分部分项工程费比例(\%)$$

②以人工费和机械费合计为计算基础

$$企业管理费费率(\%)=\frac{生产工人年平均管理费}{年有效施工天数\times(人工单价+每一工日机械使用费)}\times100\%$$

③以人工费为计算基础

$$企业管理费费率(\%)=\frac{生产工人年平均管理费}{年有效施工天数\times人工单价}\times100\%$$

注:上述公式适用于施工企业投标报价时自主确定管理费,是工程造价管理机构编制计价定额确定企业管理费的参考依据。

工程造价管理机构在确定计价定额中的企业管理费时,应以定额人工费或(定额人工费+定额机械费)作为计算基数,其费率根据历年工程造价积累的资料,辅以调查数据确定,列入分部分项工程和措施项目中。

(5)利润。利润是指施工企业完成所承包工程获得的盈利。施工企业根据企业自身需求并结合建筑市场实际自主确定,列入报价中。

工程造价管理机构在确定计价定额中的利润时,应以定额人工费或(定额人工费+定额机械费)作为计算基数,其费率根据历年工程造价积累的资料,并结合建筑市场实际确定,以单位(单项)工程测算,利润在税前建筑安装工程费的比重可按不低于5%且不高于7%的费率计算。利润应列入分部分项工程和措施项目中。

(6)规费。

1)规费组成。规费是指按国家法律、法规规定,由省级政府和省级有关权力部门规定必须缴纳或计取的费用。内容包括:

①社会保险费:是指企业按照规定为职工缴纳的养老保险费、失业保险费、医疗保险费、生育保险费和工伤保险费。

②住房公积金:是指企业按规定为职工缴纳的住房公积金。

③工程排污费:是指按规定缴纳的施工现场工程排污费。

其他应列而未列入的规费,按实际发生计取。

2)规费计算。

①社会保险费和住房公积金。社会保险费和住房公积金应以定额人工费为计算基础,根据工程所在地省、自治区、直辖市或行业建设主管部门规定费率计算。

$$社会保险费和住房公积金=\sum(工程定额人工费\times社会保险费和住房公积金费率)$$

式中:社会保险费和住房公积金费率可以每万元发承包价的生产工人人工费和管理人员工资含量与工程所在地规定的缴纳标准综合分析取定。

②工程排污费。工程排污费等其他应列而未列入的规费应按工程所在地环境保护等部门规定的标准缴纳,按实际计取列入。

(7)税金。税金是指国家税法规定的应计入建筑安装工程造价内的营业税、城市维护建设税、教育费附加以及地方教育附加。

根据上述规定,现行应缴纳的税金计算公式如下:

$$税金=税前造价\times综合税率(\%)$$

综合税率计算为:

1)纳税地点在市区的企业

$$综合税率(\%)=\frac{1}{1-3\%-3\%\times7\%-3\%\times3\%-3\%\times2\%}-1$$

2)纳税地点在县城、镇的企业

$$综合税率(\%)=\frac{1}{1-3\%-3\%\times5\%-3\%\times3\%-3\%\times2\%}-1$$

3)纳税地点不在市区、县城、镇的企业

$$综合税率(\%)=\frac{1}{1-3\%-3\%\times1\%-3\%\times3\%-3\%\times2\%}-1$$

4)实行营业税改增值税的,按纳税地点现行税率计算。

2. 按照工程造价形成划分

建筑安装工程费按照工程造价形成划分,由分部分项工程费、措施项目费、其他项目费、规费、税金组成(图4-3)。其中,分部分项工程费、措施项目费、其他项目费包含人工费、材料费、施工机具使用费、企业管理费和利润。

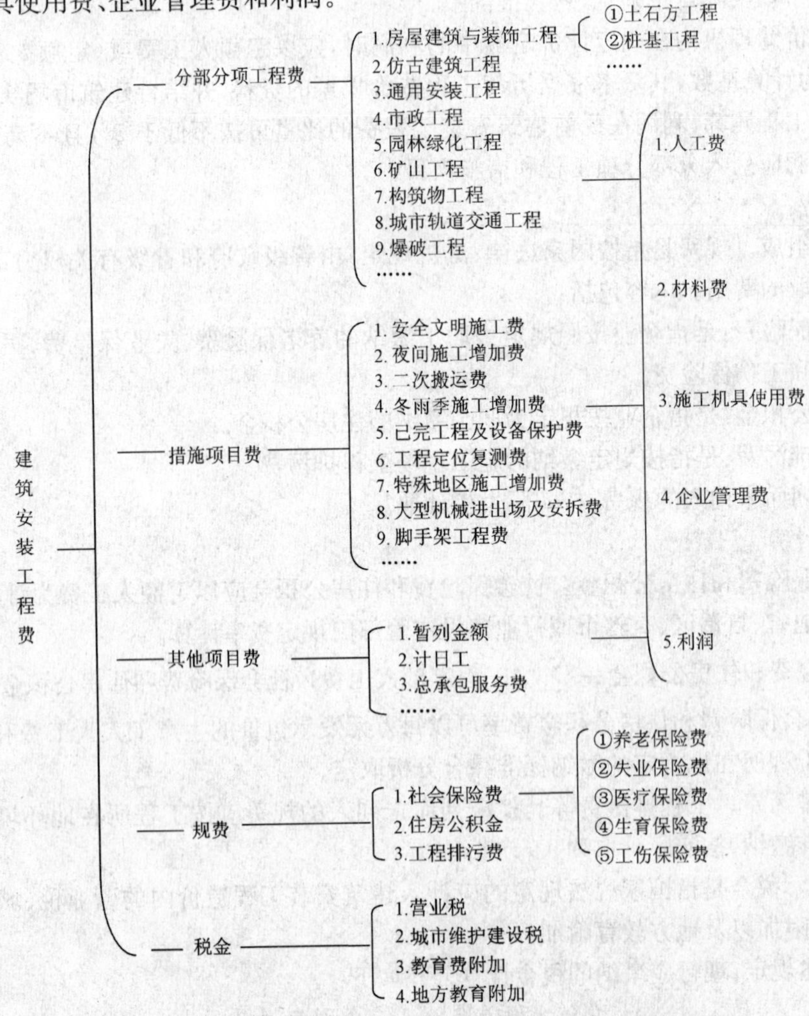

图4-3 建筑安装工程费用项目组成(按工程造价形成划分)

(1)分部分项工程费。

1)分部分项工程费组成。分部分项工程费是指各专业工程的分部分项工程应予列支的各项费用。

①专业工程:是指按国家现行计量规范划分的房屋建筑与装饰工程、仿古建筑工程、通用安装工程、市政工程、园林绿化工程、矿山工程、构筑物工程、城市轨道交通工程、爆破工程等各类工程。

②分部分项工程:是指按国家现行计量规范对各专业工程划分的项目。如房屋建筑与装饰工程划分的土石方工程,地基处理与边坡支护工程,桩基工程,砌筑工程,混凝土及钢筋混凝土工程,金属结构工程,木结构工程,门窗工程,屋面及防水工程,保温、隔热、防腐工程,楼地面装饰工程,墙柱面装饰与隔断、幕墙工程,天棚工程,油漆、涂料、裱糊工程,其他装饰工程,拆除工程等。

2)分部分项工程费计算。

$$分部分项工程费=\sum(分部分项工程量\times综合单价)$$

式中:综合单价包括人工费、材料费、施工机具使用费、企业管理费和利润以及一定范围的风险费用(下同)。

(2)措施项目费。

1)措施项目费组成。措施项目费是指为完成建设工程施工,发生于该工程施工前和施工过程中的技术、生活、安全、环境保护等方面的费用。内容包括:

①安全文明施工费:

a. 环境保护费:是指施工现场为达到环保部门要求所需要的各项费用。

b. 文明施工费:是指施工现场文明施工所需要的各项费用。

c. 安全施工费:是指施工现场安全施工所需要的各项费用。

d. 临时设施费:是指施工企业为进行建设工程施工所必须搭设的生活和生产用的临时建筑物、构筑物和其他临时设施费用。包括临时设施的搭设、维修、拆除、清理费或摊销费等。

②夜间施工增加费:是指因夜间施工所发生的夜班补助费、夜间施工降效、夜间施工照明设备摊销及照明用电等费用。

③二次搬运费:是指因施工场地条件限制而发生的材料、构配件、半成品等一次运输不能到达堆放地点,必须进行二次或多次搬运所发生的费用。

④冬雨季施工增加费:是指在冬季或雨季施工需增加的临时设施、防滑、排除雨雪,人工及施工机械效率降低等费用。

⑤已完工程及设备保护费:是指竣工验收前,对已完工程及设备采取的必要保护措施所发生的费用。

⑥工程定位复测费:是指工程施工过程中进行全部施工测量放线和复测工作的费用。

⑦特殊地区施工增加费:是指工程在沙漠或其边缘地区、高海拔、高寒、原始森林等特殊地区施工增加的费用。

⑧大型机械设备进出场及安拆费:是指机械整体或分体自停放场地运至施工现场或由一个施工地点运至另一个施工地点,所发生的机械进出场运输及转移费用及机械在施工现场进行安装、拆卸所需的人工费、材料费、机械费、试运转费和安装所需的辅助设施的费用。

⑨脚手架工程费:是指施工需要的各种脚手架搭、拆、运输费用以及脚手架购置费的摊销

(或租赁)费用。

措施项目及其包含的内容详见各类专业工程的国家现行或行业计量规范。

2)措施项目费计算。国家计量规范规定应予计量的措施项目,其计算公式为:

$$措施项目费=\sum(措施项目工程量\times综合单价)$$

国家计量规范规定不宜计量的措施项目计算方法如下:

①安全文明施工费:

$$安全文明施工费=计算基数\times安全文明施工费费率(\%)$$

计算基数应为定额基价(定额分部分项工程费+定额中可以计量的措施项目费)、定额人工费或(定额人工费+定额机械费),其费率由工程造价管理机构根据各专业工程的特点综合确定。

②夜间施工增加费:

$$夜间施工增加费=计算基数\times夜间施工增加费费率(\%)$$

③二次搬运费:

$$二次搬运费=计算基数\times二次搬运费费率(\%)$$

④冬雨季施工增加费:

$$冬雨季施工增加费=计算基数\times冬雨季施工增加费费率(\%)$$

⑤已完工程及设备保护费:

$$已完工程及设备保护费=计算基数\times已完工程及设备保护费费率(\%)$$

上述②~⑤项措施项目的计费基数应为定额人工费或(定额人工费+定额机械费),其费率由工程造价管理机构根据各专业工程特点和调查资料综合分析后确定。

(3)其他项目费。

1)其他项目费组成。

①暂列金额:是指建设单位在工程量清单中暂定并包括在工程合同价款中的一笔款项。用于施工合同签订时尚未确定或者不可预见的所需材料、工程设备、服务的采购,施工中可能发生的工程变更、合同约定调整因素出现时的工程价款调整以及发生的索赔、现场签证确认等的费用。

②计日工:是指在施工过程中,施工企业完成建设单位提出的施工图纸以外的零星项目或工作所需的费用。

③总承包服务费:是指总承包人为配合、协调建设单位进行的专业工程发包,对建设单位自行采购的材料、工程设备等进行保管以及施工现场管理、竣工资料汇总整理等服务所需的费用。

2)其他项目费计算。

①暂列金额由建设单位根据工程特点,按有关计价规定估算,施工过程中由建设单位掌握使用、扣除合同价款调整后如有余额,归建设单位。

②计日工由建设单位和施工企业按施工过程中的签证计价。

③总承包服务费由建设单位在招标控制价中根据总包服务范围和有关计价规定编制,施工企业投标时自主报价,施工过程中按签约合同价执行。

(4)规费和税金。规费是政府和有关权力部门根据国家法律、法规规定施工企业必须缴纳的费用。税金是国家按照税法预先规定的标准,强制地、无偿地要求纳税人缴纳的费用。

二者都是工程造价的组成部分，但是其费用内容和计取标准都不是发承包人能自主确定的，更不是由市场竞争决定的。

（三）工程建设其他费用

工程建设其他费用是指从工程筹建到工程竣工验收交付使用的整个建设期间，除建筑安装工程费用和设备、工器具购置费以外的，为保证工程建设顺利完成和交付使用后能够正常发挥效用而发生的一些费用。

1. 土地使用费

任何一个建设项目都固定于一定地点与地面相连接，必须占用一定量的土地，也就必然要发生为获得建设用地而支付的费用，这就是土地使用费。它是指通过划拨方式取得土地使用权而支付的土地征用及迁移补偿费，或者通过土地使用权出让方式取得土地使用权而支付的土地使用权出让金。

2. 与项目建设有关的其他费用

根据项目的不同，与项目建设有关的其他费用的构成也不尽相同，一般包括以下几项。在进行工程估算及概算中可根据实际情况进行计算。

（1）建设单位管理费。建设单位管理费是指建设项目从立项、筹建、建设、联合试运转、竣工验收、交付使用及后评估等全过程管理所需的费用。内容包括如下几项：

1）建设单位开办费。指新建项目为保证筹建和建设工作正常进行所需办公设备、生活家具、用具、交通工具等购置费用。

2）建设单位经费。包括工作人员的基本工资、工资性补贴、职工福利费、劳动保护费、劳动保险费、办公费、差旅交通费、工会经费、职工教育经费、固定资产使用费、工具用具使用费、技术图书资料费、生产人员招募费、工程招标费、合同契约公证费、工程质量监督检测费、工程咨询费、法律顾问费、审计费、业务招待费、排污费、竣工交付使用清理及竣工验收费、后评估等费用。不包括应计入设备、材料预算价格的建设单位采购及保管设备材料所需的费用。

建设单位管理费按照单项工程费用之和（包括设备工、器具购置费和建筑安装工程费用）乘以建设单位管理费率计算。

建设单位管理费率按照建设项目的不同性质、不同规模确定。有的建设项目按照建设工期和规定的金额计算建设单位管理费。

（2）勘察设计费。勘察设计费是指为本建设项目提供项目建议书、可行性研究报告及设计文件等所需费用，内容包括：

1）编制项目建议书、可行性研究报告及投资估算、工程咨询、评价以及为编制上述文件所进行勘察、设计、研究试验等所需费用。

2）委托勘察、设计单位进行初步设计、施工图设计及概预算编制等所需费用。

3）在规定范围内由建设单位自行完成的勘察、设计工作所需费用。

（3）研究试验费。研究试验费是指为建设项目提供和验证设计参数、数据、资料等所进行的必要的试验费用以及设计规定在施工中必须进行的试验、验证所需费用。包括自行或委托其他部门研究试验所需人工费、材料费、试验设备及仪器使用费等。这项费用按照设计单位根据本工程项目的需要提出的研究试验内容和要求计算。

（4）建设单位临时设施费。建设单位临时设施费是指建设期间建设单位所需临时设施的搭设、维修、摊销费用或租赁费用。

临时设施包括临时宿舍、文化福利及公用事业房屋与构筑物、仓库、办公室、加工厂以及规定范围内的道路、水、电、管线等临时设施和小型临时设施。

(5)工程监理费。工程监理费是指建设单位委托工程监理单位对工程实施监理工作所需的费用。

(6)工程保险费。工程保险费是指建设项目在建设期间根据需要实施工程保险所需的费用。包括以各种建筑工程及其在施工过程中的物料、机器设备为保险标的的建筑工程一切险,以安装工程中的各种机器、机械设备为保险标的的安装工程一切险,以及机器损坏保险等。

(7)引进技术和进口设备其他费用。引进技术及进口设备其他费用,包括出国人员费用、国外工程技术人员来华费用、技术引进费、分期或延期付款利息、担保费以及进口设备检验鉴定费。

(8)工程承包费。工程承包费是指具有总承包条件的工程公司,对工程建设项目从开始建设至竣工投产全过程的总承包所需的管理费用。具体内容包括组织勘察设计、设备材料采购、非标设备设计制造与销售、施工招标、发包、工程预决算、项目管理、施工质量监督、隐蔽工程检查、验收和试车直至竣工投产的各种管理费用。

3. 与未来企业生产经营有关的其他费用

(1)联合试运转费。联合试运转是指新建企业或改扩建企业在工程竣工验收前,按照设计的生产工艺流程和质量标准对整个企业进行联合试运转所发生的费用支出与联合试运转期间的收入部分的差额部分。联合试运转费用一般根据不同性质的项目按需进行试运转的工艺设备购置费的百分比计算。

(2)生产准备费。生产准备费是指新建企业或新增生产能力的企业,为保证竣工交付使用进行必要的生产准备所发生的费用。内容包括:

1)生产人员培训费,包括自行培训、委托其他单位培训的人员的工资、工资性补贴、职工福利费、差旅交通费、学习资料费、学习费、劳动保护费等。

2)生产单位提前进厂参加施工、设备安装、调试等以及熟悉工艺流程及设备性能等人员的工资、工资性补贴、职工福利费、差旅交通费、劳动保护费等。

生产准备费一般根据需要培训和提前进厂人员的人数及培训时间,按生产准备费指标进行估算。

应该指出,生产准备费在实际执行中是一笔在时间上、人数上、培训深度上很难划分的、活口很大的支出,尤其要严格掌握。

(3)办公和生活家具购置费。办公和生活家具购置费是指为保证新建、改建、扩建项目初期正常生产、使用和管理所必须购置的办公和生活家具、用具的费用。改、扩建项目所需的办公和生活用具购置费,应低于新建项目。其范围包括办公室、会议室、资料档案室、阅览室、文娱室、食堂、浴室、理发室、单身宿舍和设计规定必须建设的托儿所、卫生所、招待所、中小学校等家具用具购置费。这项费用按照设计定员人数乘以综合指标计算,一般为600～800元/人。

(四)预备费

按我国现行规定,预备费包括基本预备费和涨价预备费。

1. 基本预备费

基本预备费是指在初步设计及概算内难以预料的工程费用，费用内容包括：

(1)在批准的初步设计范围内，技术设计、施工图设计及施工过程中所增加的工程费用；设计变更、局部地基处理等增加的费用。

(2)一般自然灾害造成的损失和预防自然灾害所采取的措施费用。实行工程保险的工程项目费用应适当降低。

(3)竣工验收时为鉴定工程质量对隐蔽工程进行必要的挖掘和修复的费用。

基本预备费是以设备及工、器具购置费，建筑安装工程费用和工程建设其他费用三者之和为计取基础，乘以基本预备费率进行计算。

基本预备费=(设备及工、器具购置费+建筑安装工程费用+工程建设其他费用)×基本预备费率

基本预备费率的取值应执行国家及部门的有关规定。

2. 涨价预备费

涨价预备费是指建设项目在建设期间内，由于价格等变化引起工程造价变化的预测、预留费用。费用内容包括：人工、设备、材料、施工机械的价差费，建筑安装工程费及工程建设其他费用调整，利率、汇率调整等增加的费用。

涨价预备费的测算方法，一般根据国家规定的投资综合价格指数，以估算年份价格水平的投资额为基数，采用复利方法计算。计算公式为：

$$PF = \sum_{i=1}^{n} I_t[(1+f)^t - 1]$$

式中　PF——涨价预备费估算额；

n——建设期年份数；

I_t——建设期中第 t 年的投资计划额，包括设备及工器具购置费、建筑安装工程费、工程建设其他费用及基本预备费；

f——年均投资价格上涨率。

(五)建设期贷款利息

建设期贷款利息包括向国内银行和其他非银行金融机构贷款、出口信贷、外国政府贷款、国际商业银行贷款以及在境内外发行的债券等，在建设期间内应偿还的借款利息。

当总贷款是分年均衡发放时，建设期利息的计算可按当年借款在年中支用考虑，即当年贷款按半年计息，上年贷款按全年计息。计算公式为：

$$q_j = \left(P_{j-1} + \frac{1}{2}A_j\right) \cdot i$$

式中　q_j——建设期第 j 年应计利息；

P_{j-1}——建设期第($j-1$)年末贷款累计金额与利息累计金额之和；

A_j——建设期第 j 年贷款金额；

i——年利率。

国外贷款利息的计算中，还应包括国外贷款银行根据贷款协议，向贷款方以年利率的方式收取的手续费、管理费、承诺费，以及国内代理机构经国家主管部门批准的以年利率的方式向贷款单位收取的转贷费、担保费、管理费等。

三、工程项目投资控制

1. 投资控制的目标设置

为了确保投资目标的实现，需要对投资进行控制；如果没有投资目标，也就不对投资进行控制。投资目标的设置应有充分的科学依据，既要有先进性，又要有实现的可能性。如果控制目标的水平过高，也就意味着投资留有一定量的缺口，虽经努力也无法实现，投资控制也就会失去指导工作、改进工作的意义，将成为空谈。如果控制目标的水平过低，也就意味着项目高估冒算，建设者不需努力即可达到目的，不仅浪费了资金，而且对建设者也失去了激励的作用，投资控制也形同虚设。

进行工程项目投资控制，必须有明确的控制目标。这个目标就是实现投资的最佳经济效益。要实现这一目标，就必须对工程项目的所有投资进行系统科学的管理。不仅要注重工程项目固定资产投资的控制，还要注重流动资金投资的控制；不仅要注重建设阶段的投资控制，还应注重工程项目营运阶段及报废阶段的投资控制。只有这样，才能把工程项目投资控制工作做好。

由于工程项目的建设周期长，各种变化因素多，而且建设者对工程项目的认识过程也是一个由粗到细、由表及里、逐步深化的过程。因此，投资控制的目标是随设计的不同阶段而逐步深入、细化，其目标也是分阶段设置的，随工程设计的深入，目标会愈来愈清晰，愈来愈准确。如投资估算是设计方案选择和初步设计时的投资控制目标，设计概算是进行技术设计和施工图设计时的投资控制目标，设计预算或建设工程施工合同的合同价是施工阶段投资控制的目标，它们共同组成项目投资控制的目标系统。

2. 投资控制的动态原理

监理工程师对投资控制应开始于设计阶段，并置身于工程实施的全过程之中，其控制原理如图 4-4 所示。

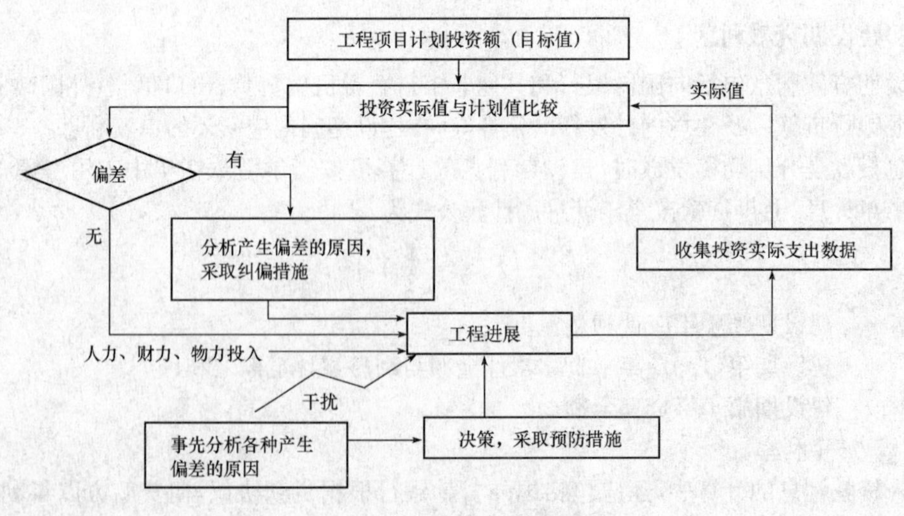

图 4-4　投资控制原理图

项目投资控制的关键在于施工以前的决策阶段和设计阶段；而在投资决策以后，设计阶段（包括初步设计、技术设计和施工图设计）就成为控制项目投资的关键。监理工程师应注意对设计方案进行审核和费用估算，以便根据费用的估算情况与控制投资额进行比较，并提出对设计方案是否进行修改的建议。

同时，监理工程师还应对施工现场和环境进行踏勘，对施工单位的水平和各种资源情况进行调查，以便对设计方案的某些方面进行优化，提出意见，节约投资。

在施工阶段，投资控制主要是通过审核施工图预算，不间断地监测施工过程中各种费用的实际支出情况，并与各个分部工程、分项工程的预算进行比较，从而判断工程的实际费用是否偏离了控制的目标值，或有无偏离控制目标值的趋势，以便尽早采取控制纠偏措施予以纠正。

3. 监理工程师应具备的主要能力

要做到有效地控制项目造价，监理工程师一般应具备以下的主要能力：

（1）监理工程师必须受过专门的设计训练，熟悉正在建设的项目生产工艺过程，这样才有可能与设计师、承包商共同讨论技术问题。

（2）要了解工程和房屋建筑以及施工技术等知识，掌握各分部工程所包括的具体项目，了解指定的设备和材料性能，并熟悉施工现场各工种的职能。

（3）能够采用现代经济分析方法，对拟建项目计算期（含建设期和生产期）内投入产出等诸多经济因素进行调查、预测、研究、计算和论证，从而选择、推荐较优的方案作为投资决策的重要依据。

（4）能够运用价值工程等技术经济方法，组织评选设计方案，优化设计，使设计在达到必要功能前提下，有效地控制项目造价。

（5）具有对工程项目估价（含投资估算、设计概算、设计预算）的能力，当从设计方案和图纸中获得必要的信息以后，监理工程师的能力是使工作具体化并使他所估价的准确度控制在一定范围以内。从项目委托阶段一直到谈判结束以及安排好承包商的索赔，都需要做出不同深度的估价。因而，估价既是监理工程师最重要的专长之一，也是一个通过大量实践才可以学到的技巧。

（6）根据图纸和现场情况进行工程量计算的能力，也是估价前必不可少的，而做好此项工作不是那么容易的，计算实物工程量不是一般的数学计算，其中有许多应计价的项目隐含在图纸里。

（7）充分、确切地理解合同协议，需要时，能对协议中的条款做出咨询，在可能引起争议的范围内，要有与承包商谈判的才能和技巧。

（8）对有关法律有确切的了解，不能期望监理工程师又是一个律师，但是他应该具有足够的法律基础知识，了解如何完成一项具有法律约束力的合同，以及合同各个部分所承担的义务。

（9）有获得价格和成本费用情报、资料的能力和使用这些资料的方法。这些资料有多种来源，包括公开发表的价目表和价格目录、工程报价、类似工程的造价资料，由专业团体出版的价格资料和政府发布的价格资料等，监理工程师应能熟练运用这些资料，并考虑到工程项目具体的地理位置、当地劳动力价格、到现场的运输条件和运费以及所得数据价格波动情况等，从而确定本工程项目的单价。

第二节 项目决策阶段的投资控制

一、项目投资决策的基本要素

投资决策是指投资者为了实现预期目标，在面临多种机会方案选择时，借助一定的科学方法对若干可行性方案进行选择，从中筛选出相对效益最大的方案的过程。项目的投资决策是指从项目投资主体的利益出发，根据客观条件和投资项目的特点，在掌握有关信息的基础上，运用科学的决策手段和方法，按一定的程序和标准，对投资项目做出选择或决定的过程。建设项目投资决策体系的构成要素涉及众多的内外部因素，主要有以下基本要素：

1. 决策主体

决策主体是由个体或群体组成的具有智能性和能动性的主体系统，其形式可以是个人，也可以是个人组成的集体、组织、机构等。建设工程项目投资决策主体是建设项目投资主体即投资人，投资人可以聘请具有相应资质的项目管理公司代为负责前期策划、编制项目建议书及可行性研究报告等工作。

2. 决策目标

决策目标是投资项目决策所要达到的目的。目标明确，决策行为才能方向明确；目标划分合理，目标的制定才具针对性。确定决策目标，即确定了投资预期目标，决定了投资方向、投资规模、投资结构以及未来投资成本效益的评估标准，为投资决策奠定良好的基础。

3. 决策信息

决策信息指有关决策对象规律、性能及所处环境等各方面的知识、消息。决策的任何阶段都离不开信息，在决策目标的引导下，信息对决策具有重要的影响，正确而充分的信息是科学决策的前提和保障。决策的信息主要来源于决策客体信息和决策环境信息两方面。

4. 决策理论和方法

决策理论和方法是指导和帮助决策主体处理决策信息，任何决策实践都少不了正确的决策理论和方法做指导。

5. 决策程序

决策程序就是在投资决策过程中，各工作环节中遵循的符合其自身运动规律的先后顺序，它是人们在项目决策实践中，不断总结经验抓住对客观事物规律深化的基础上制定出来的，这样才能避免出现决策的主观性和盲目性，从而达到理想的决策效果。

对于一般项目而言，决策过程分为投资机会研究阶段、编制项目建议书阶段、可行性研究阶段、项目评价阶段和项目决策审批阶段。对于重大项目决策，在决策程序中可以考虑适当增加必要性评价和决策审查等环节，以提高项目决策的科学性。投资决策各阶段工作程序如图 4-5 所示。

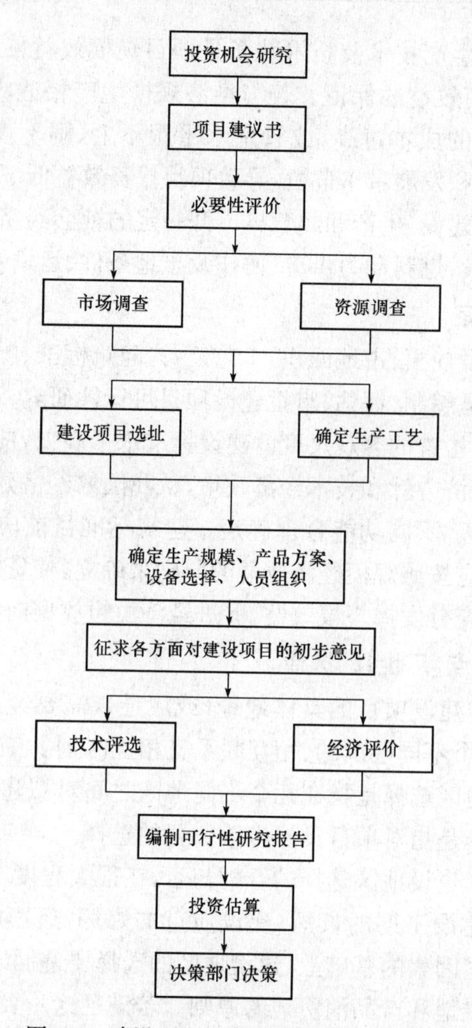

图 4-5　建设项目投资决策阶段工作程序

二、决策阶段影响工程项目投资的关键要素

决策阶段影响工程投资额的主要因素包括项目建设规模、建设地区及建设地点(厂址)的选择、技术方案、设备方案、工程方案、环境保护措施等。

1. 项目建设规模

项目合理规模的确定,就是要合理选择拟建项目的生产规模,项目规模的合理选择关系着项目的成败,决定着工程造价合理与否。在确定项目规模时,不仅要考虑项目内部各因素之间的数量匹配、能力协调,还要使所有生产力因素共同形成的经济实体(如项目)在规模上大小适应。这样可以合理确定和有效控制工程造价,提高项目的经济效益。但同时也须注意,规模扩大所产生的效益不是无限的,它受到技术进步、管理水平、项目经济技术环境等多种因素的制约。超过一定限度,规模效益将不再出现,甚至可能出现单位成本递增和收益递减的现象。项目规模合理化的制约因素有:

(1)市场因素。市场因素是项目规模确定中需考虑的首要因素。其中,项目产品的市场需求状况是确定项目生产规模的前提。

(2)技术因素。先进的生产技术及技术装备是项目规模效益赖以存在的基础，而相应的管理技术水平则是实现规模效益的保证。若与经济规模生产相适应的先进技术及其装备的来源没有保障，或获取技术的成本过高，或管理水平跟不上，则不仅预期的规模效益难以实现，而且还会给项目的生存和发展带来危机，导致项目投资效益低下，工程支出浪费严重。

(3)环境因素。项目的建设、生产和经营离不开一定的社会经济环境，项目规模确定中需考虑的主要因素有政策因素、燃料动力供应、协作及土地条件、运输及通信条件。

2. 建设标准水平的确定

建设标准是指包括建设规模、占地面积、工艺装备、建筑标准、配套工程、劳动定员等方面的标准或指标。建设标准是编制、评估、审批建设项目可行性研究、设计任务书和初步设计的重要依据，是有关部门监督检查的客观尺度。建设标准水平高低，应按照艰苦奋斗、勤俭节约的精神，贯彻执行国家的经济方针和技术经济政策，从我国的经济建设方针水平出发，区别不同地区、不同规模、不同等级、不同功能合理确定。建筑标准目前应坚持适用、经济、安全、朴实的原则。建设规模大小应按照规模经济效益的原则来确立，使资源和生产力得到合理的配置，确保资源的综合利用，充分发挥规模效益，促进经济由粗放型向集约型转变。

3. 建设地区及建设地点(厂址)的选择

一般情况下，确定某个建设项目的具体地址(或厂址)，需要经过建设地区选择和建设地点选择(厂址选择)这样两个不同层次的、相互联系又相互区别的工作阶段。这两个阶段是一种递进关系。其中，建设地区选择是指在几个不同地区之间对拟建项目适宜配置在哪个区域范围的选择；建设地点选择是指对项目具体坐落位置的选择。

(1)建设地区的选择。建设地区选择的合理与否，在很大程度上决定着拟建项目的命运，影响着工程造价的高低、建设工期的长短、建设质量的好坏，还影响到项目建成后的经营状况。因此，在综合考虑上述因素的基础上，建设地区的选择要遵循以下两个基本原则：

1)靠近原料、燃料提供地和产品消费地的原则。若满足这一要求，在项目建成投产后，可以避免原料、燃料和产品的长期远途运输，减少费用，降低产品的生产成本；并且缩短流通时间，加快流动资金的周转速度。但这一原则并不是意味着项目安排在距原料、燃料提供地和产品消费地的等距离范围内，而是根据项目的技术经济特点和要求具体对待。

2)工业项目适当聚集的原则。在工业布局中，通常是一系列相关的项目聚成适当规模的工业基地和城镇，从而有利于发挥"集聚效益"。集聚效益形成的客观基础是：第一，现代化生产是一个复杂的分工合作体系，只有相关企业集中配置，才能对各种资源和生产要素充分利用，便于形成综合生产能力，尤其对那些具有密切投入产出链环关系的项目，集聚效益尤为明显；第二，现代产业需要有相应的生产性和社会性基础设施相配合，其能力和效率才能充分发挥，企业布点适当集中，才有可能统一建设比较齐全的基础设施，避免重复建设，节约投资，提高这些设施的效益；第三，企业布点适当集中，才能为不同类型的劳动者提供多种就业机会。

(2)建设地点(厂址)的选择。建设地点的选择是一项极为复杂的技术经济综合性很强的系统工程，它不仅涉及项目建设条件、产品生产要素、生态环境和未来产品销售等重要问题，受社会、政治、经济、国防等多种因素的制约；而且还直接影响到项目建设投资、建设速度和施工条件，以及未来企业的经营管理及所在地点的城乡建设规划和发展。因此，必须从国民经济和社会发展的全局出发，运用系统观点和方法分析决策。

4. 生产工艺

生产工艺流程是从原料（如精矿）到产品（如金属制品）全部工序的生产过程。在可行性研究阶段就得确定工艺方案或工艺流程。随后的各项设计都是围绕工艺流程而展开的，所以，选定的工艺流程是否合理，直接关系到企业建成后的经济效益。工艺先进适用、经济合理是选择工艺流程的基本标准。所选定的工艺流程必须在确保产品符合国家要求的同时，力求技术先进适用、经济合理，最大限度地提高金属回收率、劳动生产率和设备利用率，保护环境卫生、生态平衡，防止“三废”（废水、废气、废渣）污染，缩短生产流程、强化生产过程、节约基建投资和降低生产成本为企业谋求最大的经济效益。

（1）先进适用。这是评定工艺的最基本的标准。先进与适用，是对立统一的。保证工艺的先进性是首先要满足的，能够带来产品质量、生产成本的优势。但是不能单独强调先进而忽视适用，还要考察工艺是否符合我国的国情和国力，是否符合我国的技术发展政策。因此，一般来说，引进的工艺和技术既要比国内现有的工艺先进，又要注意在我国的适用性，并不是越先进越好。有的引进项目，可以在主要工艺上采用先进技术，而其他部分则采用适用技术。

（2）经济合理。经济合理是指所用的工艺应能以尽可能小的消耗获得最大的经济效果，要求综合考虑所用工艺所能产生的经济效益和国家的经济承受能力。在可行性研究中，常提出多种工艺方案，各方案的投资数量、能源消耗量、动力需要和各项技术经济指标不尽相同，产品质量和产品成本也不一样，经济效果定有好坏。要对各方案进行比较、分析，综合评价出最合理的工艺，力求少投入、多产出，谋求最佳经济效益和社会效益，从而推荐出价值系数最大的工艺。

5. 主要设备

设备的选择要根据工艺要求和进行技术经济比较来选定，并应注意以下几点：

（1）尽量选用国产设备。要立足国内，尽量选用国产设备。当然，必须要引进的，还得向国外采购真正先进的设备。

（2）要注意进口设备之间以及国内外设备之间的衔接配套问题。一个项目从国外引进设备时，为了考虑各供应厂家的设备特长和价格等问题，可能分别向几家制造厂购买。这时，就必须注意各厂所供设备之间技术、效率等方面的衔接配套问题。为了避免各厂所供设备不能配套衔接，引进时最好采用总承包的方式。还有一些项目，一部分为进口国外设备，另一部分则引进技术由国内制造。这时，也必须注意国内外设备之间的衔接配套问题。

（3）要注意进口设备与原有国产设备、厂房之间的配套问题。主要应注意本厂原有国产设备的质量、性能与引进设备是否配套，以免因国内外设备能力不平衡而影响生产。

（4）要注意进口设备与原材料、备品备件及维修能力之间的配套问题。应尽量避免引进的设备所用主要原料需要进口。如果必须从国外引进时，应安排国内有关厂家尽快研制这种原料。在备品备件供应方面，随机引进的备品备件数量往往有限，有些备件在厂家输出技术或设备之后不久就被淘汰。因此，采用进口设备还必须同时组织国内研制所需备品备件问题，以保证设备长期发挥作用。另外，对于进口的设备，还必须懂得如何操作和维修，否则不能发挥设备的先进性。在外商派人调试安装时，可培训国内技术人员及时学会操作，必要时也可派人出国培训。

三、工程项目的投资估算

在进行拟建项目的前期工作中，对项目的全部建设所需资金的计算过程，称为投资估算。投资估算是拟建项目编制项目建议书、可行性研究报告的重要组成部分，是项目决策的重要依据之一，其主要内容有拟建项目投资总额、资金筹措和资金的使用计划，同时，还包括了投资预测、投资效益分析和返本时间等。另外，投资估算一经批准，即为建设项目的投资最高限额，一般情况不得随意突破。因此，投资估算的准确度应达到规定的深度。

(一)投资估算的编制深度

投资项目前期工作可以概括为机会研究、初步可行性研究(项目建议书)、可行性研究、评估四个阶段。由于不同阶段工作深度和掌握的资料不同，投资估算的准确程度也就不同。因此，在前期工作的不同阶段，允许投资估算的深度和准确度不同。随着工作的进展、项目条件的逐步明确和细化，投资估算会不断地深入，准确度会逐步提高，从而对项目投资起到有效的控制作用。投资项目前期的不同阶段对投资估算的允许误差率见表4-1。

表4-1　投资项目前期各阶段对投资估算误差的要求

序　号	投资项目前期阶段	投资估算的误差率
1	机会研究阶段	≥±30%
2	初步可行性研究(项目建议书)	±20%以内
3	可行性研究阶段	±10%以内
4	评估阶段	±10%以内

(二)投资估算的编制原则与依据

1. 投资估算的编制原则

投资估算是拟建项目建议书、可行性研究报告的重要组成部分，是经济效益评价的基础，也是项目决策的重要依据。因此，在编制投资估算时应符合以下原则：

(1)实事求是的原则。从实际出发，深入开展调查研究，掌握第一手资料，不能弄虚作假。

(2)合理利用资源、效益最高的原则。在市场经济环境中，应利用有限的资源，尽可能地满足需要。

(3)尽量做到快、准的原则。一般投资估算误差都比较大。经过艰苦细致的工作，加强研究，积累资料，尽量做到又快又准地拿出项目的投资估算。

(4)适应高科技发展的原则。从编制投资估算的角度出发，对资料收集，信息存储、处理、使用以及编制方法的选择和编制过程应逐步实现计算机化、网络化。

2. 投资估算的编制依据

市政工程项目可行性研究投资估算的编制，必须严格执行国家的方针、政策和有关法律法规，在调查研究的基础上，如实反映工程项目的建设规模、标准、工期、建设条件和所需投资，合理确定和严格控制工程造价。

估算编制人员应深入现场，搜集工程所在地有关的基础资料，包括人工工资、材料主要价格、运输和施工条件、各项费用标准等，并全面了解建设项目的资金筹措、实施计划、水电供应、配套工程、征地拆迁补偿等情况。对于引进技术和设备、中外合作经营的建设项目，估算编制人员应参加对外洽商交流，要求外商提供能满足编制投资估算的有关资料，以提高投资估算的质量。

投资估算的编制依据主要有以下几个方面：

(1)项目建议书、可行性研究报告、方案设计。

(2)投资估算指标、概算指标、技术经济指标。

(3)单项工程和单位工程造价指标等。

(4)类似工程的概预算。

(5)设计参数，包括建筑面积指标、能源消耗指标等。

(6)概预算定额及其单价。

(7)当地人工、材料、机械台班、设备价格。

(8)当地建筑工程取费标准。

(三)投资估算文件的组成

市政工程建设项目投资估算文件的组成如下：

(1)估算编制说明。估算编制说明应包括以下主要内容：

1)工程简要概况。包括建设规模和建设范围，并明确建设项目总投资估算中所包括的和不包括的工程项目和费用，如有几个单位共同编制时，则应说明分工编制的情况。

2)编制依据。编制依据应主要包括以下内容：

①国家和主管部门发布的有关法律、法规、规章、规程等。

②部门或地区发布的投资估算指标及建筑、安装工程定额或指标。

③工程所在地区建设行政主管部门发布的人工、设备、材料价格、造价指数等。

④国外初步询价资料及所采用的外汇汇率。

⑤工程建设其他费用内容及费率标准。

3)征地拆迁、供电供水、考察咨询等费用的计算。

4)其他有关问题的说明，如估算编制中存在的问题及其他需要说明的问题。

(2)建设项目总投资估算及使用外汇额度。

(3)主要技术经济指标及投资估算分析。

(4)钢材、水泥(或商品混凝土)、木料总需用量，沥青及其沥青制品等的需用量。

(5)主要引进设备的内容、数量和费用。

(6)资金筹措、资金总额的组成及年度用款安排。

(四)投资估算的方法

投资的估算采用何种方法应取决于要求达到的精确度，而精确度又由项目前期研究阶段的不同以及资料数据的可靠性决定。因此，在投资项目的不同前期研究阶段，允许采用不同详简、不同深度的估算方法。常用的估算方法有生产能力指数法、比例估算法、投资估算指标法和综合指标投资估算法。

(1)生产能力指数法。该方法是根据已建成的、性质类似的建设项目的投资额和生产能力与拟建项目的生产能力，估算拟建项目的投资额。采用生产能力指数法，计算简单、速度快，但要求类似工程的资料可靠，条件基本相同，否则误差就会增大。

(2)比例估算法。比例估算法又分为以下两种:

1)以拟建项目的全部设备费为基数进行估算。此种估算方法根据已建成的同类项目的建筑安装费和其他工程费用等占设备价值的百分比,求出相应的建筑安装费及其他工程费等,再加上拟建项目的其他有关费用,其总和即为项目或装置的投资。

2)以拟建项目的最主要工艺设备费为基数进行估算。此种方法根据同类型已建项目的有关统计资料,计算出拟建项目的各专业工程占工艺设备投资(包括运杂费和安装费)的百分比,据以求出各专业的投资,然后把各部分投资(包括工艺设备费)相加求和,再加上工程其他有关费用,即为项目的总投资。

(3)投资估算指标法。投资估算指标法是编制和确定项目可行性研究报告中投资估算的基础和依据,与概预算定额比较,估算指标是以独立的建设项目、单项工程或单位工程为对象,综合项目全过程投资和建设中的各类成本和费用,反映出其扩大的技术经济指标,具有较强的综合性和概括性。

(4)综合指标投资估算法。综合指标投资估算法又称概算指标法,依据国家有关规定,国家或行业、地方的定额、指标和取费标准以及设备和主材价格等,从工程费用中的单项工程入手,来估算初始投资。采用这种方法,还需要相关专业提供较为详细的资料,有一定的估算深度,精确度相对较高。

第三节　施工阶段的投资控制

一、资金使用计划的编制

施工阶段资金使用计划编制的目的是为了控制施工阶段投资,合理确定工程项目投资控制目标值,也就是根据工程概算或预算确定计划投资的总目标值、分目标值、细目标值。

1. 按项目分解编制资金使用计划

根据建设项目的组成,首先将总投资分解到各单项工程,再分解到单位工程,最后分解到分部分项工程。分部分项工程的支出预算既包括材料费、人工费、机械费,也包括承包企业的间接费、利润等,是分部分项工程的综合单价与工程量的乘积。按单价合同签订的招标项目,可根据签订合同时提供的工程量清单所定的单价确定。其他形式的承包合同,可利用编制招标控制价时所计算的材料费、人工费、机械费及考虑分摊的利润等确定综合单价,同时核实工程量,准确确定支出预算。资金使用计划表见表4-2。

表4-2　按项目分解编制的资金使用计划

编　码	工程内容	单　位	工程数量	综合单价	合　价	备　注

编制资金使用计划时,既要在项目总的方面考虑总预备费,也要在主要的工程分项中安排适当的不可预见费。所核实的工程量与招标时的工程量估算值有较大出入时,应予以调整并做“预计超出子项”注明。

2. 按时间进度编制资金使用计划

建设项目的投资总是分阶段、分期支出的，资金应用是否合理与资金时间安排有密切关系。为了合理地制定资金筹措计划，尽可能减少资金占用和利息支付，编制按时间进度分解的资金使用计划是很有必要的。

通过对施工对象的分析和对施工现场的考察，结合当代施工技术特点，制定出科学合理的施工进度计划，在此基础上编制按时间进度划分的投资支出预算，其步骤如下：

(1)编制施工进度计划。

(2)根据单位时间内完成的工程量计算出这一时间内的预算支出，在时标网络图上按时间编制投资支出计划。

(3)计算工期内各时间点的预算支出累计额，绘制时间—投资累计曲线(S形曲线)，如图 4-6所示。

对时间—投资累计曲线，根据施工进度计划的最早可能开始时间和最迟必须开始时间来绘制则可得两条时间—投资累计曲线，俗称"香蕉"形曲线，如图 4-7 所示。一般而言，按最迟必须开始时间安排施工，对建设资金贷款利息节约有利，但同时也降低了项目按期竣工的保证率，故监理工程师必须合理地确定投资支出预算，达到既节约投资支出，又能控制项目工期的目的。

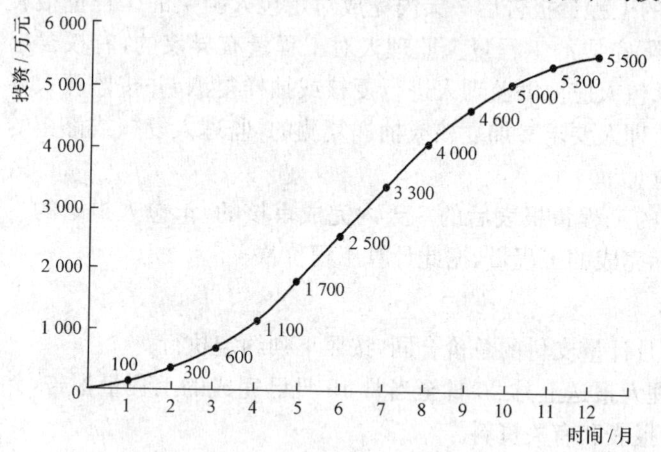

图 4-6　时间—投资累计曲线(S形曲线)

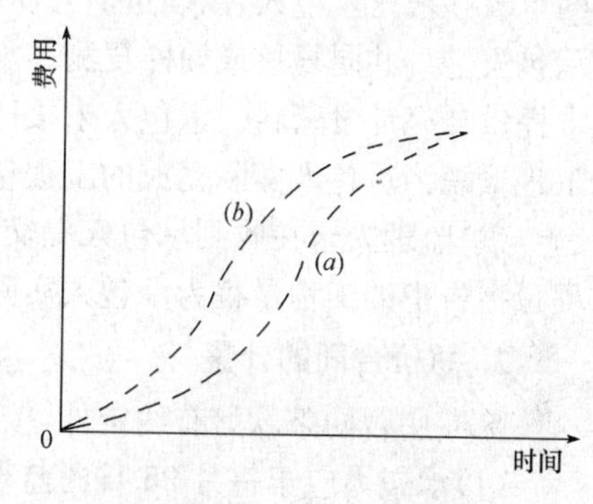

图 4-7　投资计划值的香蕉形曲线图

(a)所有工作按最迟开始时间开始的曲线；

(b)所有工作按最早开始时间开始的曲线

在实际操作中可同时绘出计划进度预算支出累计线、实际进度预算支出累计线和实际进度实际支出累计线，以进行比较，了解施工过程中费用的节约或超出情况。

二、工程计量

(一)工程计量的重要性

工程计量就是发承包双方根据合同约定，对承包人完成合同工程的数量进行的计算和确认。《建设工程工程量清单计价规范》(GB 50500—2013)中规定："工程计量可选择按月或按工程形象进度分段计量，当采用分段结算方式时，应在合同中约定具体的工程分段划分界限。"按工程形象进度分段计量与按月计量相比，其计量结果更具稳定性，可以简化竣工结算。但应注意工程形象进度分段的时间应与按月计量保持一定关系，不应过长。

采用单价合同的承包工程,工程量清单中的工程量,只是在图纸和规范基础上的估算值,不能作为工程款结算的依据。监理工程师必须对已完工的工程进行计量,只有经过监理工程师计量确定的数量才是向承包商支付工程款的凭证。所以,计量是控制项目投资支出的关键环节,也是约束承包商履行合同义务的手段,监理工程师对计量支付有充分的批准权和否决权,对不合格的工作和工程,可以拒绝计量。监理工程师通过按时计量,可以及时掌握承包商工作的进展情况和工程进度,督促承包商履行合同。

(二)工程计量的程序

工程计量按照合同约定的工程量计算规则、图纸及变更指示等进行计量。工程量计算规则应以相关的国家标准、行业标准等为依据,由合同当事人在专用合同条款中约定。除专用合同条款另有约定外,工程量的计量按月进行。

1. 单价合同的计量

除专用合同条款另有约定外,单价合同的计量按照下列约定执行:

(1)承包人应于每月 25 日向监理人报送上月 20 日至当月 19 日已完成的工程量报告,并附具进度付款申请单、已完成工程量报表和有关资料。

(2)监理人应在收到承包人提交的工程量报告后 7 天内完成对承包人提交的工程量报表的审核并报送发包人,以确定当月实际完成的工程量。监理人对工程量有异议的,有权要求承包人进行共同复核或抽样复测。承包人应协助监理人进行复核或抽样复测,并按监理人要求提供补充计量资料。承包人未按监理人要求参加复核或抽样复测的,监理人复核或修正的工程量视为承包人实际完成的工程量。

(3)监理人未在收到承包人提交的工程量报表后的 7 天内完成审核的,承包人报送的工程量报告中的工程量视为承包人实际完成的工程量,据此计算工程价款。

2. 总价合同的计量

除专用合同条款另有约定外,按月计量支付的总价合同,按照下列约定执行:

(1)承包人应于每月 25 日向监理人报送上月 20 日至当月 19 日已完成的工程量报告,并附具进度付款申请单、已完成工程量报表和有关资料。

(2)监理人应在收到承包人提交的工程量报告后 7 天内完成对承包人提交的工程量报表的审核并报送发包人,以确定当月实际完成的工程量。监理人对工程量有异议的,有权要求承包人进行共同复核或抽样复测。承包人应协助监理人进行复核或抽样复测并按监理人要求提供补充计量资料。承包人未按监理人要求参加复核或抽样复测的,监理人审核或修正的工程量视为承包人实际完成的工程量。

(3)监理人未在收到承包人提交的工程量报表后的 7 天内完成复核的,承包人提交的工程量报告中的工程量视为承包人实际完成的工程量。

(三)工程计量的方法

监理工程师一般只对工程量清单中的全部项目、合同文件中规定的项目、工程变更项目三个方面的工程项目进行计量。根据 FIDIC 合同条件的规定,可按照以下方法进行计量:

1. 估价法

估价法就是按合同文件的规定,根据监理工程师估算的已完成的工程价值支付。如为监理工程师提供办公设施和生活设施,为监理工程师提供用车,为监理工程师提供测量设备、天气记录设备、通信设备等项目。这类清单项目往往要购买几种仪器设备。当承包商对于某一项清单项目中规定购买的仪器设备不能一次购进时，则需采用估价法进行计量支付。

2. 凭据法

凭据法就是按照承包商提供的凭据进行计量支付。如提供建筑工程险保险费、第三方责任险保险费、履约保证金等项目，一般按凭据法进行计量支付。

3. 均摊法

均摊法是对清单中某些项目的合同价款，这些项目都有一个共同的特点，即每月均有发生，按合同工期平均计量，可以采用均摊法进行计量支付。

4. 分解计量法

分解计量法就是将一个项目，根据工序或部位分解为若干子项，对已完成的各子项进行计量支付。这种计量方法主要是为了解决一些包干项目或较大的工程项目的支付时间过长，影响承包商的资金流动。

5. 图纸法

按图纸进行计量的方法，称为图纸法。在工程量清单中，许多项目都采取按照设计图纸所示的尺寸进行计量。

三、合同价款调整

实行招标工程的合同价款由合同双方依据中标通知书的中标价款在合同协议书中约定，但在工程施工阶段，由于项目实际情况的变化，发承包双方在施工合同中约定的合同价款可能会出现变动。为合理分配双方的合同价款变动风险，有效地控制工程造价，发承包双方应当在施工合同中明确约定合同价款的调整事件、调整方法及调整程序。一般来说合同价款调整事件主要包括：①法律法规变化；②工程变更；③项目特征不符；④工程量清单缺项；⑤工程量偏差；⑥计日工；⑦物价变化；⑧暂估价；⑨不可抗力；⑩提前竣工（赶工补偿）；⑪误期赔偿；⑫索赔；⑬现场签证；⑭暂列金额；⑮发承包双方约定的其他调整事项。

（一）法律法规变化

招标工程以投标截止日前28天、非招标工程以合同签订前28天为基准日，其后因国家的法律、法规、规章和政策发生变化引起工程造价增减变化的，发承包双方应按照省级或行业建设主管部门或其授权的工程造价管理机构据此发布的规定调整合同价款。

因承包人原因导致工期延误的，在合同工程原定竣工时间之后，国家的法律、行政法规和相关政策发生变化引起工程造价变化，造成合同价款增加的，合同价款不予调整；造成合同减少的，合同价款予以调整。

（二）工程变更

工程变更是在工程项目实施过程中，按照合同约定的程序对部分或全部工程在材料、工艺、功能、构造、尺寸、技术指标、工程数量及施工方法等方面做出的改变。建设工程施工合同签订以后，对合同文件中的任何一部分的变更都属于工程变更的范畴。建设单位、设计单位、施工单位和监理单位等都可以提出工程变更的要求。因此，在工程建设的过程中，如果对工程变更处理不当，则会对工程的投资、进度计划、工程质量造成影响，甚至引发合同有关方面的纠纷。因此对工程变更应予以重视，严加控制，并依照法定程序予以解决。

1. 工程变更的范围

除专用合同条款另有约定外，合同履行过程中发生以下情形的，应进行变更：

(1)增加或减少合同中任何工作，或追加额外的工作。

(2)取消合同中任何工作，但转由他人实施的工作除外。

(3)改变合同中任何工作的质量标准或其他特性。

(4)改变工程的基线、标高、位置和尺寸。

(5)改变工程的时间安排或实施顺序。

发包人和监理人均可以提出变更。变更指示均通过监理人发出，监理人发出变更指示前应征得发包人同意。承包人收到经发包人签认的变更指示后，方可实施变更。未经许可，承包人不得擅自对工程的任何部分进行变更。

涉及设计变更的，应由设计人提供变更后的图纸和说明。如变更超过原设计标准或批准的建设规模时，发包人应及时办理规划、设计变更等审批手续。

2. 工程变更程序

(1)施工单位提出的工程变更情形有：一是图纸出现错、漏、碰、缺等缺陷无法施工；二是图纸不便施工，变更后更经济、方便；三是采用新材料、新产品、新工艺、新技术的需要；四是施工单位考虑自身利益，为费用索赔而提出工程变更。项目监理机构应准确把握不同情况，按程序处理。特别是对于工程变更可能造成的费用增加和工期变化要及时评估，及时反馈给建设单位，并及时协商处理。项目监理机构可按下列程序处理施工单位提出的工程变更：

1)总监理工程师组织专业监理工程师审查施工单位提出的工程变更申请，提出审查意见。对涉及工程设计文件修改的工程变更，应由建设单位转交原设计单位修改工程设计文件。必要时，项目监理机构应建议建设单位组织设计、施工等单位召开论证工程设计文件的修改方案的专题会议。

2)总监理工程师组织专业监理工程师对工程变更费用及工期影响做出评估。

3)总监理工程师组织建设单位、施工单位等共同协商确定工程变更费用及工期变化，会签工程变更单。

4)项目监理机构根据批准的工程变更文件监督施工单位实施工程变更。

工程变更需要修改工程设计文件，涉及消防、人防、环保、节能、结构等内容的，应按规定经有关部门重新审查。

(2)发包人提出变更。发包人提出变更的，应通过监理人向承包人发出变更指示，变更指示应说明计划变更的工程范围和变更的内容。

(3)监理人提出变更建议。监理人提出变更建议的，需要向发包人以书面形式提出变更计划，说明计划变更工程的范围和变更的内容、理由，以及实施该变更对合同价格和工期的影响。发包人同意变更的，由监理人向承包人发出变更指示。发包人不同意变更的，监理人无权擅自发出变更指示。

(4)变更执行。承包人收到监理人下达的变更指示后，认为不能执行，应立即提出不能执行该变更指示的理由。承包人认为可以执行变更的，应当书面说明实施该变更指示对合同价格和工期的影响，且合同当事人应当按照变更估价约定确定变更估价。

1)变更估价原则。除专用合同条款另有约定外，变更估价按照本款约定处理：

①已标价工程量清单或预算书有相同项目的，应按照相同项目单价认定。

②已标价工程量清单或预算书中无相同项目，但有类似项目的，参照类似项目的单价认定。

③变更导致实际完成的变更工程量与已标价工程量清单或预算书中列明的该项目工程量的变化幅度超过 15%的，或已标价工程量清单或预算书中无相同项目及类似项目单价的，按照合理的成本与利润构成的原则，由合同当事人按照确定变更工作的单价认定。

2)变更估价程序。承包人应在收到变更指示后 14 天内，向监理人提交变更估价申请。监理人应在收到承包人提交的变更估价申请后 7 天内审查完毕并报送发包人，监理人对变更估价申请有异议的，通知承包人修改后重新提交。发包人应在承包人提交变更估价申请后 14 天内审批完毕。发包人逾期未完成审批或未提出异议的，可视为认可承包人提交的变更估价申请。

因变更引起的价格调整应计入最近一期的进度款中支付。

(5)发生工程变更，无论是由设计单位还是建设单位或施工单位提出的，均应经过建设单位、设计单位、施工单位和工程监理单位的签认，并通过总监理工程师下达变更指令后，施工单位方可进行施工。工程变更单应按表 4-3 的要求填写。

表 4-3　　工程变更单

工程名称：________　　　　编号：________

<table>
<tr><td colspan="2">致：____________
由于____________原因，兹提出____________工程变更，请予以审批。
附件：1. 变更内容
2. 变更设计图
3. 相关会议纪要
4. 其他

变更提出单位：________
负责人：________
____年____月____日</td></tr>
<tr><td>工程数量增/减</td><td></td></tr>
<tr><td>费用增/减</td><td></td></tr>
<tr><td>工期变化</td><td></td></tr>
<tr><td>施工项目经理部(盖章)________
项目经理(签字)：________</td><td>设计单位(盖章)________
设计负责人(签字)：________</td></tr>
<tr><td>项目监理机构(盖章)________
总监理工程师(签字)：________</td><td>建设单位(盖章)________
负责人(签字)：________</td></tr>
</table>

注：本表一式四份，建设单位、项目监理机构、设计单位、施工单位各一份。

3. 工程变更价款的调整

建设工程施工合同实施过程中，如果合同签订时所依赖的承包范围、设计标准、施工条件等发生变化，则必须在新的承包范围、新的设计标准或新的施工条件等前提下对发承包双方的权利和义务进行重新分配，从而建立新的平衡，追求新的公平和合理。由于施工条件变化和发包人要求变化等原因，往往会发生合同约定的工程材料性质和品种、建筑物结构形式、施工工艺和方法等的变动，此时必须变更才能维护合同的公平。

(1)因工程变更引起已标价工程量清单项目或其工程数量发生变化时，应按照下列规定调整：

1)已标价工程量清单中有适用于变更工程项目的，应采用该项目的单价；但当工程变更导致该清单项目的工程数量发生变化，且工程量偏差超过15%时，该项目单价应按照《建设工程工程量清单计价规范》(GB 50500—2013)的规定调整。

2)已标价工程量清单中没有适用但有类似于变更工程项目的，可在合理范围内参照类似项目的单价。

3)已标价工程量清单中没有适用也没有类似于变更工程项目的，应由承包人根据变更工程资料、计量规则和计价办法、工程造价管理机构发布的信息价格和承包人报价浮动率提出变更工程项目的单价，并应报发包人确认后调整。承包人报价浮动率可按下列公式计算：

招标工程：

$$承包人报价浮动率\ L=(1-中标价/招标控制价)\times 100\%$$

非招标工程：

$$承包人报价浮动率\ L=(1-报价/施工图预算)\times 100\%$$

4)已标价工程量清单中没有适用也没有类似于变更工程项目，且工程造价管理机构发布的信息价格缺价的，应由承包人根据变更工程资料、计量规则、计价办法和通过市场调查等取得有合法依据的市场价格提出变更工程项目的单价，并应报发包人确认后调整。

(2)工程变更引起施工方案改变并使措施项目发生变化时，承包人提出调整措施项目费的，应事先将拟实施的方案提交发包人确认，并应详细说明与原方案措施项目相比的变化情况。拟实施的方案经发承包双方确认后执行，并应按照下列规定调整措施项目费：

1)安全文明施工费应按照实际发生变化的措施项目依据规定计算。

2)采用单价计算的措施项目费，应按照实际发生变化的措施项目，按规定确定单价。

3)按总价(或系数)计算的措施项目费，按照实际发生变化的措施项目调整，但应考虑承包人报价浮动因素，即调整金额按照实际调整金额乘以规定的承包人报价浮动率计算。

如果承包人未事先将拟实施的方案提交给发包人确认，则应视为工程变更不引起措施项目费的调整或承包人放弃调整措施项目费的权利。

(3)当发包人提出的工程变更因非承包人原因删减了合同中的某项原定工作或工程，致使承包人发生的费用或(和)得到的收益不能被包括在其他已支付或应支付的项目中，也未被包含在任何替代的工作或工程中时，承包人有权提出并应得到合理的费用及利润补偿。

(三)项目特征不符

项目特征描述是确定综合单价的重要依据之一。发包人在招标工程量清单中对项目特征的描述,应被认为是准确的和全面的,并且与实际施工要求相符合。承包人应按照发包人提供的招标工程量清单,根据项目特征描述的内容及有关要求实施合同工程,直到项目被改变为止。

承包人应按照发包人提供的设计图纸实施合同工程,若在合同履行期间出现设计图纸(含设计变更)与招标工程量清单任一项目的特征描述不符,且该变化引起该项目工程造价增减变化的,应按照实际施工的项目特征,按相关条款的规定重新确定相应工程量清单项目的综合单价,并调整合同价款。

(四)工程量清单缺项

合同履行期间,由于招标工程量清单中缺项,新增分部分项工程清单项目的,应按规定确定单价,并调整合同价款。

新增分部分项工程清单项目后引起措施项目发生变化的,应按规定,在承包人提交的实施方案被发包人批准后调整合同价款;由于招标工程量清单中措施项目缺项,承包人应将新增措施项目实施方案提交发包人批准后,按规定调整合同价款。

(五)工程量偏差

工程量偏差是指承包人根据发包人提供的图纸进行施工,按照国家现行计量规范规定的工程量计算规则,计算得到的完成合同工程项目应予计量的工程量与相应的招标工程量清单项目列出的工程量之间出现的量差。

施工过程中,由于施工条件、地质水文、工程变更等变化以及招标工程量清单编制人专业水平的差异,往往会造成实际工程量与招标工程量清单出现偏差,工程量偏差过大,对综合成本的分摊带来影响。如突然增加太多,仍按原综合单价计价,对发包人不公平;如突然减少太多,仍按原综合单价计价,对承包人不公平。并且,这给有经验的承包人的不平衡报价打开了大门。对于任一招标工程量清单项目,当因工程量偏差和工程变更等原因导致工程量偏差超过15%时,可进行调整。当工程量增加15%以上时,增加部分的工程量的综合单价应予调低;当工程量减少15%以上时,减少后剩余部分的工程量的综合单价应予调高。可按下列公式调整:

(1)当 $Q_1>1.15Q_0$ 时:

$$S=1.15Q_0\times P_0+(Q_1-1.15Q_0)\times P_1$$

(2)当 $Q_1<0.85Q_0$ 时:

$$S=Q_1\times P_1$$

式中　S——调整后的某一分部分项工程费结算价;

Q_1——最终完成的工程量;

Q_0——招标工程量清单中列出的工程量;

P_1——按照最终完成工程量重新调整后的综合单价;

P_0——承包人在工程量清单中填报的综合单价。

由上述两式可以看出，计算调整后的某一分部分项工程费结算价的关键是确定新的综合单价 P_1。确定的方法，一是发承包双方协商确定；二是与招标控制价相联系，当工程量偏差项目出现承包人在工程量清单中填报的综合单价与发包人招标控制价相对清单项目的综合单价偏差超过 15%时，工程量偏差项目综合单价的调整可参考以下公式确定：

(3)当 $P_0<P_2\times(1-L)\times(1-15\%)$时，该类项目的综合单价 P_1 按 $P_2\times(1-L)\times(1-15\%)$进行调整。

(4)当 $P_0>P_2\times(1+15\%)$时，该类项目的综合单价 P_1 按 $P_2\times(1+15\%)$进行调整。

(5)当 $P_0>P_2\times(1-L)\times(1-15\%)$或 $P_0<P_2\times(1+15\%)$时，可不进行调整。

式中　P_0——承包人在工程量清单中填报的综合单价；

P_2——发包人招标控制价相应项目的综合单价；

L——承包人报价浮动率。

当工程量出现上述变化，且该变化引起相关措施项目相应发生变化时，按系数或单一总价方式计价的，工程量增加的措施项目费调增，工程量减少的措施项目费调减。

(六)计日工

(1)发包人通知承包人以计日工方式实施的零星工作，承包人应予执行。

(2)采用计日工计价的任何一项变更工作，在该项变更的实施过程中，承包人应按合同约定提交下列报表和有关凭证送发包人复核：

1)工作名称、内容和数量。

2)投入该工作所有人员的姓名、工种、级别和耗用工时。

3)投入该工作的材料名称、类别和数量。

4)投入该工作的施工设备型号、台数和耗用台时。

5)发包人要求提交的其他资料和凭证。

(3)任一计日工项目持续进行时，承包人应在该项工作实施结束后的 24 小时内向发包人提交有计日工记录汇总的现场签证报告一式三份。发包人在收到承包人提交现场签证报告后的 2 天内予以确认并将其中一份返还给承包人，作为计日工计价和支付的依据。发包人逾期未确认也未提出修改意见的，应视为承包人提交的现场签证报告已被发包人认可。

(4)任一计日工项目实施结束后，承包人应按照确认的计日工现场签证报告核实该类项目的工程数量，并应根据核实的工程数量和承包人已标价工程量清单中的计日工单价计算，提出应付价款；已标价工程量清单中没有该类计日工单价的，由发承包双方按规定商定计日工单价计算。

(5)每个支付期末，承包人应按照规定向发包人提交本期间所有计日工记录的签证汇总表，并应说明本期间自己认为有权得到的计日工金额，调整合同价款，列入进度款支付。

(七)物价变化

1. 物价波动合同价款调整要求

合同履行期间，因人工、材料、工程设备、机械台班价格波动影响合同价款时，应根据合同约定调整合同价款。因物价波动引起的合同价款调整方法有两种：一种是采用价格指数调整价格差额；另一种是采用造价信息调整价格差额。

(1)价格指数调整价格差额。

1)价格调整公式。因人工、材料和工程设备、施工机械台班等价格波动影响合同价格时,应由投标人根据投标函附录中的价格指数和权重表约定的数据,按下式计算差额并调整合同价款:

$$\Delta P=P_0\left[A+\left(B_1\times\frac{F_{t1}}{F_{01}}+B_2\times\frac{F_{t2}}{F_{02}}+B_3\times\frac{F_{t3}}{F_{03}}+\cdots+B_n\times\frac{F_{tn}}{F_{0n}}\right)-1\right]$$

式中 ΔP——需调整的价格差额;

P_0——约定的付款证书中承包人应得到的已完成工程量的金额。此项金额应不包括价格调整、不计质量保证金的扣留和支付、预付款的支付和扣回。约定的变更及其他金额已按现行价格计价的,也不计在内;

A——定值权重(即不调部分的权重);

B_1、B_2、B_3、$\cdots B_n$——各可调因子的变值权重(即可调部分的权重),为各可调因子在投标函投标总报价中所占的比例;

F_{t1}、F_{t2}、F_{t3}、$\cdots F_{tn}$——各可调因子的现行价格指数,指约定的付款证书相关周期最后一天的前42天的各可调因子的价格指数;

F_{01}、F_{02}、F_{03}、$\cdots F_{0n}$——各可调因子的基本价格指数,指基准日期的各可调因子的价格指数。

以上价格调整公式中的各可调因子、定值和变值权重,以及基本价格指数及其来源在投标函附录价格指数和权重表中约定。价格指数应首先采用工程造价管理机构提供的价格指数,缺乏上述价格指数时,可采用工程造价管理机构提供的价格代替。

2)暂时确定调整差额。在计算调整差额时得不到现行价格指数的,可暂用上一次价格指数计算,并在以后的付款中再按实际价格指数进行调整。

3)权重的调整。约定的变更导致原定合同中的权重不合理时,由承包人和发包人协商后进行调整。

4)承包人工期延误后的价格调整。由于承包人原因未在约定的工期内竣工的,对原约定竣工日期后继续施工的工程,在使用价格调整公式时,应采用原约定竣工日期与实际竣工日期的两个价格指数中较低的一个作为现行价格指数。

5)若可调因子包括了人工在内,则不适用由发包人承担的规定。

(2)造价信息调整价格差额。

1)施工期内,因人工、材料和工程设备、施工机械台班价格波动影响合同价格时,人工、机械使用费按照国家或省、自治区、直辖市建设行政管理部门、行业建设管理部门或其授权的工程造价管理机构发布的人工成本信息、机械台班单价或机械使用费系数进行调整。需要进行价格调整的材料,其单价和采购数应由发包人复核,发包人确认需调整的材料单价及数量,作为调整合同价款差额的依据。

2)人工单价发生变化且该变化因省级或行业建设主管部门发布的人工费调整文件所致时,承包双方应按省级或行业建设主管部门或其授权的工程造价管理机构发布的人工成本文件调整合同价款。人工费调整时应以调整文件的时间为界限进行。

3)材料、工程设备价格变化按照发包人提供的《承包人提供主要材料和工程设备一览表(适用于造价信息差额调整法)》,由发承包双方约定的风险范围按下列规定调整合同价款:

①承包人投标报价中材料单价低于基准单价:施工期间材料单价涨幅以基准单价为基础

超过合同约定的风险幅度值，或材料单价跌幅以投标报价为基础超过合同约定的风险幅度值时，其超过部分按实调整。

②承包人投标报价中材料单价高于基准单价：施工期间材料单价跌幅以基准单价为基础超过合同约定的风险幅度值，或材料单价涨幅以投标报价为基础超过合同约定的风险幅度值时，其超过部分按实调整。

③承包人投标报价中材料单价等于基准单价：施工期间材料单价涨、跌幅以基准单价为基础超过合同约定的风险幅度值时，其超过部分按实调整。

④承包人应在采购材料前将采购数量和新的材料单价报送发包人核对，确认用于本合同工程时，发包人应确认采购材料的数量和单价。发包人在收到承包人报送的确认资料后3个工作日不予答复的视为已经认可，作为调整合同价款的依据。如果承包人未报经发包人核对即自行采购材料，再报发包人确认调整合同价款的，如发包人不同意，则不做调整。

4)施工机械台班单价或施工机械使用费发生变化超过省级或行业建设主管部门或其授权的工程造价管理机构规定的范围时，按其规定调整合同价款。

2. 物价变化合同价款调整要求

(1)合同履行期间，因人工、材料、工程设备、机械台班价格波动影响合同价款时，应根据合同约定，按上述“1.”中介绍的方法之一调整合同价款。

(2)承包人采购材料和工程设备的，应在合同中约定主要材料、工程设备价格变化的范围或幅度；当没有约定，且材料、工程设备单价变化超过5%时，超过部分的价格应按照上述“1.”中介绍的方法计算调整材料、工程设备费。

(3)发生合同工程工期延误的，应按照下列规定确定合同履行期的价格调整：

1)因非承包人原因导致工期延误的，计划进度日期后续工程的价格，应采用计划进度日期与实际进度日期两者的较高者。

2)因承包人原因导致工期延误的，计划进度日期后续工程的价格，应采用计划进度日期与实际进度日期两者的较低者。

(4)发包人供应材料和工程设备的，不适用上述第“(1)”和第“(2)”条规定，应由发包人按照实际变化调整，列入合同工程的工程造价内。

(八)暂估价

(1)按照《工程建设项目货物招标投标办法》(国家发改委、建设部等七部委27号令)第五条规定：“以暂估价形式包括在总承包范围内的货物达到国家规定规模标准的，应当由总承包中标人和工程建设项目招标人共同依法组织招标”。在工程招标阶段已经确认的材料、工程设备或专业工程项目，由于标准不明确，无法在当时确定准确价格，为了不影响招标效果，由发包人在招标工程量清单中给定一个暂估价。确定暂估价实际价格的情形有以下四种：

一是材料、工程设备属于依法必须招标的，由发承包双方以招标的方式选择供应商，确定其价格并以此为依据取代暂估价，调整合同价款。

二是材料和工程设备不属于依法必须招标的，由承包人按照合同约定采购，经发包人确认后以此为依据取代暂估价，调整合同价款。

三是专业工程不属于依法必须招标的，应按照规定确定专业工程价款，并以此为依据取代专业工程暂估价，调整合同价款。

四是专业工程依法必须招标的，应当由发承包双方依法组织招标选择专业分包人，其中：

1)承包人不参加投标的专业工程分包招标，应由承包人作为招标人，但拟定的招标文件、评标工作、评标结果应报送发包人批准。与组织招标工作有关的费用应当被认为已经包括在承包人的签约合同价(投标总报价)中。

2)承包人参加投标的专业工程分包招标，应由发包人作为招标人，与组织招标工作有关的费用由发包人承担。同等条件下，应优先选择承包人中标。

3)以专业工程分包中标价为依据取代专业工程暂估价，调整合同价款。

(2)发包人在招标工程量清单中给定暂估价的材料、工程设备不属于依法必须招标的，应由承包人按照合同约定采购，经发包人确认单价后取代暂估价，调整合同价款。

(3)发包人在工程量清单中给定暂估价的专业工程不属于依法必须招标的，应按照规定确定专业工程价款，并应以此为依据取代专业工程暂估价，调整合同价款。

(4)发包人在招标工程量清单中给定暂估价的专业工程，依法必须招标的，应当由发承包双方依法组织招标选择专业分包人，并接受有管辖权的建设工程招标投标管理机构的监督，还应符合下列要求：

1)除合同另有约定外，承包人不参加投标的专业工程发包招标，应由承包人作为招标人，但拟定的招标文件、评标工作、评标结果应报送发包人批准。与组织招标工作有关的费用应当被认为已经包括在承包人的签约合同价(投标总报价)中。

2)承包人参加投标的专业工程发包招标，应由发包人作为招标人，与组织招标工作有关的费用由发包人承担。同等条件下，应优先选择承包人中标。

3)应以专业工程发包中标价为依据取代专业工程暂估价，调整合同价款。

(九)不可抗力

(1)因不可抗力事件导致的人员伤亡、财产损失及其费用增加，发承包双方应按下列原则分别承担并调整合同价款和工期：

1)合同工程本身的损害、因工程损害导致第三方人员伤亡和财产损失以及运至施工场地用于施工的材料和待安装的设备的损害，应由发包人承担。

2)发包人、承包人人员伤亡应由其所在单位负责，并应承担相应费用。

3)承包人的施工机械设备损坏及停工损失，应由承包人承担。

4)停工期间，承包人应发包人要求留在施工场地的必要的管理人员及保卫人员的费用应由发包人承担。

5)工程所需清理、修复费用，应由发包人承担。

(2)不可抗力解除后复工的，若不能按期竣工，应合理延长工期。发包人要求赶工的，赶工费用应由发包人承担。

(3)因不可抗力解除合同的，应按合同解除规定办理。

(十)提前竣工(赶工补偿)

《建设工程质量管理条例》第十条规定：“建设工程发包单位不得迫使承包方以低于成本的价格竞标，不得任意压缩合理工期”。因此为了保证工程质量，承包人除了根据标准规范、施工图纸进行施工外，还应当按照科学合理的施工组织设计，按部就班地进行施工作业。

(1)赶工费用。招标人应依据相关工程的工期定额合理计算工期，压缩的工期天数不得超过定额工期的20%，超过者，应在招标文件中明示增加赶工费用。

(2)提前竣工奖励。发包人要求合同工程提前竣工的，应征得承包人同意后与承包人商定采取加快工程进度的措施，并应修订合同工程进度计划。发包人应承担承包人由此增加的提前竣工(赶工补偿)费用。

发承包双方应在合同中约定提前竣工每日历天应补偿额度，此项费用应作为增加合同价款列入竣工结算文件中，应与结算款一并支付。

(十一)误期赔偿

(1)承包人未按照合同约定施工，导致实际进度迟于计划进度的，承包人应加快进度，实现合同工期。

合同工程发生误期，承包人应赔偿发包人由此造成的损失，并应按照合同约定向发包人支付误期赔偿费。即使承包人支付误期赔偿费，也不能免除承包人按照合同约定应承担的任何责任和应履行的任何义务。

(2)发承包双方应在合同中约定误期赔偿费，并应明确每日历天应赔额度。误期赔偿费应列入竣工结算文件中，并应在结算款中扣除。

(3)在工程竣工之前，合同工程内的某单项(位)工程已通过了竣工验收，且该单项(位)工程接收证书中表明的竣工日期并未延误，而是合同工程的其他部分产生了工期延误时，误期赔偿费应按照已颁发工程接收证书的单项(位)工程造价占合同价款的比例幅度予以扣减。

(十二)索赔

当合同一方向另一方提出索赔时，应有正当的索赔理由和有效证据，并应符合合同的相关约定。建设工程施工中的索赔是发承包双方行使正当权利的行为，承包人可向发包人索赔，发包人也可向承包人索赔。任何索赔事件的确立，其前提条件是必须有正当的索赔理由。对正当索赔理由的说明必须具有证据，因为进行索赔主要是靠证据说话。没有证据或证据不足，索赔是难以成功的。

若承包人认为非承包人原因发生的事件造成了承包人的损失，承包人应在确认该事件发生后，持证明索赔事件发生的有效证据和依据正当的索赔理由，按合同约定的时间向发包人发出索赔通知。发包人应按合同约定的时间对承包人提出的索赔进行答复和确认。发包人在收到最终索赔报告后并在合同约定时间内，未向承包人做出答复，视为该项索赔已经认可。

根据合同约定，发包人认为由于承包人的原因造成发包人的损失，宜按承包人索赔的程序进行索赔。当合同中未就发包人的索赔事项做具体约定，可按规定处理。

(十三)现场签证

现场签证是在施工过程中遇到问题时，由于报批需要时间，所以在施工现场由现场负责人当场审批的一个过程。签证是指发包人现场代表(或其授权的监理人、工程造价咨询人)与承包人现场代表就施工过程中涉及的责任事件所做的签认证明。

1. 签证的形式

签证有多种情形，一是发包人的口头指令，需要承包人将其提出，由发包人转换成书面签证；二是发包人的书面通知如涉及工程实施，需要承包人就完成此通知需要的人工、材料、机械设备等内容向发包人提出，取得发包人的签证确认；三是合同工程招标工程量清单中已有，但施工中发现与其不符，比如土方类别，出现流砂等，需承包人及时向发包人提出签证确认，以便调整合同价款；四是由于发包人原因未按合同约定提供场地、材料、设备或停水、停电等造成承包人停工，需承包人及时向发包人提出签证确认，以便计算索赔费用；五是合同中约定材料、设备等价格，由于市场发生变化，需承包人向发包人提出采纳数量及其单价，以便发包人核对后取得发包人的签证确认；六是其他由于施工条件、合同条件变化需现场签证的事项等。

2. 现场签证的提出

承包人应发包人要求完成合同以外的零星项目、非承包人责任事件等工作的，发包人应及时以书面形式向承包人发出指令，并应提供所需的相关资料；承包人在收到指令后，应及时向发包人提出现场签证要求。

3. 现场签证报告的确认

承包人应在收到发包人指令后的7天内向发包人提交现场签证报告，发包人应在收到现场签证报告后的48小时内对报告内容进行核实，予以确认或提出修改意见。发包人在收到承包人现场签证报告后的48小时内未确认也未提出修改意见的，应视为承包人提交的现场签证报告已被发包人认可。

4. 现场签证要求

(1)现场签证的工作如已有相应的计日工单价，现场签证中应列明完成该类项目所需的人工、材料、工程设备和施工机械台班的数量。

如现场签证的工作没有相应的计日工单价，应在现场签证报告中列明完成该签证工作所需的人工、材料设备和施工机械台班的数量及单价。

(2)合同工程发生现场签证事项，未经发包人签证确认，承包人便擅自施工的，除非征得发包人书面同意，否则发生的费用应由承包人承担。

(3)在施工过程中，当发现合同工程内容因场地条件、地质水文、发包人要求等不一致时，承包人应提供所需的相关资料，并提交发包人签证认可，作为合同价款调整的依据。

(4)现场签证工作完成后的7天内，承包人应按照现场签证内容计算价款，报送发包人确认后，作为增加合同价款，与进度款同期支付。

(十四)暂列金额

(1)已签约合同价中的暂列金额应由发包人掌握使用。

(2)暂列金额虽然列入合同价款，但并不属于承包人所有，也并不必然发生。只有按照合同约定实际发生后，才能成为承包人的应得金额，纳入工程合同结算价款中，发包人按照前述相关规定与要求进行支付后，暂列金额余额仍归发包人所有。

四、工程结算

(一)工程价款的主要结算方式

我国现行工程价款结算根据不同情况，可采取多种方式。

1. 按月结算

实行旬末或月中预支，月终结算，竣工后清算的方法。跨年度竣工的工程，在年终进行工程盘点，办理年度结算。我国现行的建筑安装工程价款结算中，相当一部分是实行这种按月结算的方法。

2. 竣工后一次结算

建设项目或单项工程全部建筑安装工程建设期在12个月以内，或者工程承包合同价值在100万元以下的，可以实行工程价款每月月中预支，竣工后一次结算。

3. 分段结算

当年开工，当年不能竣工的单项工程或单位工程按照工程形象进度，划分不同阶段进行结算。分段结算可以按月预支工程款。其分段的划分标准，由各部门、自治区、直辖市、计划单列市规定。

4. 目标结款方式

即在工程合同中，将承包工程的内容分解成不同的控制界面，以业主验收控制界面作为支付工程价款的前提条件。也就是说，将合同中的工程内容分解成不同的验收单元，当承包商完成单元工程内容并经业主（或其委托人）验收后，业主支付构成单元工程内容的工程价款。

（二）工程预付款支付

工程预付款的支付按照专用合同条款约定执行，但至迟应在开工通知载明的开工日期7天前支付。工程预付款应当用于材料、工程设备、施工设备的采购及修建临时工程、组织施工队伍进场等。

除专用合同条款另有约定外，预付款在进度付款中同比例扣回。在颁发工程接收证书前，提前解除合同的，尚未扣完的预付款应与合同价款一并结算。

发包人逾期支付预付款超过7天的，承包人有权向发包人发出要求预付的催告通知，发包人收到通知后7天内仍未支付的，承包人有权暂停施工，并可向发包人发出通知，要求发包人采取有效措施纠正违约行为。发包人收到承包人通知后28天内仍不纠正违约行为的，承包人有权暂停相应部位工程施工，并通知监理人。

1. 工程预付款的限额

工程预付款的限额，各地区、各部门的规定不完全相同，主要是保证施工所需材料和构件的正常储备。一般是根据施工工期、建安工作量、主要材料和构件费用占建安工作量的比例以及材料储备周期等因素经测算来确定。

(1)在合同条件中约定。发包人根据工程的特点、工期长短、市场行情、供求规律等因素，招标时在合同条件中约定工程预付款的百分比。

(2)公式计算法。公式计算法是根据主要材料（含结构件等）占年度承包工程总价的比重、材料储备定额天数和年度施工天数等因素，通过公式计算预付备料款额度的一种方法。其计算公式为：

$$\text{工程预付款数额}=\frac{\text{工程总价}\times\text{材料比重}(\%)}{\text{年度施工天数}}\times\text{材料储备定额天数}$$

$$\text{工程预付款比率}=\frac{\text{工程预付款数额}}{\text{工程总价}}\times 100\%$$

式中，年度施工天数按365日历天计算；材料储备定额天数由当地材料供应的在途天数、加工天数、整理天数、供应间隔天数、保险天数等因素决定。

2. 工程预付款的扣回

发包单位拨付给承包单位的预付款属于预支性质，工程实施后，随着工程所需主要材料储备的逐步减少，应以抵充工程价款的方式陆续扣回。扣款的方法如下所述：

（1）可以从未施工工程尚需的主要材料及构件的价值相当于预付款数额时起扣，从每次结算工程价款中，按材料比重扣抵工程价款，竣工前全部扣清。其基本表达公式为：

$$T=P-\frac{M}{N}$$

式中　T——起扣点，即预付备料款开始扣回时的累计完成工作量金额；

M——预付款限额；

N——主要材料所占比重；

P——承包工程价款总额。

（2）扣款的方法也可以在承包方完成金额累计达到合同总价的一定比例后，由承包方开始向发包方还款，发包方从每次应付给承包方的金额中扣回工程预付款，发包方至少在合同规定的完工期前将工程预付款的总计金额逐次扣回。发包方不按规定支付工程预付款，承包方依《建设工程施工合同（示范文本）》的规定享有权力。

（三）工程进度款支付

发承包双方应按照合同约定的时间、程序和方法，根据工程计量结果，办理期中价款结算，支付进度款。

1. 工程进度款申请单的编制与提交

（1）进度付款申请单的编制。除专用合同条款另有约定外，进度付款申请单应包括下列内容：

1）截至本次付款周期已完成工作对应的金额。

2）根据变更应增加和扣减的变更金额。

3）根据预付款约定应支付的预付款和扣减的返还预付款。

4）根据质量保证金约定应扣减的质量保证金。

5）根据索赔应增加和扣减的索赔金额。

6）对已签发的进度款支付证书中出现错误的修正，应在本次进度付款中支付或扣除的金额。

7）根据合同约定应增加和扣减的其他金额。

（2）进度付款申请单的提交。

1）单价合同进度付款申请单的提交。单价合同的进度付款申请单，按照单价合同的计量约定的时间按月向监理人提交，并附上已完成工程量报表和有关资料。单价合同中的总价项目按月进行支付分解，并汇总列入当期进度付款申请单。

2）总价合同进度付款申请单的提交。总价合同按月计量支付的，承包人按照总价合同的计量约定的时间按月向监理人提交进度付款申请单，并附上已完成工程量报表和有关资料。

总价合同按支付分解表支付的，承包人应按照支付分解表及进度付款申请单的编制的约定向监理人提交进度付款申请单。

3）其他价格形式合同的进度付款申请单的提交。合同当事人可在专用合同条款中约定其他价格形式合同的进度付款申请单的编制和提交程序。

工程款支付报审表应按表4-4的要求填写。

表4-4 工程款支付报审表

工程名称：________ 编号：________

致：________________(项目监理机构) 根据施工合同约定，我方已完成________________工作，建设单位应在______年____月____日前支付该项工程款共计(大写)____________(小写____________元)，请予以审核。 附件：1. 已完成工程量报表： 2. 工程竣工结算证明材料 3. 相应支持性证明文件 施工项目经理部(盖章)________ 项目经理(签字)________ ______年____月____
审查意见： 1. 施工单位应得款为： 2. 本期应扣款为： 3. 本期应付款为： 附件：相应支持性材料 专业监理工程师(签字)________ ______年____月____
审核意见： 项目监理机构(盖章)________ 总监理工程师(签字、盖执业印章)________ ______年____月____
审批意见： 建设单位(盖章)________ 建设单位代表(签字)________ ______年____月____

注：本表一式三份，项目监理机构、建设单位、施工单位各一份；工程竣工结算报审时本表一式四份，项目监理机构、建设单位各一份、施工单位二份。

2. 工程进度款支付的程序

(1)发包人支付工程进度款，其支付周期应与合同约定的工程计量周期一致。工程量的正确计量是发包人向承包人支付工程进度款的前提和依据。计量和付款周期可采用分段或按月结算的方式。

1)按月结算与支付。即实行按月支付进度款，竣工后结算的办法。合同工期在两个年度以上的工程,在年终进行工程盘点,办理年度结算。

2)分段结算与支付。即当年开工、当年不能竣工的工程按照工程形象进度,划分不同阶段,支付工程进度款。

当采用分段结算方式时,应在合同中约定具体的工程分段划分,付款周期应与计量周期一致。

(2)已标价工程量清单中的单价项目,承包人应按工程计量确认的工程量与综合单价计算;综合单价发生调整的,以发承包双方确认调整的综合单价计算进度款。

(3)已标价工程量清单中的总价项目和采用经审定批准的施工图纸及其预算方式发包形成的总价合同应由承包人根据施工进度计划和总价构成、费用性质、计划发生时间和相应的工程量等因素按计量周期进行分解,分别列入进度款支付申请中的安全文明施工费和本周期应支付的总价项目的金额中,并形成进度款支付分解表,在投标时提交,非招标工程在合同洽商时提交。在施工过程中,由于进度计划的调整,发承包双方应对支付分解进行调整。

1)已标价工程量清单中的总价项目进度款支付分解方法可选择以下之一(但不限于):

①将各个总价项目的总金额按合同约定的计量周期平均支付。

②按照各个总价项目的总金额占签约合同价的百分比,以及各个计量支付周期内所完成的单价项目的总金额,以百分比方式均摊支付。

③按照各个总价项目组成的性质(如时间、与单价项目的关联性等)分解到形象进度计划或计量周期中,与单价项目一起支付。

2)采用经审定批准的施工图纸及其预算方式发包形成的总价合同,除由于工程变更形成的工程量增减予以调整外,其工程量不予调整。因此,总价合同的进度款支付应按照计量周期进行支付分解,以便进度款有序支付。

(4)发包人提供的甲供材料金额,应按照发包人签约提供的单价和数量从进度款支付中扣除,列入本周期应扣减的金额中。

(5)承包人现场签证和得到发包人确认的索赔金额应列入本周期应增加的金额中。

(6)进度款的支付比例按照合同约定,按期中结算价款总额计,不低于60%,不高于90%。

(7)承包人应在每个计量周期到期后的7天内向发包人提交已完工程进度款支付申请一式四份,详细说明此周期认为有权得到的款额,包括分包人已完工程的价款。支付申请应包括下列内容:

1)累计已完成的合同价款。

2)累计已实际支付的合同价款。

3)本周期合计完成的合同价款。

①本周期已完成单价项目的金额。

②本周期应支付的总价项目的金额。

③本周期已完成的计日工价款。

④本周期应支付的安全文明施工费。

⑤本周期应增加的金额。

4)本周期合计应扣减的金额。

①本周期应扣回的预付款。

②本周期应扣减的金额。

5)本周期实际应支付的合同价款。

上述“本周期应增加的金额”中包括除单价项目、总价项目、计日工、安全文明施工费外的全部应增金额，如索赔、现场签证金额，“本周期应扣减的金额”包括除预付款外的全部应减金额。

由于进度款的支付比例最高不超过90%，而且根据原建设部、财政部印发的《建设工程质量保证金管理暂行办法》第七条规定：“全部或者部分使用政府投资的建设项目，按工程价款结算总额5%左右的比例预留保证金”，因此“13计价规范”未在进度款支付中要求扣减质量保证金，而是在竣工结算价款中预留保证金。

3. 工程进度款的支付

(1)发包人应在收到承包人进度款支付申请后的14天内，根据计量结果和合同约定对申请内容予以核实，确认后向承包人出具工程进度款支付证书(表4-5)。若发承包双方对部分清单项目的计量结果出现争议，发包人应对无争议部分的工程计量结果向承包人出具进度款支付证书。

表4-5　工程款支付证书

工程名称：＿＿＿＿＿　　　　　　编号：＿＿＿＿＿

致：＿＿＿＿＿＿＿＿(施工单位) 根据施工合同约定，经审核编号为＿＿＿＿＿工程款支付报审表，扣除有关款项后，同意支付工程款项共计(大写)＿＿＿＿＿(小写＿＿＿＿＿元)。 其中： 1. 施工单位申报款为： 2. 经审核施工单位应得款为： 3. 本期应扣款为： 4. 本期应付款为： 附件： 项目监理机构(盖章)＿＿＿＿＿ 总监理工程师(签字、加盖执业印章)＿＿＿＿＿ ＿＿＿年＿＿月＿＿

注：本表一式三份，项目监理机构、建设单位、施工单位各一份。

(2)发包人应在签发进度款支付证书后的14天内，按照支付证书列明的金额向承包人支付进度款。

(3)若发包人逾期未签发进度款支付证书，则视为承包人提交的进度款支付申请已被发包人认可，承包人可向发包人发出催告付款的通知。发包人应在收到通知后的14天内，按照承包人支付申请的金额向承包人支付进度款。

(4)发包人未按照规定支付进度款的，承包人可催告发包人支付，并有权获得延迟支付的利息；发包人在付款期满后的7天内仍未支付的，承包人可在付款期满后的第8天起暂停施工。发包人应承担由此增加的费用和延误的工期，向承包人支付合理利润，并应承担违约责任。

(5)发现已签发的任何支付证书有错、漏或重复的数额，发包人有权予以修正，承包人也有权提出修正申请。经发承包双方复核同意修正的，应在本次到期的进度款中支付或扣除。

(四)工程竣工结算支付

竣工结算是指一个单位工程或单项工程完工，经业主及工程质量监督部门验收合格，在交付使用前由施工单位根据合同价格和实际发生的增加或减少费用的变化等情况进行编制，并经业主或其委托方签认的，以表达该项工程最终造价为主要内容，作为结算工程价款依据的经济文件。

工程完工后，发承包双方必须在合同约定时间内办理工程竣工结算。

1. 编制与复核

(1)工程竣工结算应根据下列依据编制和复核：

1)《建设工程工程量清单计价规范》(GB 50500—2013)。

2)工程合同。

3)发承包双方实施过程中已确认的工程量及其结算的合同价款。

4)发承包双方实施过程中已确认调整后追加(减)的合同价款。

5)建设工程设计文件及相关资料。

6)投标文件。

7)其他依据。

(2)分部分项工程和措施项目中的单价项目应依据发承包双方确认的工程量与已标价工程量清单的综合单价计算；发生调整的，应以发承包双方确认调整的综合单价计算。

(3)措施项目中的总价项目应依据已标价工程量清单的项目和金额计算；发生调整的，应以发承包双方确认调整的金额计算，其中安全文明施工费应按照国家或省级、行业建设主管部门的规定计算。施工过程中，国家或省级、行业建设主管部门对安全文明施工费进行了调整的，措施项目费中和安全文明施工费应做相应调整。

(4)办理竣工结算时，其他项目费的计算应按以下要求进行计价：

1)计日工的费用应按发包人实际签证确认的数量和合同约定的相应项目综合单价计算。

2)当暂估价中的材料、工程设备是招标采购的，其单价按中标价在综合单价中调整。当暂估价中的材料、设备为非招标采购的，其单价按发承包双方最终确认的单价在综合单价中调整。当暂估价中的专业工程是招标发包的，其专业工程费按中标价计算。当暂估价中的专业工程为非招标发包的，其专业工程费按发承包双方与分包人最终确认的金额计算。

3)总承包服务费应依据已标价工程量清单金额计算，发承包双方依据合同约定对总承包服务费进行了调整的，应按调整后的金额计算。

4)索赔事件产生的费用在办理竣工结算时应在其他项目费中反映。索赔费用的金额应依据发承包双方确认的索赔事项和金额计算。

5)现场签证发生的费用在办理竣工结算时应在其他项目费中反映。现场签证费用金额依据发承包双方签证资料确认的金额计算。

6)合同价款中的暂列金额在用于各项价款调整、索赔与现场签证后，若有余额，则余额归发包人，若出现差额，则由发包人补足并反映在相应的工程价款中。

(5)规费和税金应按国家或省级、行业建设主管部门对规费和税金的计取标准计算。规费中的工程排污费应按工程所在地环境保护部门规定的标准缴纳后按实列入。

(6)由于竣工结算与合同工程实施过程中的工程计量及其价款结算、进度款支付、合同价款调整等具有内在联系，因此发承包双方在合同工程实施过程中已经确认的工程计量结果和合同价款，在竣工结算办理中应直接进入结算，从而简化结算流程。

2. 竣工结算

竣工结算的编制与核对是工程造价计价中发承包双方应共同完成的重要工作。按照交易的一般原则，任何交易结束，都应做到钱、货两清，工程建设也不例外。工程施工的发承包活动作为期货交易行为，当工程竣工验收合格后，承包人将工程移交给发包人时，发承包双方应将工程价款结算清楚，即竣工结算办理完毕。

(1)合同工程完工后，承包人应在经发承包双方确认的合同工程期中价款结算的基础上汇总编制完成竣工结算文件，应在提交竣工验收申请的同时向发包人提交竣工结算文件。

承包人未在合同约定的时间内提交竣工结算文件，经发包人催告后14天内仍未提交或没有明确答复的，发包人有权根据已有资料编制竣工结算文件，作为办理竣工结算和支付结算款的依据，承包人应予以认可。

因承包人无正当理由在约定时间内未递交竣工结算书，造成工程结算价款延期支付的，责任由承包人承担。

(2)发包人应在收到承包人提交的竣工结算文件后的28天内核对。发包人经核实，认为承包人还应进一步补充资料和修改结算文件，应在上述时限内向承包人提出核实意见，承包人在收到核实意见后的28天内应按照发包人提出的合理要求补充资料，修改竣工结算文件，并应再次提交给发包人复核后批准。

(3)发包人应在收到承包人再次提交的竣工结算文件后的28天内予以复核，将复核结果通知承包人，并应遵守下列规定：

1)发包人、承包人对复核结果无异议的，应在7天内在竣工结算文件上签字确认，竣工结算办理完毕。

2)发包人或承包人对复核结果认为有误的，无异议部分按照上述“第1)款”规定办理不完全竣工结算；有异议部分由发承包双方协商解决；协商不成的，应按照合同约定的争议解决方式处理。

(4)《最高人民法院关于审理建设工程施工合同纠纷案件适用法律问题的解释》(法释[2004]14号)第二十条规定：“当事人约定，发包人收到竣工结算文件后，在约定期限内不予答复，视为认可竣工结算文件的，按照约定处理。承包人请求按照竣工结算文件结算工程价款的，应予支持”。根据这一规定，要求发承包双方不仅应在合同中约定竣工结算的核对时间，并应约定发包人在约定时间内对竣工结算不予答复，视为认可承包人递交的竣工结算。《建设工程工程量清单计价规范》(GB 50500—2013)对发包人未在竣工结算中履行核对责任的后果进行了规定，即：发包人在收到承包人竣工结算文件后的28天内，不核对竣工结算或未提出核对意见的，应视为承包人提交的竣工结算文件已被发包人认可，竣工结算办理完毕。

(5)承包人在收到发包人提出的核实意见后的28天内,不确认也未提出异议的,应视为发包人提出的核实意见已被承包人认可,竣工结算办理完毕。

(6)发包人委托工程造价咨询人核对竣工结算的,工程造价咨询人应在28天内核对完毕,核对结论与承包人竣工结算文件不一致的,应提交给承包人复核;承包人应在14天内将同意核对结论或不同意见的说明提交工程造价咨询人。工程造价咨询人收到承包人提出的异议后,应再次复核,复核无异议的,应7天内在竣工结算文件上签字确认,竣工结算办理完毕;复核后仍有异议的,对于无异议部分按照规定办理不完全竣工结算;有异议部分由发承包双方协商解决;协商不成的,应按照合同约定的争议解决方式处理。

承包人逾期未提出书面异议的,应视为工程造价咨询人核对的竣工结算文件已经承包人认可。

(7)对发包人或发包人委托的工程造价咨询人指派的专业人员与承包人指派的专业人员经核对后无异议并签名确认的竣工结算文件,除非发承包人能提出具体、详细的不同意见,否则发承包人都应在竣工结算文件上签名确认,如其中一方拒不签认的,按下列规定办理:

1)若发包人拒不签认的,承包人可不提供竣工验收备案资料,并有权拒绝与发包人或其上级部门委托的工程造价咨询人重新核对竣工结算文件。

2)若承包人拒不签认的,发包人要求办理竣工验收备案的,承包人不得拒绝提供竣工验收资料,否则,由此造成的损失,承包人承担相应责任。

(8)合同工程竣工结算核对完成,发承包双方签字确认后,发包人不得要求承包人与另一个或多个工程造价咨询人重复核对竣工结算。这可以有效地解决工程竣工结算中存在的一审再审、以审代拖、久审不结的现象。

(9)发包人对工程质量有异议,拒绝办理工程竣工结算的,已竣工验收或已竣工未验收但实际投入使用的工程,其质量争议应按该工程保修合同执行,竣工结算应按合同约定办理;已竣工未验收且未实际投入使用的工程以及停工、停建工程的质量争议,双方应就有争议的部分委托有资质的检测鉴定机构进行检测,并应根据检测结果确定解决方案,或按工程质量监督机构的处理决定执行后办理竣工结算,无争议部分的竣工结算应按合同约定办理。

3. 结算款支付

(1)承包人应根据办理的竣工结算文件向发包人提交竣工结算款支付申请。申请应包括下列内容:

1)竣工结算合同价款总额。

2)累计已实际支付的合同价款。

3)应预留的质量保证金。

4)实际应支付的竣工结算款金额。

(2)发包人应在收到承包人提交竣工结算款支付申请后7天内予以核实,向承包人签发竣工结算支付证书。

(3)发包人签发竣工结算支付证书后的14天内,应按照竣工结算支付证书列明的金额向承包人支付结算款。

(4)发包人在收到承包人提交的竣工结算款支付申请后7天内不予核实,不向承包人签发竣工结算支付证书的,视为承包人的竣工结算款支付申请已被发包人认可;发包人应在收到承包人提交的竣工结算款支付申请7天后的14天内,按照承包人提交的竣工结算款支付申请列明的金额向承包人支付结算款。

(5)工程竣工结算办理完毕后，发包人应按合同约定向承包人支付工程价款。发包人按合同约定应向承包人支付而未支付的工程款视为拖欠工程款。根据《最高人民法院关于审理建设工程施工合同纠纷案件适用法律问题的解释》(法释[2004]14号)第十七条："当事人对欠付工程价款利息计付标准有约定的，按照约定处理；没有约定的，按照中国人民银行发布的同期同类贷款利率信息。发包人应向承包人支付拖欠工程款的利息，并承担违约责任。"和《中华人民共和国合同法》第二百八十六条："发包人未按照合同约定支付价款的，承包人可以催告发包人在合理期限内支付价款。发包人逾期不支付的，除按照建设工程的性质不宜折价、拍卖的以外，承包人可以与发包人协议将该工程折价，也可以申请人民法院将该工程依法拍卖。建设工程的价款就该工程折价或者拍卖的价款优先受偿。"等规定，《建设工程工程量清单计价规范》(GB 50500—2013)中指出："发包人未按照上述第(3)条和第(4)条规定支付竣工结算款的，承包人可催告发包人支付，并有权获得延迟支付的利息。发包人在竣工结算支付证书签发后或者在收到承包人提交的竣工结算款支付申请7天后的56天内仍未支付的，除法律另有规定外，承包人可与发包人协商将该工程折价，也可直接向人民法院申请将该工程依法拍卖。承包人应就该工程折价或拍卖的价款优先受偿。"

所谓优先受偿，最高人民法院在《关于建设工程价款优先受偿权的批复》(法释[2002]16号)中规定如下：

1)人民法院在审理房地产纠纷案件和办理执行案件中，应当依照《中华人民共和国合同法》第二百八十六条的规定，认定建筑工程的承包人的优先受偿权优于抵押权和其他债权。

2)消费者交付购买商品房的全部或者大部分款项后，承包人就该商品房享有的工程价款优先受偿权不得对抗买受人。

3)建筑工程价款包括承包人为建设工程应当支付的工作人员报酬、材料款等实际支出的费用，不包括承包人因发包人违约所造成的损失。

4)建设工程承包人行使优先权的期限为六个月，自建设工程竣工之日或者建设工程合同约定的竣工之日起计算。

4. 质量保证金

(1)发包人应按照合同约定的质量保证金比例从结算款中预留质量保证金。质量保证金用于承包人按照合同约定履行属于自身责任的工程缺陷修复义务的，为发包人有效监督承包人完成缺陷修复提供资金保证。原建设部、财政部印发的《建设工程质量保证金管理暂行办法》(建质[2005]7号)第七条规定："全部或者部分使用政府投资的建设项目，按工程价款结算总额5%左右的比例预留保证金。社会投资项目采用预留保证金方式的，预留保证金的比例可参照执行。"

(2)承包人未按照合同约定履行属于自身责任的工程缺陷修复义务的，发包人有权从质量保证金中扣除用于缺陷修复的各项支出。经查验，工程缺陷属于发包人原因造成的，应由发包人承担查验和缺陷修复的费用。

(3)在合同约定的缺陷责任期终止后，发包人应按照规定，将剩余的质量保证金返还给承包人。原建设部、财政部印发的《建设工程质量保证金管理暂行办法》(建质[2005]7号)第九条规定："缺陷责任期内，承包人认真履行合同约定的责任，到期后，承包人向发包人申请返还保证金。"

5. 最终结清

(1)缺陷责任期终止后,承包人已完成合同约定的全部承包工作,但合同工程的财务账目需要结清,因此,承包人应按照合同约定向发包人提交最终结清支付申请。发包人对最终结清支付申请有异议的,有权要求承包人进行修正和提供补充资料。承包人修正后,应再次向发包人提交修正后的最终结清支付申请。

(2)发包人应在收到最终结清支付申请后的 14 天内予以核实,并应向承包人签发最终结清支付证书。

(3)发包人应在签发最终结清支付证书后的 14 天内,按照最终结清支付证书列明的金额向承包人支付最终结清款。

(4)发包人未在约定的时间内核实,又未提出具体意见的,应视为承包人提交的最终结清支付申请已被发包人认可。

(5)发包人未按期最终结清支付的,承包人可催告发包人支付,并有权获得延迟支付的利息。

(6)最终结清时,承包人被预留的质量保证金不足以抵减发包人工程缺陷修复费用的,承包人应承担不足部分的补偿责任。

(7)承包人对发包人支付的最终结清款有异议的,应按照合同约定的争议解决方式处理。

五、投资偏差分析

在投资控制中,投资的实际值与计划值的差异称为投资偏差,即:

投资偏差=已完工程实际投资-已完工程计划投资

结果为正,表示投资超支;结果为负,表示投资节约。但是,必须特别指出,进度偏差对投资偏差分析的结果有重要影响,如果不加考虑就不能正确反映投资偏差的实际情况。

1. 投资偏差的分析方法

偏差分析方法常用的有横道图法、表格法、曲线法和时标网络图法,具体对照见表 4-6。

表 4-6　偏差分析常用方法对照

常用方法	偏差分析方法	优点	缺点
横道图法	用横道图法进行投资偏差分析,是用不同的横道标识已完工程计划投资、拟完工程计划投资和已完工程实际投资,横道的长度与其金额成正比,如图 4-8 所示	形象、直观、一目了然,能够准确表达出投资的绝对偏差,而且能一眼看到偏差的严重性	反映的信息量少,一般在项目的较高管理层应用
表格法	表格法是将项目编号、名称、各投资参数以及投资偏差数综合归纳入一张表格中,并且直接在表格中进行比较。由于各偏差参数都在表中列出,使得投资管理者能够综合地了解并处理这些数据,见表 4-7	灵活、适用性强。可根据实际需要设计表格,进行增减项。可以反映偏差分析所需的资料,从而有利于投资控制人员及时采取针对性措施,加强控制	—

续表

常用方法	偏差分析方法	优点	缺点
曲线法	曲线法是用投资累计曲线（S形曲线）来进行投资偏差分析的一种方法，如图 4-9 所示。在用曲线法进行投资偏差分析时，首先要确定投资计划值曲线。投资计划值曲线是与确定的进度计划联系在一起的。同时，也应考虑实际进度的影响，应当引入已完工程实际投资曲线 a、已完工程计划投资曲线 b 和拟完工程计划投资曲线 p 三条投资参数曲线，如图 4-10 所示	形象、直观	很难直接用于定量分析，只能对定量分析起一定的指导作用
时标网络图法	时标网络图是在确定施工计划网络图的基础上，将施工的实施进度与日历工期相结合而形成的网络图，它可以分为早时标网络图与迟时标网络图。图 4-11 为早时标网络图	—	—

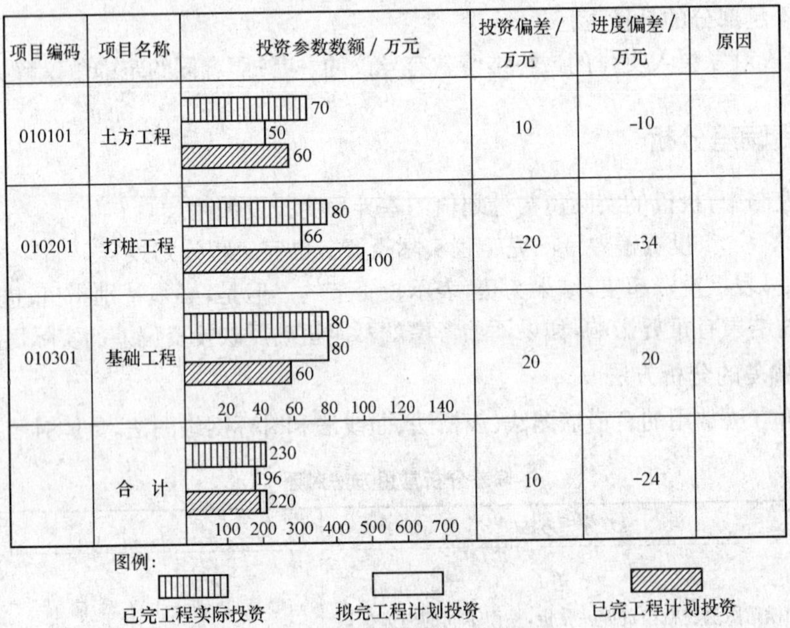

项目编码	项目名称	投资参数数额／万元	投资偏差／万元	进度偏差／万元	原因
010101	土方工程	70 50 60	10	-10	
010201	打桩工程	80 66 100	-20	-34	
010301	基础工程	80 80 60 20 40 60 80 100 120 140	20	20	
	合　计	230 196 220 100 200 300 400 500 600 700	10	-24	

图例：

已完工程实际投资　拟完工程计划投资　已完工程计划投资

图 4-8　投资偏差分析表（横道图法）

表 4-7　　投资偏差分析表

项目编码	(1)	010101	010201	010301
项目名称	(2)	土方工程	打桩工程	基础工程
单　　位	(3)			
计划单位	(4)			
拟完工程量	(5)			
拟完工程计划投资	(6)＝(4)×(5)	50	66	80
已完工程量	(7)			

续表

项目编码	(1)	010101	010201	010301
已完工程计划投资	(8)=(4)×(7)	60	100	60
实际单价	(9)			
其他款项	(10)			
已完工程实际投资	(11)=(7)×(9)+(10)	70	80	80
投资局部偏差	(12)=(11)-(6)	10	-20	20
投资局部偏差程度	(13)=(11)÷(8)	1.17	0.8	1.33
投资累计偏差	(14)=∑(12)			
投资累计偏差程度	(15)=∑(11)÷∑(8)			
进度局部偏差	(16)=(6)-(8)	-10	-34	20
进度局部偏差程度	(17)=(6)÷(8)	0.83	0.66	1.33
进度累计偏差	(18)=∑(16)			
进度累计偏差程度	(19)=∑(6)÷∑(8)			

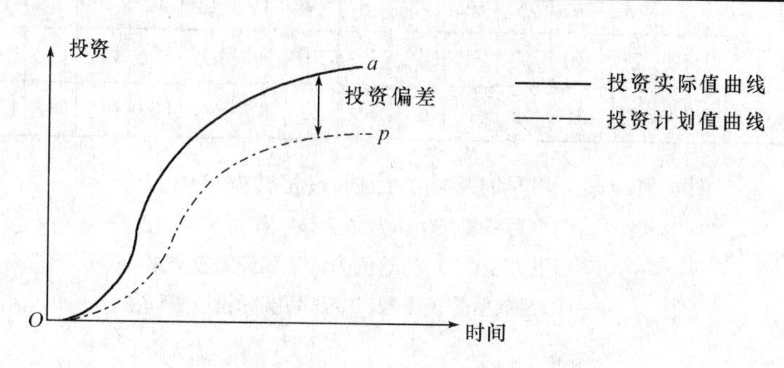

图 4-9　投资计划值与实际值曲线

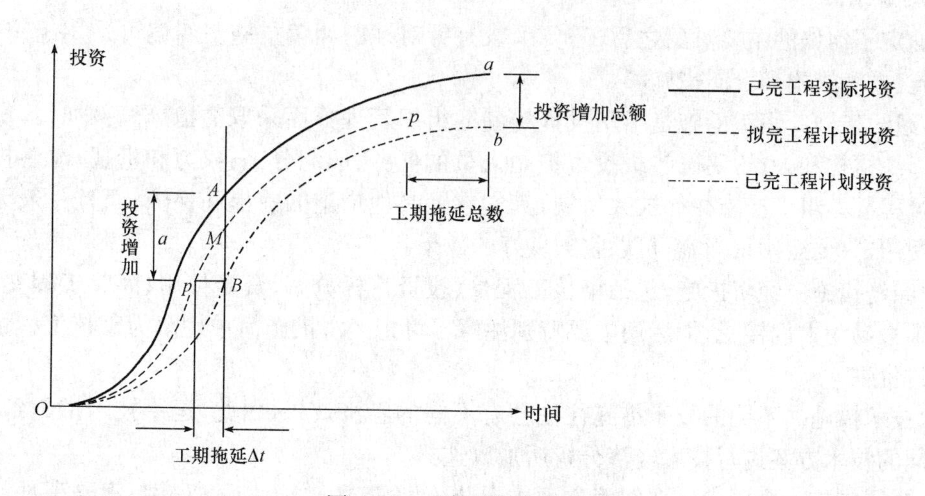

图 4-10　三条投资参数曲线

2. 纠偏对象

纠偏首先要确定纠偏的主要对象，上面介绍的偏差原因，有些是无法避免和控制的，如客观原因，充其量只能对其中少数原因做到防患于未然，力求减少该原因所产生的经济损失；对于施工原因所导致的经济损失通常是由承包商自己承担的，从投资控制的角度只能加强合同的管理，避免被承包商索赔。所以，这些偏差原因都不是纠偏的主要对象。纠偏的主要对象是业主原因和设计原因造成的投资偏差，纠偏时应综合考虑偏差类型、偏差原因、偏差原因发生的频率和影响程度。

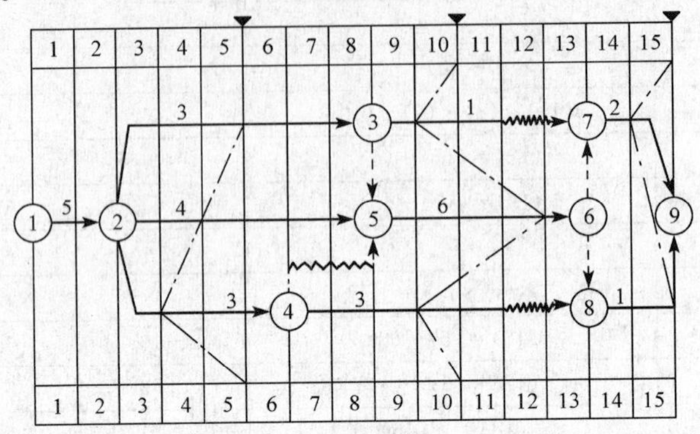

月份	1	2	3	4	5	6	7	8	9	10	11	12	13	14	15
(1)	5	10	20	30	40	50	60	70	80	90	100	106	112	115	118
(2)	5	15	25	35	45	53	61	69	77	85	94	103	112	116	120

图 4-11　某工程早时标网络计划(投资数据单位:万元)

注:1. 图中每根箭线上方数值为该工作每月计划投资。

2. 图下方表内(1)栏数值为该工程计划投资累计值;

(2)栏数值为该工程已完工程实际投资累计值。

3. 纠偏措施

在确定了纠偏的主要对象之后，需要采取有针对性的纠偏措施。纠偏可采用组织措施、经济措施、技术措施和合同措施等。

(1)组织措施。组织措施是指从投资控制的组织管理方面采取的措施。例如，落实投资控制的组织机构和人员，明确各级投资控制人员的任务、职能分工、权力和责任，改善投资控制工作流程等。组织措施往往被人忽视，其实它是其他措施的前提和保障，而且一般无需增加什么费用，只要运用得当，就可以收到良好的效果。

(2)经济措施。经济措施，包括审核工程量、投资目标分解、资金使用计划、工程变更等。经济措施最易为人们接受，但运用中要特别注意不可把经济措施简单理解为审核工程量及相应的支付价款。

(3)技术措施。不同的技术措施往往会有不同的经济效果，因此，运用技术措施纠偏时，要对不同的技术方案进行技术经济分析后加以选择。

(4)合同措施。合同措施在纠偏方面主要指索赔管理。在施工过程中，索赔事件的发生是难免的，在发生索赔事件后，造价工程师要认真审查有关索赔依据是否符合合同规定、索赔计算是否合理等，应从主动控制的角度出发，加强日常的合同管理，落实合同规定的责任。

第五章　市政工程进度控制

第一节　进度控制概述

一、进度控制的程序

监理工程师应按下列程序进行工程进度的监理控制：

(1)总监理工程师审批承包单位报送的施工总进度计划。总监理工程师应当根据工程合同工期目标，承包单位能够调配的各种工程资源，综合考虑影响工程进度的各种利弊因素的基础上，审批施工总进度计划。特别是公路与市政工程的总进度往往受气候条件的影响很大，总监理工程师在审批道路路基工程、沥青路面工程和桥梁工程的进度计划时，应当充分考虑雨期对工程进度的影响。

(2)总监理工程师审批承包单位编制的年、季、月度施工进度计划报审表(表5-1)。总监理工程师应当根据工程的技术特点和施工条件要求，结合工程所在地一年四季的气候变化情况，以及承包单位可以投入到工程中各种资源的配置情况，审批承包单位报审的年、季、月度施工进度计划。在审批这些计划时，应当尽量把受气候条件影响较大的路基土方工程、沥青路面摊铺工程安排在非雨期进行；桥梁工程应当尽量把水中施工的工序(项目)安排在非洪水季节进行；沿海地区的桥梁工程的高空作业尽量避免在台风季节进行。

表5-1　　**施工进度计划报审表**

工程名称：________　　　　编号：________

致：________________(项目监理机构) 根据施工合同的约定，我方已完成________________工程施工进度计划的编制和批准，请予以审查。 附件：1. 施工总进度计划 2. 阶段性进度计划 施工项目经理部(盖章)________ 项目经理(签字)________ ________年____月____日
审查意见： 专业监理工程师(签字)________ ________年____月____日
审核意见： 项目监理机构(盖章)________ 总监理工程师(签字)________ ________年____月____日

注：本表一式三份，项目监理机构、建设单位、施工单位各一份。

(3)专业监理工程师对进度计划实施情况检查、分析。专业监理工程师应当根据批准的进度计划,定期对进度计划实施情况进行对比检查,分析进度超前或滞后的原因,为进度计划的调整收集必要的数据。

(4)进度计划的监督与推进。监理工程师应根据对进度计划实施情况检查分析的结果分别采取不同的措施,当实际进度符合计划进度时,应要求承包单位编制下一期进度计划,继续推进工程进度;当实际进度滞后于计划进度时,应书面通知承包单位采取纠偏措施并监督实施,以保证工程进度按照既定的目标推进。

二、进度控制的内容

工程建设的进度控制是指在工程项目各建设阶段编制进度计划,并将该计划付诸实施,在实施的过程中经常检查实际进度是否按计划要求进行,如有偏差,则应分析产生偏差的原因,采取补救措施或调整、修改原计划,直至工程竣工,交付使用。进度控制的最终目的是确保项目进度目标的实现,建设项目进度控制的总目标是建设工期。

进度控制的内容随参与建设的各主体单位不同而变化,这是因为设计、承包、监理等各自都有自己的进度控制目标。

1. 设计单位的进度控制

设计单位的进度控制根据设计合同的设计工期目标而确定,其主要内容包括:

(1)编制设计准备工作计划、设计总进度计划和各专业设计的出图计划,确定设计工作进度目标及其实施步骤。

(2)执行各类计划,在执行中进行检查,采取相应措施保证计划落实,包括必要时对计划进行调整或修改,保证计划的实现。

(3)为承包单位的进度控制提供设计保证,并协助承包单位实现进度控制目标。

(4)接受监理单位的设计进度监理。

2. 承包单位的进度控制

承包单位的进度控制根据施工合同的施工工期目标而确定,其主要内容包括:

(1)根据合同的工期目标,编制施工准备工作计划、施工组织设计、施工方案、施工总进度计划和单位工程施工进度计划,以确定工作内容、工作顺序、起止时间和衔接关系,为实施进度控制提供依据。

(2)编制月(旬)作业计划和施工任务书,落实施工需要的资源,做好施工进度的跟踪,以掌握施工实际情况;加强调度工作,达到进度的动态平衡,从而使进度计划的实施取得成效。

(3)对比实际进度与计划进度的偏差,采取措施纠正偏差,如调整资源投入方向等,保证实现总的工期目标。

(4)监督并协助分包单位实施其承包范围内的进度控制。

(5)总结分析项目及阶段进度控制目标的完成情况、进度控制中的经验和问题,积累进度控制信息,不断提高进度控制水平。

(6)接受监理单位的施工进度控制监理。

3. 监理单位的进度控制

监理单位的进度控制根据监理合同的工期控制目标而确定,其主要内容包括:

（1）在准备阶段，向建设单位提供有关工期的信息和咨询，协助其进行工期目标和进度控制决策。

（2）进行环境和施工现场调查与分析，编制项目进度规划、总进度计划和准备工作详细计划，并控制其执行。

（3）签发开工通知书。

（4）审核总承包单位、设计单位、分包单位及供应单位的进度控制计划，并在其实施过程中，通过履行监理职责，监督、检查、控制、协调各项进度计划的实施。

（5）通过审批设计单位和承包单位的进度付款，对其进度施行动态控制。妥善处理承包单位的进度索赔。

三、进度监理的原则

监理工程师在进度监理时，应按下列原则进行：

1. 确保质量和安全原则

监理工程师在实施进度监理时，应在确保工程质量和安全的基础上进行。凡工程进度与工程质量和安全发生冲突或矛盾时，必须在保证施工质量和安全的前提下赶进度，绝对不能以牺牲工程的质量或安全为代价去赶进度，否则便会"欲速则不达"。

2. 计划控制为主原则

监理工程师应要求承包单位按时提交进度计划，严格进度计划审批，及时收集、整理、分析工程进度信息，随时对照经过批准的进度计划进行检查，发现问题时要及时按照合同约定采取纠正措施。

3. 防控结合原则

专业监理工程师应依据施工合同有关条款、施工图及经过批准的施工组织设计制定进度控制方案，对进度目标进行风险分析，制定防范性对策，经总监理工程师审定后报送建设单位。工程建设过程出现可能影响工程进度的风险时，立即启动防范对策，从而有效降低风险，以保证工程进度按计划推进。

4. 实时监控原则

专业监理工程师应按事前制定的进度控制方案检查进度计划的实施情况，并记录实际进度及其相关情况。当发现实际进度滞后于计划进度时，应签发监理工程师通知单指令承包单位采取调整措施并监督实施。当实际进度严重滞后于计划进度时应及时报总监理工程师，由总监理工程师与建设单位、承包单位共同商定加快工程进度的有效措施，并监督这些措施的执行落实，防止进度失控而导致工期目标无法实现。

5. 综合调控原则

当工程受极端恶劣天气（如土方工程遇到长期下雨）影响或工程技术条件（如软土路基最少预压期）限制而无法保证工期目标实现时，监理工程师应当根据现场的实际施工条件，与建设单位和施工单位积极、主动地沟通，在取得双方接受的条件下提出可行的技术措施，在保证工程质量和安全的前提下，通过适当增加工程造价或调整某些工序的开工顺序的方法来保证工期目标的实现。

第二节　进度控制的计划体系

建设工程进度控制计划体系主要包括建设单位的计划系统、监理单位的计划系统、设计单位的计划系统和施工单位的计划系统。

一、建设单位的计划系统

建设单位编制(也可委托监理单位编制)的进度计划包括工程项目前期工作计划、工程项目建设总进度计划和工程项目年度计划。

1. 工程项目前期工作计划

工程项目前期工作计划是指对工程项目可行性研究、项目评估及初步设计的工作进度安排,它可使工程项目前期决策阶段各项工作的时间得到控制。工程项目前期工作计划需要在预测的基础上编制,其中,建设性质是指新建、改建或扩建,建设规模是指生产能力、使用规模或建筑面积等。

2. 工程项目建设总进度计划

工程项目建设总进度计划是指初步设计被批准后,在编报工程项目年度计划之前,根据初步设计,对工程项目从开始建设(设计、施工准备)至竣工投产(动用)全过程的统一部署。

工程项目建设总进度计划是编报工程建设年度计划的依据,其主要内容包括文字和表格两部分,其中表格部分包括:

(1)工程项目一览表。将初步设计中确定的建设内容按照单位工程归类并编号,明确其建设内容和投资额,以便各部门按统一的口径确定工程项目投资额,并以此为依据对其进行管理。

(2)工程项目总进度计划。根据初步设计中确定的建设工期和工艺流程,具体安排单位工程的开工日期和竣工日期。

(3)投资计划年度分配表。根据工程项目总进度计划安排各个年度的投资,以便预测各个年度的投资规模,为筹集建设资金或与银行签订借款合同及制订分年用款计划提供依据。

(4)工程项目进度平衡表。用来明确各种设计文件交付日期、主要设备交货日期、施工单位进场日期、水电及道路接通日期等,以保证工程建设中各个环节相互衔接,确保工程项目按期投产或交付使用。

在此基础上,可以分别编制综合进度控制计划、设计进度控制计划、采购进度控制计划、施工进度控制计划和验收投产进度计划等。

3. 工程项目年度计划

工程项目年度计划是依据工程项目建设总进度计划和批准的设计文件进行编制的。该计划既要满足工程项目建设总进度计划的要求,又要与当年可能获得的资金、设备、材料、施工力量相适应。应根据分批配套投产或交付使用的要求,合理安排本年度建设的工程项目。工程项目年度计划主要包括文字和表格两部分内容,其中表格部分包括:

(1)年度计划项目表。确定年度施工项目的投资额和年末形象进度,并阐明建设条件(图纸、设备、材料、施工力量)的落实情况。

(2)年度竣工投产交付使用计划表。将阐明各单位工程的建筑面积、投资额、新增固定资产、新增生产能力等建筑总规模及本年计划完成情况,并阐明其竣工日期。

(3)年度建设资金平衡表。

(4)年度设备平衡表。

二、监理单位的计划系统

监理单位除对被监理单位的进度计划进行监控外,也应编制有关进度计划,以便更有效地控制建设工程实施进度。

1. 监理总进度计划

在对建设工程实施全过程监理的情况下,监理总进度计划是依据工程项目可行性研究报告、工程项目前期工作计划和工程项目建设总进度计划编制的,其目的是对建设工程进度控制总目标进行规划,明确建设工程前期准备、设计、施工、动用前准备及项目动用等各个阶段的进度安排。

2. 监理总进度分解计划

(1)按工程进展阶段分解,包括:①设计准备阶段进度计划;②设计阶段进度计划;③施工阶段进度计划;④动用前准备阶段进度计划。

(2)按时间分解,包括:①年度进度计划;②季度进度计划;③月度进度计划。

三、设计单位的计划系统

1. 设计总进度计划

设计总进度计划主要用来安排自设计准备开始至施工图设计完成的总设计时间内所包含的各阶段工作的开始时间和完成时间,从而确保设计进度控制总目标的实现。

2. 阶段性设计进度计划

阶段性设计进度计划包括设计准备工作进度计划、初步设计(技术设计)工作进度计划和施工图设计工作进度计划。这些计划用来控制各阶段的设计进度,从而实现阶段性设计进度目标。在编制阶段性设计进度计划时,必须考虑设计总进度计划对各个设计阶段的时间要求。

3. 设计作业进度计划

为了控制各专业的设计进度,并作为设计人员承包设计任务的依据,应根据施工图设计工作进度计划、单位工程设计工日定额及所投入的设计人员数编制设计作业进度计划。

四、施工单位的计划系统

施工单位的进度计划包括施工准备工作计划、施工总进度计划、单位工程施工进度计划及分部分项工程进度计划。

1. 施工准备工作计划

施工准备工作的主要任务是为建设工程的施工创造必要的技术和物资条件,统筹安排施工力量和施工现场。施工准备的工作内容通常包括技术准备、物资准备、劳动组织准备、施工现场准备和施工场外准备。为落实各项施工准备工作,加强检查和监督,应根据各项施工准备工作的内容、时间和人员编制施工准备工作计划。

2. 施工总进度计划

施工总进度计划是根据施工部署中施工方案和工程项目的开展程序,对全工地所有单位工程做出时间上的安排。其目的在于确定各单位工程及全工地性工程的施工期限及开竣工日期,进而确定施工现场劳动力、材料、成品、半成品、施工机械的需要数量和调配情况以及现场临时设施的数量、水电供应量和能源、交通需求量。因此,科学、合理地编制施工总进度计划是保证整个建设工程按期交付使用,充分发挥投资效益,降低建设工程成本的重要条件。

3. 单位工程施工进度计划

单位工程施工进度计划是在既定施工方案的基础上,根据规定的工期和各种资源供应条件,遵循各施工过程的合理施工顺序,对单位工程的各施工过程做出时间和空间上的安排,并以此为依据,确定施工作业所必需的劳动力、施工机具和材料供应计划。因此,合理安排单位工程施工进度是保证在规定工期内完成符合质量要求的工程任务的重要前提,同时为编制各种资源需要量计划和施工准备工作计划提供依据。

4. 分部分项工程进度计划

分部分项工程进度计划是针对工程量较大或施工技术比较复杂的分部分项工程,在依据工程具体情况所制定的施工方案基础上,对其各施工过程所做出的时间安排。

此外,为了有效地控制建设工程施工进度,施工单位还应编制年度施工计划、季度施工计划和月(旬)作业计划,将施工进度计划逐层细化,形成一个旬保月、月保季、季保年的计划体系。

第三节　市政工程进度控制

一、设计阶段的进度控制

对设计进度的控制必须从设计单位自身的控制及监理单位的监控两个方面着手。

1. 设计单位的进度控制

为了履行设计合同,按期交付施工图设计文件,设计单位应采取有效措施,控制工程设计进度:

(1)建立计划部门,负责设计年度计划的编制和工程建设项目设计进度计划的编制。

(2)建立健全的设计技术经济定额,并按定额要求进行计划的编制与考核。

(3)实行设计工作技术经济责任制。

(4)编制切实可行的设计总进度控制计划、阶段性设计进度计划和专业设计进度作业计划。在编制计划时,加强与建设单位、监理单位、科研单位及承包单位的协作与配合,使设计进度计划积极可靠。

(5)认真实施设计进度计划,力争设计工作有节奏、有秩序、合理搭接地进行;在执行计划时,要定期检查计划的执行情况,并及时对设计进度进行调整,使设计工作始终处于可控制状态。

(6)坚持按基本建设程序办事,尽量避免进行“边设计、边准备、边施工”的“三边”工程。

(7)不断分析总结设计进度控制工作经验,逐步提高设计进度控制工作水平。

2. 监理单位的进度控制

监理单位在进度控制中的具体措施如下:

(1)落实项目监理班子中专门负责设计进度控制的人员,按合同要求对设计工作进度进行严格的监控。

(2)对设计进度的监控实施动态控制,内容包括:在设计工作开始之前,审查设计单位编制的进度计划的合理性和可行性;在进度计划实施过程中,定期检查设计工作的实际完成情况,并与计划进度进行比较分析,一旦发现偏差,在分析原因的基础上提出措施。

(3)要求设计单位,无论是在初步设计、技术设计或是施工图设计阶段,各专业设计的进度安排要具体到每张图纸。

(4)对设计单位填写的设计图纸进度表进行核查分析,提出自己的见解,将各设计阶段的每一张图纸进度纳入监控之中。

二、施工阶段的进度控制

施工阶段进度控制采取的主要措施有管理信息措施、组织措施、技术措施、合同措施和经济措施。

1. 管理信息措施

(1)建立对施工进度能有效控制的监测、分析、调整、反馈信息系统和信息管理工作制度。

(2)随时监控施工过程的信息流,实现连续、动态的全过程进度目标控制。

2. 组织措施

组织措施主要是指落实各层次的进度控制的人员、具体任务和工作责任;建立进度控制的组织系统;按照工程项目的结构、进展阶段或合同结构等进行项目分解,确定其进度目标,建立控制目标体系;确定进度控制工作制度,如检查时间、方法、协调会议时间、参加人等;对影响进度的因素进行分析和预测。

3. 技术措施

技术措施主要是指采取加快施工进度的技术方法。

(1)尽可能采用先进施工技术、方法和新材料、新工艺、新技术,保证进度目标实现。

(2)落实施工方案,在发生问题时,能适时调整工作之间的逻辑关系,加快施工进度。

4. 合同措施

合同措施是指分包单位签订施工合同的合同工期与有关进度计划目标相协调,以合同形式保证工期进度的实现,即:

(1)保持总进度控制目标与合同总工期相一致。

(2)保持分包合同的工期与总包合同的工期相一致。

(3)保持供货、供电、运输、构件加工等合同规定的提供服务时间与有关的进度控制目标相一致。

5. 经济措施

经济措施是指实现进度计划的资金保证措施。

(1)落实实现进度目标的保证资金。

(2)签订并实施关于工期和进度的经济承包责任制。

(3)建立并实施关于工期和进度的奖惩制度。

第四节　施工进度计划的控制实施

一、影响进度因素分析

由于工程项目的施工特点，尤其是较大和复杂的施工项目，其工期较长，影响进度因素较多，编制计划和执行控制施工进度计划时必须充分认识和估计这些因素，克服其影响，使施工进度尽可能按计划进行。当出现偏差时，应考虑有关影响因素，分析其产生的原因。其主要影响因素及相应对策见表 5-2。

表 5-2　项目施工进度的影响因素

种类	影响因素	相应对策
项目经理部内部因素	施工组织不合理，人力、机械设备调配不当，解决问题不及时 施工技术措施不当或发生事故 质量不合格引起返工 与相关单位关系协调不善等 项目经理部管理水平低	项目经理部的活动对施工进度起决定性作用，因而要提高项目经理部的组织管理水平、技术水平，提高施工作业层的素质，重视与内外关系的协调
相关单位因素	设计图纸供应不及时或有误 业主要求设计变更 实际工程量增减变化 材料供应、运输等不及时或质量、数量、规格不符合要求 水电通信等部门、分包单位没有认真履行合同或违约 资金没有按时拨付等	相关单位的密切配合与支持，是保证施工项目进度的必要条件，项目经理部应做好：与有关单位以合同形式明确双方协作配合要求，严格履行合同，寻求法律保护，减少和避免损失 编制进度计划时，要充分考虑向主管部门和职能部门进行申报、审批所需的时间，留有余地
不可预见因素	施工现场水文地质状况比设计合同文件预计的要复杂得多 严重自然灾害 战争、社会动荡等政治因素	该类因素一旦发生就会造成较大影响，应做好调查分析和预测 有些因素可通过参加保险来规避或减少风险

二、施工进度计划的检查

项目进度检查比较与计划调整是项目进度控制的主要环节。其中，项目进度比较是调整的基础。监理项目机构可采用横道图比较法、垂直进度图法、S形曲线比较法、香蕉形曲线比较法、前锋线比较法、网络图切割线比较法等比较分析实际施工进度与计划进度，确定进度偏差并预测该进度偏差对工程总工期的影响。限于篇幅有限，本书只简单介绍横道图比较法和网络图切割线比较法。

1. 横道图比较法

用横道图编制进度计划，指导工程项目的实施，已成为人们常用的方法。横道图简明、形象、直观，编制方法简单，使用方便。

横道图比较法是指将项目实施过程中检查实际进度收集到的数据，经加工整理后直接用横道线平行绘于原计划的横道线处，进行实际进度与计划进度比较的方法。采用横道图比较法，可以形象、直观地反映实际进度与计划进度的比较情况。

例如，某工程的计划进度与截止到第10天的实际进度比较，如图5-1所示。其中粗实线表示计划进度，双线条表示实际进度。从图中可以看出，在第10天检查时，A工程按期完成计划；B工程进度落后3天；C工程因早开工1天，实际进度提前了1天。

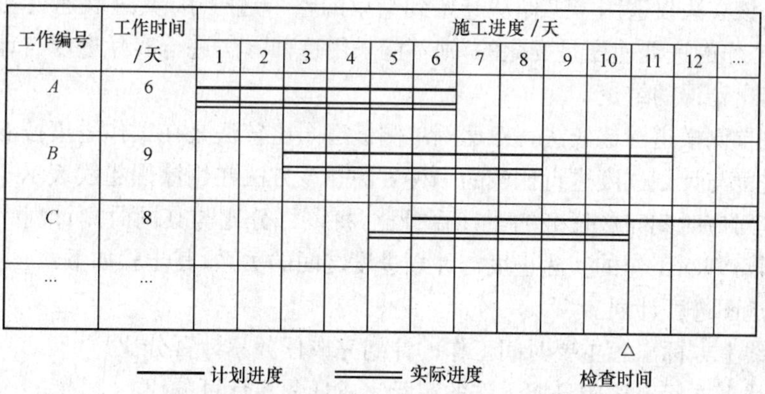

工作编号	工作时间/天	施工进度/天											
		1	2	3	4	5	6	7	8	9	10	11	12	…
A	6													
B	9													
C	8													
…	…													

计划进度　实际进度　△ 检查时间

图5-1　某工程实际进度与计划进度比较图

图5-1所表达的比较方法仅适用于工程项目中的各项工作都是均匀进展的情况，即每项工作在单位时间内完成的任务量都相等的情况。事实上，工程项目中各项工作的进展不一定是匀速的。根据工程项目中各项工作的进展是否匀速，可分别采用以下几种方法进行实际进度与计划进度的比较：

(1)匀速进展横道图比较法。匀速进展是指在工程项目中，每项工作在单位时间内完成的任务量都是相等的，即工作的进展速度是均匀的。此时，每项工作累计完成的任务量与时间呈线性关系，如图5-2所示。完成的任务量可以用实物工程量、劳动消耗量或费用支出表示。为了便于比较，通常用上述物理量的百分比表示。

采用匀速进展横道图比较法时，其步骤如下：

1)编制横道图进度计划。

2)在进度计划上标出检查日期。

3)将检查收集到的实际进度数据经加工整理后，按比例用涂黑的粗线标于计划进度的下方，如图5-3所示。

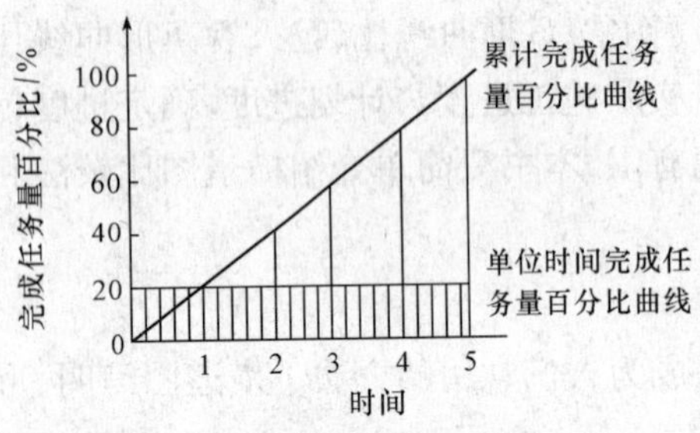

图 5-2　匀速进展工作时间与完成任务量关系曲线图

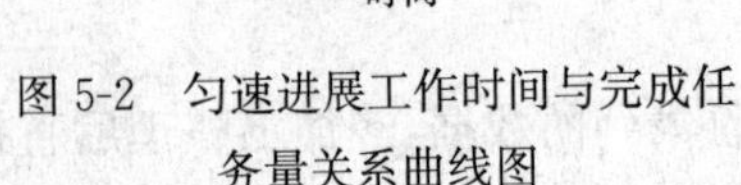

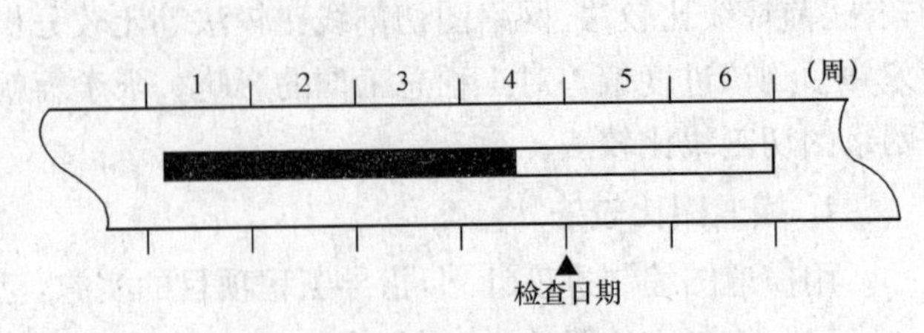

图 5-3　匀速进展横道图比较图

4)对比分析实际进度与计划进度。

①如果涂黑的粗线右端落在检查日期左侧,表明实际进度拖后。

②如果涂黑的粗线右端落在检查日期右侧,表明实际进度超前。

③如果涂黑的粗线右端与检查日期重合,表明实际进度与计划进度一致。

必须指出,该方法仅适用于工作从开始到结束的整个过程中,其进展速度均为固定不变的情况。如果工作的进展速度是变化的,则不能采用这种方法进行实际进度与计划进度的比较。否则,会得出错误的结论。

(2)双比例单侧横道图比较法。双比例单侧横道图比较法是在工作进度按变速进展的情况下,对实际进度与计划进度进行比较的一种方法。该方法在用涂黑粗线表示工作实际进度的同时,标出其对应时刻完成任务的累计百分比,将该百分比与其同时刻计划完成任务的累计百分比相比较,判断工作的实际进度与计划进度之间的关系,其步骤如下:

1)编制横道图进度计划。

2)在横道线上方标出各主要时间工作的计划完成任务累计百分比。

3)在横道线下方标出相应日期工作的实际完成任务累计百分比。

4)用涂黑粗线标出实际进度线,由开工日标起,同时反映出实际过程中的连续与间断情况。

5)对照横道线上方计划完成任务累计量与同时刻的下方实际完成任务累计量,比较出实际进度与计划进度之偏差,可能有三种情况:

①同一时刻上下两个累计百分比相等,表明实际进度与计划进度一致。

②同一时刻上面的累计百分比大于下面的累计百分比,表明该时刻实际进度拖后,拖后的量为两者之差。

③同一时刻上面的累计百分比小于下面的累计百分比,表明该时刻实际进度超前,超前的量为两者之差。

这种比较法适合于进展速度在变化情况下的进度比较;同时,除标出检查日期进度比较情况外,还能提供某一指定时间两者比较的信息。当然,这要求实施部门按规定的时间记录当时的任务完成情况。

(3)双比例双侧横道图比较法。双比例双侧横道图比较法是在工作进度按变速进展的情况下,工作实际进度与计划进度进行比较的一种方法,它是双比例单侧横道图比较法的改进和发展,是将表示工作实际进度的涂黑粗线,按照检查的期间和完成的累计百分比交替地绘制在计划横道线上下两面，其长度表示该时间内完成的任务量。工作的实际完成累计百分比标于横道线下面的检查日期处，通过两个上下相对的百分比相比较，判断该工作的实际进度与计划进度之间的关系。这种比较方法从各阶段的涂黑粗线的长度可看出各期间实际完成的任务量及其在该阶段的实际进度与计划进度之间关系。其步骤如下：

1)编制横道图进度计划表。

2)在横道线上方标出各工作主要时间的计划完成任务累计百分比。

3)在计划横道线的下方标出工作相对应日期实际完成任务累计百分比。

4)用涂黑粗线分别在横道线上方和下方交替地绘制出每次检查实际完成的百分比。

5)比较实际进度与计划进度。通过标在横道线上下方两个累计百分比，比较各时刻的两种进度的偏差。

以上介绍的三种横道图比较方法，由于其形象直观，作图简单，容易理解，因而被广泛应用于工程项目的进度监测中，供不同层次的进度控制人员使用。并且由于在计划执行过程中不需要修改，因而使用起来也比较方便。但由于其以横道计划为基础，因而带有不可克服的局限性。在横道计划中，各项工作之间的逻辑关系表达不明确，关键工作和关键线路无法确定。一旦某些工作实际进度出现偏差时，难以预测其对后续工作和工程总工期的影响，也就难以确定相应的进度计划调整方法。因此，横道图比较法主要用于工程项目中某些工作实际进度与计划进度的局部比较。

2. 网络图切割线比较法

网络图切割线比较法是将网络计划中已完成部分切割掉，然后对剩余网络部分进行分析的一种方法。其具体步骤如下：

(1)去掉已经完成的工作，对剩余工作组成的网络计划进行分析。

(2)把检查当前日期作为剩余网络计划的开始日期，将那些正在进行的剩余工作所需的历时估算出并标于网络图中，其余未进行的工作仍以原计划的历时为准。

(3)计算剩余网络参数，以当前时间为网络的最早开始时间，计算各工作的最早开始时间，各工作的最迟完成时间保持不变，然后计算各工作总时差。若产生负时差，则说明项目进度拖后。应在出现负时差的工作路线上调整工作历时，消除负时差，以保证工期按期实现。

图5-4为网络图切割线比较法的实例。其检查标准日期是工程开工第35天，剩余进度网络计划如图中切割线以后的部分，依照上述检查步骤可知项目计算工期为135天，较计划工期130天将拖后5天竣工。

三、施工进度计划的调整

在施工进度计划实施过程中受各种因素的影响可能会出现偏差，项目监理机构应检查和记录实际进度情况，判定实际进度是否出现偏差。发生施工进度计划调整的，应报项目监理机构审查，并经建设单位同意后实施。发现实际进度严重滞后于计划进度且影响合同工期时，项目监理机构应签发监理通知单、召开专题会议，督促施工单位按批准的施工进度计划实施。

总监理工程师应及时向建设单位报告可能造成工期延误的风险事件及其原因、采取的对策和措施等。

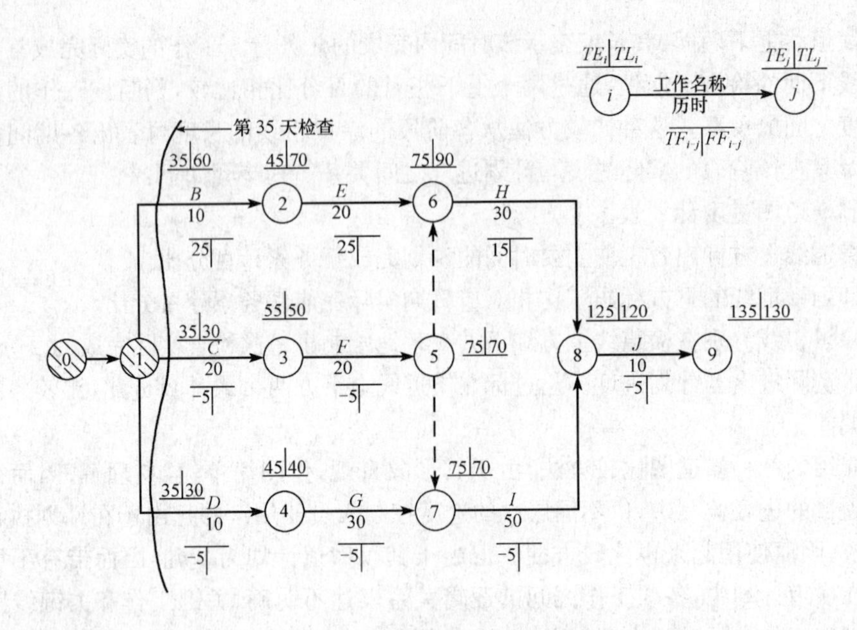

图 5-4　网络图切割线比较法

具体调整措施如下：

1. 缩短某些工作的持续时间

这种方法不改变工作之间的逻辑关系，而是缩短某些工作的持续时间，使施工进度加快，并保证实现计划工期。这些被压缩持续时间的工作是位于由于实际施工进度的拖延而引起总工期延长的关键线路和某些非关键线路上的工作。这种方法实际上就是网络计划优化中的工期优化方法和工期与费用优化方法。具体做法如下：

(1)研究后续各工作持续时间压缩的可能性及其极限工作持续时间。

(2)确定由于计划调整、采取必要措施，而引起的各工作的费用变化率。

(3)选择直接引起拖期的工作及紧后工作优先压缩，以免拖期影响扩大。

(4)选择费用变化率最小的工作优先压缩，以求花费最小代价，满足既定工期要求。

(5)综合考虑上述(3)、(4)，确定新的调整计划。

2. 改变某些工作间的逻辑关系

当工程项目实施中产生的进度偏差影响到总工期，且有关工作的逻辑关系允许改变时，可以改变关键线路和超过计划工期的非关键线路上的有关工作之间的逻辑关系，达到缩短工期的目的。例如，将顺序进行的工作改为平行作业、搭接作业以及分段组织流水作业等，都可以有效地缩短工期。对于大型群体工程项目，单位工程间的相互制约相对较小，可调幅度较大；对于单位工程内部，由于施工顺序和逻辑关系约束较大，可调幅度较小。

3. 调整资源供应

对于因资源供应发生异常而引起的进度计划执行问题，应采用资源优化方法对计划进行调整，或采取应急措施，使其对工期影响最小。

4. 增减施工内容

增减施工内容应做到不打乱原计划的逻辑关系，只对局部逻辑关系进行调整。在增减施工内容以后，应重新计算时间参数，分析对原网络计划的影响。当对工期有影响时，应采取调整措施，保证计划工期不变。

5. 增减工程量

增减工程量主要是指改变施工方案、方法，从而导致工程量的增加或减少。

6. 改变起止时间

起止时间的改变应在相应的工作时差范围内进行，如延长或缩短工作的持续时间，或将工作在最早开始时间和最迟完成时间范围内移动。每次调整必须重新计算时间参数，观察该项调整对整个施工计划的影响。

第六章 市政工程合同管理与索赔

第一节 建设工程合同概述

一、合同法律关系

1. 合同法律关系的构成

合同法律关系是指由合同法律规范所调整的、在民事流转过程中所产生的权利义务关系。合同法律关系包括合同法律关系主体、合同法律关系客体、合同法律关系内容三个要素。这三要素构成了合同法律关系，缺少其中任何一个要素都不能构成合同法律关系，改变其中的任何一个要素就改变了原来设定的法律关系。

(1)合同法律关系主体。合同法律关系主体是参加合同法律关系，享有相应权利、承担相应义务的当事人。合同法律关系的主体可以是自然人、法人、其他组织。

1)自然人。自然人是指基于出生而成为民事法律关系主体的有生命的人。作为合同法律关系主体的自然人必须具备相应的民事权利能力和民事行为能力。

2)法人。法人是具有民事权利能力和民事行为能力，依法独立享有民事权利和承担民事义务的组织。法人是与自然人相对应的概念，是法律赋予社会组织具有人格的一项制度。这一制度为确立社会组织的权利、义务，便于社会组织独立承担责任提供了基础。

3)其他组织。法人以外的其他组织也可以成为合同法律关系主体，主要包括法人的分支机构，不具备法人资格的联营体、合伙企业、个人独资企业等。这些组织应当是合法成立、有一定的组织机构和财产，但又不具备法人资格的组织。其他组织与法人相比，其复杂性在于民事责任的承担较为复杂。

(2)合同法律关系的客体。合同法律关系客体是指参加合同法律关系的主体享有的权利和承担的义务所共同指向的对象。合同法律关系的客体主要包括物、行为、智力成果。

1)物。法律意义上的物是指可为人们控制、并具有经济价值的生产资料和消费资料，可以分为动产和不动产、流通物与限制流通物、特定物与种类物等。如建筑材料、建筑设备、建筑物等都可能成为合同法律关系的客体。货币作为一般等价物也是法律意义上的物，可以作为合同法律关系的客体，如借款合同等。

2)行为。法律意义上的行为是指人的有意识的活动。在合同法律关系中，行为多表现为完成一定的工作，如勘察设计、施工安装等，这些行为都可以成为合同法律关系的客体。

3)智力成果。智力成果是通过人的智力活动所创造出的精神成果，包括知识产权、技术秘密及在特定情况下的公知技术。如专利权、计算机软件等，都有可能成为合同法律关系的客体。

(3)合同法律关系的内容。合同法律关系的内容是指合同约定和法律规定的权利和义务。合同法律关系的内容是合同的具体要求，决定了合同法律关系的性质，它是连接主体的纽带。

1)权利。权利是指权利主体依据法律规定和约定，有权按照自己的意志做出某种行为，同时要求义务主体做出某种行为或者不得做出某种行为，以实现合法权益。当权利受到侵犯时，法律将予以保护。一方面，权利受到国家保护，如果一个人的权利因他人干涉而无法实现或受到了他人的侵害时，可以请求国家协助实现其权利或保护其权利；另一方面，权利是有行为界限的，超出法律规定，非分的或过分的要求就是不合法的或不被视为合法的权利。权利主体不能以实现自己的权利为目的而侵犯他人的合法权利或侵犯国家和集体的利益。

2)义务。义务是指义务主体依据法律规定和权利主体的合法要求，必须做出某种行为或不得做出某种行为，以保证权利主体实现其权益，否则要承担法律责任。一方面，义务人履行义务是权利人享有权利的保障，所以，法律规范针对保障权利人的权利规定了具体的法律义务，尤其是强制性规范，更是侧重了对义务的规定，而不是对权利的规定；另一方面，法律义务对义务人来说是必须履行的，如果不履行，国家就要依法强制执行，因不履行造成后果的，还要追究其法律责任。

权利是指合同法律关系主体在法定范围内，按照合同的约定有权按照自己的意志做出某种行为。权利主体也可要求义务主体做出某种行为或不做出某种行为，以实现自己的有关权利。当权利受到侵害时，有权得到法律保护。

2. 合同法律关系的产生、变更与消灭

合同法律关系并不是由合同法律规范本身产生的，合同法律关系只有在一定的条件下才能产生、变更和消灭。能够引起合同法律关系产生、变更和消灭的客观现象和事实，就是法律事实。法律事实包括行为和事件。

(1)行为。行为是指法律关系主体有意识的、能够引起法律关系发生变更和消灭的活动，包括作为和不作为两种表现形式。行为还可分为合法行为和违法行为。

此外，行政行为和发生法律效力的法院判决、裁定以及仲裁机构发生法律效力的裁决等，也是一种法律事实，也能引起合同法律关系的发生、变更与消灭。

(2)事件。事件是指不以合同法律关系主体的主观意志为转移而发生的，能够引起合同法律关系产生、变更与消灭的客观现象。这些客观事件的出现与否，是当事人无法预见和控制的。事件可分为自然事件和社会事件两种。

3. 代理关系

代理关系是指代理人以被代理人的名义，并在其授权范围内向第三人做出意思表示，所产生的权利和义务直接由被代理人享有和承担的法律行为。公民、法人可以通过代理人实施民事法律行为，但法律有规定或当事人有约定的除外。

经济法律关系中的代理，表现为代理人以被代理人的名义向第三人进行经济活动时，它所产生的经济权利和经济义务直接归属于被代理人。在经济贸易活动中，有专门从事代理业务活动的代理行；在法律事务中，当事人可以聘请律师进行诉讼代理或非诉讼代理；在工程建设活动中，建设单位可以聘请建设咨询公司作为代理人对工程项目进行发包、招标代理或其他具有法律意义的活动。

(1)被代理人的权利和义务。

1)被代理人的主要权利：

①被代理人有权要求代理人按照代理权限进行代理活动。代理权是代理人进行代理活动的依据,代理人有义务按照代理权限进行活动,同时,被代理人也有权要求代理人这样做。

②被代理人有权了解代理人完成代理事务的情况。在代理关系中,代理人依据代理权而独立地进行代理活动,但是,代理人是为实现和维护被代理人的利益进行活动的,被代理人理所当然地有权了解代理人完成代理事务的情况。

③被代理人有权要求代理人移交代理活动所产生的法律后果。依据代理制度的规定,代理人行使代理权进行代理活动时,并不享有代理活动所产生的法律后果。因此代理行为的法律后果一旦产生或完成,代理人应及时全部地将其在代理活动中产生的权利和义务移交给被代理人。

2)被代理人的主要义务:

①在确立委托代理的法律关系时,被代理人应明确表明授权权限。

②被代理人应该向代理人详细介绍为完成代理事务所需要的有关情况,提供有关的依据材料。

③被代理人应向代理人支付有关费用。

④由于被代理人的过错致使代理人在完成代理事务过程中受到损失时,被代理人应当赔偿代理人的损失。

(2)代理人的权利和义务。

1)代理人的主要权利:

①代理人有权依据法定或约定的代理权进行代理活动。在委托代理中,代理人还有权要求被代理人明确授权权限。应当指出,代理人享有这项权利的同时,也是自己应承担的义务。

②代理人有权要求被代理人如实地、全面地提供完成代理事务所需要了解和掌握的信息和资料。

③代理人有权要求被代理人支付酬金和费用。

2)代理人的主要义务:

①代理人应认真地履行其代理职责。在代理活动中,不论代理人依据法律规定还是被代理人的授权行为取得代理权,代理人都负有实现和维护被代理人利益的义务。

②代理人应亲自完成其所代理的事务。在委托代理活动中,代理人与被代理人之间的关系是基于被代理人对代理人的人身信任而产生的。代理人的知识、能力和品德是他取得代理权的前提条件,也是完成被代理人所委托代理事务和实现利益的保证。因此,代理人在接受委托之后,应当亲自完成其所代理的事务,而不能随意地把代理工作转给他人去完成。只有在特殊的条件下,征得被代理人同意,同时要符合法律手续,才能转托他人去完成。

③代理人应及时、完整地向被代理人报告其所代理工作的进展程度和完成情况,代理人在完成受托代理事务后,应及时地将为被代理人取得的财产和有关权利义务及其法律文件和有关资料转交给被代理人。

④代理人不得以被代理人的名义与自己或与自己同时代理的其他人签订合同,即禁止自己代理和同时代理。在前一种情况下,代理人和被代理人是合同的双方当事人,但因代理人以被代理人的名义代被代理人签订合同,所以合同的内容完全是代理人一人决定,这样缔结合同,会因代理人与被代理人的利益对立而可能损害被代理人。在后一种情况下,代理人为自己同时代理的当事人双方签订合同,合同的内容也仅凭代理人一个人的意志决定,这样缔

结的合同会因代理人的好恶或偏袒而损害双方当事人或一方当事人的利益。并且上述两种情况都与合同双方的法律行为相违背,如不加以禁止,就会为代理人滥用代理权提供方便。

⑤代理人不得与第三人恶意串通损害被代理人的利益。这里所说的恶意串通是指代理人与第三人共谋侵犯被代理人合法权益的行为。我国《民法通则》明确规定:“代理人和第三人串通,损害被代理人的利益的,由代理人和第三人负连带责任。”

⑥代理人不得进行违法活动。代理人从事代理行为是为了实现被代理人的合法权益,而不是利用代理关系进行非法活动。

(3)第三人的权利和义务。在代理关系中,代理人与第三人进行民事活动中,也会形成一定的权利和义务关系。

1)第三人与代理人之间的权利:

①第三人有权核查代理人的代理权。代理人进行代理活动时,也有义务向第三人证明自己的身份及代理权限。

②第三人有权拒绝各种无权代理行为。

2)第三人与代理人之间的义务:

①第三人应当依据代理人的权限与代理人进行民事活动,并应自觉地遵守。

②为了使代理活动在法律规范下进行,第三人核查代理人身份及代理权限,既是一项权利,也是一项义务。

3)第三人与被代理人之间的权利和义务:

①第三人有权要求被代理人履行义务。第三人作为民事法律关系当事人一方有权要求对方履行义务。被代理人不履行义务或者不完全履行义务时,第三人有权要求被代理人承担民事责任。

②第三人应当履行自己应尽的义务。第三人享有权利的同时,也必须承担义务。第三人应按照具体的民事法律关系的特定内容和特定要求,履行自己的义务。否则,第三人也要承担民事责任。

二、建设工程合同的内容

合同的内容由当事人约定,这是合同自由的重要体现。《合同法》规定了合同应当包括的条款,但具备这些条款不是合同成立的必要条件。建设工程合同也应当包括这些内容,但由于建设工程合同往往比较复杂,合同中的内容往往并不全部反映在狭义的合同文本中,如有些内容反映在工程量表中,有些内容反映在当事人约定采用的质量标准中。

1. 合同当事人

合同当事人是指签订合同的各方,是合同的权利和义务的主体。当事人是平等主体的自然人、法人或其他经济组织。但对于具体种类的合同,当事人还应当具有相应的民事权利能力和民事行为能力,例如签订建设工程承包合同的承包商,不仅需要工程承包企业的营业执照(民事权利能力),而且还要有与该工程的专业类别、规模相应的资质许可证(民事行为能力)。

合同法适用的是平等民事主体的当事人之间签订的合同。在如下情况下有时虽也签订合同,但这些合同不适用合同法。

(1)政府依法维护经济秩序的管理活动,属于行政关系。

(2)法人、其他组织内部的管理活动,例如工厂车间内的生产责任制,属于管理与被管理之间的关系。

(3)收养等有关身份关系的协议,《合同法》规定,“婚姻、收养、监护等有关身份、关系的协议,适用其他法律的规定”。

在日常的经济活动中,许多合同是由当事人委托代理人签订的。这里合同当事人被称为被代理人。代理人在代理权限内,以被代理人的名义签订合同。被代理人对代理人的行为承担相关民事责任。

2. 合同标的

合同标的是当事人双方的权利、义务所共同指向的对象。它可能是实物(如生产资料、生活资料、动产、不动产等)、行为(如工程承包、委托)、服务性工作(如劳务、加工)、智力成果(如专利、商标、专有技术)等。如工程承包合同,其标的是完成工程项目,标的是合同必须具备的条款。无标的或标的不明确,合同是不能成立的,也无法履行。

合同标的是合同最本质的特征,通常合同是按照标的物分类的。

3. 数量

数量是衡量合同标的多少的尺度,以数字和计量单位表示。没有数量或数量的规定不明确,当事人双方权利义务的多少、合同是否完全履行都无法确定。数量必须严格按照国家规定的法定计量单位填写,以免当事人产生不同的理解。施工合同中的数量主要体现的是工程量的大小。

4. 质量

质量是标的的内在品质和外观形态的综合指标。签订合同时,必须明确质量标准。合同对质量标准的约定应当是准确而具体的,对于技术上较为复杂的和容易引起歧义的词语、标准,应当加以说明和解释。对于强制性的标准,当事人必须执行,合同约定的质量不得低于该强制性标准。对于推荐性的标准,国家鼓励采用。当事人没有约定质量标准的,如果有国家标准,则依国家标准执行;如果没有国家标准,则依行业标准执行;没有行业标准,则依地方标准执行;没有地方标准,则依企业标准执行。由于建设工程中的质量标准大多是强制性的质量标准,当事人的约定不能低于这些强制性的标准。

5. 价款或者报酬

价款或者报酬是当事人一方向交付标的的另一方支付的货币。标的物的价款由当事人双方协商,但必须符合国家的物价政策,劳务酬金也是如此。合同条款中应写明有关银行结算和支付方法的条款。价款或者报酬在勘察、设计合同中表现为勘察、设计费,在监理合同中则体现为监理费,在施工合同中则体现为工程款。

6. 合同期限、履行地点和方式

合同期限是指履行合同的期限,即从合同生效到合同结束的时间。履行地点指合同标的物所在地,如以承包工程为标的的合同,其履行地点是工程计划文件所规定的工程所在地。

由于一切经济活动都是在一定的时间和空间上进行的,离开具体的时间和空间,经济活动是没有意义的,所以合同中应非常具体地规定合同期限和履行地点。

7. 违约责任

违约责任即合同一方或双方因过失不能履行或不能完全履行合同责任而侵犯了另一方

权利时所应负的责任。违约责任是合同的关键条款之一。没有规定违约责任，则合同对双方难以形成法律约束力，难以确保圆满地履行，发生争执也难以解决。

第二节　市政工程各阶段合同管理

一、市政工程招标管理

（一）市政工程招标投标的概念与招标程序

工程招标投标是在市场经济条件下，在工程承包市场中围绕建设工程这一特殊商品而进行的一系列特殊交易活动（可行性研究、勘察设计、工程施工、材料设备采购等）。

工程招标投标是引入竞争机制订立合同（契约）的一种法律形式，是招标人对工程建设、货物买卖、劳务承担等交易业务，事先公布选择分派的条件和要求，招引他人承接，若干或众多投标人做出愿意参加业务承接竞争的意思表示，招标人按照规定的程序和办法择优选定中标人的活动。按照我国有关规定，招标投标的标的，即招标投标有关各方当事人权利和义务所共同指向的对象，包括工程、货物、劳务等。

1. 招标公告发布或投标邀请书发送

公开招标的投标机会必须通过公开广告的途径予以通告，使所有合格的投标者都有同等的机会了解投标要求，以形成尽可能广泛的竞争局面。

我国规定，依法应当公开招标的工程，必须在主管部门指定的媒介上发布招标公告。招标公告的发布应当充分公开，任何单位和个人不得非法限制招标公告的发布地点和发布范围。指定媒介发布依法必须发布的招标公告，不得收取费用。

2. 资格预审

资格预审是指招标人在招标开始前或者开始初期，由招标人对申请参加投标人进行资格审查。认定合格后的潜在投标人，得以参加投标。一般来说，对于大中型建设项目、“交钥匙”项目和技术复杂的项目，资格预审程序是必不可少的。

3. 招标文件编制与发售

《招标投标法》第十九条规定：“招标人应当根据招标项目的特点和需要编制招标文件。招标文件应当包括招标项目的技术要求、对投标人资格审查的标准、投标报价要求和评标标准等所有实质性要求和条件以及拟签订合同的主要条款。”“国家对招标项目的技术、标准有规定的，招标人应当按照其规定在招标文件中提出相应要求。”“招标项目需要划分标段、确定工期的，招标人应当合理划分标段、确定工期，并在招标文件中载明”。

4. 勘察现场

招标单位组织投标单位勘察现场的目的在于了解工程场地和周围环境情况，以获取投标单位认为有必要的信息。勘察现场一般安排在投标预备会的前1～2d。

投标单位在勘察现场中如有疑问问题，应在投标预备会前以书面形式向招标单位提出，但应给招标单位留有解答时间。

5. 标前会议

标前会议是指在投标截止日期以前，按招标文件中规定的时间和地点，召开的解答投标人质疑的会议，又称交底会。在标前会议上，招标单位负责人除了向投标人介绍工程概况外，还可对招标文件中的某些内容加以修改（但须报请招标投标管理机构核准）或予以补充说明，并口头解答投标人书面提出的各种问题，以及会议上即席提出的有关问题。会议结束后，招标单位应将其口头解答的会议记录加以整理，用书面补充通知（又称"补遗"）的形式发给每一位投标人。补充文件作为招标文件的组成部分，具有同等的法律效力。补充文件应在投标截止日期前一段时间发出，以便让投标者有时间做出反应。

6. 开标

开标是指招标人将所有投标人的投标文件启封揭晓。我国《招标投标法》规定，开标应当在招标通告中约定的地点，招标文件确定的提交投标文件截止时间的同一时间公开进行。开标由招标人主持，邀请所有投标人参加。开标时，要当众宣读投标人名称、投标价格、有无撤标情况以及招标单位认为其他合适的内容。

7. 评标

开标后进入评标阶段。即采用统一的标准和方法，对符合要求的投标进行评比，来确定每项投标对招标人的价值，最后达到选定最佳中标人的目的。

8. 定标

评标结束后，评标小组应写出评标报告，提出中标单位的建议，交业主或其主管部门审核。评标报告一般由下列内容组成：

(1)招标情况。主要包括工程说明、招标过程等。

(2)开标情况。主要包括开标时间、地点、参加开标会议人员唱标情况等。

(3)评标情况。主要包括评标委员会的组成及评标委员会人员名单、评标工作的依据及评标内容等。

(4)推荐意见。

(5)附件。主要包括评标委员会人员名单、投标单位资格审查情况表、投标文件符合情况鉴定表、投标报价评比报价表、投标文件质询澄清的问题等。

评标报告批准后，立即向中标单位发出中标函。

9. 签订合同

中标单位接受中标通知后，一般应在15～30d内签订合同，并提供履约保证。签订合同后，建设单位一般应在7天内通知未中标者，并退回投标保函，未中标者在收到投标保函后，应迅速退回招标文件。

若对第一中标者未达成签订合同的协议，可考虑与第二中标者谈判签订合同，若缺乏有效的竞争和其他正当理由，建设单位有权拒绝所有的投标，并对投标者造成的影响不负任何责任，也无义务向投标者说明原因。拒标的原因一般是所有投标的主要项目均未达到招标文件的要求，经建设主管部门批准后方能拒绝所有的投标。一旦拒绝所有的投标，建设单位应立即研究废标的原因，考虑是否对技术规程（规范）和项目本身要进行修改，然后考虑重新招标。

(二)勘察设计招标管理

建设工程勘察是根据建设工程的要求，查明、分析、评价建设场地的地质地理环境特征和岩土工程条件，编制建设工程勘察文件的活动。建设工程设计是根据建设工程的要求，对建设工程所需的技术、经济、资源、环境等条件进行综合分析、论证，编制建设工程设计文件的活动。通过勘察设计招标投标，引入竞争机制是提高勘察设计质量、缩短工期，进而提高建设工程质量、降低工程造价、提高建设项目投资效益的有效途径。

1. 设计勘察工作在整个工程建设中的作用

设计是工程建设的灵魂，控制投资的关键，是集中运用各项政策、标准，把科技学术成果转化为现实生产力的“桥梁”和“纽带”。设计单位能不能全面地贯彻执行国家经济建设的方针政策和有关强制性技术标准，落实节约和环保措施，做出最佳的设计，不仅影响到工程建设的速度和质量，也将长久地影响到投产或交付使用后的综合效益。

勘察不仅仅是为设计服务，它在建设工程中起着非常重要的作用。铺路、架桥离不开扎实稳固的基础，比如要钻多少个孔，每个孔要钻多深，应做什么试验，土的分类取样结果如何，采用什么测试方法等，可以说岩土工程师编制的勘察方案的优劣，与工程项目的投资控制等方面有着直接的关系。

2. 勘察设计招标文件的编制

(1)设计招标文件。以方案竞选为核心的设计招标文件是指导投标人正确编制报价的依据，既要全面介绍拟建工程项目的特点和设计要求，还应详细提出应当遵守的投标规定。

(2)设计任务书。招标文件中对项目设计提出明确要求的“设计要求”或“设计大纲”即设计任务书，是最重要的文件部分。

设计任务书是方案设计和初步设计的重要依据文件，要全面反映招标人对项目的功能要求和投资意图，应兼顾三个方面：严格性，文字表达应清楚不被误解；完整性，任务要求全面不遗漏；灵活性，要为投标人发挥设计创造性留有充分的自由度。因此，设计任务书涉及的范围广、知识面宽、技术要求高。

(3)勘察招标文件的编制。

1)勘察招标文件的主要内容。勘察任务独立发包招标的，其招标文件的主要内容有投标须知、项目说明、勘察任务书、合同主要条件、技术标准及基础资料、编制投标文件用的各种格式文本。

2)勘察任务书的主要内容。包括拟建设项目概况、现场状况、勘察的目的、勘察的范围、勘察项目及要求、勘察进度要求、提交勘察成果的内容和时间的要求、孔位布置图。

3)勘察任务书由该项目的设计人提出，经招标人批准。

3. 对投标人的资格审查

无论是公开招标时对申请投标人的资格预审，还是邀请招标时采用的资格后审，审查基本内容相同。

(1)资格审查。资格审查是指投标人所持有的资质证书是否与招标项目的要求一致，具备实施资格。

(2)能力审查。判定投标人是否具备承担发包任务的能力，通常指审查人员的技术力量和所拥有的技术设备两方面。人员的技术力量主要考察设计负责人的资质能力，以及各类设计人员的专业覆盖面、人员数量、各级职称人员的比例等是否满足完成工程设计的需要。审查设备能力主要是审核开展正常勘察或设计所需的器材和设备，在种类、数量方面是否满足要求。不仅看其总拥有量，还应审查完好程度和在其他工程上的占用情况。

(3)经验审查。通过投标人报送的最近几年完成工程项目表,评定他的设计能力和水平。侧重考察已完成的设计项目与招标工程在规模、性质、形式上是否相适应。

4. 评标

(1)设计投标书的评审。虽然投标书的设计方案各异,需要评审的内容很多,但大致可以归纳为以下几个方面:

1)设计方案的优劣。

2)投入、产出经济效益比较。

3)设计进度快慢。

4)设计资历和社会信誉。

5)报价的合理性。

(2)勘察投标书的评审。勘察投标书主要评审以下几个方面:勘察方案是否合理;勘察技术水平是否先进;各种所需勘察数据能否准确可靠;报价是否合理。

(三)监理招标管理

监理招标的标的是“监理服务”,与工程项目建设中其他各类招标的最大区别表现为监理单位不承担物质生产任务,只是受招标人委托对生产建设过程提供监督、管理、协调、咨询等服务。鉴于标的具有特殊性,招标人选择中标人的基本原则是“基于能力的选择”。

1. 监理招标文件的编制

(1)监理招标文件的主要内容。监理招标实际上是征询投标人实施监理工作的方案提议。为了指导投标人正确编制投标书,招标文件应包括投标须知、合同条件、业主提供的现场办公条件(包括交通、通信、住宿、办公用房等)、对监理单位的要求、有关技术规定、必要的设计文件、图纸和有关资料及其他事项等几方面内容。

(2)监理招标文件编制要点。监理招标文件编制的重点工作是编写监理任务大纲、拟定主要合同条件、确定评标原则、评标标准和方法。

2. 监理招标的开标

开标由招标人主持,所有投标人均应参加,必要时邀请建设招标投标或建设监理主管部门以及公证部门派员参加。投标人或公证人员验证密封无误后由工作人员当众启封,并宣读报价及主要承诺条件。存在无效投标书的或投标截止前申请撤标的,也应当场宣布,但不启封。

3. 监理招标的评标

(1)评标委员会对各投标书进行审查评阅,主要考察以下几个方面的合理性:

1)投标人的资质,包括资质等级、批准的监理业务范围、主管部门或股东单位、人员综合情况等。

2)监理大纲。

3)拟派项目的主要监理人员(重点审查总监理工程师和主要专业监理人)。

4)人员派驻计划和监理人员的素质(通过人员的学历证书、职称证书和上岗证书反映)。

5)监理单位提供用于工程的检测设备和仪器,或委托有关单位检测的协议。

6)近几年监理单位的业绩及奖惩情况。

7)监理费报价和费用组成。

8)招标文件要求的其他情况。

在审查过程中对投标书不明确之处可采用澄清问题会的方式请投标人予以说明,并可通过与总监理工程师的会谈,考察他的风险意识、对业主建设意图的理解、应变能力、管理目标的设定等的素质高低。

(2)对投标文件的比较。监理评标的量化比较通常采用综合评分法对各投标人的综合能力进行对比。依据招标项目的特点设置评分内容和分值的权重。招标文件中说明的评标原则和预先确定的记分标准开标后不得更改,作为评标委员的打分依据。施工监理招标的评分内容及分值分配参见表6-1。

表6-1　施工监理招标的评分内容及分值分配

序号	评审内容	分值	序号	评审内容	分值
1	投标人资质等级及总体素质	10～15	6	检测仪器、设备	5～10
2	监理规划或监理大纲	10～20	7	监理单位业绩	10～20
3	监理机构总监理工程师资格及业绩	10～20	8	企业奖惩及社会信誉	5～10
4	监理收费	5～10	9	专业配套	5～10
5	职称、年龄结构等	5～10	10	各专业监理人资格及业绩	10～15
总计100					

从表6-1可以看出,监理招标的评标主要侧重于监理单位的资质能力、实施监理任务的计划和派驻现场监理的人员的素质。

4. 监理招标的定标

招标人根据评标委员会的报告,结合与项目有关的各种情况做出判断,选定中标人。如果要履行审批手续,应立即报送审批,获得批准后,再宣布定标结果。

(四)施工招标管理

1. 合同数量的划分

全部施工内容只发一个合同包招标,招标人仅与一个中标人签订合同,施工过程中管理工作比较简单,但有能力参与竞争的投标人较少。如果招标人有足够的管理能力,也可以将全部施工内容分解成若干个单位工程和特殊专业工程分别发包,一则可能发挥不同投标人的专业特长增强投标的竞争性;二则每个独立合同比总承包合同更容易落实,即使出现问题也是局部的,易于纠正或补救。但招标发包的数量多少要适当,合同太多会给招标工作和施工阶段的管理工作带来麻烦或不必要损失。

2. 编制招标文件

招标文件是投标人投标的依据文件,应尽可能完整、详细。招标文件不仅能使投标人对项目的招标有充分的了解有利于投标竞争,而且招标文件中的很多文件将作为未来合同的有效组成部分。由于招标文件的内容繁多,必要时可以分卷、分章编写。

3. 资格预审

资格预审是在招标阶段对申请投标人的第一次筛选,主要侧重审查承包人企业总体能力是否适合招标工程的要求。

为加强房屋建筑和市政工程招投标监督管理，统一和规范房屋建筑和市政工程招投标活动，住房和城乡建设部于 2010 年 9 月 2 日发布《房屋建筑和市政工程标准施工招标资格预审文件》(建市招函[2010]81 号)，该标准文件共分资格预审公告、申请人须知、资格审查办法(合格制)、资格审查办法(有限数量制)、资格预审申请文件格式、项目建设概况五章，全面地规范了整个施工招标资格预审的工作流程和工作内容。

4. 建设工程施工招标文件的内容

根据《房屋建筑和市政工程标准施工招标文件》(建市招函[2010]81 号)规定，工程施工招标文件包括下列内容：

第一卷

第一章　招标公告(未进行资格预审)
第一章　投标邀请书(适用于邀请招标)
第一章　投标邀请书(代资格预审通过通知书)
第二章　投标人须知
第三章　评标办法(经评审的最低投标价法)
第三章　评标办法(综合评估法)
第四章　合同条款及格式
第一节　通用合同条款
第二节　专用合同条款
第三节　合同附件格式
第五章　工程量清单

第二卷

第六章　图纸

第三卷

第七章　技术标准和要求
第一节　一般要求
第二节　特殊技术标准和要求
第三节　适用的国家、行业以及地方规范、标准和规程

第四卷

第八章　投标文件格式

(1)招标公告或投标邀请书。公开招标的投标机会必须通过公开广告的途径予以通告，使所有的合格的投标者都有同等的机会了解投标要求，以形成尽可能广泛的竞争局面。我国规定，依法应当公开招标的工程，必须在主管部门指定的媒介上发布招标公告。招标公告的发布应当充分公开，任何单位和个人不得非法限制招标公告的发布地点和发布范围。指定媒介发布依法必须发布的招标公告，不得收取费用。

招标公告的主要内容包括：

1)招标人名称、地址、联系人姓名、电话；委托代理机构进行招标的，还应注明该机构的名称和地址。

2)工程情况简介，包括项目名称、建筑规模、工程地点、结构类型、装修标准、质量要求、工期要求。

3)承包方式,材料、设备供应方式。

4)对投标人资质的要求及应提供的有关文件。

5)招标日程安排。

6)招标文件的获取办法,包括发售招标文件的地点、文件的售价及开始和截止出售的时间。

7)其他要说明的问题。

依法实行邀请招标的工程项目,应由招标人或其委托的招标代理机构向拟邀请的投标人发送投标邀请书。投标邀请书的内容与招标公告大同小异。

(2)投标人须知。投标须知是招标文件中很重要的一部分内容,主要是告知投标者投标时的有关注意事项,包括资格要求、投标文件要求、投标的语言、报价计算、货币、投标有效期、投标保证、错误的修正以及本国投标者的优惠等,内容应明确、具体。

投标须知这一部分内容,有的业主将其作为正式签订的工程承包合同的一部分,有的不作为正式的合同内容,这一点在编制招标文件时和签订合同时应注意说明。

投标须知大致包括以下内容:

1)招标项目说明。主要是介绍招标项目的情况及合同的有关情况。

2)资金来源。即资金是属于自有资金、财政拨款还是来源于直接融资或者间接融资等。

3)对投标人的资格要求。招标文件可以重申投标人对本项目投标所应当具备的资格,列出要证明其资格的文件。在没有进行资格预审的情况下更是如此。

4)招标文件的目录。

5)招标文件的补充或修改。招标文件发售给投标人后,在投标截止日期前的任何时候,招标人均可以对其中的任何内容或者部分内容加以补充或者修改。

6)投标书格式。规定投标人应当提交的投标文件的种类、格式、份数,并规定投标人应当编制的投标书份数。

7)投标语言。特别是在国际性招标中,对投标语言做出规定更是必要。

8)投标报价和货币的规定。投标报价是投标人说明报价的形式。投标人报价包括单价、总值和投标总价。

9)投标文件。包括投标书格式、投标保证金、报价单、资格证明文件、工程项目还有工程量清单等。

10)投标保证金。投标保证金属于投标文件中可以规定内容的重要组成部分。招标人可以在招标文件中规定投标人出具保证金,并规定投标保证金的额度,投标保证金的金额可定为标价的2%或者一个指定的金额,该金额相当于所估合同价的2%。不是说必须定在标价的2%,除法律有明确规定外,可考虑在标价的1%～5%之间确定。

11)投标截止时间。《招标投标法》第24条规定:“招标人应当确定投标人编制投标文件所需要的合理时间;但是,依法必须进行招标的项目,自招标文件开始发出之日起至投标人提交投标文件截止之日止,最短不得少于20日”。

12)投标有效期。投标有效期是在投标截止日期后规定的一段时间。在这段时间内招标人应当完成开标、评标、中标工作,除所有的投标都不符合招标条件的情形外,招标人应当与中标人订立合同,招标文件规定中标人需要提交履约保证金的,中标人还应当提交履约保证金。

13)开标。

14)评标。

15)投标文件的修改与撤回。投标人可以在递交投标文件以后,在规定的投标截止时间之前,采用书面形式向招标人递交补充、修改或撤回其投标文件的通知。

16)授予合同。

5. 施工招标评标

(1)经评审的最低投标价法。经评审的最低投标价法强调的是优惠而合理的价格。适用于具有通用技术、性能标准或者招标人对其技术、性能没有特殊要求、工期较短,质量、工期、成本受不同施工方案影响较小,工程管理要求一般的施工招标的评标。

(2)综合评估法。综合评估法是以投标文件能否最大限度地满足招标文件规定的各项综合评价标准为前提,在全面评审商务标、技术标、综合标等内容的基础上,评判投标人关于具体招标项目的技术、施工、管理难点把握的准确程度、技术措施采用的恰当和适用程度、管理资源投入的合理及充分程度等。一般采用量化评分的办法,商务部分不得低于60%,技术部分不得高于40%,综合投标价格、施工方案、进度安排、生产资源投入、企业实力和业绩、项目经理等各项因素的评分,按最终得分的高低确定中标候选人顺序,原则上综合得分最高的投标人为中标人。

综合评估法一般适用于招标人对招标项目的技术、性能有特殊要求的招标项目,适用于建设规模较大、履约工期较长、技术复杂,质量、工期和成本受不同施工方案影响较大,工程管理要求较高的施工招标的评标。

(五)物资设备采购招标管理

1. 承担物资采购招标单位的条件

(1)法人资格。

(2)有组织建设工程材料、设备供应工作的经验。

(3)对国家和地区大中型基建、技改项目的成套设备招标单位,应当具有国家有关部门资格审查认证的相应的甲、乙级资质。

(4)具有编制招标文件和招标控制价的能力。

(5)具有对投标单位进行资格审查和组织评标的能力。

(6)建设工程项目单位自行组织招标的应符合上述条件,如不具备上述条件应委托招标代理机构进行招标。

2. 物资采购流程

(1)公开招标的流程。公开招标流程大致分为三个阶段:招标准备阶段、招标投标阶段、决标成交阶段。

这三个阶段大致可分为九个步骤:①招标公告;②资格预审;③发售招标文件;④投标预备会;⑤编制、递送投标文件;⑥开标;⑦评标(资格后审);⑧中标;⑨合同谈判与签订。

(2)邀请招标的流程。邀请招标与公开招标流程基本相同,大致分为三个阶段:招标准备阶段、招标投标阶段、决标成交阶段。

这三个阶段大致可分为九个步骤:①资格预审;②发招标邀请书;③发售招标文件;④投标预备会;⑤编制、递送投标文件;⑥开标;⑦评标(资格后审);⑧中标;⑨合同谈判与签订。

实际操作过程中，其运作程序为：编制物资需求计划→收集潜在合格供应商并进行资格预审→发招标邀请书→发售招标文件→召集投标预备会并答疑→收集投标文件→开标→评标（推荐前三名）→定标→发中标通知书和未中标通知书→履行合同签订手续。

（3）竞争性谈判的流程。竞争性谈判的流程大致为：成立谈判小组、制定谈判文件、谈判、确定成交供应商。

（4）询价采购的流程。询价采购的流程大致为：收集潜在合格供应商并进行资格预审、发出询价函、限时收回报价表、汇总报价表并提出拟选择的供应商。

实际操作过程中，其运作程序为：编制物资采购计划→收集潜在合格供应商并进行资格预审→发出询价函→限时收回报价表→汇总报价表并提出拟选择供应商的建议报告→批复后履行签订合同及实施采购。此次询价采购要形成完整的询价资料（批复报告、报价汇总表、询价函及报价表）备查。

3. 物资采购招标文件的编制

工程建设物资采购招标文件是设备采购者对所需采购设备的全部要求，也是投标和评标的主要依据，内容应当做到完整、准确，所提供的条件应当公正、合理，符合有关规定。工程建设物资采购招标文件的主要内容包括：

（1）招标书，包括招标单位名称、建设工程名称及简介，招标标的物的主要参数、数量、要求交货期、投标截止日期和地点、开标日期和地点。

（2）投标须知，包括对招标文件的说明及对投标者和投标文件的基本要求，评标、定标的基本原则和标准等内容。

（3）招标标的物的清单和技术要求、技术规范及图纸。

（4）合同格式及主要合同条款，应当依据合同法的规定，包括价格及付款方式、交货条件、质量验收标准以及违约罚款等内容，条款要详细、严谨，防止事后发生纠纷。

（5）投标书格式、投标物资的数量及价目表格式及投标保函格式等各种格式文本。

（6）其他需要说明的事项。

4. 评标

工程建设物资采购应以最合理价格采购为原则，即评标时不仅要看其报价的高低，还要考虑货物运抵现场过程中可能支付的所有费用，如果是设备招标还要评审设备在预定的寿命期内可能投入的运营、维修和管理的费用等。

（1）最低投标价法。采购简单商品、半成品、原材料，以及其他性能、质量相同或容易进行比较的货物时，仅以报价和运费作为比较要素，选择总价格最低者中标。

（2）综合评标价法。以投标价为基础，将评审各要素按预定方法换算成相应价格，增加或减少到报价上形成评标价。采购机组、车辆等大型设备时，较多采用这种方法。

（3）以设备寿命周期成本为基础的评标价法。采购生产线、成套设备、车辆等运行期内各种费用较高的货物，评标时可预先确定一个统一的设备评审寿命期（短于实际寿命期），然后再根据投标书的实际情况在报价上加上该年限运行期间所发生的各项费用，再减去寿命期末设备的残值。计算各项费用和残值时，都应按招标文件规定的贴现率折算成净现值。

二、市政工程监理合同管理

(一)监理合同的概念

1. 监理合同的定义

建设工程监理合同简称监理合同,是指委托人与监理人就委托的工程项目管理内容签订的明确双方权利、义务的协议。

2. 监理合同主体

工程建设监理合同的当事人是委托人和监理人,但根据我国目前法律和法规的规定,当事人应当是法人或依法成立的组织,而不是自然人。

(1)委托人。

1)委托人的资格。委托人是指承担直接投资责任、委托监理业务的合同当事人及其合法继承人,通常为建设工程的项目法人,是建设资金的持有者和建筑产品的所有人。

2)委托人的代表。为了与监理人做好配合工作,委托人应任命一位熟悉工程项目情况的常驻代表,负责与监理人联系。对该代表人应有一定的授权,使他能对监理合同履行过程中出现的有关问题和工程施工过程中发生的某些情况迅速做出决定。这位常驻代表不仅是与监理人的联系人,也是与施工单位的联系人,既有监督监理合同和施工合同履行的责任,也有承担两个合同履行过程中与其他有关方面进行协调配合的义务。委托人代表在授权范围内行使委托人的权利,履行委托人应尽的义务。

为了使合同管理工作连贯、有序地进行,派驻现场的代表人在合同有效期内应尽可能地相对稳定,不要经常更换。当委托人需要更换常驻代表时,应提前通知监理人,并代之一位同等能力的人员。后续继任人对前任代表依据合同已做过的书面承诺、批准文件等,均应承担履行义务,不得以任何借口推卸责任。

(2)监理人。

1)监理人的资格。监理人是指承担监理业务和监理责任的监理单位及其合法继承人。监理人必须具有相应履行合同义务的能力,即拥有与委托监理业务相应的资质等级证书和注册登记的允许承揽委托范围工作的营业执照。

2)监理机构。监理机构是指监理人派驻建设项目工程现场,实施监理业务的组织。

3)总监理工程师。监理人派驻现场监理机构从事监理业务的监理人员实行总监理工程师负责制。监理人与委托人签订监理合同后,应迅速组织派驻现场实施监理业务的监理机构,并将委派的总监理工程师人选和监理机构主要成员名单,以及监理规划报送委托人。合同正常履行过程中,总监理工程师将与委托人派驻现场的常驻代表建立联系交往的工作关系。总监理工程师既是监理机构的负责人,也是监理人派驻工程现场的常驻代表人。除非发生了涉及监理合同正常履行的重大事件而需委托人和监理人协商解决外,正常情况下监理合同的履行和委托人与第三方签订的被监理合同的履行,均由双方代表人负责协调和管理。

监理人委派的总监理工程师人选,是委托人选定监理人时所考察的重要因素之一,所以总监理工程师不允许随意更换。监理合同生效后或合同履行过程中,如果监理人确需调换总监理工程师,应以书面形式提出请求,申明调换的理由和提供后继人选的情况介绍,经过委托人批准后方可调换。

3. 监理合同示范文本

为规范建设工程监理活动，维护建设工程监理合同当事人的合法权益，住房和城乡建设部、国家工商行政管理总局对《建设工程委托监理合同（示范文本）》（GF－2000－2002）进行了修订，制定了《建设工程监理合同（示范文本）》（GF－2012－0202）（以下简称“监理范本”）。“监理范本”由三部分组成：第一部分协议书，第二部分通用条件，第三部分专用条件。

（1）第一部分协议书。协议书是一个总的协议，是纲领性的法律文件。其中，明确了双方当事人确定的委托监理工程的概况（包括工程名称、工程地点、工程规模、工程概算投资额或建筑安装工程费）；委托人向监理人支付报酬的金额和方式；监理期限及相关服务期限；双方承诺。协议书是一份标准的格式文件，经当事人双方在有限的空格内填写具体规定的内容并签字盖章后，即发生法律效力。

（2）第二部分通用条件。建设工程监理合同通用条件的内容具有较强的通用性，条款涵盖了合同履行过程中双方的义务，以及标准化的管理程序，还规定了遇到非正常情况下的处理原则和解决方法，因此监理合同的通用条件适用于各类建设工程项目监理。

“监理范本”的通用条件分为：“定义与解释”，“监理人的义务”，“委托人的义务”，“违约责任”，“支付”，“合同生效、变更、暂停、解除与终止”，“争议解决”，“其他”八个部分。

（3）第三部分专用条件。由于通用条件适用于各种行业和专业项目的建设工程监理，因此其中的某些条款规定得比较笼统。对于具体实施的工程项目而言，还需要在签订监理合同时结合地域特点、专业特点和委托监理项目的工程特点，对通用条件中的某些条款进行补充、修正。

（二）监理合同的订立

首先，签约双方应对对方的基本情况有所了解，包括资质等级、营业资格、财务状况、工作业绩、社会信誉等。作为监理人还应根据自身状况和工程情况，考虑竞争该项目的可行性。其次，监理人在获得委托人的招标文件或与委托人草签协议之后，应立即对工程所需费用进行预算，提出报价，同时对招标文件中的合同文本进行分析、审查，为合同谈判和签约提供决策依据。无论以何种招标方式中标，委托人和监理人都要就监理合同的主要条款进行谈判。谈判内容要具体，责任要明确，要有准确的文字记载。作为委托人，切忌以手中有工程的委托权，而不以平等的原则对待监理人。应当看到，监理人的良好服务，将为委托人带来巨大的利益。作为监理人，应利用法律赋予的平等权利进行对等谈判，对重大问题不能迁就和无原则让步。经过谈判，双方就监理合同的各项条款达成一致，即可正式签订合同文件。

（三）监理合同的履行

1. 合同有效期

尽管双方签订的建设工程监理合同中注明“自××××年××月××日开始，至××××年××月××日止”，但此期限仅指完成正常监理工作预定的时间，并不一定就是监理合同的有效期。监理合同的有效期即监理人的责任期，不是以约定的日历天数为准，而是以监理人是否完成了包括附加工作的义务来判定。因此，通用条款规定，监理合同的有效期为双方签订合同后，工程准备工作开始，到监理人完成合同约定的全部工作和委托人与监理人结清并支付全部酬金，监理合同才终止。

2. 委托人的义务

（1）告知。委托人应在委托人与承包人签订的合同中明确监理人、总监理工程师和授予项目监理机构的权限。如有变更,应及时通知承包人。

(2)提供资料。委托人应按照约定,无偿向监理人提供与工程有关的资料。在合同履行过程中,委托人应及时向监理人提供最新的与工程有关的资料。

(3)提供工作条件。委托人应为监理人完成监理与相关服务提供必要的条件。

(4)委托人代表。委托人应授权一名熟悉工程情况的代表,负责与监理人联系。委托人应在双方签订合同后7天内,将委托人代表的姓名和职责书面告知监理人。当委托人更换委托人代表时,应提前7天通知监理人。

(5)委托人意见或要求。在合同约定的监理与相关服务工作范围内,委托人对承包人的任何意见或要求应通知监理人,由监理人向承包人发出相应指令。

(6)答复。委托人应在专用条件约定的时间内,对监理人以书面形式提交并要求做出决定的事宜,给予书面答复。逾期未答复的,视为委托人认可。

(7)做好协助工作。为监理人顺利履行合同义务,做好协助工作。

(8)支付。监理人应在合同约定的每次应付款时间的7天前,向委托人提交支付申请书。支付申请书应当说明当期应付款总额,并列出当期应支付的款项及其金额。委托人应按合同约定,向监理人支付酬金。

3. 监理人的义务

(1)履行职责。监理人应遵循职业道德准则和行为规范,严格按照法律法规、工程建设有关标准及合同履行职责。

(2)提交报告。监理人应按专用条件约定的种类、时间和份数向委托人提交监理与相关服务的报告。

(3)文件资料。在合同履行期内,监理人应在现场保留工作所用的图纸、报告及记录监理工作的相关文件。工程竣工后,应当按照档案管理规定将监理有关文件归档。

(4)使用委托人的财产。监理人无偿使用由委托人派遣的人员和提供的房屋、资料、设备。除专用条件另有约定外,委托人提供的房屋、设备属于委托人的财产,监理人应妥善使用和保管,在合同终止时将这些房屋、设备的清单提交委托人,并按专用条件约定的时间和方式移交。

4. 合同生效后监理人的履行

监理合同一经生效,监理人就要按合同规定,行使权力,履行应尽义务。

(1)确定项目总监理工程师,成立项目监理机构。

(2)制定工程项目监理规划。

(3)制定各专业监理工作计划或实施细则。

(4)根据制定的监理工作计划和运行制度,规范化地开展监理工作。

(5)监理工作总结归档。

三、市政工程勘察设计合同管理

(一)勘察设计合同的概念

勘察设计合同是工程勘察设计的发包方与勘察人、设计人(即承包方)为完成一定的勘察设计任务,明确双方的权利义务而签订的协议。

工程勘察、设计合同的发包方一般为建设单位或工程项目业主，承包方即勘察、设计方必须是具有国家认可的相应资质等级的勘察、设计单位。承包方不能承接与其资质等级不符的工程项目的勘察、设计任务，发包方在发包工程项目的勘察、设计任务时，也要注意审查勘察、设计单位的资质等级证书和勘察、设计许可证。

（二）建设工程勘察设计合同的内容

1. 建设工程勘察合同的内容

2000 年，建设部在《建设工程勘察设计合同管理办法》（建设[2000]50 号）中颁布了由原建设部和国家工商行政管理局联合监制的建设工程勘察合同与设计合同的示范文本。其中，勘察合同示范文本分为两种，一种是适用于岩土工程勘察、水文地质勘察（含凿井）、工程测量、工程物探等方面的《建设工程勘察合同（一）》（GF—2000—0203）；另一种是适用于岩土工程设计、治理、监测等方面的《建设工程勘察合同（二）》（GF—2000—0204）。本书适用于《建设工程勘察合同（一）》（GF—2000—0203）。

2. 建设工程设计合同的内容

2000 年，建设部在《建设工程勘察设计合同管理办法》（建设[2000]50 号）中颁布了由建设部和国家工商行政管理局联合监制的建设工程勘察合同与设计合同的示范文本。其中，设计合同示范文本分为两种，一种是适用于非生产性的居住建筑和公共建筑（如住宅、办公楼、幼儿园、学校、食堂、影剧院、商店、体育馆、旅馆、医院、展览馆等）的民用建设工程的《建设工程设计合同（一）》（GF—2000—0209）；另一种是适用于除了民用建设工程之外的生产性专业建设工程（如工业建筑、铁路、交通、水利等）的《建设工程设计合同（二）》（GF—2000—0210）。本书适用于《建设工程设计合同（二）》（GF—2000—0209）。

（三）勘察、设计单位的资质审查

《建设工程勘察设计资质管理规定》（建市[2007]160 号）第三条规定："从事建设工程勘察、工程设计活动的企业，应当按照其拥有的注册资本、专业技术人员、技术装备和勘察设计业绩等条件申请资质，经审查合格，取得建设工程勘察、工程设计资质证书后，方可在资质许可的范围内从事建设工程勘察、工程设计活动。"

(1)工程勘察资质分类和分级。工程勘察资质分为工程勘察综合资质、工程勘察专业资质、工程勘察劳务资质。

工程勘察综合资质只设甲级；工程勘察专业资质设甲、乙级，根据工程性质和技术特点，部分专业可以设丙级；工程勘察劳务资质不分等级。

取得工程勘察综合资质的企业，可以承接各专业（海洋工程勘察除外）、各等级工程勘察业务；取得工程勘察专业资质的企业，可以承接相应等级相应专业的工程勘察业务；取得工程勘察劳务资质的企业，可以承接岩土工程治理、工程钻探、凿井等工程勘察劳务业务。

(2)工程设计资质分类和分级。工程设计资质分为工程设计综合资质、工程设计行业资质、工程设计专业资质和工程设计专项资质。

工程设计综合资质只设甲级；工程设计行业资质、工程设计专业资质、工程设计专项资质设甲级、乙级。根据工程性质和技术特点，个别行业、专业、专项资质可以设丙级，建筑工程专业资质可以设丁级。

取得工程设计综合资质的企业，可以承接各行业、各等级的建设工程设计业务；取得工程设计行业资质的企业，可以承接相应行业相应等级的工程设计业务及本行业范围内同级别的相应专业、专项（设计施工一体化资质除外）工程设计业务；取得工程设计专业资质的企业，可以承接本专业相应等级的专业工程设计业务及同级别的相应专项工程设计业务（设计施工一体化资质除外）；取得工程设计专项资质的企业，可以承接本专项相应等级的专项工程设计业务。

（四）勘察设计合同的订立

1. 勘察设计合同订立的程序

签订勘察设计合同由建设单位、设计单位或有关单位提出委托，经双方协商同意，即可签订。

（1）确定合同标的。

（2）选定承包商。依法必须招标的项目，按招标投标程序优选出的中标人即为承包商。

（3）商签勘察设计合同。如果是通过招标方式确定承包商的，则由于合同的主要条件都在招标文件、投标文件中得到确认，进入签约阶段需要协商的内容就不是很多。而通过协商、直接委托的合同谈判，则要涉及几乎所有的合同条款，必须认真对待。

勘察设计合同的当事人双方进行协商，就合同的各项条款取得一致意见，且双方法人或指定的代表在合同文本上签字，并加盖公章，这样合同才具有法律效力。

2. 合同当事人对对方资格和资信的审查

（1）资格审查。资格审查是指工程勘察、设计合同的当事人审查对方是否具有民事权利能力和民事行为能力，即对方是否为具有法人资格的组织、其他社会组织或法律允许范围内的个人。另外，还要审查参加签订合同的有关人员，是否是法定代表人或法人委托的代理人，以及代理的活动是否越权等。

（2）资信审查。资信，即资金和信用。审查当事人的资信情况，可以了解当事人对于合同的履行能力和履行态度，以慎重签订合同。

（3）履约能力审查。主要是发包方审查勘察、设计单位的专业业务能力，了解其以往的工程实绩。

3. 勘察设计的定金

（1）定金收取。勘察设计合同生效后，委托方应先向承包方支付定金。合同履行后，定金抵做勘察设计费。

（2）定金数额。勘察任务的定金为勘察费的30%；设计任务的定金为设计费的20%。

（3）定金退还。如果委托方不履行合同，则无权要求返还定金；如果承包方不履行合同，应双倍返还定金。

4. 勘察设计合同订立的管理

（1）签订勘察设计合同应当执行《中华人民共和国合同法》和工程勘察设计市场管理的有关规定。

（2）签订勘察设计合同，应当采用书面形式，参照文本的条款，明确约定双方的权利义务。

（3）双方应当依据国家和地方有关规定，确定勘察设计合同价款。

（4）乙方经甲方同意，可以将自己承包的部分工作分包给具有相应资质条件的第三人，第三人就其完成的工作成果与乙方向甲方承担连带责任。

禁止乙方将其承包的工作全部转包给第三人或者肢解以后以分包的名义转包给第三人。禁止第三人将其承包的工作再分包。严禁出卖图章、图签等行为。

(5)建设行政主管部门和工商行政管理部门,应当加强对建设工程勘察设计合同的监督管理。

(6)签订勘察设计合同的双方,应当将合同文本送所在地省级建设行政主管部门或其授权机构备案,也可以到工商行政管理部门办理合同鉴证。

(7)合同依法成立,即具有法律效力,任何一方不得擅自变更或解除。单方擅自终止合同的,应当依法承担违约责任。

(8)在签订、履行合同过程中,有违反法律、法规,扰乱建设市场秩序行为的,建设行政主管部门和工商行政管理部门要依照各自职责,依法给予行政处罚。构成犯罪的,提请司法机关追究其刑事责任。

(9)当事人对行政处罚决定不服的,可以依法提起行政复议或行政诉讼,对复议决定不服的,可向人民法院起诉。逾期不申请复议或向人民法院起诉,又不执行处罚决定的,由做出处罚的部门申请人民法院强制执行。

(五)合同双方对勘察设计合同的管理

1. 委托方(监理人)对勘察、设计合同的管理

勘察设计阶段的监理,一般指由建设项目已经取得立项批准文件以及必需的有关批文后,从编制设计任务书开始直至完成施工图设计的全过程监理。上述阶段也可由监理委托合同来确定。设计阶段监理人对合同进行管理的主要任务是:

(1)根据设计任务书等有关批文和资料编制设计要求文件或方案竞赛文件。采用招标方式的项目监理人员应编制招标文件。

(2)组织设计方案竞赛、招投标,并参与评选设计方案或评标。

(3)协助选择勘察、设计单位。主要审查承包方是否属于合法的法人组织,有无有关的营业执照,有无与勘察设计项目相应的资质证书;调查承包方勘察设计资历、工作质量、社会信誉、资信状况和履约能力等。并提出评标意见及中标单位候选名单。

(4)起草勘察、设计合同条款及协议书,保证合同合法、严谨、全面。

(5)监督勘察、设计合同的履行情况。包括掌握承包方勘察设计工作的进程,监督其是否按合同进度和合同规定的质量标准进行,发现拖延立即督促承包方进行弥补,以保证勘察设计工作能够按期按质完成。

(6)审查勘察、设计阶段的方案和设计结果,提出需要改进的意见和建议。

(7)向建设单位提出支付合同价款的意见。

(8)审查项目概、预算。

2. 承包方(勘察、设计单位)对合同的管理

承包方对建设工程勘察、设计合同的管理应充分重视,应从以下几个方面加强对合同的管理,以保障自己的合法权益。

(1)建立专门的合同管理机构。设计单位应专门设立经营及合同管理部门,专门负责设计任务的投标、标价策略确定,起草并签署合同以及对合同的实施控制等工作。

(2)研究分析合同条款。

(3)合同资料的文档管理。在合同管理中，无论是合同签订、合同条款分析、合同的跟踪与监督、合同变更与索赔等，都是以合同资料为依据，同时在合同管理过程中会产生大量的合同资料。因此，合同资料文档管理是合同管理的一个基本业务。

(4)合同的跟踪与控制。勘察、设计单位作为合同的承包方应该跟踪、控制合同的履行，将实际情况和合同资料进行对比分析，找出偏差。

(5)工程造价的确定与控制。工程设计阶段是合理确定和有效控制建设工程造价的重要环节。设计单位要按照可行性研究报告和投资估算控制初步设计的内容，在优化设计方案和施工组织方案的基础上进行设计。

四、市政工程施工合同管理

(一)施工合同的概念

施工合同是发包人与承包人就完成具体工程项目的建筑施工、设备安装、设备调试、工程保修等工作内容，确定双方权利和义务的协议。施工合同是建设工程合同的一种，它与其他建设工程合同一样是双务有偿合同，在订立时应遵守自愿、公平、诚实信用等原则。

施工合同是建设工程的主要合同之一，其标的是将设计图纸变为满足功能、质量、进度、投资等发包人投资预期目的的建筑产品。

(二)施工合同文件的组成

为了指导建设工程施工合同当事人的签约行为，维护合同当事人的合法权益，依据《中华人民共和国合同法》、《中华人民共和国建筑法》、《中华人民共和国招标投标法》以及相关法律法规，住房和城乡建设部、国家工商行政管理总局对《建设工程施工合同(示范文本)》(GF—1999—0201)进行了修订，制定了《建设工程施工合同(示范文本)》(GF—2013－0201)(以下简称《示范文本》)。《示范文本》由合同协议书、通用合同条款和专用合同条款三部分组成。组成合同的各项文件应互相解释，互为说明。除专用合同条款另有约定外，解释合同文件的优先顺序一般如下：

1. 合同协议书

合同协议书是施工合同的总纲性法律文件，经过双方当事人签字盖章后合同即成立，具有最高的合同效力。《示范文本》合同协议书共计13条，主要包括工程概况、合同工期、质量标准、签约合同价和合同价格形式、项目经理、合同文件构成、承诺以及合同生效条件等重要内容，集中约定了合同当事人基本的合同权利义务。

2. 通用合同条款

通用合同条款是合同当事人根据《中华人民共和国建筑法》、《中华人民共和国合同法》等法律法规的规定，就工程建设的实施及相关事项，对合同当事人的权利义务做出的原则性约定。

通用合同条款共计20条，具体条款分别为：一般约定、发包人、承包人、监理人、工程质量、安全文明施工与环境保护、工期和进度、材料与设备、试验与检验、变更、价格调整、合同价格、计量与支付、验收和工程试车、竣工结算、缺陷责任与保修、违约、不可抗力、保险、索赔和争议解决。前述条款安排既考虑了现行法律法规对工程建设的有关要求，也考虑了建设工程施工管理的特殊需要。

3. 专用合同条款

专用合同条款是对通用合同条款原则性约定的细化、完善、补充、修改或另行约定的条款。合同当事人可以根据不同建设工程的特点及具体情况，通过双方的谈判、协商对相应的专用合同条款进行修改补充。在使用专用合同条款时，应注意以下事项：

(1)专用合同条款的编号应与相应的通用合同条款的编号一致。

(2)合同当事人可以通过对专用合同条款的修改，满足具体建设工程的特殊要求，避免直接修改通用合同条款。

(3)在专用合同条款中有横道线的地方，合同当事人可针对相应的通用合同条款进行细化、完善、补充、修改或另行约定；如无细化、完善、补充、修改或另行约定，则填写“无”或划“/”。

(三)施工合同的签订

合同签订的过程，是当事人双方互相协商并最后就各方的权利、义务达成一致意见的过程。签约是双方意志统一的表现。签订工程施工合同的时间很长，实际上它是从准备招标文件开始，继而招标、投标、评标、中标，直至合同谈判结束为止的一整段时间。

1. 施工合同签订的形式

《合同法》第十条规定：“当事人订立合同，有书面合同、口头形式和其他形式。法律、行政法规规定采用书面形式的，应当采用书面形式。当事人约定采用书面形式的应当采用书面形式”。书面形式是指合同书、信件和数据电文(包括电报、电传、传真、电子数据交换和电子邮件)等可以有形地表现所载内容的形式。

《合同法》第二百七十条规定：“建设工程合同应当采用书面形式”，主要是由于施工合同涉及面广、内容复杂、建设周期长、标的的金额大。

2. 施工合同签订的程序

(1)市场调查并建立联系。

(2)表明合作意愿，投标报价。

(3)协商谈判。

(4)签署书面合同。

(5)签证与公证。

(四)施工合同的审查

合同审查是指在合同签订以前，将合同文本“解剖”开来，检查合同结构和内容的完整性以及条款之间的一致性，分析评价每一合同条款执行的法律后果及其中的隐含风险，为合同的谈判和签订提供决策依据。

1. 合同效力审查与分析

合同效力是指合同依法成立所具有的约束力。对工程施工合同效力的审查，基本上从合同主体、客体、内容三方面加以考虑。结合实践情况，现今在工程建设市场上有以下合同无效的情况：

(1)没有经营资格而签订的合同。

(2)缺少相应资质而签订的合同。

(3)违反法定程序而订立的合同。订立合同由要约与承诺两个阶段构成。在工程施工合同尤其是总承包合同和施工总承包合同的订立中，通常通过招标投标的程序，招标为要约邀请，投标为要约，中标通知书的发出意味着承诺。对通过这一程序缔结的合同，《招标投标法》有着严格的规定。

(4)违反关于分包和转包的规定所签订的合同。

(5)其他违反法律和行政法规所订立的合同。如合同内容违反法律和行政法规，也可能导致整个合同的无效或合同的部分无效。

2. 合同内容审查与分析

合同条款的内容直接关系到合同双方的权利、义务，在工程施工合同签订之前，应当严格审查各项合同内容，其中尤其应注意如下内容：

(1)确定合理的工期。工期过长，发包方不利于及时收回投资；工期过短，承包方不利于工程质量以及施工过程中建筑半成品的养护。因此，对承包方而言，应当合理计算自己能否在发包方要求的工期内完成承包任务，否则应当按照合同约定承担逾期竣工的违约责任。

(2)明确双方代表的权限。在施工承包合同中通常都明确甲方代表和乙方代表的姓名和职务，但对其作为代表的权限则往往规定不明。由于代表的行为代表了合同双方的行为，因此，有必要对其权利范围以及权利限制做一定约定。

(3)明确工程造价或工程造价的计算方法。

(4)明确材料和设备的供应。由于材料、设备的采购和供应引发的纠纷非常多，故必须在合同中明确约定相关条款，包括发包方或承包商所供应或采购的材料、设备的名称、型号、规格、数量、单价、质量要求、运送到达工地的时间、验收标准、运输费用的承担、保管责任、违约责任等。

(5)明确工程竣工交付使用的标准。如发包方需要提前竣工，而承包商表示同意的，则应约定由发包方另行支付赶工费用或奖励。因为赶工意味着承包商将投入更多的人力、物力、财力，劳动强度增大，损耗亦增加。

(6)明确违约责任。违约责任条款的订立目的在于促使合同双方严格履行合同义务，防止违约行为的发生。

(五)施工合同的履行

工程施工合同履行的过程即是完成整个合同中规定的任务的过程，也是一个工程从准备、修建、竣工、试运行直到维修期结束的全过程。

1. 合同履行准备工作

通常，承包合同签订1～2个月内，监理人即下达开工令(也有的工程合同协议内规定合同签订之日即算开工之日)。无论如何，承包商都要竭尽全力做好开工前的准备工作并尽快开工，避免因开工准备不足而延误工期。

(1)人员和组织准备。项目经理部的组成是实施项目的关键，特别是要选好项目经理及其他主要人员，如总工程师、总会计师等。确定项目经理部主要人员后，由项目经理针对项目性质和工程大小，再选择其他经理部人员和施工队伍。同时与分包单位签订协议，明确与他们的责、权、利，使他们对项目有足够的重视，派出胜任承包任务的人员。

(2)施工准备。项目经理部组建后，就要着手施工准备工作，施工准备应着眼于接收现场、领取有关文件、建立现场生活和生产营地、编制施工进度计划、编制付款计划表、提交现场管理机构及名单、采购机械设备等几方面。

(3)办理保险、保函。承包商在接到发包人发出的中标函并最后签订工程合同之前，要根据合同文件有关条款要求，办理保函手续(包括履约保函、预付款保函等)和保险手续(包括工程保险、第三方责任险、工程一切险等)，提交履约保函、预付款保函。提交保险单的日期一般在合同条件中注明。

(4)资金的筹措。筹集施工所需要的流动资金。根据企业的财务状况、借贷利率等，制定筹资计划与筹资方案，确保以最小的代价，保证工程施工的顺利进行。

(5)学习合同文件。即在执行合同前，组织有关人员认真学习合同文件，掌握各合同条款的要点与内涵，以利执行“实际履行与全面履行”的合同履行原则。

2. 履行施工合同应遵守的规定

施工项目合同履行的主体是项目经理部。项目经理部必须在施工项目的施工准备、施工、竣工至维修期结束的全过程中，认真履行施工合同，实行动态管理，跟踪收集、整理、分析合同履行中的信息，合理、及时地进行调整。还应对合同履行进行预测，及早提出和解决影响合同履行的问题，以避免或减少风险。

3. 合同管理应注意的问题

施工合同管理应注意以下问题：

(1)弄清合同中的每一项内容，因为合同是工程的核心。

(2)用文字记录代替口头协议。特别是施工时间较长的大型工程。

(3)考虑问题要灵活，管理工作要做在其他工作的前面。要积累施工中一切资料、数据、文件。

(4)工程细节文件的记录应包括下列内容：信件、会议记录、业主的规定、指示、更换方案的书面记录及特定的现场情况等。

(5)有效的合同管理能使妨碍双方关系的事件得到很好的解决。

(6)有效的合同管理是管理而不是控制。合同管理做得好，可以避免双方责任的分歧，是约束双方遵守合同规则的武器。由于国际承包市场竞争日益激烈，合同条款越来越复杂、烦琐，国际工程合同约一万页左右，承包商担当的风险也越来越大。如果没有有效的合同管理做保证，那么它将在承包中遭受失败。

(六)施工合同争议管理

合同当事人在履行施工合同时，解决所发生争议、纠纷的方式有和解、调解、仲裁和诉讼等。

1. 和解

和解是指争议的合同当事人，依据有关法律规定或合同约定，以合法、自愿、平等为原则，在互谅互让的基础上，经过谈判和磋商，自愿对争议事项达成协议，从而解决分歧和矛盾的一种方法。和解方式无需第三者介入，简便易行，能及时解决争议，避免当事人经济损失扩大，有利于双方的协作和合同的继续履行。

2. 调解

调解是指争议的合同当事人，在第三方的主持下，通过其劝说引导，以合法、自愿、平等为原则，在分清是非的基础上，自愿达成协议，以解决合同争议的一种方法。调解有民间调解、仲裁机构调解和法庭调解三种。调解协议书对当事人具有与合同一样的法律约束力。运用调解方式解决争议，双方不伤和气，有利于今后继续履行合同。

3. 争议评审

合同当事人在专用合同条款中约定采取争议评审方式解决争议以及评审规则，并按下列约定执行：

(1)争议评审小组的确定。合同当事人可以共同选择1～3名争议评审员，组成争议评审小组。除专用合同条款另有约定外，合同当事人应当自合同签订后28天内，或者争议发生后14天内，选定争议评审员。

选择一名争议评审员的，由合同当事人共同确定；选择三名争议评审员的，各自选定一名，第三名成员为首席争议评审员，由合同当事人共同确定或由合同当事人委托已选定的争议评审员共同确定，或由专用合同条款约定的评审机构指定第三名首席争议评审员。

除专用合同条款另有约定外，评审员报酬由发包人和承包人各承担一半。

(2)争议评审小组的决定。合同当事人可在任何时间将与合同有关的任何争议共同提请争议评审小组进行评审。争议评审小组应秉持客观、公正原则，充分听取合同当事人的意见，依据相关法律、规范、标准、案例经验及商业惯例等，自收到争议评审申请报告后14天内做出书面决定，并说明理由。合同当事人可以在专用合同条款中对本项事项另行约定。

(3)争议评审小组决定的效力。争议评审小组做出的书面决定经合同当事人签字确认后，对双方具有约束力，双方应遵照执行。

任何一方当事人不接受争议评审小组决定或不履行争议评审小组决定的，双方可选择采用其他争议解决方式。

4. 仲裁或诉讼

因合同及合同有关事项产生的争议，合同当事人可以在专用合同条款中约定以下列方式解决争议：

(1)向约定的仲裁委员会申请仲裁。

(2)向有管辖权的人民法院起诉。

仲裁也称公断，是双方当事人通过协议自愿将争议提交第三者(仲裁机构)做出裁决，并负有履行裁决义务的一种解决争议的方式。仲裁包括国内仲裁和国际仲裁。仲裁须经双方同意并约定具体的仲裁委员会。仲裁可以不公开审理从而保守当事人的商业秘密，节省费用，一般不会影响双方日后的正常交往。

诉讼是指合同当事人相互间发生争议后，只要不存在有效的仲裁协议，任何一方向有管辖权的法院起诉并在其主持下维护自己合法权益的活动。通过诉讼，当事人的权利可得到法律的严格保护。

第三节　索赔管理

索赔是发承包双方行使正当权利的行为，承包人可向发包人索赔，发包人也可向承包人索赔。索赔的性质属于经济补偿行为，而非惩罚。

一、索赔的基本任务

索赔的作用是对已经受到的损失进行追索，其任务有：

(1)预测索赔机会。虽然干扰事件产生于工程施工中，但它的根由却在招标文件、合同、设计、计划中，所以，在招标文件分析、合同谈判(包括在工程实施中双方召开变更会议、签署补充协议等)中，承包商应对干扰事件有充分的考虑和防范，预测索赔的可能。

(2)在合同实施中寻找和发现索赔机会。在任何工程中，干扰事件是不可避免的，问题是承包商能否及时发现并抓住索赔机会。承包商应对索赔机会有敏锐的感觉，可以通过对合同实施过程进行监督、跟踪、分析和诊断，以寻找和发现索赔机会。

(3)处理索赔事件，解决索赔争执。一经发现索赔机会，则应迅速做出反应，进入索赔处理过程。

二、索赔发生的原因

在现代承包工程中，特别在国际承包工程中，索赔经常发生，而且索赔额很大。这主要是由以下几个方面原因造成的。

1. 施工延期

施工延期是指由于非承包商的各种原因而造成工程的进度推迟，施工不能按原计划时间进行。施工延期的原因有时是单一的，有时又是多种因素综合交错形成。

施工延期的事件发生后，会给承包商造成两个方面的损失：一项损失是时间上的损失，另一项损失是经济方面的损失。因此，当出现施工延期的索赔事件时，往往在分清责任和损失补偿方面，合同双方易发生争端。常见的施工延期索赔多由于发包人未能及时提交施工场地，以及气候条件恶劣，如连降暴雨，使大部分的工程无法开展等。

2. 合同变更

对于工程项目实施过程来说，变更是客观存在的，只是这种变更必须是在原合同工程范围内的变更，若属超出工程范围的变更，承包商有权予以拒绝。特别是当工程量变化超出招标时工程量清单的20%以上时，可能会导致承包商的施工现场人员不足，需另雇工人；也可能会导致承包商的施工机械设备失调，工程量的增加，往往要求承包商增加新型号的施工机械设备，或增加机械设备数量等。

3. 合同中存在的矛盾和缺陷

合同矛盾和缺陷常表现为合同文件规定不严谨，合同中有遗漏或错误，这些矛盾常反映为设计与施工规定相矛盾，技术规范和设计图纸不符合或相矛盾，以及一些商务和法律条款规定有缺陷等。

4. 恶劣的现场自然条件

恶劣的现场自然条件是一般有经验的承包商事先无法合理预料的，这需要承包商花费更多的时间和金钱去克服和除掉这些障碍与干扰。因此，承包商有权据此向发包人提出索赔要求。

5. 参与工程建设主体的多元性

由于工程参与单位多，一个工程项目往往会有发包人、总包商、监理人、分包商、指定分包商、材料设备供应商等众多参加单位，各方面的技术、经济关系错综复杂，相互联系又相互影响，只要一方失误，不仅会造成自己的损失，而且会影响其他合作者，造成他人损失，从而导致索赔和争执。

三、索赔证据

常见索赔证据的种类有以下几种：

(1)招标文件、工程合同、发包人认可的施工组织设计、工程图纸、技术规范等。

(2)工程各项有关的设计交底记录、变更图纸、变更施工指令等。

(3)工程各项经发包人或合同中约定的发包人现场代表或监理人签认的签证。

(4)工程各项往来信件、指令、信函、通知、答复等。

(5)工程各项会议纪要。

(6)施工计划及现场实施情况记录。

(7)施工日报及工长工作日志、备忘录。

(8)工程送电、送水、道路开通、封闭的日期及数量记录。

(9)工程停电、停水和干扰事件影响的日期及恢复施工的日期记录。

(10)工程预付款、进度款拨付的数额及日期记录。

(11)工程图纸、图纸变更、交底记录的送达份数及日期记录。

(12)工程有关施工部位的照片及录像等。

(13)工程现场气候记录，如有关天气的温度、风力、雨雪等。

(14)工程验收报告及各项技术鉴定报告等。

(15)工程材料采购、订货、运输、进场、验收、使用等方面的凭据。

(16)国家和省级或行业建设主管部门有关影响工程造价、工期的文件、规定等。

四、承包人的索赔及索赔处理

(一)承包人的索赔

根据合同约定，承包人认为有权得到追加付款和(或)延长工期的，应按以下程序向发包人提出索赔。

1. 发出索赔意向通知

承包人应在知道或应当知道索赔事件发生后 28 天内，向监理人递交索赔意向通知书(表 6-2)，并说明发生索赔事件的事由；承包人未在前述 28 天内发出索赔意向通知书的，丧失要求追加付款和(或)延长工期的权利。

一般索赔意向通知仅仅是表明意向，应写得简明扼要，涉及索赔内容但不涉及索赔数额。通常包括以下几个方面的内容：

(1)事件发生的时间和情况的简单描述。

(2)合同依据的条款和理由。

(3)有关后续资料的提供，包括及时记录和提供事件发展的动态。

(4)对工程成本和工期产生的不利影响的严重程度，以期引起工程师(发包人)的注意。

表 6-2　索赔意向通知书

工程名称：________　　　　编号：________

<table>
<tr><td>致：____________

　　根据施工合同__________(条款)的约定，由于发生了______________事件，且该事件的发生非我方原因所致。为此，我方向__________(单位)提出索赔要求。

　　附件：索赔事件资料

提出单位(盖章)________
负责人(签字)________
____年___月___日</td></tr>
</table>

2. 索赔资料准备

监理人和发包人一般都会对承包人的索赔提出一些质疑，要求承包人做出解释或出具有力的证明材料。主要包括：

(1)施工日志。应指定有关人员现场记录施工中发生的各种情况，包括天气、出工人数、设备数量及使用情况、进度情况、质量情况、安全情况、监理人在现场有什么指示、进行了什么试验、有无特殊干扰施工的情况、遇到了什么不利的现场条件、多少人员参观了现场等等。这种现场记录和日志有利于及时发现和正确分析索赔，可能成为索赔的重要证明材料。

(2)来往信件。对与监理人、发包人和有关政府部门、银行、保险公司的来往信函，必须认真保存，并注明发送和收到的详细时间。

(3)气象资料。在分析进度安排和施工条件时，天气是应考虑的重要因素之一，因此，要保存一份真实、完整、详细的天气情况记录，包括气温、风力、湿度、降雨量、暴风雪、冰雹等。

(4)备忘录。承包人对监理人和发包人的口头指示和电话应随时用书面记录，并签字给予书面确认。事件发生和持续过程中的重要情况也都应有记录。

(5)会议纪要。承包人、发包人和监理人举行会议时要做好详细记录，对其主要问题形成会议纪要，并由会议各方签字确认。

(6)工程照片和工程声像资料。这些资料都是反映工程客观情况的真实写照，也是法律承认的有效证据，对重要工程部位应拍摄有关资料并妥善保存。

(7)工程进度计划。承包人编制的经监理人或发包人批准同意的所有工程总进度、年进度、季进度、月进度计划都必须妥善保管，任何有关工期延误的索赔中，进度计划都是非常重要的证据。

(8)工程核算资料。所有人工、材料、机械设备使用台账，工程成本分析资料，会计报表，财务报表，货币汇率，现金流量，物价指数，收付款票据，都应分类装订成册，这些都是进行索赔费用计算的基础。

(9)工程报告。包括工程试验报告、检查报告、施工报告、进度报告、特别事件报告等。

(10)工程图纸。工程师和发包人签发的各种图纸,包括设计图、施工图、竣工图及其相应的修改图,承包人应注意对照检查和妥善保存。对于设计变更索赔,原设计图和修改图的差异是索赔最有力的证据。

(11)招投标阶段有关现场考察资料、各种原始单据(工资单、材料设备采购单)、各种法规文件、证书证明等,都应积累保存,都有可能是某项索赔的有力证据。

3. 编写索赔报告

索赔报告是承包人在合同规定的时间内向监理人提交的要求发包人给予一定经济补偿和延长工期的正式书面报告。索赔报告的水平与质量如何,直接关系到索赔的成败与否。

编写索赔报告时,应注意以下几个问题:

(1)索赔报告的基本要求。

1)说明索赔的合同依据。即基于何种理由有资格提出索赔要求。

2)索赔报告中必须有详细准确的损失金额及时间的计算。

3)要证明客观事实与损失之间的因果关系,说明索赔事件前因后果的关联性,要以合同为依据,说明发包人违约或合同变更与引起索赔的必然性联系。如果不能有理有据说明因果关系,而仅在事件的严重性和损失的巨大上花费过多的笔墨,对索赔的成功都无济于事。

(2)索赔报告必须准确。编写索赔报告是一项比较复杂的工作,须有一个专门的小组和各方的大力协助才能完成。索赔报告应有理有据、准确可靠,应注意以下几点:

1)责任分析应清楚、准确。

2)索赔值的计算依据要正确,计算结果应准确。

3)用词应委婉、恰当。

(3)索赔报告的内容。在实际承包工程中,索赔报告通常包括三个部分。

第一部分,承包人或其授权人致发包人或工程师的信。信中简要介绍索赔的事项、理由和要求,说明随函所附的索赔报告正文及证明材料情况等。

第二部分,索赔报告正文。针对不同格式的索赔报告,其形式可能不同,但实质性的内容相似,主要包括:

1)题目。简要地说明针对什么提出索赔。

2)索赔事件陈述。叙述事件的起因,事件经过,事件过程中双方的活动,事件的结果,重点叙述我方按合同所采取的行为,对方不符合合同的行为。

3)理由。总结上述事件,同时引用合同条文或合同变更和补充协议条文,证明对方行为违反合同或对方的要求超过合同规定,造成了该项事件,有责任对此造成的损失做出赔偿。

4)影响。简要说明事件对承包人施工过程的影响,而这些影响与上述事件有直接的因果关系。重点围绕由于上述事件原因造成的成本增加和工期延长。

5)结论。对上述事件的索赔问题做出最后总结,提出具体索赔要求,包括工期索赔和费用索赔。

第三部分,附件。该报告中所列举的事实、理由、影响的证明文件和各种计算基础、计算依据的证明文件。

4. 递交索赔报告

承包人应在发出索赔意向通知书后 28 天内，向监理人正式递交索赔报告。索赔报告应详细说明索赔理由以及要求追加的付款金额和(或)延长的工期，并附必要的记录和证明材料。索赔事件具有持续影响的，承包人应按合理时间间隔继续递交延续索赔通知，说明持续影响的实际情况和记录，列出累计的追加付款金额和(或)工期延长天数；在索赔事件影响结束后 28 天内，承包人应向监理人递交最终索赔报告(表 6-3、表 6-4)，说明最终要求索赔的追加付款金额和(或)延长的工期，并附必要的记录和证明材料。

表 6-3　　费用索赔报审表

工程名称：________　　　　编号：________

致：________(项目监理机构) 根据施工合同________条款，由于________的原因，我方申请索赔金额(大写)________，请予批准。 索赔理由：________ 附件：1. 索赔金额计算 2. 证明材料 施工项目经理部(盖章)________ 项目经理(签字)________ ____年___月___日
审核意见： ☐不同意此项索赔。 ☐同意此项索赔，索赔金额为(大写)________ 同意/不同意索赔的理由：________ 附件：索赔审查报告 项目监理机构(盖章)________ 总监理工程师(签字、加盖执业印章)________ ____年___月___日
审批意见： 建设单位(盖章)________ 建设单位代表(签字)________ ____年___月___日

注：本表一式三份，项目监理机构、建设单位、施工单位各一份。

表 6-4 **工程临时/最终延期报审表**

工程名称：________ 编号：________

<table>
<tr><td>致：________（项目监理机构）
根据施工合同________（条款），由于________的原因，我方申请工程临时/最终延期____（日历天），请予批准。

附件：

施工项目经理部（盖章）________
项目经理（签字）________
____年____月____日</td></tr>
<tr><td>审核意见：
□同意工程临时/最终延期____（日历天）。工程竣工日期从施工合同约定的____年____月____日延迟到____年____月____日。
□不同意延期，请按约定竣工日期组织施工。

项目监理机构（盖章）________
总监理工程师（签字、加盖执业印章）________
____年____月____日</td></tr>
<tr><td>审批意见：

建设单位（盖章）________
建设单位代表（签字）________
____年____月____日</td></tr>
</table>

注：本表一式三份，项目监理机构、建设单位、施工单位各一份。

(二)对承包人索赔的处理

1. 索赔审查

索赔的审查，是当事双方在承包合同基础上，逐步分清在某些索赔事件中的权利和责任以使其数量化的过程。监理人应在收到索赔报告后 14 天内完成审查并报送发包人。

(1)工程师审核承包人的索赔申请。接到承包人的索赔意向通知后，工程师应建立自己的索赔档案，密切关注事件的影响，检查承包人的同期记录时，随时就记录内容提出不同意见或希望应予以增加的记录项目。

在接到正式索赔报告之后，认真研究承包人报送的索赔资料。

1)在不确认责任归属的情况下，客观分析事件发生的原因，重温合同的有关条款，研究承包人的索赔证据，并检查其同期记录。

2)通过对事件的分析,工程师再依据合同条款划清责任界限,必要时还可以要求承包人进一步提供补充资料。

3)再审查承包人提出的索赔补偿要求,剔除其中的不合理部分,拟定自己计算的合理索赔数额和工期顺延天数。

(2)判定索赔成立的原则。工程师判定承包人索赔成立的条件为:

1)与合同相对照,事件已造成了承包人施工成本的额外支出或总工期延误。

2)造成费用增加或工期延误的原因,按合同约定不属于承包人应承担的责任,包括行为责任和风险责任。

3)承包人按合同规定的程序提交了索赔意向通知和索赔报告。

上述三个条件没有先后主次之分,应当同时具备。只有监理工程师认定索赔成立后,才处理应给予承包人的补偿额。

(3)审查索赔报告。

1)事态调查。通过对合同实施的跟踪、分析了解事件经过、前因后果,掌握事件详细情况。

2)损害事件原因分析。即分析索赔事件是由何种原因引起,责任应由谁来承担。在实际工作中,损害事件的责任有时是多方面原因造成,故必须进行责任分解,划分责任范围,按责任大小承担损失。

3)分析索赔理由。主要依据合同文件判明索赔事件是否属于未履行合同规定义务或未正确履行合同义务导致,是否在合同规定的赔偿范围之内。只有符合合同规定的索赔要求才有合法性,才能成立。

4)实际损失分析。即分析索赔事件的影响,主要表现为工期的延长和费用的增加。如果索赔事件不造成损失,则无索赔可言。损失调查的重点是分析、对比实际和计划的施工进度,工程成本和费用方面的资料,在此基础上核算索赔值。

5)证据资料分析。主要分析证据资料的有效性、合理性、正确性,这也是索赔要求有效的前提条件。如果在索赔报告中提不出证明其索赔理由、索赔事件的影响、索赔值的计算等方面的详细资料,索赔要求是不能成立的。如果工程师认为承包人提出的证据不能足以说明其要求的合理性时,可以要求承包人进一步提交索赔的证据资料。

(4)工程师可根据自己掌握的资料和处理索赔的工作经验就以下问题提出质疑:

1)索赔事件不属于发包人和监理人的责任,而是第三方的责任。

2)事实和合同依据不足。

3)承包人未能遵守意向通知的要求。

4)合同中的开脱责任条款已经免除了发包人补偿的责任。

5)索赔是由不可抗力引起的,承包人没有划分和证明双方责任的大小。

6)承包人没有采取适当措施避免或减少损失。

7)承包人必须提供进一步的证据。

8)损失计算夸大。

9)承包人以前已明示或暗示放弃了此次索赔的要求等等。

2. 出具经发包人签认的索赔处理结果

发包人应在监理人收到索赔报告或有关索赔的进一步证明材料后的 28 天内,由监理人向承包人出具经发包人签认的索赔处理结果。发包人逾期答复的,则视为认可承包人的索赔要求。

工程师经过对索赔文件的评审,与承包人进行较充分的讨论后,应提出对索赔处理决定的初步意见,并参加发包人和承包人之间的索赔谈判,根据谈判达成索赔最后处理的一致意见。

如果索赔在发包人和承包人之间未能通过谈判得以解决,可将有争议的问题进一步提交工程师决定。如果一方对工程师的决定不满意,双方可寻求其他友好解决方式,如中间人调解、争议评审团评议等。友好解决无效,一方可将争端提交仲裁或诉讼。

(三)提出索赔的期限

(1)承包人按约定接收竣工付款证书后,应被视为已无权再提出在工程接收证书颁发前所发生的任何索赔。

(2)承包人按提交的最终结清申请单中,只限于提出工程接收证书颁发后发生的索赔。提出索赔的期限自接受最终结清证书时终止。

五、发包人的索赔及索赔处理

1. 发包人的索赔

根据合同约定,发包人认为有权得到赔付金额和(或)延长缺陷责任期的,监理人应向承包人发出通知并附有详细的证明。

发包人应在知道或应当知道索赔事件发生后28天内通过监理人向承包人提出索赔意向通知书,发包人未在前述28天内发出索赔意向通知书的,丧失要求赔付金额和(或)延长缺陷责任期的权利。发包人应在发出索赔意向通知书后28天内,通过监理人向承包人正式递交索赔报告。

2. 对发包人索赔的处理

(1)承包人收到发包人提交的索赔报告后,应及时审查索赔报告的内容,查验发包人证明材料。

(2)承包人应在收到索赔报告或有关索赔的进一步证明材料后28天内,将索赔处理结果答复发包人。如果承包人未在上述期限内做出答复的,则视为对发包人索赔要求的认可。

(3)承包人接受索赔处理结果的,发包人可从应支付给承包人的合同价款中扣除赔付的金额或延长缺陷责任期;发包人不接受索赔处理结果的,按争议解决约定处理。

第四节 施工合同解除

合同解除是指对已经发生法律效力,但尚未履行或者尚未完全履行的合同,因当事人一方的意思表示或者双方的协议而使债权债务关系提前归于消灭的行为。

一、合同解除的类型

合同解除可分为约定解除和法定解除两类。

有下列情形之一的,当事人可以解除合同:

(1)因不可抗力致使不能实现合同目的的。

(2)在履行期限届满之前,当事人一方明确表示或者以自己的行为表明不履行主要债务。

(3)当事人一方延迟履行主要债务,经催告后在合理的期限内仍未履行。

(4)当事人一方延迟履行债务或者有其他违法行为,致使不能实现合同目的的。

(5)法律规定的其他情形。

二、建设单位原因导致施工合同解除

《建设工程监理规范》(GB/T 50319—2013)规定:因建设单位原因导致施工合同解除时,项目监理机构应按施工合同约定与建设单位和施工单位,从下列款项中协商确定施工单位应得款项,并签认工程款支付证书。

(1)施工单位按施工合同约定已完成的工作应得款项。

(2)施工单位按批准的采购计划订购工程材料、构配件、设备的款项。

(3)施工单位撤离施工设备至原基地或其他目的地的合理费用。

(4)施工单位人员的合理遣返费用。

(5)施工单位合理的利润补偿。

(6)施工合同约定的建设单位应支付的违约金。

三、施工单位原因导致施工合同解除

《建设工程监理规范》(GB/T 50319—2013)规定:因施工单位原因导致施工合同解除时,项目监理机构应按施工合同约定,从下列款项中确定施工单位应得款项或偿还建设单位的款项,并应与建设单位和施工单位协商后,书面提交施工单位应得款项或偿还建设单位的款项的证明。

(1)施工单位已按施工合同约定实际完成的工作应得款项和已给付的款项。

(2)施工单位已提供的工程材料、构配件、设备和临时工程等的价值。

(3)对已完工程进行检查和验收、移交工程资料、修复已完工程质量缺陷等所需的费用。

(4)施工合同约定的施工单位应支付的违约金。

四、其他原因导致施工合同解除

因非建设单位、施工单位原因导致施工合同解除时,项目监理机构应按施工合同约定处理合同解除后的事宜。

第七章　监理信息管理与资料管理

第一节　监理信息管理

一、信息管理的意义

工程建设信息是对参与建设各方主体从事工程建设监理提供决策支持的一种载体。在现代工程项目建设中,能及时、准确、完善地掌握与建设有关的大量信息,处理和管理好各类建设信息,是工程建设项目监理的重要工作内容。

工程建设信息与工程项目建设的数据及资料等,既相联系,又有一定的区别。数据是反映客观事物特征的描述,是人们用统计方法经收集而获得的;信息是人们所收集的数据、资料经加工处理后,对特定事物具有一定的现实或潜在的价值,且对人们的决策具有一定的支持的载体。因此,数据与信息的关系是:数据是信息的载体,而信息则是数据的内涵,只有当数据经加工处理后,具有确定价值而对决策产生支持时,数据才有可能成为信息。

总的来说,信息在管理中的重要性主要表现在以下几个方面:

(1)信息是管理系统的基本构成要素,并促使各要素形成有机联系。信息是构成管理系统的基本要素之一,正是由于有了信息活动的存在,才使得管理活动得以进行。同时,由于信息反映了组织内部的权责结构、资源状况和外部环境的状态,使管理者能够据此做出正确的决策,所以,信息也是管理系统各要素形成有机联系的媒介。可以说,没有信息,就不会有管理系统的存在,也就不会有组织的存在,管理活动也就失去了存在的基础。

(2)信息是决策者正确决策的基础。决策者所拥有的各种信息以及对信息的消化吸收是其做出决策的依据。决策者只有及时掌握全面的、充分而有效的信息,才能统揽全局,高瞻远瞩,从而做出正确的决策。

(3)信息是组织中各部门、各层次、各环节协调的纽带。组织中的各个部门、层次与环节是相对独立的,有自己的目标、结构和行动方式。但是,组织需要实现整体的目标,管理系统的存在也是为了达到这个目的。为此,组织的各个部门、层次与环节需要协调行动,以消除各自所具有的独立性的影响,这除了需要有一个中枢(管理者)以外,还需要有纽带能够将其联系在一起,使其能够相互沟通。信息,就充当了这样的角色,成为组织各个部门、层次与环节协调的纽带。

(4)信息是管理过程的媒介,可以使管理活动得以顺利进行。在管理过程中,信息发挥了极为重要的作用。各种管理活动都表现为信息的输入、变换、输出和反馈。因此,管理的过程也就是信息输入、变换、输出和反馈的过程。这表明管理过程是以信息为媒介的,唯有信息的介入,才能使管理活动得以顺利进行。

(5)信息的开发和利用是提高社会资源利用效率的重要途径。社会资源是有限的,需要得到最合理、最有效的利用。提高其利用效率，对于工程管理而言，即表现为经济效益和社会效益的提高。

二、建设工程项目信息管理

建设工程项目信息管理是指在工程项目建设的各个阶段，对所产生的、面向工程监理业务的信息进行收集、传输、加工、储存、维护和使用等的信息规划及组织管理活动的总称。

(一)信息管理的内容

不同项目、不同监理阶段的信息建立原则不同，一般信息管理的内容包括以下四个方面：

(1)明确监理信息流程。

(2)建立监理信息编码系统。

(3)建立监理信息采集制度。

(4)采用高效手段处理监理信息。

(二)信息管理的基本任务

监理工程师作为项目管理者，承担着信息管理的任务，负责收集项目实施情况的信息，做各种信息处理工作，并向上级、向外界提供各种信息。监理工程师信息管理的任务主要包括：

(1)组织项目基本情况的信息并系统化，编制项目手册。项目管理的任务之一是按照项目的任务、项目的实施要求，设计项目实施和项目管理中的信息和信息流，确定它们的基本要求和特征，并保证在实施过程中信息流通畅。

(2)项目报告及各种资料的规定，例如，资料的格式、内容、数据结构要求。

(3)按照项目实施、项目组织、项目管理工作过程建立项目管理信息系统流程，在实际工作中保证系统正常运行，并控制信息流。

(4)文件档案管理工作。有效的项目管理需要依靠更多的信息系统的结构和维护。信息管理影响组织和整个项目管理系统的运行效率，是人们沟通的桥梁，监理工程师应对它有足够的重视。

(三)信息管理的原则

建设工程产生的信息数量巨大、种类繁多，所以，为了便于信息的搜集、处理、储存、传递和利用，在进行工程信息管理具体工作时，应遵循以下基本原则：

(1)标准化原则。在工程项目的实施过程中要求对有关信息的分类进行统一，对信息流程进行规范，产生的控制报表则力求做到格式化和标准化，通过建立健全的信息管理制度，从组织上保证信息生产过程的效率。

(2)定量化原则。建设工程产生的信息不应是项目实施过程中产生数据的简单记录，应该是经过信息处理人员的比较与分析的。所以，采用定量工具对有关数据进行分析和比较是十分必要的。

(3)有效性原则。项目信息管理者所提供的信息应针对不同层次管理者的要求进行适当加工，针对不同管理层提供不同要求和浓缩程度的信息。例如，对于项目的高层管理者而言，提供的决策信息应力求精练、直观，尽量采用形象的图表来表达，以满足其战略决策的信息需要。

(4)时效性原则。建设工程的信息都有一定的生产周期，如月报表、季度报表、年度报表等，这都是为了保证信息产品能够及时服务于决策。所以，建设工程的成果也应具有相应的时效性。

(5)可预见性原则。建设工程产生的信息作为项目实施的历史数据，可以用于预测未来的情况，管理者应通过采用先进的方法和工具为决策者制定未来目标和行动规划提供必要的信息。如通过对以往投资执行情况的分析，对未来可能发生的投资进行预测，作为采取事先控制措施的依据。

(6)高效处理原则。通过采用高性能的信息处理工具(建设工程信息管理系统)，尽量缩短信息在处理过程中的延迟，项目信息管理者的主要精力应放在对处理结果的分析和控制措施的制定上。

(四)信息管理的方法

1. 信息的收集

信息的收集首先应根据监理目标，通过对信息的识别，制定对建设信息的需求规划，即确定对信息需求类别及各类信息量的大小，再通过调查研究，采用适当的收集方法来获得所需要的建设信息。

(1)决策阶段的信息收集。在建设工程决策阶段，由于该阶段对建设工程项目的效益影响很大，应该首先进行项目决策阶段相关信息的收集。该阶段信息收集工作主要是收集工程项目外部的宏观信息，要收集过去的、现代的和未来的与项目相关的信息，具有较多的不确定性。

(2)设计阶段的信息收集。设计阶段是工程建设的重要阶段，在设计阶段决定了工程规模、建筑形式，工程的概预算技术的先进性、适用性，标准化程度等一系列具体的要素。在这个阶段将产生一系列的设计文件，是业主选择承包商以及在施工阶段实施项目管理的重要依据。

(3)施工招标投标阶段的信息收集。施工招标投标阶段的信息收集，有助于建设单位编写好招标书、选择好施工单位和项目经理、项目班子，有利于签订好施工合同，为保证施工阶段目标的实现打下良好基础。

(4)施工阶段的信息收集。工程建设的施工阶段，可以说是大量的信息产生、传递和处理的阶段，工程建设者的信息管理工作，也主要集中在这一阶段。

施工阶段的信息收集，可从施工准备期、施工实施期、竣工保修期三个阶段分别进行。

2. 信息的传递

信息的传递就是把信息从信息的占有者传送给信息的接收者的过程。为了保证信息传递不至于产生“失真”，在信息传递时，必须要建立科学的信息传递渠道体系，包括信息传递类型及信息量、传递方式、接收方式，以及完善信息传递的保障体系，以防止信息传递产生“失真”和“泄密”，影响信息传递质量。

3. 信息的加工

信息的收集和信息的传递是数据的获取过程。要使获取的数据能成为具有一定价值且可以作为管理决策依据的信息，还需要对所获取的数据进行必要的加工处理，这种过程称为信息加工。信息加工的方式，包括对数据的整理、数据的解释、数据的统计分析，以及对数据的过滤和浓缩等。不同的管理层次，由于具有不同的职能和工作任务，对信息加工的深度也不尽相同。信息加工总原则是：由高层向低层，对信息要求应逐层细化；由低层向高层，对信息要求应逐层浓缩。

4. 信息的存储

信息的储存是将信息保留起来以备将来应用。对有价值的原始资料、数据及经过加工整理的信息，要长期积累以备查阅。信息的存储一般需要建立统一的数据库，各类数据以文件的形式组织在一起，组织的方法一般由单位自定，但要考虑规范化。

(1)数据库的设计。基于数据规范化的要求，数据库在设计时需满足结构化、共享性、独立性、完整性、一致性、安全性等几个特点。同时，还要注意以下事项：

1)应按照规范化数据库设计原理进行设计，设置备选项目、建筑类型、成本费用、可行方案(财务指标)、盈亏平衡分析、敏感性分析、最优方案等数据库。

2)数据库相互调用结合系统的流程，分析数据库相互调用及数据库中数据传递情况，可绘出数据库相互调用及数据传递关系。

(2)文件的组织方式。根据建设工程实际，可以按照下列方式对文件进行组织：

1)按照工程进行组织，同一工程按照投资、进度、质量、合同的角度组织，各类进一步按照具体情况细化。

2)文件名规范化，以定长的字符串作为文件名。

5. 信息的使用与维护

信息的使用程度取决于信息的价值。信息价值高，使用频数就大，如施工图纸及施工组织设计这类信息。因此，对使用频数大的信息，应保证使用者易于检索，并应充分注意信息的安全性和保密性，防止信息遭受破坏。

信息维护保护信息检索的方便性、信息修正的可扩充性及信息传递的可移植性，以便准确、及时、安全、可靠地为用户提供服务。

(五)监理工作信息流程

信息流程反映了监理工作中各参加部门、单位之间的关系。为了监理工作的顺利完成，必须使监理信息在上下级之间、内部组织与外部环境之间流动，称为“信息流”。

1. 自上而下的信息流

自上而下的信息流是指自主管单位、主管部门、业主以及总监开始，流向项目监理工程师、检查员，乃至工人班组的信息，或在分级管理中，每一个中间层次的机构向其下级逐级流动的信息，即信息源在上，接受信息者是其下属。这些信息主要指监理目标、工作条例、命令、办法及规定、业务指导意见等。

自上而下的信息流还包括监理单位和现场监理机构之间的信息流动。

2. 自下而上的信息流

自下而上的信息流是指从监理检查员开始，流向各专业监理工程师及总监理工程师的信息。即信息源在下，信息接收者是其上级。这类信息主要是指工程建设实施情况和监理工作目标的完成情况，包括工程进度、费用支出、质量、安全及监理人员的工作情况等。

自下而上的信息流还包括现场监理机构和监理单位之间的信息流动。

3. 横向间的信息流

横向间的信息流是指在工程建设监理工作中，同一层次的职能部门或工作人员之间相互提供和接收的信息。

这种信息一般是由于分工不同而各自产生的，但为了共同的目标又需要相互协作、互通有无或相互补充，以及在特殊、紧急情况下，为了节省信息流动时间而需要横向提供的信息。

4. 以信息管理部门为集散中心的信息流

信息管理部门是汇总信息、分析信息、分散信息的部门，它既需要大量信息，又可作为信息的提供者，以帮助工作部门进行规划、任务检查，对有关的专业、技术与问题进行咨询。实践中，各工作部门不仅要向上级汇报，而且应当将信息传递给信息管理部门，以有利于信息管理部门为决策做好充分准备。

5. 工程项目内部与外部环境之间的信息流

项目监理机构(公司)与业主、承建商、设计单位、建设银行、质量监督主管部门、有关国家管理部门和业务部门，都不同程度地需要信息交流，既要满足自身监理的需要，又要满足与环境的协作要求，或按国家规定的要求相互提供信息。

实际工作中，自上而下的信息流比较畅通，自下而上的信息流一般情况下渠道不畅或流量不够。因此，总监理工程师应当采取措施防止信息流通的障碍，发挥信息流应有的作用，特别是对横向间的信息流动以及自下而上的信息流动，应给予足够的重视，增加流量，以利于合理决策、提高工作效率和经济效益。

(六)监理信息的处理

要使信息能有效地发挥作用，必须按照及时、准确、适用、经济的要求进行处理，要使收集到的信息传递速度快、如实反映实际情况、符合实际需要，处理成本要低。

1. 监理信息的加工

在建设项目的施工过程中，监理工程师加工整理的监理信息主要有以下几个方面：

(1)工程施工进展情况。监理工程师每月、每季度都要对工程进度进行分析对比并做出综合评价，包括当月(季)整个工程各方面实际完成量，实际完成数量与合同规定的计划数量之间的比较。如果某些工作的进度拖后，应分析其原因、存在的主要困难和问题，并提出解决问题的建议。监理工程师应按单位工程和分部/分项工程建立进度台账。

(2)工程质量情况与问题。监理工程师应系统地将当月(季)施工过程中的各种质量情况在月报(季报)中进行归纳和评价，包括现场监理检查中发现的各种问题、施工中出现的重大事故，对各种情况、问题、事故的处理意见。如有必要，可定期印发专门的质量情况报告。监理工程师应建立各单位工程质量台账。

(3)工程结算情况。工程价款结算一般按月进行。监理工程师要对投资耗费情况和概预算控制数进行统计分析，在统计分析的基础上做一些短期预测，以便为业主在组织资金方面的决策提供可靠依据。监理工程师应建立各单位工程投资完成台账。

(4)施工索赔情况。在工程施工过程中，由于业主的原因或外界客观条件的影响使承包商遭受损失，承包商提出索赔；或由于承包商违约使工程蒙受损失，业主提出索赔，监理工程师可提出索赔处理意见。

(5)安全文明施工情况。对工程施工中采取的安全文明施工措施、每月、季开展的安全文明施工考核情况和发生的问题进行分析和处理。监理工程师应建立安全文明施工台账。

2. 监理信息的储存

监理信息储存是将信息保存起来以备将来使用。对有价值的原始资料、数据及经过加工整理的信息，要长期积累以备查阅。

3. 监理信息的检索

监理信息的检索要做好编目分类工作，健全检索系统可以使报表、文件、资料、档案等既保存完好，又查找方便。

4. 监理信息的传递

监理信息的传递通常利用报表、图表、文字、记录、电信、各种收发、会议、审批及电子计算机等传递手段，不断地将监理信息传递到监理工作的各部门、各单位。

5. 监理信息的输出

监理信息的输出是按照需要和要求编印成各类报表和文件，以供监理工作使用，为决策提供方便、简洁、准确的信息服务。

6. 监理信息的反馈

监理信息的反馈在建设工程项目管理过程中起着十分重要的作用。信息反馈就是将输出信息的作用结果再返送回来的一种过程，也就是施控系统将信息输出，输出的信息对受控系统作用的结果又返回施控系统，并对施控系统的信息再输出发生影响的一种过程。信息反馈的方法有：

(1)跟踪反馈法。主要是指在决策实施过程中，对特定主题内容进行全面跟踪，有计划、分步骤地组织连续反馈，形成反馈系列。跟踪反馈法具有较强的针对性和计划性，能够围绕决策实施主线，比较系统地反映决策实施的全过程，便于决策机构随时掌握相关情况，控制工作进度，及时发现问题，实行分类领导。

(2)典型反馈法。主要是指通过某些典型组织机构的情况、某些典型事例、某些代表性人物的观点言行，将其实施决策的情况以及对决策的反映反馈给决策者。

(3)组合反馈法。主要是指在某一时期将不同阶层、行业和单位对决策的反映，通过一组信息分别进行反馈。由于每一反馈信息着重突出一个方面、一类问题，故将所有反馈信息组合在一起，便可以构成一个完整的面貌。

(4)综合反馈法。主要是指将不同地区、阶层和单位对某项决策的反映汇集在一起，通过分析归纳，找出其内在联系，形成一套比较完整、系统的观点与材料，并加以集中反馈。

三、项目监理机构信息管理工作

项目监理机构信息管理员可通过以下形式进行信息管理工作：

(一)施工现场监理会议

1. 施工现场监理会议

施工现场监理会议是建设工程项目参加建设各方交流信息的重要形式，一般分为监理例会(最好每周召开一次)、专题工地会议。因工作急需，建设、承包、监理单位均可提出召开临时工地会议，以解决当时亟待解决的问题。

监理例会的参加人员，在第一次工地会议时已经商定；专题工地会议和临时工地会议的参加人员和会议内容，在会前商定。

2. 监理例会

(1)在工程施工过程中，总监理工程师应定期召开监理例会，原则上应每周召开一次，主要参加人员：

1)建设单位与业主施工现场代表。

2)承包单位项目经理部经理及技术负责人，各专业有关人员。

3)项目监理机构总监理工程师、总监理工程师代表、各专业监理工程师、监理员以及其他监理人员。

4)如涉及勘察、设计单位、工程分包单位时，可请其派员参加。

(2)会议的议题应根据工程进展情况，当前施工中存在的突出的、亟待解决的问题，以及各方的意见选定，要密切联系工作实际，突出重点。议题范围如下：

1)上次会议议决事项的执行情况，如未完成应查明原因及其责任人，并研究和制定补救措施。

2)查明工程进展情况，并和计划进度比较，如落后于计划进度时应研究补救措施，同时制定进度目标。

3)检查工程质量状况，对存在的工程质量问题，讨论并制定改进措施。

4)检查安全生产情况，检查上次例会有关安全生产决议事项的落实情况，查找潜在的安全事故隐患，确定下一阶段安全管理工作的内容，并明确重点监控的部位和措施。

5)检查工程量核定及工程款支付情况。

6)讨论建筑材料、构配件和设备供应情况、存在的问题和如何进行改进。

7)通报违约及工期、费用索赔的意见及处理情况。

8)解决需要协调的有关事项。

9)其他当前亟待解决的、需要在会上通报的或在会上研究的事项。

(3)项目监理机构各有关人员应在会议召开之前，按专业或职务分工对上次会议议决事项的执行情况进行调查，并对本次会议拟提出的问题提出建议。在监理例会召开之前由总监理工程师主持召开项目监理机构全体人员会议，对如何开好例会做出布置与安排。

(4)会议纪要。

1)由总监理工程师指定专人，使用专用的记录本负责监理例会的记录。根据记录整理、编写会议纪要，主要包括以下内容：

①会议地点、时间，出席者姓名、单位、职务。

②上次例会决议事项的落实情况，如未落实应查明原因及其责任人，应采取何种补救措施(要注明执行人及时限要求)。

③本次会议的决议事项，要落实执行单位和时限。

④待决议的事项。

⑤其他需要记载的事项。

2)监理例会的会议纪要经总监理工程师审查确认后打印，对打印后的成品要认真审查核对。收到纪要文件的各方应办理签收手续。如对纪要内容有异议时，应于收到文件后三日内向项目监理机构反馈。

3)纪要文字要简洁，内容要清楚，用词要准确。

4)监理例会纪要是重要的信息传递文件，其议定的事项对建设各方都有约束力，在发生争议或索赔时是重要的法律文件，各项目监理机构都应予以足够的重视。

5)监理例会的记录本、会议纪要及反馈的书面文件应作为监理资料存档。

3. 专题工地会议

(1)专题工地会议是为解决施工中的技术问题、安全问题、管理问题及专业协调工作而组织召开的会议。

(2)专题工地会议由总监理工程师根据工作需要组织召开,建设单位、承包单位提出建议,总监理工程师审定同意后也可召开。

(3)专题工地会议由总监理工程师或指定的监理工程师主持,有关各单位的有关人员参加。

(4)会议召开前应充分做好准备工作,主要包括确定中心议题、确定会议参加人员、准备会议资料,落实会议地点、时间并发出会议通知,明确中心发言人及记录人员等。

(5)会议记录及会议纪要的编写可参照监理例会的有关规定执行。

(二)监理日志、监理日记及监理报表

(1)各工程项目的项目监理机构总监理工程师代表或总监理工程师指定的人员,应每日填报“工程项目监理日志”,记录当日施工现场发生的一切情况及监理工作情况。各监理人员亦应每日填报“监理人员监理日记”,记录当日本人的监理工作情况。监理日志和监理日记均应认真、按时并据实填报,并应于次日 8 时前送交总监理工程师审阅。项目监理机构信息管理员亦应同时查阅,从中获取相关的信息。

注:关于“工程项目监理日志”和“监理人员监理日记”的内容格式,由监理单位根据本单位的有关管理制度自行设定。

(2)各项监理报表也是信息管理员获取信息的重要来源,信息管理员要负责收集、整理有关信息,向总监理工程师汇报。这些信息也是据以编写监理月报和监理工作总结的依据。

(三)监理月报

(1)编写监理月报是一项重要的信息管理工作,正在监理的工程项目,每月均应编制监理月报,报送建设单位、所属监理单位及有关部门。监理月报有以下作用:

1)向建设单位通报本工程项目本月份各方面的进展情况。

2)向建设单位汇报项目监理机构做了哪些工作,收到什么效果。

3)项目监理机构向所属监理单位领导层和管理层汇报本月份在工程项目的质量控制、进度控制、造价控制、安全管理、合同管理、信息管理及组织协调参加建设各方之间关系之中所做的工作,存在的问题及其经验教训,希望领导层和管理层给予的支持和指导。

4)项目监理机构通过编制监理月报总结本月份工作,为下一阶段工作制定计划。

5)向上级主管部门及项目监理机构检查工作人员,提供关于工程概况、施工概况及监理工作情况的说明文件。

(2)监理单位应编制监理月报编写内容的规定,作为各项目监理机构编写监理月报的统一的依据。

(3)监理月报的编写由总监理工程师指定专人负责,各专业监理工程师和信息管理员负责提供本专业或职务分工部分的资料与数据,总监理工程师审阅把关。项目监理机构全体人员共同动手,分工协作按时编制完成。

(4)监理月报的编制,其统计周期为上月的 26 日至本月的 25 日,原则上规定于次月的 5 日前送交有关部门。

(四)监理简报

项目监理机构应定期或不定期编写监理简报，报道施工现场的情况，及时报送有关单位和所属监理单位有关部门及领导。

第二节 监理文件资料与档案管理

监理文件资料是实施监理过程的真实反映，既是监理工作成效的根本体现，也是工程质量、生产安全事故责任划分的重要依据，项目监理机构应建立、完善监理文件资料管理制度，并设专人管理监理文件资料。

监理人员应及时分类整理自己负责的文件资料，并移交由总监理工程师指定的专人进行管理，监理文件资料应准确、完整。项目监理机构宜采用信息技术进行监理文件资料管理。

一、监理文件资料的内容

在工程项目监理过程中，往往会涉及并产生大量的信息与档案资料，这些信息或档案资料大致可分为监理工作的依据、在监理工作中形成的文件、信息或档案资料。

在项目监理过程中，监理人员应对上述文件资料进行管理。资料管理主要包括两大方面：一方面是对施工单位的资料管理工作进行监督，要求施工人员及时记录、收集并存档需要保存的资料与档案；另一方面是监理机构本身应该进行的资料与档案管理工作。

1. 监理文件资料的主要内容

(1)勘察设计文件、建设工程监理合同及其他合同文件(合同文件、勘察设计文件是建设单位提供的监理工作依据)。

(2)监理规划、监理实施细则。

(3)设计交底和图纸会审会议纪要。

(4)施工组织设计、(专项)施工方案、施工进度计划报审文件资料。

(5)分包单位资格报审文件资料。

(6)施工控制测量成果报验文件资料。

(7)总监理工程师任命书，工程开工令、暂停令、复工令，工程开工或复工报审文件资料。

(8)工程材料、构配件、设备报验文件资料。

(9)见证取样和平行检验文件资料。

(10)工程质量检查报验资料及工程有关验收资料。

(11)工程变更、费用索赔及工程延期文件资料。

(12)工程计量、工程款支付文件资料。

(13)监理通知单、工作联系单与监理报告。

(14)第一次工地会议、监理例会、专题会议等会议纪要。

(15)监理月报、监理日志、旁站记录。

(16)工程质量或生产安全事故处理文件资料。

(17)工程质量评估报告及竣工验收监理文件资料。

(18)监理工作总结。

项目监理机构收集归档的监理文件资料应为原件,若为复印件,应加盖报送单位印章,并由经手人签字、注明日期。

监理文件资料涉及的有关表格应采用《建设工程监理规范》(GB/T 50319—2013)统一格式,签字盖章手续完备。

2. 监理日志的主要内容

总监理工程师应定期审阅监理日志,全面了解监理工作情况。监理日志应包括下列主要内容:

(1)天气和施工环境情况。

(2)当日施工进展情况。

(3)当日监理工作情况,包括旁站、巡视、见证取样、平行检验等情况。

(4)当日存在的问题及处理情况。

(5)其他有关事项。

3. 监理月报的主要内容

监理月报是项目监理机构定期编制并向建设单位和工程监理单位提交的重要文件。监理月报应包括以下主要内容:

(1)本月工程实施概况。

1)工程进展情况,实际进度与计划进度的比较,施工单位人、机、料进场及使用情况,本期在施部位的工程照片。

2)工程质量情况,分项分部工程验收情况,工程材料、设备、构配件进场检验情况,主要施工试验情况,本月工程质量分析。

3)施工单位安全生产管理工作评述。

4)已完工程量与已付工程款的统计及说明。

(2)本月监理工作情况。

1)工程进度控制方面的工作情况。

2)工程质量控制方面的工作情况。

3)安全生产管理方面的工作情况。

4)工程计量与工程款支付方面的工作情况。

5)合同其他事项的管理工作情况。

6)监理工作统计及工作照片。

(3)本月工程实施的主要问题分析及处理情况。

1)工程进度控制方面的主要问题分析及处理情况。

2)工程质量控制方面的主要问题分析及处理情况。

3)施工单位安全生产管理方面的主要问题分析及处理情况。

4)工程计量与工程款支付方面的主要问题分析及处理情况。

5)合同其他事项管理方面的主要问题分析及处理情况。

(4)下月监理工作重点。

1)在工程管理方面的监理工作重点。

2)在项目监理机构内部管理方面的工作重点。

4. 监理工作总结的主要内容

项目竣工后,项目监理机构应对监理工作进行总结,监理工作总结经总监理工程师签字并加盖工程监理单位公章后报送建设单位。监理工作总结应主要包括下列内容:

(1)工程概况。

(2)项目监理机构。

(3)建设工程监理合同履行情况。

(4)监理工作成效。

(5)监理工作中发现的问题及其处理情况。

(6)说明和建议。

二、监理文件资料的编制与组卷

(一)工程监理资料编制要求

工程项目监理资料是监理单位在项目设计、施工等监理过程中形成的资料,它是监理工作中各项控制与管理的依据和凭证,其编制要求如下:

(1)项目监理资料的编制,应及时、真实、准确、清楚,不得有涂改或模糊不清之处。

(2)监理资料各类表格的填写应使用黑色墨水或黑色签字笔,复写时须用单面黑色复写纸。各类监理用表的格式应符合相关规定,表格应统一,内容应全面、详细。

(3)监理工程师或其他人员编制监理资料时,应使用规范词语和通用符号。如采用其他单位符号应在括号内转换成通用单位或注明。整个文件所采用的单位应统一,如 m、mm 等,不得混用。

(4)总监理工程师为项目监理资料编制的总负责人,对监理资料的编制负有监督、检查、指导的责任,对不合格或不规范的监理资料有要求改正或重做的权利;报送单位拒不修改的,可不予签认。

(5)各专业监理工程师应随着工程项目的进展编制、收集与整理本专业的监理资料。监理工程师应认真审核承包单位报送的资料,但不得接受经涂改的报验资料,并应在审核整理后交资料管理人员存放。

(6)总监理工程师应指定专职或兼职资料员负责监理资料的管理工作。资料员应检查监理资料的编写情况,发现有问题的,应及时退回原报送单位或报告总监理工程师,由总监理工程师责令其改正。

(7)监理资料的编制应当规范。承包单位应将编制完成的施工技术文件和管理文件及时上报项目监理部门存档检查。监理资料的收发、借阅必须通过资料管理人员并履行相关手续。

(8)在监理工作过程中,监理资料应按单位工程建立案卷盒(夹),分专业存放保管并编目,以便于跟踪检查。

(二)监理文件资料组卷、归档

监理文件档案资料归档内容、组卷方法以及监理档案的验收、移交和管理工作,应根据现行《建设工程监理规范》(GB/T 50319—2013)及《建设工程文件归档整理规范》(GB/T

50328—2001)，并参考工程项目所在地区建设工程行政主管部门、建设监理行业主管部门、地方城市建设档案管理部门的规定执行。

项目监理机构应及时整理、分类汇总监理文件资料，并应按规定组卷，形成监理档案。

1. 组卷的质量要求

组卷前应保证基建文件、监理资料和施工资料齐全、完整，并符合相关规程要求。编绘的竣工图应反差明显、图面整洁、线条清晰、字迹清楚，且能满足微缩和计算机扫描的要求。文字材料和图纸不满足质量要求的一律返工。

2. 组卷的基本原则

(1)建设项目应按单位工程组卷。

(2)工程资料应按照不同的收集、整理单位及资料类别，按基建文件、监理资料、施工资料和竣工图分别进行组卷。

(3)卷内资料排列顺序应依据卷内资料构成而定，一般顺序为封面、目录、资料部分、备考表和封底。组成的案卷应美观、整齐。

(4)卷内若存在多类工程资料时，同类资料按自然形成的顺序和时间排序，不同资料之间的排列顺序按相关规定执行。

(5)案卷不宜过厚，一般不超过40mm。案卷内不应有重复资料。

3. 组卷的具体要求

(1)市政工程监理资料组卷可根据资料类别和数量多少组成一卷或多卷。

(2)向城建档案馆报送的工程档案应按《建设工程文件归档整理规范》(GB/T 50328—2001)的要求进行组卷。

(3)文字材料和图纸材料原则上不能混装在一个装具内，如资料材料较少，需放在一个装具内时，文字材料和图纸材料必须混合装订，其中文字材料排前，图纸材料排后。

(4)单位工程档案总案卷数超过20卷的，应编制总目录卷。

4. 组卷的常用方法

(1)工程文件可按建设程序划分为工程准备阶段的文件、监理文件、施工文件、竣工图、竣工验收文件五部分。

(2)工程准备阶段文件可按单位工程、分部工程、专业、形成单位等组卷。

(3)监理文件可按单位工程、分部工程、专业、阶段等组卷。

5. 案卷页号的编写

(1)编写页号应以独立卷为单位。卷内资料材料排列顺序确定后，均以有书写内容的页面编写页号。

(2)每卷从阿拉伯数字1开始，用打号机或钢笔一次逐张连续标注页号，钢笔采用黑色、蓝色油墨或墨水。案卷封面、卷内目录和卷内备案表不编写页号。

(3)页号编写位置：单面书写的文字材料页号编写在右下角，双面书写的文字材料页号正面编写在右下角，背面编写在左下角。

(4)图纸折叠后无论何种形式，页号一律编写在右下角。

6. 工程资料封面与目录

(1)工程资料案卷封面。其案卷封面包括名称、案卷题名、编制单位、技术主管、编制日期(以上由移交单位填写)、保管期限、密级、共____册第____册等(由档案接收部门填写)。

1)名称:填写工程建设项目竣工后使用名称(或曾用名)。若本工程分为几个(子)单位工程,应在第二行填写(子)单位工程名称。

2)案卷题名:填写本卷卷名。第一行按单位、专业及类别填写案卷名称;第二行填写案卷内主要资料内容提示。

3)编制单位:本卷档案的编制单位,并加盖公章。

4)技术主管:编制单位技术负责人签名或盖章。

5)编制日期:填写卷内资料形成的起(最早)、止(最晚)日期。

6)保管期限:由档案保管单位按照本单位的保管规定或有关规定填写。

7)密级:由档案保管单位按照本单位的保密规定或有关规定填写。

(2)工程资料卷内目录。工程资料的卷内目录,内容包括序号、工程资料题名、原编字号、编制单位、编制日期、页次和备注。卷内目录内容应与案卷内容相符,排列在封面之后,原资料目录及设计图纸目录不能代替。

1)序号:案卷内资料排列先后用阿拉伯数字从1开始依次标注。

2)工程资料题名:填写文字材料和图纸名称,无标题的资料应根据内容拟写标题。

3)原编字号:资料制发机关的发字号或图纸原编图号。

4)编制单位:资料的形成单位或主要负责单位名称。

5)编制日期:资料的形成时间(文字材料为原资料形成日期,竣工图为编制日期)。

6)页次:填写每份资料在本案卷的页次或起止的页次。

7)备注:填写需要说明的问题。

7. 案卷规格与装订

(1)案卷规格。卷内资料、封面、目录、备考表统一采用A4幅(197mm×210mm)尺寸,图纸分别采用A0(841mm×1189mm)、A1(594mm×841mm)、A2(420mm×594mm)、A3(297mm×420mm)、A4(297mm×210mm)幅面。小于A4幅面的资料要用A4白纸衬托。

(2)案卷装具。案卷采用统一规格尺寸的装具。属于工程档案的文字、图纸材料一律采用城建档案馆监制的硬壳卷夹或卷盒,外表尺寸310mm(高)×220mm(宽),卷盒厚度尺寸分为50mm、30mm两种,卷夹厚度尺寸为25mm;少量特殊的档案也可采用外表尺寸为310mm(高)×430mm(宽),厚度尺寸为50mm的硬壳卷夹或卷盒。案卷软(内)卷皮尺寸为297mm(高)×210mm(宽)。

(3)案卷装订。

1)文字材料必须装订成册,图纸材料可装订成册,也可散装存放。

2)装订时要剔除金属物,装订线一侧根据案卷厚薄加垫草板纸。

3)案卷用棉线在左侧三孔装订,棉线装订结打在背面。装订线距左侧20mm,上下两孔分别距中孔80mm。

4)装订时,需将封面、目录、备考表、封底与案卷一起装订。图纸散装在卷盒内时,需将案卷封面、目录、备考表三件用棉线在左上角装订在一起。

三、监理文件档案资料保存与移交

工程监理单位应根据工程特点和有关规定，保存监理档案，并应向有关单位、部门移交需要存档的监理文件资料。

工程监理单位应按合同约定向建设单位移交监理档案。工程监理单位自行保存的监理档案保存期可分为永久、长期、短期三种。根据《建设工程文件归档整理规范》(GB/T 50328—2001)的规定，工程项目监理文件的归档范围与保管期限见表7-1。

表7-1　　工程项目监理文件归档范围与保管期限

序号	归档文件	保存单位和保管期限				
		建设单位	施工单位	设计单位	监理单位	城建档案馆
	监理文件					
1	监理规划					
①	监理规划	长期			短期	√
②	监理实施细则	长期			短期	√
③	监理部总控制计划等	长期			短期	
2	监理月报中的有关质量问题	长期			长期	√
3	监理会议纪要中的有关质量问题	长期			长期	√
4	进度控制					
①	工程开工/复工审批表	长期			长期	√
②	工程开工/复工暂停令	长期			长期	√
5	质量控制					
①	不合格项目通知	长期			长期	√
②	质量事故报告及处理意见	长期			长期	√
6	造价控制					
①	预付款报审与支付	短期				
②	月付款报审与支付	短期				
③	设计变更、洽商费用报审与签认	长期				
④	工程竣工决算审核意见书	长期				√
7	分包资质					
①	分包单位资质材料	长期				
②	供货单位资质材料	长期				
③	试验等单位资质材料	长期				
8	监理通知					
①	有关进度控制的监理通知	长期			长期	
②	有关质量控制的监理通知	长期			长期	
③	有关造价控制的监理通知	长期			长期	

续表

序号	归档文件	保存单位和保管期限				
		建设单位	施工单位	设计单位	监理单位	城建档案馆
	监理文件					
9	合同与其他事项管理					
①	工程延期报告及审批	永久			长期	√
②	费用索赔报告及审批	长期			长期	
③	合同争议、违约报告及处理意见	永久			长期	√
④	合同变更材料	长期			长期	√
10	监理工作总结					
①	专题总结	长期			短期	
②	月报总结	长期			短期	
③	工程竣工总结	长期			长期	√
④	质量评价意见报告	长期			长期	√

城建档案馆应对工程文件的立卷归档工作进行监督、检查、指导。在工程竣工验收前，应对工程档案进行预验收，验收合格后，须出具工程档案认可文件。

四、监理文件档案资料管理细则

(1)监理资料是监理单位在工程设计、施工等监理过程中形成的资料，它是监理工作中各项控制与管理的依据与凭证。

(2)总监理工程师为项目监理部监理资料的总负责人，并指定专职或兼职资料员具体管理监理文件资料。

(3)项目监理部监理资料管理的基本要求如下：

1)监理资料应满足“整理及时、真实齐全、分类有序”的要求。

2)各专业工程监理工程师应随着工程项目的进展收集、整理本专业的监理资料，并认真检查，不得接受经涂改的报审资料，并应于每月编制月报之后次月 5 日前将资料交与资料管理员存放保管。

3)资料管理员应及时对各专业的监理资料的形成、积累、组卷和归档进行监督，检查验收各专业的监理资料，并分类、分专业建立案卷盒，按规定编目、整理，做到存放有序、整齐；如将不同类资料放在同一盒内，应在脊背处标明。

4)对于已归资料员保管的监理资料，如本项目监理部人员需要借用，必须办理借用手续，用后及时归还；其他人员借用，须经总监理工程师同意，办理借用手续，资料员负责收回。

5)在工程竣工验收后三个月内，由总监理工程师组织项目监理人员对监理资料进行整理和归档，监理资料在移交给公司档案资料部前必须由总监理工程师审核并签字。

6)监理资料整理合格后，报送公司档案部门办理移交、归档手续。利用计算机进行资料管理的项目监理部需将存有“监理规划”、“监理总结”的软盘或光盘一并交与档案资料部。

7)监理资料各种表格的填写应使用黑色墨水或黑色签字笔，复写时须用单面黑色复写纸。

(4)应用计算机建立监理管理台账。

1)工程物资进场报验台账。

2)施工试验(混凝土、钢筋、水、电、暖通等)报审台账。

3)检验批、分项、分部(子分部)工程验收台账。

4)工程量、工程进度款报审台账。

5)其他。

(5)总工程师为公司的监理档案总负责人,总工办档案资料部负责具体工作。

(6)档案资料部对各项目监理部的资料负有指导、检查的责任。

第三节　监理工作主要表格体系与填写要求

一、监理工作的基本表

(1)基本表式分A、B、C三类。A类表为工程监理单位用表,由工程监理单位或项目监理机构签发;B类表为施工单位报审、报验用表,由施工单位或施工项目经理部填写后报送工程建设相关方;C类表为通用表,是工程建设相关方工作联系的通用表。

(2)各类表的签发、报送、回复应当依照合同文件、法律、法规、规范标准等规定的程序和时限进行。

(3)各类表应按有关规定,采用碳素墨水、蓝黑墨水书写或黑色碳素印墨打印,不得使用易褪色的书写材料。

(4)各类表中"□"表示可选择项,以"√"表示被选中项。

(5)填写各类表应使用规范语言,法定计量单位,公历年、月、日。各类表中相关人员的签字栏均须由本人签署。由施工单位提供附件的,应在附件上加盖骑缝章。

(6)各类表在实际使用中,应分类建立统一编码体系,各类表式的编号应连续编号,不得重号、跳号。

(7)各类表中施工项目经理部用章的样章应在项目监理机构和建设单位备案,项目监理机构用章的样章应在建设单位和施工单位备案。

(8)下列表式中,应由总监理工程师签字并加盖执业印章:

1)表A.0.2工程开工令(表3-16)。

2)表A.0.5工程暂停令(表3-1)。

3)表A.0.7工程复工令(表3-3)。

4)表A.0.8工程款支付证书(表4-5)。

5)表B.0.1施工组织设计/(专项)施工方案报审表(表3-13)。

6)表B.0.2工程开工报审表(表3-15)。

7)表B.0.10单位工程竣工验收报审表(表3-11)。

8)表B.0.11工程款支付报审表(表4-4)。

9)表B.0.13费用索赔报审表(表6-3)。

10)表B.0.14工程临时/最终延期报审表(表6-4)。

(9)"表A.0.1总监理工程师任命书(表1-6)"必须由工程监理单位法人代表签字,并加盖工程监理单位公章。

(10)“表 B.0.2 工程开工报审表(表 3-15)”、“表 B.0.10 单位工程竣工验收报审表(表 3-11)”必须由项目经理签字并加盖施工单位公章。

(11)各类表中,“施工项目经理部”是指施工单位在施工现场设立的项目管理机构。

(12)对于各类表中所涉及的有关工程质量方面的附表,由于各行业、各部门的专业要求不同,各类工程的质量验收应按相关专业验收规范及相关表式的要求办理。如果没有相应的表式,工程开工前,项目监理机构应与建设单位、施工单位根据工程特点、质量要求、竣工及归档组卷要求进行协商,定制工程质量验收相应表式。项目监理机构应事前使施工单位、建设单位明确定制表式的使用要求。

二、工程监理单位用表(A 类表)

A 类表(工程监理单位用表)一共有 8 个表式:表 A.0.1 总监理工程师任命书(表 1-6);表 A.0.2工程开工令(表 3-16);表 A.0.3 监理通知单(表 3-7);表 A.0.4 监理报告(表 1-3);表 A.0.5 工程暂停令(表 3-1);表 A.0.6 旁站记录(表 3-6);表 A.0.7 工程复工令(表 3-3);表 A.0.8工程款支付证书(表 4-5)。

(1)表 A.0.1 总监理工程师任命书(表 1-6)。工程监理单位法定代表人应根据《建设工程监理合同》的约定,任命有类似工程管理经验的注册监理工程师担任项目总监理工程师,并在表 A.0.1 中明确总监理工程师的授权范围。《总监理工程师任命书》在《建设工程监理合同》签订后,由工程监理单位法定代表人签字,并加盖单位公章。

(2)表 A.0.2 工程开工令(表 3-16)。建设单位对《工程开工报审表》签署同意意见后,总监理工程师可签发《工程开工令》。《工程开工令》中的开工日期作为施工单位计算工期的起始日期。

(3)表 A.0.3 监理通知单(表 3-7)。在监理工作中,项目监理机构按《建设工程监理合同》授予的权限,针对施工单位出现的各种问题(如在施工过程中出现不符合设计要求、工程建设标准、合同约定;使用不合格的工程材料、构配件和设备;在工程质量、进度、造价等方面存在违法、违规等行为),对施工单位所发出的指令、提出的要求,除另有规定外,均应采用《监理通知单》。监理工程师现场发出的口头指令及要求,也应采用《监理通知单》予以确认。

《监理通知单》可由总监理工程师或专业监理工程师签发,对于一般问题可由专业监理工程师签发,对于重大问题应由总监理工程师或经其同意后签发。“事由”应填写通知内容的主题词,相当于标题。“内容”应写明发生问题的具体部位、具体内容,并写明监理工程师的要求、依据。必要时,应补充相应的文字、图纸、图像等作为附件进行具体说明。

(4)表 A.0.4 监理报告(表 1-3)。项目监理机构发现工程存在安全事故隐患,发出《监理通知单》或《工程暂停令》后,施工单位拒不整改或者不停工的,应当采用《监理报告》及时向政府有关主管部门报告,同时应附相应《监理通知单》或《工程暂停令》等证明监理人员履行安全生产管理职责的相关文件资料。紧急情况下,项目监理机构通过电话、传真或电子邮件方式向政府有关主管部门报告的,事后应以书面形式《监理报告》送达政府有关主管部门,同时抄送建设单位和工程监理单位。

《监理报告》填写时,应说明工程名称、施工单位、工程部位,并附监理处理过程文件,以及其他检测资料、会议纪要等。

(5)表 A. 0. 5 工程暂停令(表 3-1)。总监理工程师应根据暂停工程的影响范围和程度,按合同约定签发暂停令。签发工程暂停令时,应注明停工原因、部位和范围、停工期间应进行的工作等。适用于总监理工程师签发指令要求停工处理的事件包括:

1)建设单位要求暂停施工且工程需要暂停施工的。

2)施工单位未经批准擅自施工或拒绝项目监理机构管理的。

3)施工单位未按审查通过的工程设计文件施工的。

4)施工单位未按批准的施工组织设计、(专项)施工方案施工或违反工程建设强制性标准的。

5)为保证工程质量而需要停工处理的。

6)施工中出现安全隐患,必须停工消除隐患的。

总监理工程师签发工程暂停令应事先征得建设单位同意,在紧急情况下未能事先报告的,应在事后及时向建设单位做出书面报告。

(6)表 A. 0. 6 旁站记录(表 3-6)。《旁站记录》为项目监理机构记录旁站工作情况的通用表式,项目监理机构可根据需要增加附表。

《旁站记录》中的"施工情况"应记录施工单位质检人员到岗情况、特殊工种人员持证情况以及施工机械、材料准备及关键部位、关键工序的施工是否按(专项)施工方案及工程建设强制性标准执行等情况。"处理情况"指旁站人员对于所发现问题的处理。

(7)表 A. 0. 7 工程复工令(表 3-3)。因建设单位原因或非施工单位原因引起工程暂停的,在具备复式条件时,应及时签发《工程复工令》指令施工单位复工。因施工单位原因引起工程暂停的,施工单位在复工前应使用《工程复工报审表》申请复工;项目监理机构应对施工单位的整改过程、结果进行检查、验收,符合要求的,对施工单位的《工程复工报审表》予以审核,并报建设单位;建设单位审批同意后,总监理工程师应及时签发《工程复工令》,施工单位接到《工程复工令》后组织复工。

填写《工程复工令》时,必须注明复工的部位和范围、复工日期等,并附《工程复工报审表》等其他相关说明文件。

(8)表 A. 0. 8 工程款支付证书(表 4-5)。项目监理机构收到经建设单位签署审批意见的《工程复工报审表》后,根据建设单位的审批意见,签发《工程款支付证书》作为工程款支付的证明文件。

三、施工单位报审、报验用表(B 类表)

B 类表(施工单位报审、报验用表)一共有 14 个表式:表 B. 0. 1 施工组织设计/(专项)施工方案报审表(表 3-13);表 B. 0. 2 工程开工报审表(表 3-15);表 B. 0. 3 工程复工报审表(表 3-2);表 B. 0. 4分包单位资格报审表(表 3-14);表 B. 0. 5 施工控制测量成果报验表(表 3-4);表 B. 0. 6 工程材料、构配件、设备报审表(表 3-5);表 B. 0. 7 ________报审、报验表(表 3-8);表 B. 0. 8 分部工程报验表(表 3-9);表 B. 0. 9 监理通知回复单(表 3-10);表 B. 0. 10 单位工程竣工验收报审表(表 3-11);表 B. 0. 11 工程款支付报审表(表 4-4);表 B. 0. 12 施工进度计划报审表(表 5-1);表 B. 0. 13 费用索赔报审表(表 6-3);表 B. 0. 14 工程临时/最终延期报审表(表 6-4)。

(1)表 B. 0. 1 施工组织设计/(专项)施工方案报审表(表 3-13)。施工单位编制的施工组织设计应由施工单位技术负责人审核签字并加盖施工单位公章。有分包单位的,分包单位编制的施工组织设计/(专项)施工方案均应由施工单位按规定完成相关审批手续后，报送项目监理机构审核。《施工组织设计/(专项)施工方案报审表》除用于施工组织设计或(专项)施工方案报审及施工组织设计(方案)发生改变后的重新报审外，还可用于对危及结构安全或使用功能的分项工程整改方案的报审及重点部位、关键工序的施工工艺、四新技术的工艺方法和确保工程质量的措施的报审。

填写《施工组织设计/(专项)施工方案报审表》时，对分包单位编制的施工组织设计或(专项)施工方案均应由施工单位按相关规定完成相关审批手续后，报项目监理机构审核；施工单位编制的施工组织设计经施工单位技术负责人审批同意并加盖施工单位公章后，与施工组织设计报审表一并报送项目监理机构；对危及结构安全或使用功能的分项工程整改方案的报审，在证明文件中应有建设单位、设计单位、监理单位各方共同认可的书面意见。

(2)表B.0.2工程开工报审表(表3-15)。施工合同中含有多个单位工程且开工时间不一致时，同时开工的单位工程应填报一次。总监理工程师审核开工条件并经建设单位同意后签发工程开工令。填写《工程开工报审表》时，表中建设项目或单位工程名称应与施工图中的工程名称一致。

(3)表B.0.3工程复工报审表(表3-2)。《工程复工报审表》用于因各种原因工程暂停后，停工原因消失后，施工单位准备恢复施工，向监理单位提出复工申请。填写《工程复工报审表》时，表中证明文件可以为相关检查记录、制定的针对性整改措施及措施的落实情况、会议纪要、影像资料等。当导致暂停的原因是危及结构安全或使用功能时，整改完成后，应有建设单位、设计单位、监理单位各方共同认可的整改完成文件，其中涉及建设工程鉴定的文件必须由有资质的检测单位出具。

收到施工单位报送的《工程复工报审表》后，经专业监理工程师按照停工指示或监理部发出的《工程暂停令》指出的停工原因进行调查、审核和评估，并对施工单位提出的复工条件证明资料进行审核后提出意见，由总监理工程师做出是否同意申请的批复。

(4)表B.0.4分包单位资格报审表(表3-14)。《分包单位资格报审表》用于各类分包单位的资格报审，包括劳务分包和专业分包。分包单位的名称应按《企业法人营业执照》全称填写，分包单位资质材料包括营业执照、企业资质等级证书、安全生产许可文件、专职管理人员和特种作业人员的资格证书等；分包单位业绩材料是指分包单位近三年完成的与分包工程内容类似的工程及质量情况。

(5)表B.0.5施工控制测量成果报验表(表3-4)。《施工控制测量成果报验表》用于施工单位施工控制测量完成并自检合格后，报送[包括测量放线的专业测量人员资格(测量人员的资格证书)及测量设备资料(施工测量放线使用测量仪器的名称、型号、编号、校验资料等)]项目监理机构复核确认。

测量依据资料及测量成果包括下列内容：

1)平面、高程控制测量，需报送控制测量依据资料、控制测量成果表(包含平差计算表)及附图。

2)定位放样，报送放样依据、放样成果表及附图。

收到施工单位报送的《施工控制测量成果报验表》后，报专业监理工程师批复。专业监理工程师按标准规范有关要求，进行控制网布设、测点保护、仪器精度、观测规范、记录清晰等方面的检查、审核，意见栏应填写是否符合技术规范、设计等的具体要求，重点应进行必要的内业及外业复核；符合规定时，由专业监理工程师签认。

(6)表 B.0.6 工程材料、构配件、设备报审表(表 3-5)。《工程材料、构配件、设备报审表》用于施工单位对工程材料、构配件、设备在施工单位自检合格后，向项目监理机构报审。填写《工程材料、构配件、设备报审表》时应写明工程材料、构配件或设备的名称、进场时间、拟使用的工程部位等。表中附件填写说明如下：

1)质量证明文件是指生产单位提供的合格证、质量证明书、性能检测报告等证明资料。进口材料、构配件、设备应有商检的证明文件；新产品、新材料、新设备应有相应资质机构的鉴定文件。如无证明文件原件，需提供复印件，但应在复印件上加盖证明文件提供单位的公章。

2)自检结果是指施工单位对所购材料、构配件、设备清单、质量证明资料核对后，对工程材料、构配件、设备实物及外部观感质量进行验收核实的自检结果。

由建设单位采购的主要设备则由建设单位、施工单位、项目监理机构进行开箱检查，并由三方在开箱检查记录上签字。

进口材料、构配件和设备应按照合同约定，由建设单位、施工单位、供货单位、项目监理机构及其他有关单位进行联合检查，检查情况及结果应形成记录，并由各方代表签字认可。

(7)表 B.0.7 ________报审、报验表(表 3-8)。《________报审、报验表》为报审/报验的通用表式，主要用于隐蔽工程、检验批、分项工程的报验，也可用于施工单位试验室等的报审。此外，还用于关键部位或关键工序施工前的施工工艺质量控制措施和施工单位试验室，用于试验测试单位、重要材料/构配件/设备供应单位、试验报告、运行调试等其他内容的报审。填写《工程检验批报审、报验表》时应注意：

1)分包单位的报验资料必须经施工单位审核通过后方可向监理单位报验。表中施工单位签名必须由施工单位相应人员签署。

2)本表用于隐蔽工程的检查和验收时，施工单位完成自检后填报本表，在填报本表时应附有相应工序和部位的工程质量检查记录。

3)用于试验报告、运行调试的报审时，由施工单位完成自检合格，填报本表并附上相应工程试验、运行调试记录等资料及规范对应条文的用表，报送项目监理机构。

4)用于试验检测单位、重要建筑材料设备分供单位及施工单位人员资质报审时，由试验检测单位、施工单位提供资质证书、营业执照、岗位证书等证明文件(提供复印件的应由本单位在复印件上加盖红章)按时向项目监理机构报验。

(8)表 B.0.8 分部工程报验表(表 3-9)。《分部工程报验表》用于项目监理机构对分部工程的验收。分部工程所包含的分项工程分部自检合格后，施工单位报送项目监理机构。在分部工程完成后，应根据专业监理工程师签认的分项工程质量评定结果进行分部工程的质量等级汇总评定，填写《分部工程报验表》报项目监理机构。总监理工程师组织对分部工程进行验收，并提出验收意见。基础分部、主体分部和单位工程报验时应注意企业自评、设计认可、监理核定、建设单位验收、政府授权的质量站监督的程序。

(9)表 B.0.9 监理通知回复单(表 3-10)。《监理通知回复单》用于施工单位收到《监理通知单》后，根据通知要求，简要说明落实整改的过程、结果及自检情况，必要时应附整改相关证明资料，包括检查记录、对冲位的影像资料等，向项目监理机构报送回复意见。

收到施工单位报送的《监理通知回复单》后，一般可由原发出通知单的专业监理工程师对现场整改情况和附件资料进行核查，认可整改结果后，由专业监理工程师签认。

(10)表 B. 0. 10 单位工程竣工验收报审表(表 3-11)。施工单位已按工程施工合同约定完成设计文件所要求的施工内容,并对工程质量进行了全面自检,在确认工程质量符合法律、法规和工程建设强制性标准规定,符合设计文件及合同要求后,向项目监理机构填报《单位工程竣工验收报审表》。每个单位工程应单独填报。表中质量验收资料指能够证明工程按合同约定完成并符合竣工验收要求的全部资料,包括各分部(子分部)工程验收记录、单位(子单位)工程质量控制资料核查记录、单位(子单位)工程安全和功能检验资料核查及主要功能抽查记录、单位(子单位)工程观感质量检查记录表等。对需要进行功能试验的工程(包括单机试车、无负荷试车和联动调试),应包括试验报告。

项目监理机构在收到《单位工程竣工验收报审表》后应及时组织工程竣工预验收。

(11)表 B. 0. 11 工程款支付报审表(表 4-4)。《工程款支付报审表》用于施工单位工程预付款、工程款、竣工结算款、工程变更费用、索赔费用的支付申请,项目监理机构对申请事项进行审核并签署意见,经建设单位审批后作为工程款支付的依据。

施工单位提交工程款支付报审表时,应同时提交与支付申请有关的资料,如已完成工程报表、工程竣工结算证明资料、相应的支持性证明文件。

(12)表 B. 0. 12 施工进度计划报审表(表 5-1)。《施工进度计划报审表》为施工单位向项目监理机构报审工程进度计划的用表,由施工单位填报,项目监理机构审批。群体工程中单位工程分期进行施工的,施工单位应按照建设单位提供图纸及有关资料的时间,分别编制各单位工程的进度计划,并向项目监理机构报审。

施工单位报审的总体进度计划必须经其企业技术负责人审批,且编制、审核、批准人员签字及单位公章齐全。

(13)表 B. 0. 13 费用索赔报审表(表 6-3)。《费用索赔报审表》为施工单位报请项目监理机构审核索赔事件用表。依据合同规定,非施工单位原因造成的费用增加,导致施工单位要求费用补偿时方可申请。施工单位在费用索赔事件结束后的规定时间内,填报费用索赔报审表,向项目监理机构提出费用索赔。表中应详细说明索赔事件的经过、索赔理由、索赔金额的计算,并附上证明资料(包括索赔意向书、索赔事项的相关证明材料)。

收到施工单位报送的费用索赔报审表后,总监理工程师应组织专业监理工程师按标准规范及合同文件有关章节要求进行审核与评估,并与建设单位、施工单位协商一致后进行签认,报建设单位审批,不同意部分应说明理由。

(14)表 B. 0. 14 工程临时/最终延期报审表(表 6-4)。《工程临时/最终延期报审表》是依据合同规定,非施工单位原因造成的工期延期,导致施工单位要求工期补偿时采用的申请用表。工程延期事件结束,施工单位向工程项目监理机构最终申请确定工程延期的日历天数及延迟后的竣工日期。施工单位应详细说明工程延期依据、工期计算、申请延长竣工日期,并附上证明材料。

收到施工单位报送的工程临时延期报审后,经专业监理工程师按标准规范及合同文件有关章节要求,对《工程临时/最终延期报审表》及其证明材料进行核查并提出意见,签认《工程临时或最终延期审批表》,并由总监理工程师审核后报建设单位审批。工程延期事件结束,施工单位应向工程项目监理机构申请最终确定工程延期的日历天数及延迟后的竣工日期;项目监理机构在按程序审核评估后,由总监理工程师签认《工程临时或最终延期审批表》,不同意延期的应说明理由。

四、各方通用表(C类表)

C类表(各方通用表)一共有3个表式:表C.0.1工作联系单(表3-12);表C.0.2工程变更单(表4-3);表C.0.3索赔意向通知书(表6-2)。

(1)表C.0.1工作联系单(表3-12)。《工作联系单》用于项目监理机构与工程建设有关方(包括建设、施工、监理、勘察设计和上级主管部门)相互之间的日常书面工作联系,有特殊规定的除外。工程联系的内容包括施工过程中与监理有关的某一方需向另一方或几方告知某一事项或督促某项工作、提出某项建议等。

发出单位有权签发的负责人应为建设单位的现场代表、施工单位的项目经理、监理单位的项目总监理工程师、设计单位的本工程设计负责人及项目其他参建单位的相关负责人等。

(2)表C.0.2工程变更单(表4-3)。《工程变更单》仅适用于依据合同和实际情况对工程进行变更时,在变更单位提出变更要求后,由建设单位、设计单位、监理单位和施工单位共同签认意见。本表由提出方填写,写明工程变更原因、工程变更内容,并附必要的附件,包括工程变更的依据、详细内容、图纸;对工程造价、工期的影响程度分析,及对功能、安全影响的分析报告。对涉及工程设计文件修改的工程变更,应由建设单位转交原设计单位修改工程设计文件。

(3)表C.0.3索赔意向通知书(表6-2)。《索赔意向通知书》用于工程中发生可能引起索赔的事件后,受影响的单位依据法律法规和合同要求,向相关单位声明/告知拟进行相关索赔的意向,并同时抄送给项目监理机构。索赔意向通知书宜明确以下内容:

1)事件发生的时间和情况的简单描述。

2)合同依据的条款和理由。

3)有关后续资料的提供,包括及时记录和提供事件发展的动态。

4)对工程成本和工期产生的不利影响及其严重程度的初步评估。

5)声明/告知拟进行相关索赔的意向。

第八章　监理工程师相关服务

第一节　相关服务一般规定

一、相关服务工作计划编制

工程监理单位应根据建设工程监理合同约定的相关服务范围(包括工程勘察、设计和保修阶段的工程管理服务工作)，开展相关服务工作，编制相关服务工作计划。相关服务有别于施工阶段的强制性监理，属于非强制性的管理咨询服务范畴。

在建设工程监理合同中，双方应约定相关服务的范围和内容、服务方式、人员要求、工作依据、双方责任和义务、成果形式、服务期限、服务酬金、质量要求等内容，避免导致漏项和歧义。《建设工程监理合同(示范文本)》(GF—2012—0202)有相关服务的内容。《建设工程监理与相关服务收费管理规定》提供了建设工程勘察、设计、保修等阶段相关服务收费标准，实际工作中可由合同双方约定。

相关服务工作计划应包括相关服务工作的内容、程序、措施、制度等。

(1)相关服务工作内容：应与建设工程监理合同约定的内容相符。如协助建设单位编制勘察设计任务书，选择勘察设计单位，编制勘察成果评估报告等，并根据项目监理机构人员情况和项目情况将相关服务内容进行细分，便于进一步落实计划。

(2)相关服务程序：可按管理工作的不同特性和具体任务进行编制，一般用工作流程图表示，以表示各任务或工作之间的逻辑关系。相关服务程序主要包括质量控制程序、进度控制程序、费用控制程序、合同管理程序等。

(3)相关服务措施：针对相关服务内容和程序制定落实措施，包括内容、手段、工具及其他保障措施等。

(4)相关服务制度：主要包括工作检查制度、计划执行制度、人员岗位职责、协调制度、考核制度等。

二、相关服务文件资料管理

相关服务的文件资料分类应根据服务的阶段和内容在相关服务工作计划中确定，一般应包括：

(1)监理合同及补充协议。

(2)相关服务工作计划。

(3)相关服务的依据性文件。

(4)相关服务的过程性文件(会议纪要、工作日志、检查和审核记录、通知和联系单、支付证书、月报、谈判纪要、调查和考察报告、来往文件等)。

(5)工作成果或及评估报告。

(6)回访记录、工程质量缺陷检查及修复复查记录等。

(7)相关服务工作总结。

第二节 工程勘察设计阶段服务

一、监理单位对建设单位的协助

《建设工程监理规范》(GB/T 50319—2013)规定:工程监理单位应协助建设单位编制工程勘察设计任务书和选择工程勘察设计单位,并应协助签订工程勘察设计合同。

1. 编制工程勘察设计任务书

编制工程勘察设计任务书时需注意以下事项:

(1)明确勘察设计范围,包括工程名称、工程性质、拟建地点、相关政府部门对项目的限制条件等。

(2)明确建设目标和建设标准。

(3)提出对勘察设计成果的要求,包括提交内容、提交质量和深度要求、提交时间、提交方式等。

2. 选择工程勘察设计单位

选择工程勘察设计单位时需注意以下事项:

(1)选择方式。例如:是公开招标还是邀请招标;是国际招标还是国内招标;是设计竞赛还是方案征集等。选择方式必须符合国家相关法律法规的要求。

(2)拟委托的勘察设计任务的范围和内容。包括各阶段设计的深度,各阶段设计的设计者、优化者和相互间的衔接方式,与专业设计的关系和管理模式。

(3)勘察设计单位的资质条件及信誉度。

(4)团队经验和人员资格要求。

(5)质量的保证措施和服务精神。

(6)各阶段工作的进度要求。

(7)费用预算和使用计划。

(8)合同类型。

3. 工程勘察设计合同谈判、签订

工程勘察设计合同谈判、签订时需注意以下事项:

(1)根据勘察设计招标文件及任务书的要求,在合同谈判、订立过程中,进一步对工程勘察设计工作的范围、深度、质量、进度要求予以细化。

(2)由于地质情况、政府审查或工程变化造成的工程勘察、设计范围变更,应在合同中界定工程勘察设计单位的相应义务。

(3)明确勘察设计费用的范围,并根据工程特点来确定付款方式。

(4)在合同中应明确工程勘察设计单位配合其他工程参与单位的义务。

(5)强调限额设计,将施工图预算控制在项目概算中。鼓励设计单位采用价值工程,对设计方案优化，并以此制定奖励措施。

4. 协助建设单位组织专家对设计成果进行评审

工程监理单位应协助建设单位组织专家对设计成果进行评审。工程监理单位组织专家对设计成果评审可按以下程序实施：

(1)事先建立评审制度和程序，并编制设计成果评审计划，列出预评审的设计成果清单。

(2)根据设计成果特点，确定相应的专家人选。

(3)邀请专家参与评审，并提供专家所需评审的设计成果资料、建设单位的需求及相关部门的规定等。

(4)组织相关专家对设计成果评审的会议，收集各专家的评审意见。

(5)整理、分析专家评审意见，提出相关建议或解决方案，形成纪要或报告，作为设计优化或下一阶段设计的依据，并报建设单位或相关部门。

5. 工程监理单位在设计文件报审及落实审批过程中的工作

为了保证各阶段设计文件的设计深度和设计质量，以及设计文件的完整性和合规性，相关政府部门需对设计方案、初步设计文件进行审查，并对施工图实行委托审查制度。设计文件由建设单位提交相关政府部门或机构审核，工程监理单位可协助建设单位进行报审，并督促设计单位按照相关政府审批意见进行完善，以确保设计文件的质量。

工程监理单位协助建设单位向政府有关部门报审工程设计文件时，首先，需要了解政府设计文件审批程序、报审条件及所需提供的资料等信息，以做好充分准备；其次，提前向相关部门进行咨询，获得相关部门咨询意见，以提高设计文件质量；再次，应事先检查设计文件及附件的完整性、合规性；最后，及时与相关政府部门联系，及时根据审批意见进行反馈和督促设计单位予以完善。

二、监理单位对各阶段勘察报审审查

1. 工程勘察方案审查重点

工程监理单位应审查勘察单位提交的勘察方案，提出审查意见，并应报建设单位。变更勘察方案时，应按原程序重新审查。

工程监理单位在审查勘察单位提交的勘察方案前，应事先掌握工程特点、设计要求及现场地质概况，在此基础上运用综合分析手段，对勘察方案详细审查。审查重点包括以下几个方面：

(1)勘察技术方案中工作内容与勘察合同及设计要求是否相符，是否有漏项或冗余。

(2)勘察点的布置是否合理，其数量、深度是否满足规范和设计要求。

(3)各类相应的工程地质勘察手段、方法和程序是否合理，是否符合有关规范的要求。

(4)勘察重点是否符合勘察项目特点，技术与质量保证措施是否还需要细化，以确保勘察成果的有效性。

(5)勘察方案中配备的勘察设备是否满足本项目勘察技术要求。

(6)勘察单位现场勘察组织及人员安排是否合理，是否与勘察进度计划相匹配。

(7)勘察进度计划是否满足工程总进度计划。

2. 检查勘察现场及室内试验主要岗位操作人员的资格及所使用设备、仪器计量的检定情况

根据《建设工程勘察设计管理条例》的规定，国家对从事建设工程勘察、设计活动的专业技术人员，实行执业资格注册管理制度。工程勘察企业应当确保仪器、设备的完好，钻探、取样的机具设备，原位测试，室内试验及测量仪器等应当符合有关规范、规程的要求。

勘察现场及室内试验主要岗位操作人员是指钻探设备机长、记录人员和室内实验的数据签字和审核人员。一般情况下，要求具有上岗证的操作人员包括岩土工程原位测试检测员、室内试验检测员和土工试验上岗人员等。工程监理单位应在工程勘察工作开始前，对勘察现场及室内试验主要岗位的主要操作人员进行审查，核对上岗证，并要求勘察作业时随身携带上岗证以备查。

对于工程现场勘察所使用的设备、仪器计量，要求勘察单位做好设备、仪器计量使用及检定台账，并不定期检查相应的检定证书。发现问题时，应要求勘察单位停止使用不符合要求的勘察设备、仪器，直至提供相关检定证书后方可继续使用。

3. 检查勘察进度计划执行情况

工程监理单位应检查勘察进度计划执行情况，督促勘察单位完成勘察合同约定的工作内容，审核勘察单位提交的勘察费用支付申请表，以及签发勘察费用支付证书，并应报建设单位。

(1)工程监理单位在检查勘察进度计划执行情况时的主要工作：

1)审核勘察进度计划是否符合勘察合同的约定，是否与勘察设备方案相符。

2)记录实际勘察进度，对不符合进度计划的现象或遗漏处予以分析，必要时下发通知，要求勘察单位进行调整。

3)定期召开会议，及时解决勘察中存在的进度问题。

(2)必须满足下列条件，工程监理单位方可签署勘察费用支付申请表及勘察费用支付证书：

1)勘察成果进度、质量符合勘察合同及规范标准的相关要求。

2)勘察变更内容的增补费用具有相应的文件，如补充协议、工程变更单、工作联系单和监理通知等。

3)各项支付款项必须符合勘察合同支付条款的规定。

4)勘察费用支付申请符合审批程序要求。

4. 检查勘察单位执行勘察方案的情况

工程监理单位应对勘察现场进行巡查，对重要点位的勘探与测试必要时可实施旁站，并检查勘察单位执行勘察方案的情况。发现问题时，应及时通知勘察单位一起到现场进行核查。当工程监理单位与勘察单位对重大工程地质问题的认识不一致时，工程监理单位应提出书面意见供勘察单位参考，必要时可建议邀请有关专家进行专题论证，并及时上报建设单位。

工程监理单位在检查勘察单位执行勘察方案的情况时，需重点检查以下内容：

(1)工程地质勘察范围、内容是否准确、齐全。

(2)钻探及原位测试等勘探点的数量、深度及勘探操作工艺、现场记录和勘探测试成果是否符合规范要求。

(3)水、土、石试样的数量和质量是否符合要求。

(4)取样、运输和保管方法是否得当。

(5)试验项目、试验方法和成果资料是否全面。

(6)物探方法的选择、操作过程和解释成果资料。

(7)检查水文地质试验方法、试验过程及成果资料。

(8)勘察单位操作是否符合有关安全操作规章制度。

(9)勘察单位内业是否规范要求。

5. 审查勘察单位提交的勘察成果报告

工程监理单位应审查勘察单位提交的勘察成果报告,并应向建设单位提交勘察成果评估报告,同时,应参与勘察成果验收。

勘察成果评估报告应包括下列内容:

(1)勘察工作概况。

(2)勘察报告编制深度、与勘察标准的符合情况。

(3)勘察任务书的完成情况。

(4)存在的问题及建议。

(5)评估结论。

勘察评估报告由总监理工程师组织各专业监理工程师编制,必要时可邀请相关专家参加。在评估报告编制过程中,应以项目的审批意见、设计要求,标准规范、勘察合同和监理合同等文件为依据,与勘察、设计单位保持沟通,在监理合同约定的时限内完成,并提交建设单位。

勘察报告的深度及与勘察标准的符合情况是评估报告的重点。勘察报告深度应符合国家、地方及有关政府部门的相关文件要求,同时,需满足工程设计和勘察合同相关约定的要求。

此外,勘察文件需符合国家有关法律法规和现行工程建设标准规范的规定,其中工程建设强制性标准必须严格执行。勘察文件深度的一般要求如下:

(1)岩土工程勘察应正确反映场地工程地质条件,查明不良地质作用和地质灾害,并通过对原始资料的整理、检查和分析,提出资料完整、评价正确、建议合理的勘察报告。

(2)勘察报告应有明确的针对性,详勘阶段报告应满足施工图设计的要求。

(3)勘察报告一般由文字部分和图表构成。

(4)勘察报告应采用计算机辅助编制。勘察文件的文字、标点、术语、代号、符号、数字均应符合有关规范、标准。

(5)勘察报告应有完成单位的公章(法人公章或资料专用章),法人代表(或其委托代理人)和项目的主要负责人签章。图表均应有完成人、检查人或审核人签字。各种室内试验和原位测试,其成果应有试验人、检查人或审核人签字,当测试、试验项目委托其他单位完成时,受委托单位提交的成果还应有单位公章、单位负责人签章。工程监理单位的勘察成果评估结论一般包括:勘察成果是否符合相关规定;勘察成果是否符合勘察任务书要求;勘察成果依据是否充分;勘察成果是否真实、准确、可靠;存在问题汇总及解决方案建议;勘察成果是否可以验收等。

三、监理单位对各阶段设计报审审查

1. 设计进度计划控制的依据和要求

工程监理单位应依据设计合同及项目总体计划要求审查各专业、各阶段设计进度计划。工程监理单位审查设计各专业、各阶段进度计划的内容包括:

(1)计划中各个节点是否存在漏项现象。

(2)出图节点是否符合项目总体计划进度节点要求。

(3)分析各阶段、各专业工种设计工作量和工作难度,并审查相应设计人员的配置安排是否合理。

(4)各专业计划的衔接是否合理,是否满足工程需要。

2. 设计进度计划的执行情况

工程监理单位应检查设计进度计划执行情况,督促设计单位完成设计合同约定的工作内容,审核设计单位提交的设计费用支付申请表,以及签认设计费用支付证书,并应报建设单位。

(1)工程监理单位在检查设计进度计划执行情况时的主要工作:

1)审查设计进度计划执行情况。各阶段设计进度是否符合设计进度计划、设计合同的约定和项目总体计划。发现问题时,及时通知设计单位采取措施予以调整,确保各阶段、各出图节点计划的完成,并及时向建设单位汇报。

2)审查各阶段专业设计进度完成情况,是否满足各阶段设计进度计划,对不符合的,要分析原因,采取措施。必要时下发通知,要求调整专业设计进度。

3)在各阶段设计完成时,要与设计单位共同检查本阶段设计进度完成情况,对照原计划进行分析、比较,商量制定对策,并调整下一阶段的进度计划。

4)定期召开会议,及时解决设计中存在的进度问题。

(2)必须满足下列条件,工程监理单位方可签署设计费用支付申请表及设计费用支付证书:

1)设计成果进度、质量符合设计合同及规范标准的相关要求。

2)设计变更内容的增补费用具有相应的文件,如补充协议、工程变更单、工作联系单和监理通知等。

3)各项支付款项必须符合设计合同支付条款的规定。

4)设计费用支付申请符合审批程序要求。

3. 监理单位对设计成果进行审查和验收

工程监理单位应审查设计单位提交的设计成果,主要审查方案设计是否符合规划设计要点,初步设计是否符合方案设计要求,施工图设计是否符合初步设计要求,并应提出评估报告。评估报告一般应包括下列主要内容:

(1)对设计深度及与设计标准符合情况的评估。

(2)对设计任务书完成情况的评估。包括:

1)设计成果内容范围是否全面,是否有遗漏。

2)设计成果的功能项目和设备设施配套情况是否符合设计任务书提出的关于工程使用功能和建设标准的要求。

3)设计成果是否满足设计基础资料中的基本要求,如气象、地形地貌、水文地质、地震基本烈度、区域位置等。

4)设计成果质量是否满足设计任务书要求,是否科学、合理、可实施,是否符合相关标准和规范,各专业设计文件之间是否存在冲突和遗漏。

5)设计成果是否满足设计任务书中提出的相关政府部门对项目的限制条件,尤其是主要技术经济指标,如总用地面积、总建筑面积、容积率、建筑密度、绿地率、建筑高度等。

6)设计概算、预算是否满足建设单位既定投资目标要求。

7)设计成果提交的时间是否符合设计任务书要求。

(3)对有关部门审查意见的落实情况的评估。一般是指对规划、国土资源、环保、卫生、交通、消防、抗震、水务、民防、绿化市容、气象等相关政府管理部门意见的落实情况的评估。

(4)存在的问题及建议。工程监理单位在评估报告最后需将各阶段设计成果审查过程中发现的问题和薄弱环节进行汇总,提交设计单位,在下阶段设计中予以调整或修改,以确保设计文件的质量。此外,工程监理单位还应根据自身经验、专家意见,针对项目特点及设计成果提出建议,以供建设单位决策。工程监理单位在评估报告中列出的存在问题,宜分门别类,便于各方能有针对性地提出相关解决方案。

工程监理单位提出的建议需从经济合理性、技术先进性、可实施性等多个方面进行综合考虑。在提供建议的同时,宜提出该建议对相应项目投资、进度、质量目标的影响程度,便于建设单位决策。

4. 审查设计单位提出的四新备案情况

工程监理单位应审查设计单位提出的新材料、新工艺、新技术、新设备在相关部门的备案情况。必要时应协助建设单位组织专家评审。

根据《建设工程勘察设计管理条例》第二十九条,建设工程勘察、设计文件中规定采用的新技术、新材料,可能影响建设工程质量和安全,又没有国家技术标准的,应当由国家认可的检测机构进行试验、论证,出具检测报告,并经国务院有关部门或者省、自治区、直辖市人民政府有关部门组织的建设工程技术专家委员会审定后,方可使用。

工程监理单位对设计单位提出的新材料、新工艺、新技术、新设备进行审查、报审备案时,需注意以下几个方面:

(1)审查工作主要针对目前尚未经过国家、地方、行业组织评审、鉴定的新材料、新工艺、新技术、新设备。

(2)审查设计中的新技术、新工艺、新技术、新设备是否受到当前施工条件和施工机械设备能力以及安全施工等因素限制。如有,则组织设计单位、施工单位以及相关专家共同研讨,提出可实施的解决方案。

(3)凡涉及新材料、新工艺、新技术、新设备的设计内容宜提前向有关部门报审,避免影响后续工作。

5. 对工程设计进行投资控制的要求

工程监理单位应审查设计单位提出的设计概算、施工图预算,提出审查意见,并应报建设单位。

审查设计概算和施工图预算,可将工程投资控制在投资目标内,防止投资规模扩大或出现漏项现象,从而减少投资风险带来的负面影响。

工程监理单位对设计概算和施工图预算审查中,应对项目的工程量、工料机价格、费用计取及编制依据的合法性、时效性、适用范围等各方面进行审核,确保概算和预算的准确性。当概算超估算时或预算超概算时,应仔细分析原因,并采取相应措施,确保投资目标不被突破。如不可避免、确实需要增加投资,则在符合相关部门、建设单位的规定下,需采用投资效益合理的设计调整方案。

审查设计概算和施工图预算的内容如下:

(1)工程设计概算和施工图预算的编制依据是否准确。

(2)工程设计概算和施工图预算内容是否充分反映自然条件、技术条件、经济条件,是否合理运用各种原始资料提供的数据，编制说明是否齐全等。

(3)各类取费项目是否符合规定，是否符合工程实际，有无遗漏或在规定之外的取费。

(4)工程量计算是否正确，有无漏算、重算和计算错误，对计算工程量中各种系数的选用是否有合理的依据。

(5)各分部分项套用定额单价是否正确，定额中参考价是否恰当。编制的补充定额，取值是否合理。

(6)若建设单位有限额设计要求，则审查设计概算和施工图预算是否控制在规定的范围以内。

四、对可能发生的索赔事件进行预先控制及事后索赔处理

1. 索赔预控

由于勘察设计合同都是事先签订，一旦发生约定的工作、责任范围变化或工程内容、环境、法规等变化，势必导致相关方索赔事件的发生。因此，工程监理单位应对项目参与各方可能提出的索赔事件进行分析，在合同签订和履行过程中采取防范措施，尽可能减少索赔事件的发生，避免对后续工作造成影响。

工程监理单位对勘察设计阶段索赔事件进行防范的对策包括：

(1)协助建设单位编制符合工程特点及建设单位实际需求的勘察设计任务书、勘察设计合同等勘察设计依据性文件。

(2)加强对工程设计勘察方案和勘察设计进度计划的审查。

(3)协助建设单位及时提供勘察设计工作必需的基础性文件。

(4)保持与工程勘察设计单位沟通，定期组织勘察设计会议，及时解决勘察设计单位提出的合理要求。

(5)检查工程勘察设计工作情况，发现问题及时提出，减少错误。

(6)及时检查勘察设计文件及勘察设计成果，并上报建设单位。

(7)严格按照变更流程，谨慎对待变更事宜，减少不必要的工程变更。

2. 事后索赔处理

由于工程情况复杂，容易造成勘察设计工作任务、内容的变化，势必导致勘察设计单位对工作时间延误、费用增加等进行索赔。工程监理单位应根据勘察设计合同，妥善处理相关索赔事宜，以推动工程顺利开展。

工程监理单位在处理索赔事件时，可借鉴施工阶段索赔处理的程序和方法，遵循“谁索赔，谁举证”原则，以签订的勘察设计合同为依据，并注意相关证据的有效性。工程监理单位可针对索赔事件出具相应的索赔审查报告，内容可包括受理索赔的日期，索赔要求、索赔过程，确认的索赔理由及合同依据，批准的索赔额及其计算方法等。

第三节 工程保修阶段服务

一、定期回访

由于工作的可延续性，工程保修阶段服务工作一般宜委托同一家工程监理单位承担，但

建设单位也可委托其他监理单位承担。保修期阶段相关服务范围和内容应在监理合同中明确,服务期限和服务酬金双方协商确定。注意与国家法定的建设工程保修期限的区别。

工程监理单位履行保修期相关服务前,应制定保修期回访计划及检查内容,并报建设单位批准;保修期期间,应按保修期回访计划及检查内容开展工作,做好记录,定期向建设单位汇报;遇突发事件时,应及时到场,分析原因和责任者,并妥善处理,将处理结果报建设单位;保修期相关服务结束前,应组织建设单位、使用单位、勘察设计单位、施工单位等相关单位对工程进行全面检查,编制检查报告,作为保修期相关服务工作总结的内容一起报建设单位。

二、工程质量缺陷处理

1. 建设单位或使用单位提出的工程质量缺陷处理

《建设工程监理规范》(GB/T 50319—2013)规定:对建设单位或使用单位提出的工程质量缺陷,工程监理单位应安排监理人员进行检查和记录,并应要求施工单位予以修复,同时应监督实施,合格后应予以签认。

工程监理单位对建设单位或使用单位提出的工程质量缺陷的处理,应考虑以下几个方面:

(1)在检查过程中,对质量问题与缺陷原因进行详细分析,确定质量缺陷的事实和责任,及时做好记录。

(2)对于一般工程质量缺陷,可由工程监理单位直接通知施工单位保修人员进行保修。

(3)对于比较严重的质量缺陷或问题,则由工程监理单位组织建设单位、勘察设计单位、施工单位共同分析原因,确定修复处理方案。修复处理方案经总监理工程师审批后,由监理人员监督施工单位实施。

(4)若修复处理方案不能得到及时实施,工程监理单位应书面通知建设单位,并建议建设单位委托其他施工单位完成,费用由责任者承担。

(5)施工单位整改后,工程监理单位应对整改内容复查,并做好复查记录。

2. 非施工单位原因造成的工程质量缺陷修复

《建设工程监理规范》(GB/T 50319—2013)规定:工程监理单位应对工程质量缺陷原因进行调查,并应与建设单位、施工单位协商确定责任归属。对非施工单位原因造成的工程质量缺陷,应核实施工单位申报的修复工程费用,并应签认工程款支付证书,同时应报建设单位。

工程监理单位对非施工单位原因造成的工程质量缺陷修复费用核实中,应注意以下几个方面:

(1)修复费用核实应以各方确定的修复方案作为依据。

(2)修复质量合格验收后,方可计取全部修复费用。

(3)修复建筑材料费、人工费、机械费等价格应按正常的市场价格计取,所发生的材料、人工、机械台班数量一般按实结算,也可按相关定额或事先约定的方式结算。

参 考 文 献

[1]中华人民共和国住房和城乡建设部．GB/T 50319—2013 建设工程监理规范[S]．北京:中国建筑工业出版社,2013.

[2]中华人民共和国住房和城乡建设部．GB 50500—2013 建设工程工程量清单计价规范[S]．北京:中国计划出版社,2013.

[3]中华人民共和国住房和城乡建设部．CJJ 1—2008 城镇道路工程施工与质量验收规范[S]．北京:中国建筑工业出版社,2008.

[4]中华人民共和国住房和城乡建设部．CJJ 2—2008 城市桥梁工程施工与质量验收规范[S]．北京:中国建筑工业出版社,2008.

[5]中华人民共和国住房和城乡建设部．GB 50268—2008 给水排水管道工程施工及验收规范[S]．北京:中国建筑工业出版社,2008.

[6]黄兴安．市政工程施工监理实用手册[M]．北京:中国建筑工业出版社,2002.

[7]杨效中．建设工程监理基础[M]．北京:中国建筑工业出版社,2005.

[8]蔡中辉．工程建设项目监理实务手册[M]．北京:中国电力出版社,2006.

[9]俞宗卫．监理工程师实用指南[M]．北京:中国建材工业出版社,2004.

[10]徐帆．监理工程师手册[M]．北京:中国建筑工业出版社,2004.

[11]胡文发．工程信息技术与管理[M]．北京:科学出版社,2010.

中国建材工业出版社
China Building Materials Press